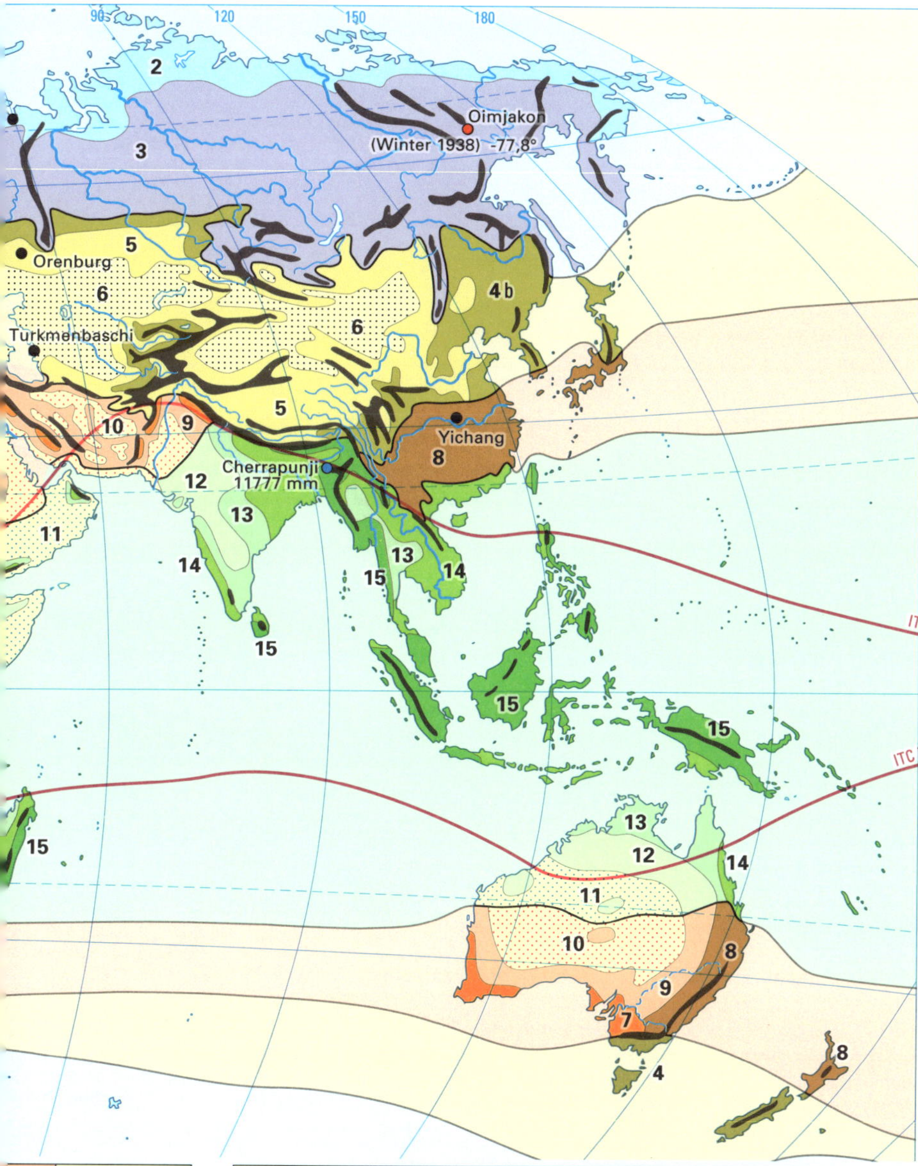

Kalte Zone (Jahresmittel der Lufttemperatur um und unter 0°C)

1	hochpolares Eisklima (extrem kalt)
2	polares Tundrenklima (kalt)
3	kaltgemäßigtes boreales Klima

Gemäßigte Zone (Jahresmittel der Lufttemperatur um 8°C)

4a	ozeanisches Waldklima
4b	kontinentales Waldklima
5	winterkaltes Steppenklima
6	winterkaltes Wüstenklima

Subtropische Zone (Jahresmittel der Lufttemperatur um 18°C)

7	sommertrockenes Mittelmeerklima (Westseiten der Kontinente)
8	sommerfeuchtes Klima (Ostseiten der Kontinente)
9	wintermildes Steppenklima
10	wintermildes Wüstenklima

Tropische Zone (Jahresmittel der Lufttemperatur um 25°C)

11	extrem trockenes Wüstenklima (0 – 2 Monate feucht)
12	trockenes Dornsavannenklima (2 – 4½ Monate feucht)
13	wechselfeuchtes Trockensavannenklima (4½ – 7 Monate feucht)
14	wechselfeuchtes Feuchtsavannenklima (7 – 9½ Monate feucht)
15	immerfeuchtes Regenwaldklima (9½ – 12 Monate feucht)
	klimatische Höhenstufe der Gebirge

- Klimastationen der Diagramme
- extreme Temperaturen
- extreme Niederschläge (Jahresmittel)

Klimadiagramme und Vegetationsprofile nach H. Walther

e Monatstemperatur

r Monatsniederschlag

Jahreszeit

ahreszeit

ahreszeit, auf den Faktor 0,1 verkürzte Niederschläge > 100 mm

26,9°C Jahrestemperatur im langjährigen Mittel

1649 mm Jahresniederschlag im langjährigen Mittel

357 m Höhe der Messstation über dem Meer

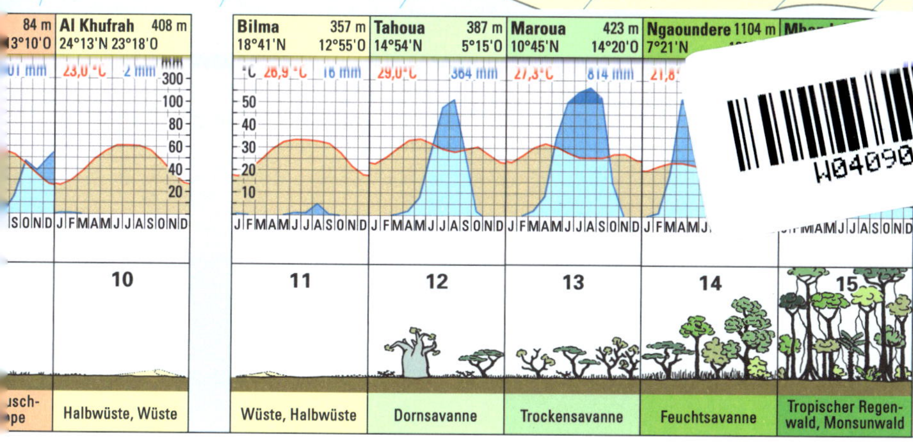

Den Klimastationen (Nordhalbkugel) sind die entsprechenden Vegetationsprofile zugeordnet. Diese zeigen die natürliche Vegetation, wie sie ohne Beeinflussung des Menschen bestehen würde.

Impressum

Titelbild
Blick über Garmisch-Partenkirchen auf das Zugspitzmassiv

1. Auflage

1 5 4 3 2 1 | 13 12 11 10 09

Herausgeber: Prof. Dr. Gregor C. Falk Freiburg i. Br.; Dr. Wilfried Korby, Korb
Autorinnen und Autoren: Dr. Lorenz Deuringer, Marktoberdorf; Dr. Günther Dress, Kempten; Prof. Dr. Gregor C. Falk, Freiburg i. Br.; Helmut Geiger, Sonthofen; Fried-Thorsten Jantzen, Wolfratshausen; Dr. Wilfried Korby, Korb; Paul Lindner, Bretten; Jürgen Mackevicius, Kempten
Mit Beiträgen von: Hans-Ulrich Bender, Köln; Dr. Egbert Brodengeier, Lichtenberg; Dr. Thomas Hoffmann, Aachen-Sasbachried; Helmut Obermann, Ettlingen; Norbert von der Ruhren, Aachen; Matthias Scholliers, Konstanz

Redaktion: Jens Bickel
Herstellung: Birgit Jäkel

Gestaltung: pandesign, Büro für visuelle Kommunikation, Karlsruhe
Umschlaggestaltung: pandesign, Büro für visuelle Kommunikation, Karlsruhe
Illustrationen: Bettina Eckenfelder, Wenigenlupnitz; Franz-Josef Domke, Hannover; Rudolf Hungreder, Leinfelden-Echterdingen; Diana Jäckel, Erfurt; Wolfgang Schaar, Grafing
Karten: Klett-Perthes, Gotha (Henry Waldenburger)
Satz: Druckmedienzentrum Gotha GmbH, Gotha
Reproduktion: Druckmedienzentrum Gotha GmbH, Gotha
Druck: Stürtz GmbH, Würzburg

Printed in Germany
Prüfauflage W400295 zur ISBN 978-3-623-29110-9

TERRA

Geographie
Bayern 11

Ernst Klett Verlag
Stuttgart • Leipzig

Inhalt

Mehr rund um TERRA im Internet unter:
www.klett.de/online
[ONLINE-Link: 29110X-0102]
ONLINE-Link eingeben und Sie gelangen zu passenden Informationen des jeweiligen Themas.

Lehrwerk-Online

Die Erde – ein gefährdeter Lebensraum?

Die Ökosysteme der Erde bilden unsere Lebensgrundlage. Seit Milliarden von Jahren unterliegen sie ständigen Veränderungen. Da immer mehr Menschen diese begrenzten natürlichen Ressourcen in Anspruch nehmen, stellt sich die Frage nach den Grenzen der ökologischen Tragfähigkeit unseres blauen Planeten.

Weltbevölkerung
(in Milliarden)
Zuwachs
(in Millionen)
Zuwachs innerhalb von 10 Jahren
Weltbevölkerung in Milliarden
1804
1927
1960
1974
1987
1999
2013
2027
2048
0 1 2 3 4 5 6 7 8 9 10
0 10 20 30 40 50 60 70 80 90 100
1700 1750 1800 1850 1900 1950 2000 2050
Deutsche Stiftung Weltbevölkerung 2007

1 Der blaue Planet und seine Geozonen

Aus dem All erscheint die Erde als blauer Planet. Je näher man jedoch seiner Oberfläche kommt, desto vielfältiger und bunter wirkt er. Seine unterschiedlichen Bereiche, die Geozonen, werden durch spezifische klimatische Verhältnisse geprägt und weisen jeweils eine typische natürliche Vegetation auf. Die Grenzen zwischen den Zonen sind fließend. Immer deutlicher wird sichtbar, wie der Einfluss des Menschen in den einzelnen Zonen zu Veränderungen führt. So bestehen heute nur noch Überreste der ursprünglichen Vegetation.

1.1 Geozonen

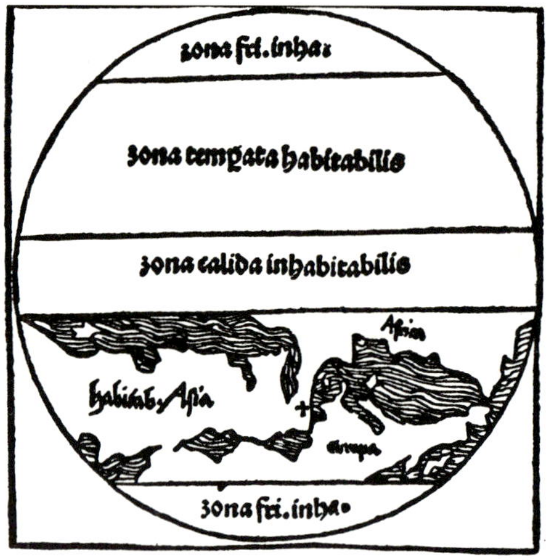

❶ *Südorientierte Zonen-Weltkarte des Johannes de Sacroboscos (um 1230);* *so reproduziert in Leo Bagrow und Raleigh A. Skelton: Meister der Kartographie. 6. Aufl. Berlin: Gebr. Mann 1994*

Bedeutsam ist die Auseinandersetzung mit den aus natürlichen **Geofaktoren** konstruierten Zonen vor allem, um Potenziale und Grenzen menschlicher Lebensräume zu erkennen. Das Wissen um das Zusammenspiel der Geofaktoren im System Erde versetzt uns in die Lage, die lokalen, regionalen und globalen Auswirkungen unseres eigenen Handelns zu verstehen.
Seit der Antike versuchen Forscher, die Erde in Zonen einzuteilen. Dass dies kein leichtes Unterfangen darstellt, zeigt bereits die große Bandbreite an Einteilungsversuchen und Bezeichnungen. Wir begegnen Begriffen wie Landschaftsgürteln, **Klimazonen**, **Vegetationszonen**, **geoökologischen Zonen** oder auch **Geozonen**. Dabei basieren die Gliederungsversuche je nach Ansatz der Forscher auf unterschiedlichen Kriterien.

Zonenkarte der Erde (um 1230)

Bereits in der Antike hatten einige Gelehrte recht konkrete Vorstellungen von Form und Gestalt der Erde. Fast exakt berechnete Eratosthenes von Kyrene im 3. Jahrhundert v. Chr. den Erdumfang. Dabei betrachtete er die Erde als Kugel. Nach einer antiken Vorstellung wurde die Welt

❷ *Weltkarte der geoökologischen Zonen nach Müller-Hohenste*

vom Nordpol bis zum Südpol in fünf Zonen eingeteilt (Süden oben). Ganz im Norden und Süden liegen unbewohnte kalte Zonen (zona frigida inhabitabilis). Am Äquator findet sich eine heiße, unbewohnbare Zone (zona calida inhabitabilis). Zwischen den unbewohnten Zonen liegt der bewohnbare Bereich. Diese antiken Vorstellungen greift im Mittelalter der Gelehrte Johannes de Sacroboscos auf. In die zona tempata habitabilis der Nordhalbkugel wurden die Umrisse der damals bekannten Kontinente eingezeichnet.

Geoökologische Zonen

In den 1980er-Jahren entwarf der bayreuther Biogeograph Müller-Hohenstein die Darstellung der geoökologischen Zonen (Landschaftsgürtel) der Erde. Inzwischen hat dieser Gliederungsansatz weite Verbreitung in der Fachliteratur gefunden.

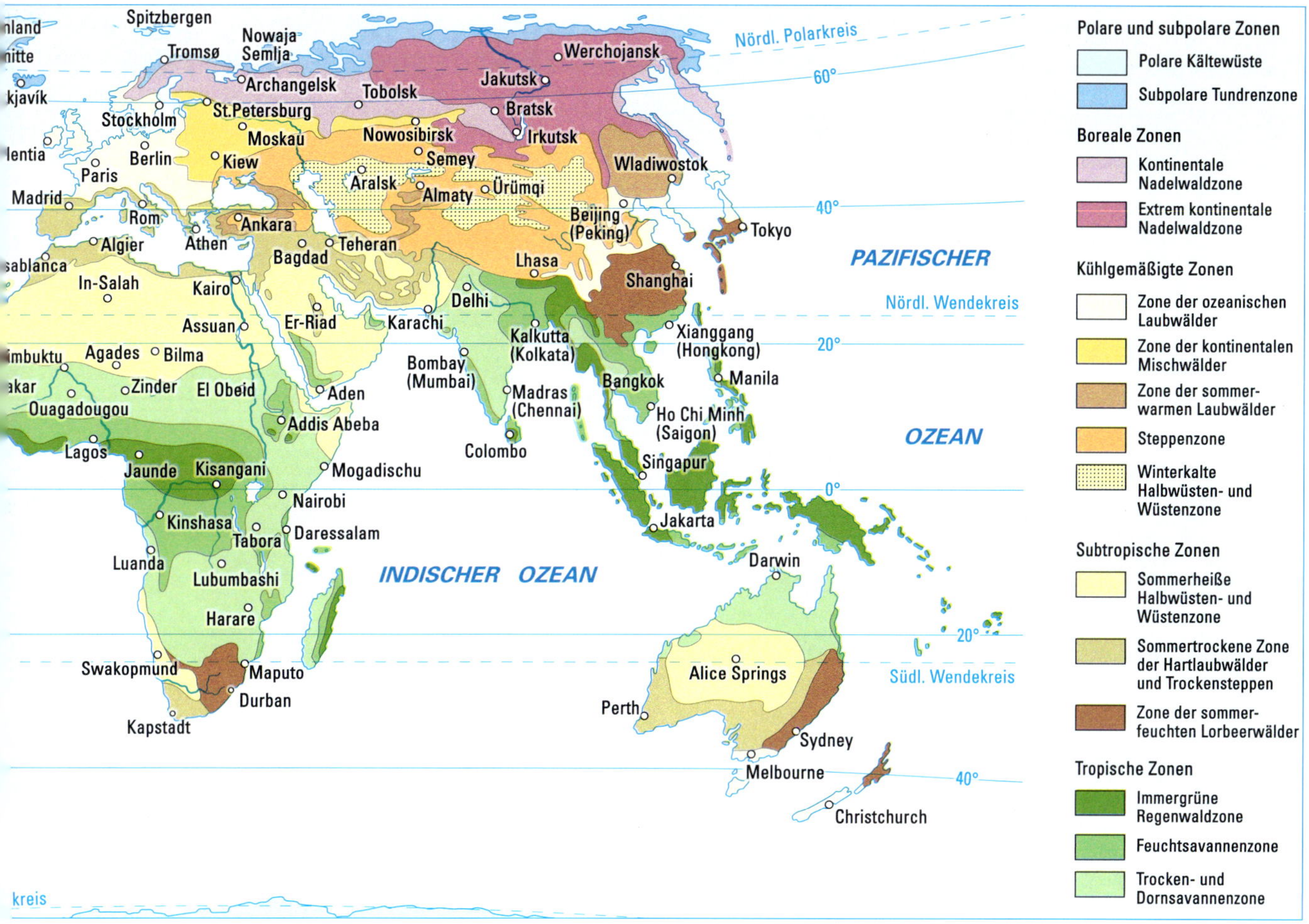

Nach Klaus Müller-Hohenstein, Die Landschaftsgürtel der Erde. Stuttgart 1981, S. 07

3 **Geoökologische Zonen** (Landschaftsgürtel) sind zonal angeordnete Teile der Erdoberfläche, die ein charakteristisches Wirkungsgefüge aus klimatischen, geomorphologischen, pedologischen und biotischen Geofaktoren besitzen. Abgrenzungen von Landschaftsgürteln orientieren sich stark an Klima- und Vegetationszonen. Nach Müller-Hohenstein und anderen Autoren werden fünf Landschaftsgürtel unterschieden: Tropenzone, Subtropen, kühlgemäßigte Zonen, kaltgemäßigt boreale Zonen und polare Zonen.

Ernst Brunotte et al. (Hrsg.): Lexikon der Geographie, Bd. 2, Spektrum Akademischer Verlag Heidelberg, Berlin 2002, S. 306

4 ***Ackerfläche bei Regensburg***

1 Nennen Sie die Kriterien, die der Zonengliederung Müller-Hohensteins zugrunde liegen.

2 a) Überprüfen Sie, welcher geoökologischen Zone das Foto 4 zugeordnet wird.

b) Nehmen Sie kritisch zur Gliederung nach geoökologischen Zonen Stellung.

3 Entwickeln Sie alternative Möglichkeiten, die Erde in Zonen zu gliedern.

ONLINE-Link
Ökozonen/Geozonen der Erde
29110X-0101

Atmosphäre
(griech.: atmos = Dampf; sphaira = Kugel): die Lufthülle der Erde

„[Die Atmosphäre ist die] verbreitete Umhüllung unseres Planeten, das Luftmeer, auf dessen niederem Boden oder Untiefen wir leben (...)“
Quelle: A.v.Humboldt, Kosmos, S. 162

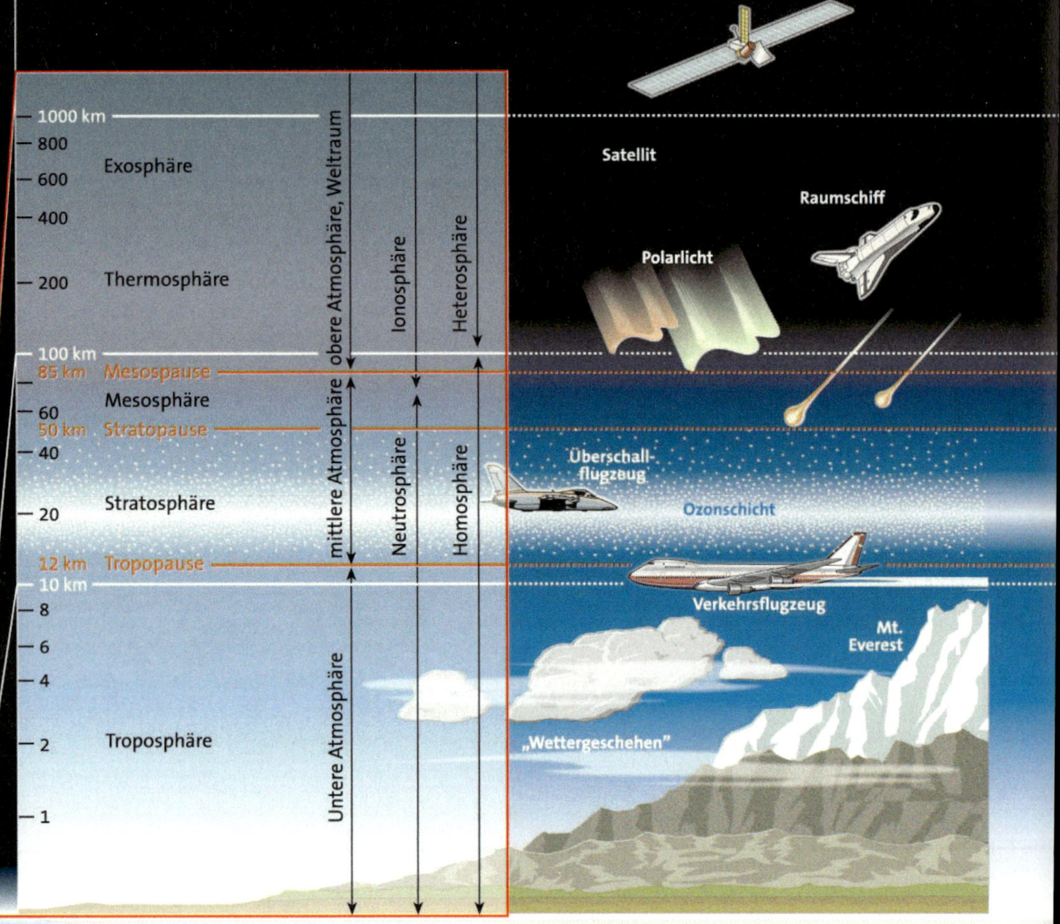

① *Aufbau der Atmosphäre*

1.2 Atmosphärische Grundlagen

Die **Atmosphäre**, die Hülle um unsere Erde, besteht aus einem Gasgemisch, das von der Schwerkraft „festgehalten“ wird.

Ähnlich der menschlichen Haut, die den Körper vor schädlichen Einflüssen bewahrt, schützt sie die Erde vor der Kälte des Weltraums, vor schädlichen Strahlen und vor kleineren Meteoriten. Allerdings ist diese Schutzhülle sehr dünn. Im Verhältnis zu einem Globus wäre die Atmosphäre nur so dick wie eine Briefmarke.

Die Atmosphäre kann vertikal nach unterschiedlichen Kriterien gegliedert werden.

Am häufigsten ist die Gliederung nach dem Temperaturverlauf. Die Troposhäre bildet dabei das unterste Stockwerk, auf das etwa 75 % der gesamten Gasmasse entfallen. Dort findet das Wetter- und Witterungsgeschehen statt. Der Luftdruck ist hier am höchsten. Die Temperatur nimmt mit der Höhe im Mittel um 0,65 K pro 100 Meter ab. Dies ist damit zu erklären, dass sich die untere Atmosphäre primär durch die von der Erdoberfläche emittierte langwellige Wärmestrahlung erwärmt und hier die höchste Moleküldichte vorliegt.

Nach der chemischen Zusammensetzung gliedert man in die gut durchmischte Homosphäre und die nach dem Molekulargewicht geschichtete Heterosphäre. Nach der elektrischen Ladung der Atome und Moleküle, das heißt der Ionenkonzentration, werden die Ionosphäre und die Neutrosphäre ausgegliedert. Dort reflektieren die elektrisch leitenden Schichten elektromagnetische Wellen und ermöglichen Funkverbindungen über weite Distanzen.

Mit zunehmender Höhe sinkt die Lufttemperatur. Die Wendepunkte des Temperaturverlaufs werden als Pausen bezeichnet. Die Höhenlage der Tropopause variiert zwischen Äquator und Pol. Sie liegt in den äquatorialen Breiten bei 17 bis 18 Kilometer mit Temperaturen um –75 °C,

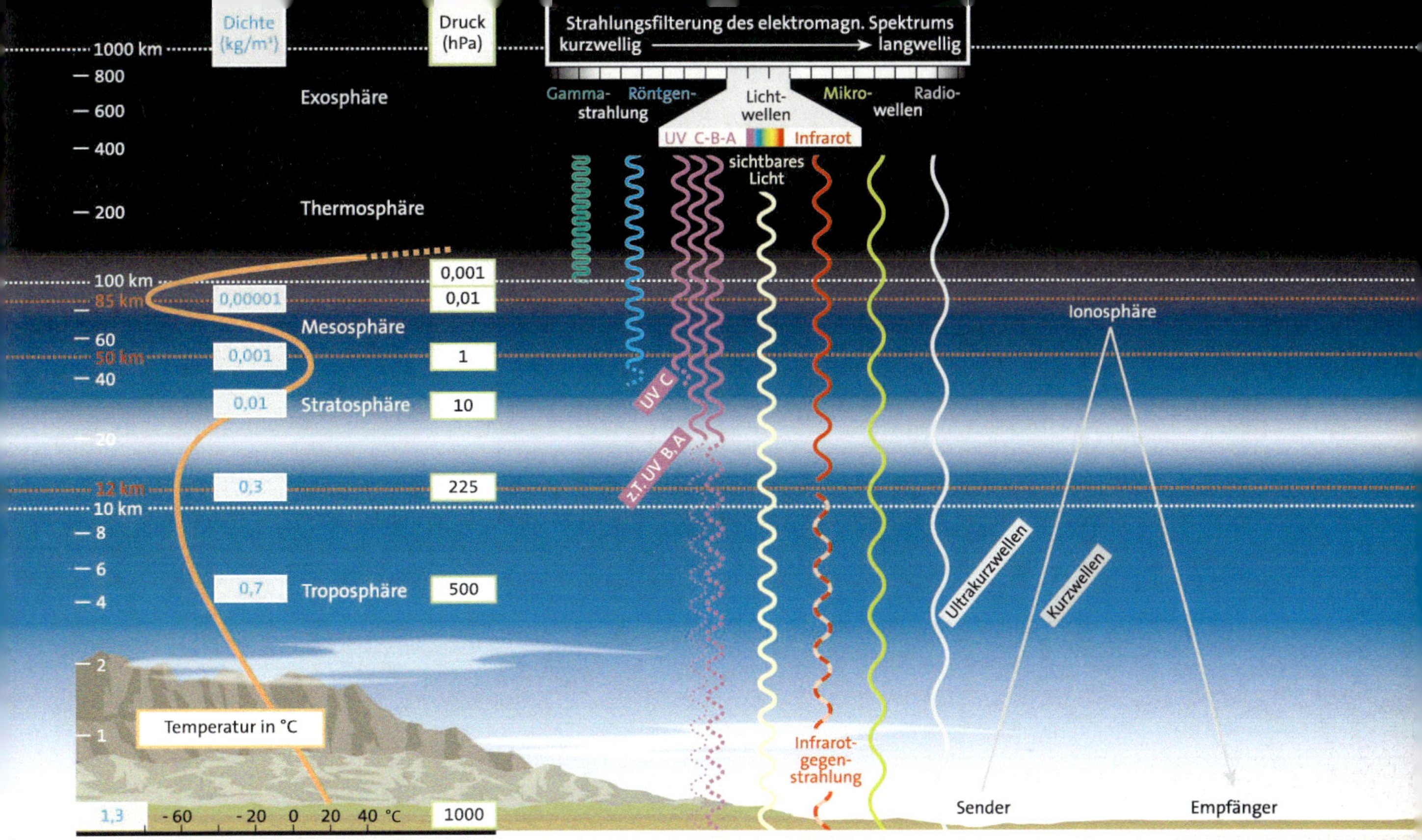

in den gemäßigten Breiten bei ca. 12 Kilometer und −50 °C und an den Polen bei 8−10 Kilometer mit etwa −40 °C.

In der Stratosphäre nimmt die Temperatur ab etwa 20 Kilometer Höhe wieder zu. Ursache dafür ist die Absorption von UV-Strahlung in der Ozonschicht und die dabei freigesetzte Wärme. In der Mesosphäre sinken die Temperaturwerte stark ab. Oberhalb der Mesopause, in der Thermosphäre, nimmt die Temperatur durch Absorption kurzwelliger und energiereicher UV-Strahlung wieder zu. In der Exosphäre ist die Atmosphäre so dünn, dass keine Wärmeleitung mehr erfolgt.

1 *Beschreiben Sie die lebenswichtigen Funktionen der Atmosphäre.*

2 *Erklären Sie, weshalb Bergsteiger, die die höchsten Gipfel besteigen, häufig Sauerstoffmasken benötigen, Passagiere in einem Flugzeug, das in 10 Kilometer Höhe fliegt, jedoch kaum Veränderungen feststellen.*

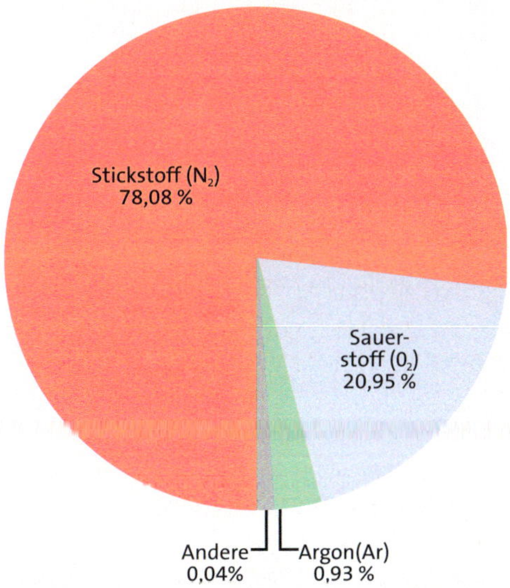

2 ***Zusammensetzung der Erdatmosphäre*** *(Volumenprozent, in Meeresniveau)*

Andere Spurengase:

(Anteil in ppm = parts per million = Teile pro Millionen)

Kohlendioxid (CO_2)	*380*
Neon (Ne)	*18*
Helium (He)	*5*
Methan (CH_4)	*1,75*
Lachgas (N_2O)	*0,32*
Kohlenmonoxid (CO)	*0,2*
Ozon (O_3)	[illegible]

ONLINE-Link

Atmosphärische Grundlagen

29110X-0102

Fühlbare Wärme
ist die Wärme, die mit einem Thermometer gemessen werden kann.

Latente Wärme
ist die Wärme, die im gasförmigen Wasserdampf enthalten ist.
Wenn Wasser vom flüssigen in den gasförmigen Zustand verdunstet, muss es Wärme aufnehmen. Diese ist dann im Wasserdampf gespeichert und wird wieder abgegeben, wenn das Wasser in den flüssigen Zustand wechselt (kondensiert).

Absorption
Die von der Sonne kommende Strahlungsenergie wird aufgenommen und in eine andere Energieform, z. B. Wärmeenergie, umgewandelt.

Streuung
Die Strahlung wird nicht umgewandelt, sondern in verschiedene Richtungen gelenkt.

Reflexion
Wie von einem Spiegel wird die Strahlung zurückgeworfen und nicht umgewandelt.

❸ ***„Nutzung der Strahlungsenergie der Sonne"***

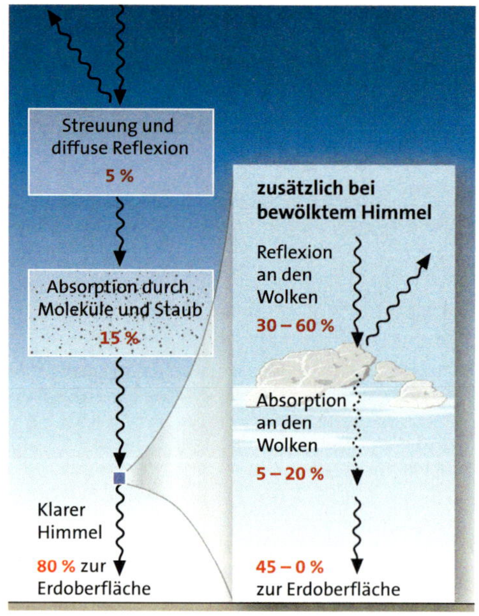

❹ ***Minderung eingestrahlter Sonnenenergie durch Streuung, Reflexion und Absorption;*** *nach Alan H. Strahler/ Arthur N. Strahler: Physische Geographie, UTB 1999, S. 63*

Der Strahlungshaushalt der Erde

Die Erde erhält ihre Energie von der Sonne. Bei mittlerer Entfernung zwischen Erde und Sonne sowie senkrechter Einstrahlung beträgt die am Oberrand der Erdatmosphäre eingestrahlte solare Energie 1368 Watt pro Quadratmeter (**Solarkonstante**). Aufgrund der Kugelgestalt und der Rotation der Erde wird jedoch im Mittel nur ein Viertel (342 W/m²) wirksam.

Der Betrag der reflektierten kurzwelligen Strahlung von der Erdoberfläche kann je nach Beschaffenheit der Oberfläche sehr unterschiedlich sein und wird **Albedo** genannt. Dunkle Gesteine haben eine geringe Albedo, weiße Schneefelder einen hohen Wert.

Nur 235 W/m² stehen für die Erwärmung der Atmosphäre, Hydrosphäre und der Erdoberfläche zur Verfügung. Im Mittel werden davon 67 W/m² von Wolken, Wasserdampf und Ozon absorbiert, so dass etwa 50 % der kurzwelligen Sonnenstrahlung die Erdoberfläche erreicht. Diese wird absorbiert und in Wärmeenergie umgewandelt. Die Wärmeabgabe der Erdoberfläche, die Ausstrahlung an die darüberliegenden Luftschichten, erfolgt im unsichtbaren Infrarotbereich. Durch aufsteigende Luft und durch Verdunstung von Wasser verliert die Erdoberfläche teilweise Energie.

Die langwellige Wärmestrahlung der erwärmten Erdoberfläche verlässt die Atmosphäre größtenteils nicht auf direktem Wege, sondern wird von atmosphärischen Spurengasen und von Wolken zunächst teilweise absorbiert. Sie emittieren diese Wärmestrahlung einerseits in den Weltraum und reflektieren sie andererseits in Richtung Erdoberfläche zurück. In Anlehnung an ein Gartentreibhaus bezeichnet man den Wärmestau in der unteren Atmosphäre als natürlichen **Treibhauseffekt**.

Treibhausgase lassen die kurzwellige Solarstrahlung weitgehend passieren, absorbieren aber die langwellige Wärmestrahlung der Erdoberfläche im Infrarotbereich. Das wichtigste natürliche Treibhausgas ist Wasserdampf, der für fast zwei Drittel des natürlichen Treibhauseffekts verantwortlich ist. Weitere wichtige Treibhausgase sind Kohlenstoffdioxid (CO_2), Methan (CH_4), Distickstoffoxid (N_2O) und Ozon (O_3).

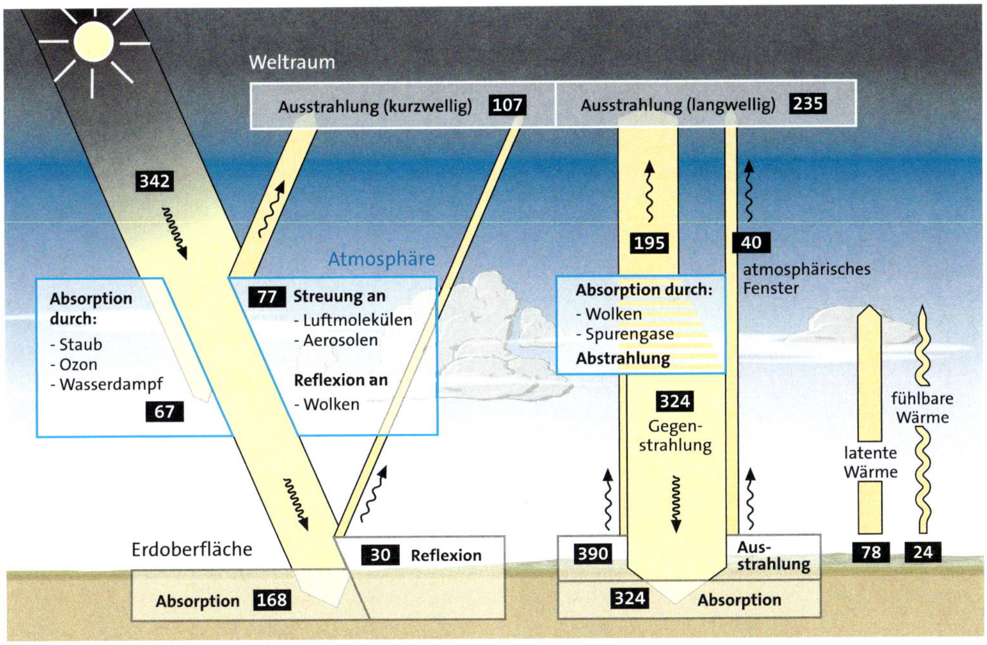

5 **Strahlungshaushalt (Angaben in Watt/m²)**

gemittelte Albedowerte verschiedener natürlicher Oberflächen

(kurzwellige Albedo in %)

Neuschnee	*75–95*
Wolken (hoch)	*90*
Wolken (tief)	*60*
Gletschereis	*30–45*
Dünensand	*30–60*
Ackerboden	*7–17*
Wasserflächen bei	
– Sonnenhöhe >10°	*3–10*
– Sonnenhöhe <10°	*80*
Regenwald	*10–12*
Laubwald	*15–20*
Nadelwald	*5–12*
Wiesen	*12–30*
Siedlungen	*15–20*

6 **Experiment zur Albedo von Oberflächen**

1. Aufbau:

Zwei mit Erde gefüllte Schalen werden mit weißer bzw. schwarzer Folie bedeckt und der Sonnenstrahlung ausgesetzt. Digitalthermometer messen die Temperatur der Erde.

2. Dokumentation:

Zeit in Minuten	Temperatur in °C weiß	schwarz
zu Beginn		
nach 1 Min.		
nach 2 Min.		

3. Auswertung:

Abhängig von ihrer Farbe und Struktur strahlen verschiedene Oberflächen Licht mehr oder weniger ...

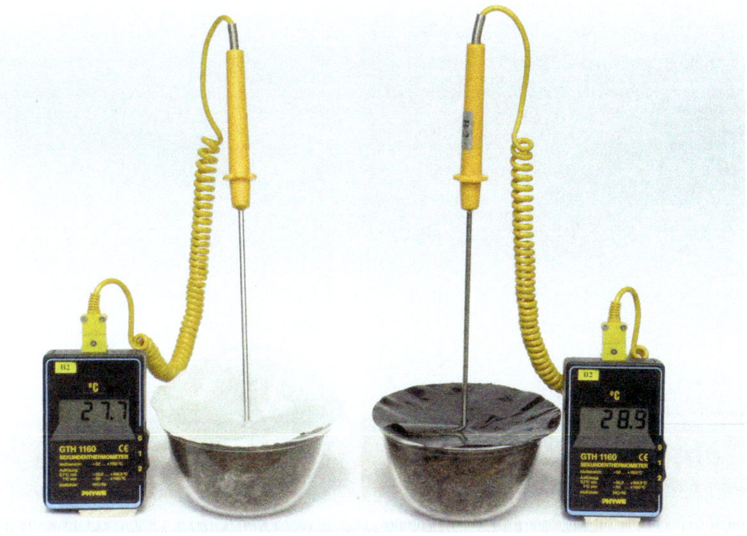

7 ***Experiment zur Albedo von Oberflächen***

3 *Erklären Sie, wie sich Wolken auf die Bestrahlung der Erdoberfläche auswirken.*

4 *Erläutern Sie die Zusammenhänge zwischen der Energie der kurzwelligen Sonneneinstrahlung auf die Erde und der langwelligen Wärmeabstrahlung von der Erde.*

5 *Führen Sie das Experiment zur Albedo von Oberflächen durch und werten Sie es aus.*

6 *Erklären Sie, weshalb das in Foto 3 dargestellte Zubereiten von Spiegeleiern möglich ist.*

7 *Erläutern Sie, wie sich das Abschmelzen der polaren Eiskappen und das Abholzen von Wäldern zur landwirtschaftlichen Nutzung auf den Strahlungs- und damit auch auf den Wärmehaushalt auswirken.*

ONLINE-Link

Infoblatt zum Strahlungshaushalt

29110X-0103

⑧ ***Tromsø an einem Tag um 13.00 Uhr***

⑩ ***Palme mit Schattenwurf***

Wärmehaushalt und globale Beleuchtungsverhältnisse

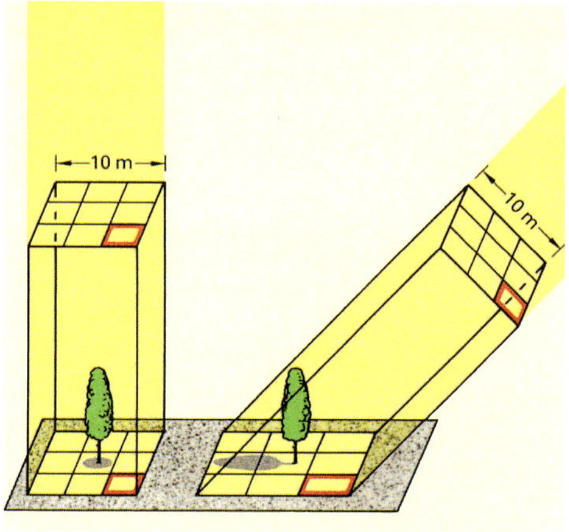

⑨ ***Die Verteilung der Wärmeenergie in Abhängigkeit vom Einstrahlungswinkel der Sonne***

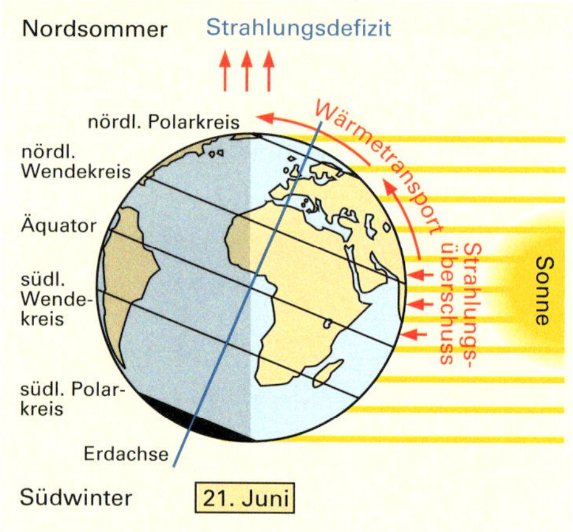

⑪ ***Globale Beleuchtungsverhältnisse am 21. Juni***

30 % der Sonnenenergie werden durch Wolken, Luft und Boden (und hier vor allem von Schnee) zurück in den Weltraum reflektiert. Die übrigen 70 % der Sonnenenergie werden absorbiert: etwa 20 % von der Atmosphäre und rund 50 % von der Erdoberfläche. Diese von der Erde absorbierte Energie wird durch Wärmestrahlung und Konvektion wieder an die Lufthülle abgegeben. Würde diese Energie wieder komplett in den Weltraum abgestrahlt werden, so läge die mittlere Lufttemperatur bei −18 °C. Tatsächlich beträgt sie jedoch +15 °C, also führt die Sonneneinstrahlung zu einer Erwärmung der Erdoberfläche um durchschnittlich 33 °C.

Bestünde unser Planet nur aus Wüsten, dann läge die Durchschnittstemperatur bei 13 °C. Wäre er von Wäldern überzogen, hätten wir eine durchschnittliche Temperatur von 24 °C. Wäre er

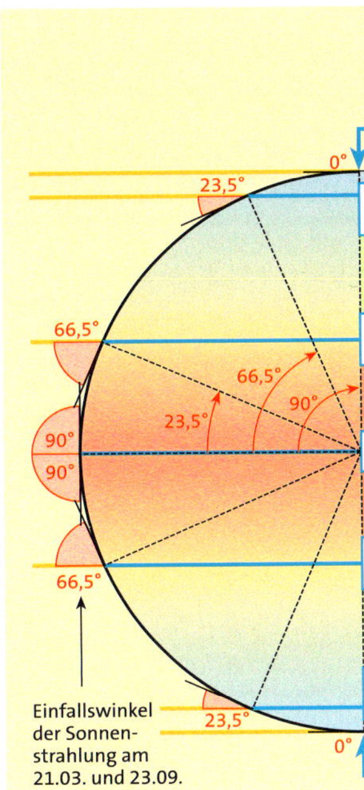

	Tageslänge in Stunden am: 22.06.	21.03. 23.09.	22.10.	Mittagshöhe der Sonne: maximal	minimal	Temperatur im Jahresmittel	ohne Wärmetransport
90°N Nordpol	24	12	0	23 ½°	–	- 23°C	- 44°C
nördl. Polarzone							
66 ½°N nördlicher Polarkreis	24	12	0	47°	0°	- 7°C	- 26°C
nördliche gemäßigte Zone							
23 ½°N nördlicher Wendekreis	13,5	12	10,5	90°	43°	+ 24°C	+ 32°C
tropische Zone							
0° Äquator	12	12	12	90°	66 ½°	+ 26°C	+ 39°C
tropische Zone							
23 ½°S südlicher Wendekreis	10,5	12	13,5	90°	43°	+ 22°C	+ 32°C
südliche gemäßigte Zone							
66 ½°S südlicher Polarkreis	0	12	24	47°	0°	- 8°C	- 30°C
südl. Polarzone							
90°S Südpol	0	12	24	23 ½°	–	- 33°C	- 44°C

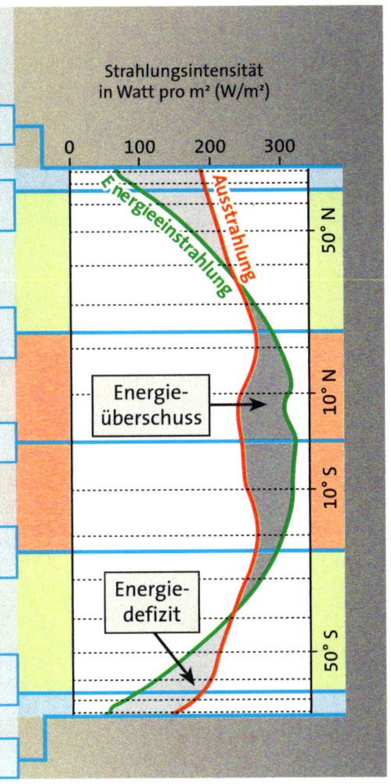

12 ***Energiedefizit- und Energieüberschussgebiete nach Breitenkreisen***

von Ozeanen bedeckt, würde sie 32 °C betragen. Ozeane sind dunkler und haben somit eine geringere Albedo. Eine komplett mit Eis bedeckte Erde hätte eine sehr hohe Rückstrahlung und wäre mit – 52 °C sehr lebensfeindlich.

Dies sind jedoch Durchschnittswerte, die nur für die Erde als Ganzes gültig sind. Lokal und regional werden die Verhältnisse von zahlreichen Faktoren beeinflusst wie von der Albedo, dem Einfallswinkel der Sonnenstrahlen, der Bewölkung und damit der Dauer der Sonneneinstrahlung, der Luftfeuchtigkeit oder dem Wärmetransport durch den Wind.

Wärmestrahlung und Jahreszeiten

Auf der Nordhemisphäre ist die eintreffende Energiemenge der Sonnenstrahlung im Juni drei mal höher als im Dezember. Diese Differenz wird durch die Neigung der Erdachse von 23,5° verursacht. Auch die unterschiedlichen Jahreszeiten kommen hierdurch zustande.

Durch die Rotation der Erde erleben wir das tägliche Auf- und Untergehen der Sonne. Aufgrund der Neigung der Erdachse verlagert sich der Zenitstand der Sonne im Jahresverlauf. Deshalb scheint die Sonne im Sommer höher am Himmel zu stehen als im Winter. Das bedeutet: längere, warme Tage im Sommer und kürzere, kalte im Winter. Auf der Südhemisphäre sind diese Verhältnisse um ein halbes Jahr zeitlich versetzt anzutreffen.

8 *Werten Sie die Fotos 8 und 10 aus.*
  a) Erklären Sie das auf dem Foto 8 dargestellte Phänomen.
  b) Ordnen Sie das Foto 10 den Regionen zu, an denen diese Aufnahme möglich ist.
  c) Geben Sie einen möglichen Zeitpunkt bzw. Zeitraum der Aufnahme beider Fotos an (Monat, Tageszeit).

9 *Erklären Sie, wie sich Änderungen im Einfallswinkel der Sonnenstrahlen auf die Temperatur der Erdoberfläche auswirken.*

10 *Erläutern Sie, wie sich die Schrägstellung der Erdachse auf den globalen Wärmehaushalt auswirkt.*

11 *Erstellen Sie in Anlehnung an Grafik 11 eine Skizze zu den Beleuchtungsverhältnissen am 21. Dezember.*

12 *Erklären Sie, weshalb bestimmte Regionen der Erde einen Energieüberschuss, andere aber Energiedefizite aufweisen.*

ONLINE-Link
Infoblatt zur Entstehung der Jahreszeiten
29110X-0104

Diagenese: *Prozess der Bildung von Sedimentgesteinen aus Lockersedimenten*

DOC *(Dissolved Organic Carbon): gelöster organischer Kohlenstoff*

DIC *(Dissolved Inorganic Carbon): gelöster anorganischer Kohlenstoff*

Kohlenstoff *ist ein unentbehrliches Element für das Leben auf der Erde. Kohlenstoff ist nicht nur Baustein der gesamten belebten Umwelt, sondern ist auch Bestandteil der Lufthülle unserer Erde. Er findet sich in Kalkablagerungen auf dem Boden der Ozeane und in fossilen Brennstoffen wie der Kohle.*

Kohlenstoffvorkommen

anorganisch:

- *im Boden: Kohle, Karbonate (Salze der Kohlensäure, z. B. Kalziumkarbonat)*
- *im Wasser gelöstes Kalziumhydrogenkarbonat*
- *in der Atmosphäre gasförmiges CO_2 und Methan*

organisch:

- *in Erdgas und Erdöl*
- *in allen lebenden und toten Organismen*
- *in lebenden Mikroorganismen bis in große Tiefen*

→ *Klimawandel, siehe Seite 146ff.*

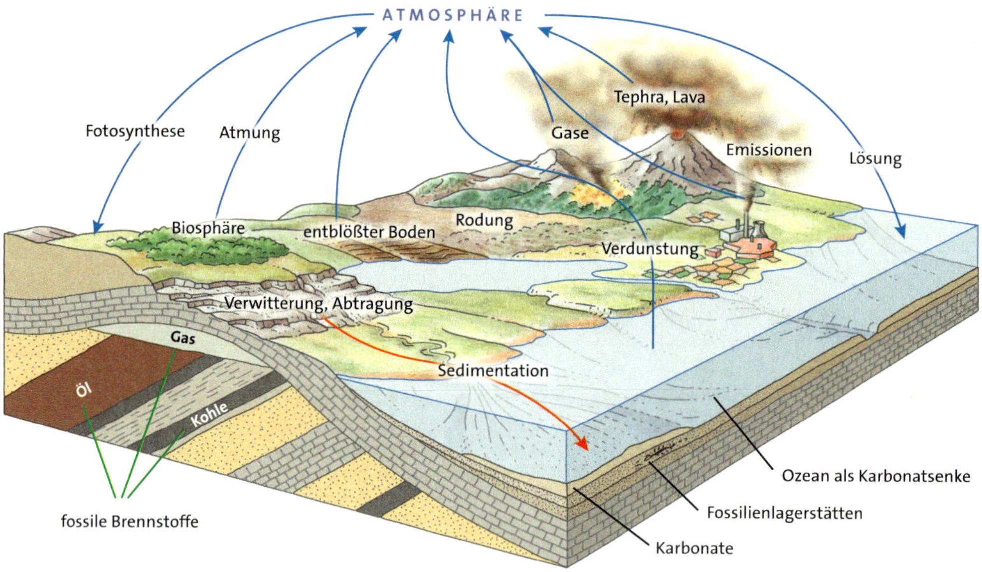

13 ***Der Kohlenstoffkreislauf***

Nach Barbara W. Murck et al.: Dangerous Earth. John Wiley & Sons Inc. 1997, S. 25

Der Kohlenstoffkreislauf

Anders als zu- und abgestrahlte Energie kann Materie auf der Erde und in der Atmosphäre in Kreisläufen immer wieder umgewälzt werden, so z. B. im **Kohlenstoffkreislauf**.

Kreisläufe bestehen aus „Flüssen" zwischen einzelnen Speichern. In der Erdatmosphäre befindet sich in Form von CO_2, welches den Treibhauseffekt mit verursacht, nur ein geringer Teil des auf der Erde vorhandenen Kohlenstoffs. Die Atmosphäre tauscht Kohlenstoff mit anderen Speichern aus. Nur 1 % des auf der Erde vorkommenden Kohlenstoffs ist im Kreislauf im Fluss. Davon befinden sich rund 38 % in der Vegetation und ca. 26 % in den oberen Schichten der Ozeane.

Menschliche Eingriffe in die Speicher verschieben das Fließgleichgewicht. Das Verbrennen fossiler Rohstoffe, das Reduzieren des Waldbestandes oder die landwirtschaftliche Nutzung verringern den Kohlenstoffgehalt der Speicher und erhöhen ihn in der Atmosphäre. Dies dürfte den Treibhauseffekt verstärken und zum globalen Klimawandel führen. Die Analyse von Eiskernbohrungen ergab, dass die globale Volumenkonzentration von CO_2 in der Atmosphäre in den letzten 650 000 Jahren nie den Wert von 300 ppm überschritten hat. Erst mit dem Beginn der Industrialisierung stieg die Konzentration exponentiell an.

Die Schwankungsbreite von Prognosen über die zukünftige Konzentration klimarelevanter Gase

14 **Weltweite Kohlenstoffreservoire**

Kohlenstoff findet sich in der Natur in großen, miteinander im Austausch stehenden Reservoiren in der Atmosphäre, der Landbiosphäre und im Boden sowie im Ozean. Ein weiteres Reservoir sind die Lagerstätten fossiler Energieträger. Sie waren über lange Perioden der Erdgeschichte am Kohlenstoffkreislauf nicht beteiligt und werden ihm erst seit 200 Jahren durch den Menschen wieder zugänglich gemacht. Das größte Reservoir jedoch sind die Meeressedimente und die aus ihnen entstandenen Kalkgebirge, in denen Kohlenstoff im Laufe der Erdgeschichte der Atmosphäre und dem Ozean längerfristig entzogen wurde und nicht mehr im globalen Kreislauf zur Verfügung steht. Die Atmosphäre ist ein zwar kleines, aber wichtiges Kohlenstoffreservoir. (...) Die größten der in einem natürlichen Austausch stehenden Reservoire sind die Ozeane.

Nach Gregor C. Falk et al.: Fundamente Kursthemen. Physische Geographie. Klett-Perthes, Gotha, 2002, S. 82.

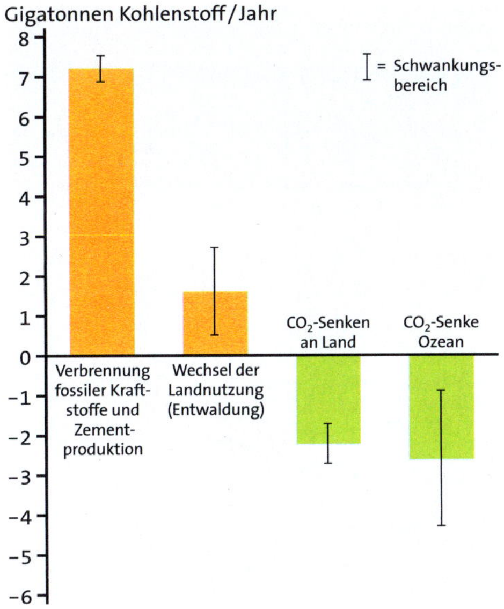

15 ***Quellen und Senken des CO_2***

Nach Intergovernmental Panel on Climate Change: IPCC Working Group 1 Chapter 7, 2007, FAQ 7.1, Figure 1

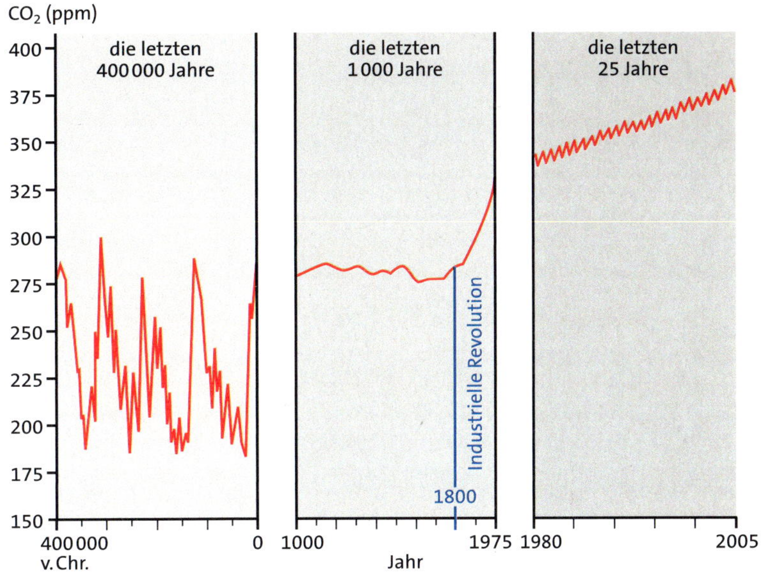

17 ***Veränderung der CO_2-Konzentration in der Atmosphäre***

Nach NASA/Goddard Space Flight Center Scientific Visualization Studio 2007: unter http://svs.gsfc.nasa.gov

16 **Prognosen zur atmosphärischen CO_2-Konzentration**

Je nach Szenario prognostizieren die Modelle für das Jahr 2100 einen Anstieg der atmosphärischen Kohlendioxidkonzentration auf 540 bis 970 ppm, was einer Steigerung um 90–250 % gegenüber der vorindustriellen Konzentration von 280 ppm gleichkommt. Nach einigen Modellen wird die zu erwartende Erwärmung die Aufnahme von CO_2 durch den Ozean wie durch die Landbiosphäre über einen längeren Zeitraum gesehen reduzieren, wodurch sich die atmosphärische Konzentration sogar auf maximal 1 260 ppm erhöhen könnte, was um 350 % über dem Wert von 1750 liegen würde. Hintergrund für die Unterschiede sind stark differierende Abschätzungen bei den Emissionen. Alle Szenarien projizieren für die nächsten 50 Jahre eine weitere Steigerung der Emissionen.

Nach Dieter Kasang nach IPCC 2001; unter http://lbs.hh.schule.de vom 27.07.07

(z. B. CO_2, CH_4) in der Atmosphäre ist relativ groß, da Rückkopplungseffekte mit den Ozeanen und der Landbiosphäre im Rahmen des Klimawandels nur schwer quantitativ abschätzbar sind.

Ein weiteres Ansteigen der globalen Mitteltemperatur wird zur weiteren Erwärmung des Oberflächenwassers der Ozeane führen, wodurch sich die Löslichkeit von CO_2 im Meerwasser verringert. Höhere Temperaturen und ein höherer atmosphärischer CO_2-Gehalt werden zwar die Aufnahmefähigkeit der terrestrischen Biosphäre zunächst stärken, jedoch könnte sich regional die Landbiosphäre bei zu hohen Temperaturen von einer CO_2-Senke in eine CO_2-Quelle verwandeln. Zudem wird durch einen Temperaturanstieg die Respiration, also die Umwandlung von Biomasse durch Organismen zu CO_2, erhöht. Trotz der Schwankungsbreite der Prognosen steht ein Faktum fest: Der atmosphärische CO_2-Gehalt hat sich seit der Industriellen Revolution erhöht und wird auch in Zukunft noch weiter steigen.

13 *Ordnen Sie die Kohlenstoffspeicher (Grafik 13) nach ihrer Bedeutung.*

14 *Erläutern Sie die Kohlenstoff-Flüsse:*
a) zwischen der Landbiosphäre und der Atmosphäre,
b) zwischen den Ozeanen und der Atmosphäre.

15 *Arbeiten Sie Zusammenhänge zwischen dem CO_2-Gehalt der Atmosphäre und dem in Grafik 13 dargestellten Kohlenstoffkreislauf heraus.*

ONLINE-Link
Surftipp
29110X-0105

Ozeanwirbel vor Spitzbergen werden durch treibende Eisschollen sichtbar

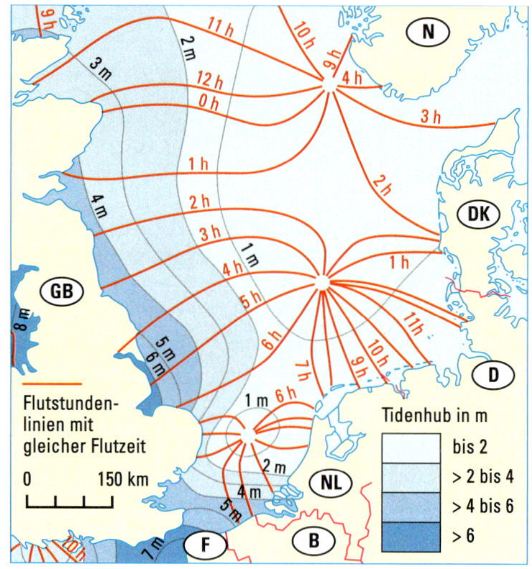

Tidenhub in der Nordsee und in der Deutschen Bucht

Thermohaline Zirkulation:
Damit wird der umfangreiche Massen- und Wärmetausch innerhalb der Weltmeere bezeichnet, der durch Temperatur- und Salzkonzentrationsunterschiede hervorgerufen wird. Warmes Wasser der Tropen hat eine geringere Dichte und bildet nur eine geringmächtige Oberflächenschicht von wenigen hundert Metern. Kaltes Polarwasser hat eine höhere Dichte und sinkt zur Tiefsee ab.
Die horizontale Salzgehaltsverteilung an der Meeresoberfläche wird durch die Niederschlagsverteilung und Verdunstung bestimmt. Hohe Salinität findet sich dort, wo die Verdunstung die Niederschläge übersteigt. Wasser mit einem hohen Salzgehalt besitzt eine höhere Dichte und sinkt ab.

1.3 Marine Grundlagen

Ursachen und Auswirkungen von Meeresströmungen

Die Ozeane sind ständig in Bewegung. Dafür sind vor allem drei Antriebskräfte verantwortlich.

Gezeiten
Die Anziehungskräfte des Mondes und der Sonne sowie die Zentrifugalkräfte bewirken die Entstehung von Ebbe und Flut. Unsere Vorstellung, dass der Mond eine große Menge Wasser anzieht und dadurch an der dem Mond zugewandten Seite der Wasserspiegel steigt, greift allerdings zu kurz. Auch dreht sich die rotierende Erde nicht unter diesen scheinbar um die Erde eilenden Flutbergen hinweg. Um beispielsweise eine Welle zu erzeugen, welche die Erde am Äquator in 24 Stunden und 50 Minuten umrundet (hierzu wären 1611 km/h nötig) müsste die mittlere Tiefe der Ozeane 20 368 Meter betragen. Tatsächlich beträgt diese nur 3790 Meter womit eine maximale Geschwindigkeit der Welle von 694 km/h möglich ist. Vernachlässigt wird in einfachen Gezeitenmodellen auch die Lage der Kontinente. So kann es schon aufgrund der nord- und südamerikanischen Landmasse keine erdumkreisenden Flutberge geben. Richtig ist, dass jedes Meeresbecken eine individuelle Tide aufweist, wobei es in Grenzbereichen zu Überlagerungen kommt.

Antriebskraft Wind
Durch die Reibungskraft des Windes entstehen an der Wasseroberfläche Wellen und bei beständigem Wehen oberflächennahe Strömungen. Die Hauptströmungsrichtungen entsprechen dabei in etwa den vorherrschenden Windrichtungen, z. B. den Passaten oder den Westwinden.
Durch die Rotation der Erdkugel werden nicht nur Luftmassen, sondern auch Wassermassen abgelenkt, so dass die Strömungsrichtung zusätzlich verstärkt wird. Die aus östlicher Richtung permanent wehenden Passatwinde sind in der Lage, mit großer Konstanz äquatoriale Wassermassen, in Bewegungsrichtung gesehen, nach Westen zu treiben (downwelling). Sie werden entsprechend der Coriolisablenkung vom Äquator weg auf der Nordhalbkugel nach rechts auf der Südhalbkugel nach links abgelenkt. Das verdrängte Oberflächenwasser wird von im Äquatorbereich aufsteigendem Tiefenwasser ersetzt (upwelling). Auf diese Weise entstehen zwischen dem 15. und dem 50. Breitengrad gewaltige Subtropenwirbel. Da Wasser die aufgenommene Wärme nur langsam an die Atmosphäre abgibt, wird warmes tropisches Wasser in höhere Breiten transportiert und bewirkt dort

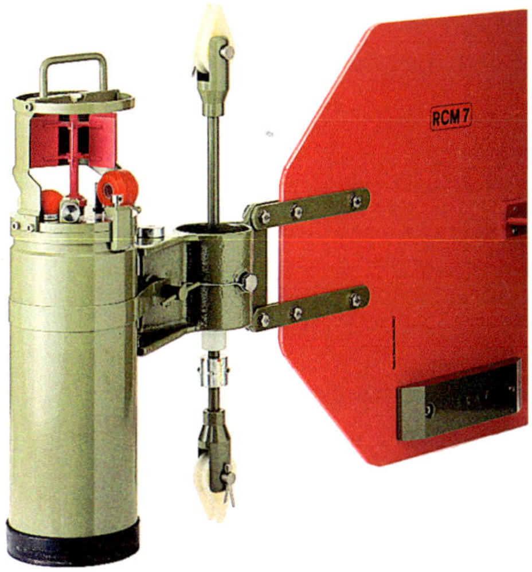

3 *Messung von Meeresströmungen mit einem elektromagnetischen Strömungsmesser*

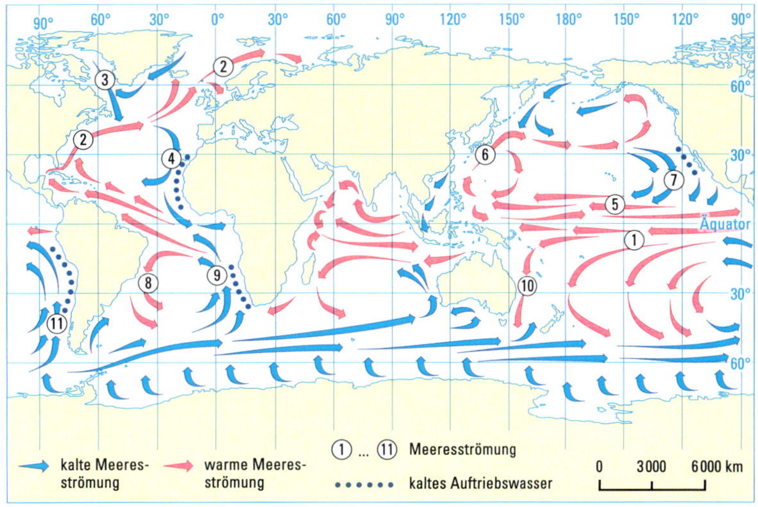

4 *Meeresströmungen*

höhere Temperaturen als sie für die Breitenlage zu erwarten wären. Der Rückstrom führt in der Tiefe relativ kalte Wassermassen äquatorwärts in wärmere Regionen.

Thermohaliner Antrieb

Temperatur- und Salzgehaltsänderungen beeinflussen die Dichte des Wassers. Dichteunterschiede bewirken wiederum Druckunterschiede, und diese lösen Strömungen aus. Hoher Salzgehalt und Kälte führen zu höherer Wasserdichte. Wo diese am höchsten ist, kann Wasser von der Oberfläche in die Tiefsee absinken. Nur in drei Bereichen des Weltmeeres wird eine sehr hohe Oberflächendichte erreicht: im Nordatlantik, im Ross- und Weddellmeer der Antarktis und im Mittelmeer. In den beiden ersteren Gebieten ist vor allem die niedrige Temperatur für die hohe Dichte verantwortlich, im Mittelmeer ist es die starke Verdunstung. Durch seine Abgeschlossenheit hat das Mittelmeer allerdings einen sehr geringen Einfluss auf die Strömungsverhältnisse des Weltmeeres. Dagegen wirken die genannten Polargebiete als gewaltige Umwälzpumpen. Kalte Wassermassen mit einer hohen Salzkonzentration sinken wegen ihrer hohen Dichte hier ab und verbreiten sich als Tiefenwasser rund um die Welt. Nahe der Oberfläche ersetzen Rückflüsse die absinkenden Wassermassen und halten damit die Wasserströme in Bewegung.

Welcher Anteil den einzelnen Antriebsursachen zukommt ist nicht geklärt und bei den unterschiedlichen Strömungen auch verschieden. Sowohl Luftmassenbewegungen als auch thermohaline Kräfte spielen aber die entscheidende Rolle beim Energietransfer.

Der antarktische Zirkumpolarstrom kreist als stärkste **Meeresströmung** um den antarktischen Kontinent. Sowohl westliche Winde als auch thermohaline Bewegungen treiben ihn an. Seine enorme Strömungsgeschwindigkeit verdankt der Zirkumpolarstrom allerdings der Tatsache, dass er nicht von Kontinentalmassen behindert wird.

1 *a) Benennen Sie mithilfe des Atlas die Meeresströmungen in Karte 4.*
b) Erläutern Sie die Auswirkungen der Meeresströmungen auf die West- bzw. die Ostseitenklimate der Kontinente.

2 *Meeresströmungen transportieren mit den Wassermassen auch alles, was auf ihnen schwimmt. Erläutern Sie, welche Folgen sich daraus für die Küstenregionen ergeben.*

3 *Bewerten Sie auf der Grundlage einer Internetrecherche die Bedeutung von Meeresströmungen.*

→ *Corioliseffekt, siehe Seite 31*

ONLINE-Link
Meeresströmungen
29110X-0106

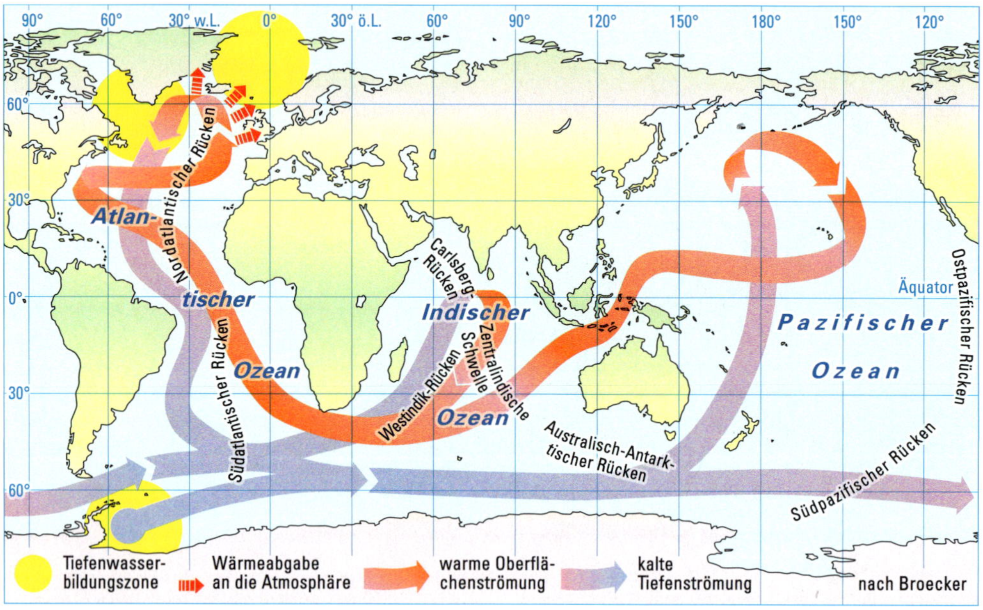

5 *Das große marine Förderband*

Die globale ozeanische Zirkulation

6 **Topographie des Weltmeeres**

Das Weltmeer hat eine Fläche von 361 Millionen km² und ist im Schnitt 3 800 Meter tief. (...) Etwa die Hälfte des Meeresbodens besteht aus riesigen relativ flachen Tiefseeebenen, die typischerweise zwischen 3 000 und 5 000 Metern unter der Oberfläche liegen. Sie sind von Sedimenten bedeckt, in denen sich alles ansammelt, was aus der Wassersäule darüber absinkt. Die Tiefseeebenen werden von den Kontinentalabhängen begrenzt. Hier steigt der Meeresboden zu den Kontinentalschelfen an. Aus der Tiefsee ragen die riesigen Gebirgszüge der Mittelozeanischen Rücken sowie der Unterwasservulkane empor.

Stefan Rahmstorf/Katherine Richardson: Wie bedroht sind die Ozeane? Biologische und physikalische Aspekte, 2. Aufl., Frankfurt 2007, S. 21f.

Das globale Strömungssystem setzt sich aus einer Vielzahl von Einzelströmungen zusammen. So werden die Wasserkörper der verschiedenen Ozeanbecken zu einem großen marinen Förderband zusammengeführt. Angetrieben wird das weltweite ozeanische Strömungssystem durch das Absinken dichter Wassermassen in den Polar- und Subpolargebieten, vor allem im Europäischen Nordmeer bzw. im antarktischen Weddellmeer. Im Sog der herabsinkenden Wassersäulen strömen wärmere Wassermassen nach, die sich abkühlen und dann dem Abwärtstrend folgen.

Die größte Pumpe dieser Art arbeitet im nördlichen Atlantik. Bis zu 17 Millionen Kubikmeter Wasser sinken hier pro Sekunde in die Tiefe. Als kalte Strömung fließen die Wassermassen in zwei bis drei Kilometern Tiefe nach Süden zum antarktischen Zirkumpolarstrom. Dort erhalten sie neuen „Schwung“ und strömen weiter in den Indischen und Pazifischen Ozean. Das kalte Tiefen- und Bodenwasser vermischt sich mit den darüberliegenden wärmeren Wassermassen, steigt auf und fließt als warme Oberflächenströmung zurück in den Atlantik.

Dieses Strömungsband wird von den Modellen freilich stark vereinfacht wiedergegeben, denn Meeresströmungen fließen in Wirklichkeit nicht so stetig und geradlinig wie sie in Modellen oder Grafiken dargestellt werden. Die meisten weisen heftige Turbulenzen, zahlreiche Mäander und Wirbel auf. Und auch im vertikalen Aufbau gibt es ein ganzes System aus Schlaufen und Ästen, in denen sich Wasserpakete vermischen.

7 **„Friendly Floatees“ auf hoher See**

Nichts wurde aus ihrem friedlichen Leben in den Badewannen Amerikas (...). Ein Frachtschiff sollte die Plastiktiere aus einer chinesischen Fabrik über den Pazifik nach Seattle bringen, geriet jedoch am 10. Januar 1992 nahe der Datumsgrenze in einen schweren Sturm (...). Zwölf Container gingen über Bord. Einer öffnete sich und der Inhalt wurde von der Meeresströmung erfasst. Zwei Drittel der Spielzeugfiguren mit der Markenbezeichnung „Friendly Floatees“ trieben nach Süden. Dabei legten sie eine Strecke von elf Kilometern pro Tag zurück. Viele von ihnen landeten später an den Küsten von Hawaii, Indonesien, Südamerika und Australien.

10 000 „Floatees“ wurden jedoch nach Norden getrieben. Am 16. November 1992 fand ein Spaziergänger in Alaska – 3 200 Kilometer vom Unglücksort entfernt – die ersten Planschtiere und informierte den Ozeanographen Curtis Ebbesmeyer in Seattle.

Ebbesmeyer untersucht Meeresströmungen, die Badeenten waren für ihn daher eine „unglaubliche Möglichkeit“, sagt er: „Wir haben nur sehr wenige driftende Messgeräte, deren Position wir mit Satelliten bestimmen können (...).“ Er bestimmte den genauen Ort, an dem die Weltreise der Entchen begonnen hatte, und entwickelte ein Computermodell, um ihren Weg zu berechnen.

Laut Ebbesmeyer wurde das Spielzeug im Pazifik vom so genannten subarktischen Meereswirbel erfasst – ein gigantisches Wasserkarussell, das von starken Winden und der Erdrotation angetrieben wird. (...) Als sie an den Rand des Wirbels gerieten, wurden sie von arktischen Strömungen erfasst und durch die Beringstraße getrieben, die Alaska und Russland trennt. Dort werde das Spielzeug im arktischen Packeis eingefroren, berechnete Ebbesmeyer damals mit seinem Modell. Langsam würde es so Richtung Atlantik driften (...). Mit den Daten von Plastiktieren können die Strömungsverhältnisse im Pazifik seither genauer bestimmt werden.

Martin Kotynek: Quietscheentchen auf hoher See, in: SZ vom 03. 07. 07; unter www.sueddeutsche.de

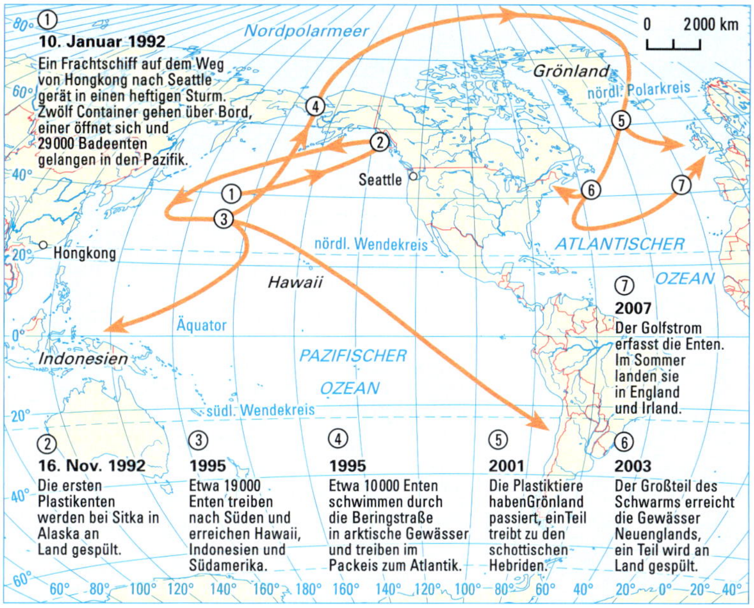

8 ***Die Route der Plastikenten;*** *nach SZ vom 03. 07. 07*

4 *a) Vergleichen Sie mithilfe des Atlas das Januarmittel der Temperatur entlang 60° n.Br.*

b) Begründen Sie die Unterschiede.

5 *a) Beschreiben Sie, wie sich das nordatlantische Strömungssystem in das globale Förderband einfügt.*

b) Untersuchen Sie auch die Auswirkungen auf die Temperaturentwicklung.

6 *a) Erläutern Sie die Topographie des Meeresbodens.*

b) Erklären Sie, warum sich vor allem im Pazifik die Subtropenwirbel ausbilden können.

7 *Überprüfen Sie, ob die Reise der „Floatees“ das Modell der globalen Meeresströmungen bestätigt.*

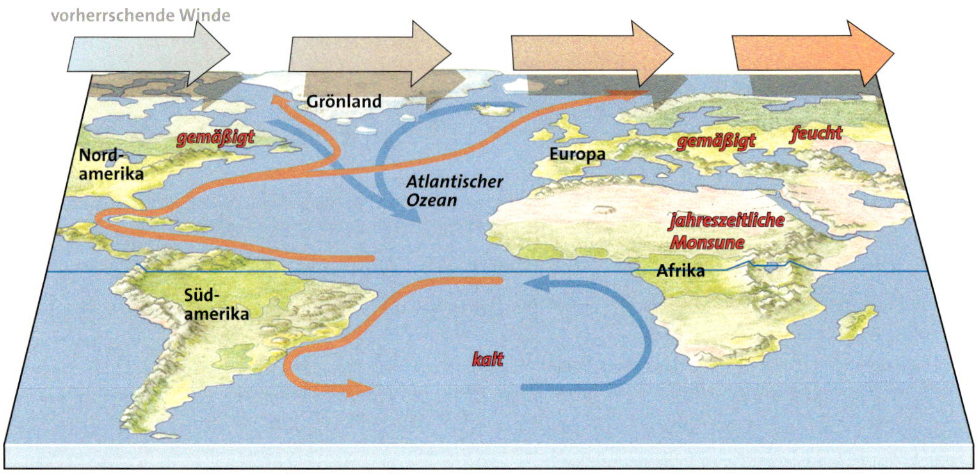

9 **Der Golfstrom – Normalsituation;** *nach David Fierstein, Santa Cruz, Cal./USA. In: Richard B. Alley: Das instabile Klima. In:Spektrum der Wissenschaft 3/2005, S. 46*

Die Informationen über die Welt werden immer komplexer und mit ihnen die Inhalte, die im Geographieunterricht vermittelt werden. Modelle tragen dazu bei, durch Vereinfachung und Veranschaulichung komplizierte Sachverhalte und Vorgänge verständlicher zu machen.

Interpretation von Modellen: Fallbeispiel Golfstrom

Funktion von Modellen

Ein Modell ist ein vereinfachtes Abbild der Realität. Es basiert auf Teilanalysen, die zu einem Gesamtkonstrukt zusammengefügt werden. Dabei können sich je nach Auswahl der Parameter unterschiedliche Ergebnisse einstellen. Modelle sind nicht die Wirklichkeit, sondern versuchen sich ihr zu nähern.

Die Vereinfachung, aber auch die Visualisierung der Wirklichkeit erlauben, die Vielfalt und Komplexität von geographischen Sachverhalten leichter zu verstehen und besser zu behalten.

Computermodelle simulieren durch mathematische Gleichungen reale Vorgänge. Sie haben drei wesentliche Vorteile:

- sie können viel schneller ablaufen als Vorgänge in der Realität,
- sie können in die Zukunft extrapolieren (Szenarien erstellen),
- es können bestimmte Rahmenbedingungen aus- und andere eingeschalten werden, so dass sich einzelne Einflussgrößen bewerten lassen.

Ein Modell interpretieren

1. Schritt: Beschreiben bzw. beobachten

Beschreiben Sie die Merkmale des Modells, erfassen Sie die Grundaussagen bzw. wesentliche Aspekte und versuchen Sie, die Grundstruktur des Modells zu verstehen.

2. Schritt: Voraussetzungen der Modellbildung bestimmen

Ermitteln Sie die dem Modell zugrunde liegenden Annahmen. Stellen Sie fest, auf welchen Grundvoraussetzungen das Modell aufgebaut ist.

3. Schritt: Modell erklären

Um die tieferen Zusammenhänge innerhalb des Modells zu verstehen, ist es wichtig, einzelne Bestimmungsfaktoren miteinander zu vernetzen, und damit modellhafte Kreisläufe und Selbstverstärkungseffekte aufzuzeigen. Damit kann erkannt werden, dass Probleme immer mehrere Ursachen haben und aus einem Netz von Abhängigkeiten bestehen. Zur Klärung der Ursachen für die Hauptaussagen müssen mitunter andere Informationsquellen herangezogen werden. Auf dieser Grundlage lassen sich die Zusammenhänge verständlich erklären.

4. Schritt: Aussagen des Modells überprüfen und bewerten

Überprüfen Sie die Aussagen des Modells anhand der tatsächlichen Situation bzw. Entwicklung in einem Fallbeispiel.

Bewerten Sie, inwiefern sich das Modell zur Beantwortung der gestellten Aufgabe eignet. Berücksichtigen Sie dabei auch die graphische Darstellung.

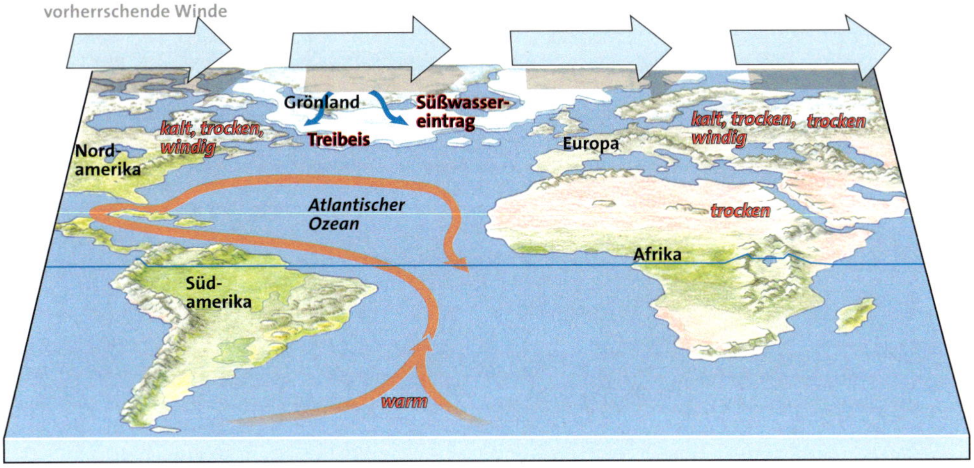

10 **Das Versiegen des Golfstromes – ein mögliches Szenario;** *nach David Fierstein, Santa Cruz, Cal./USA. In: Richard B. Alley: Das instabile Klima. In:Spektrum der Wissenschaft 3/2005, S. 46*

Golfstrom – Nordatlantikstrom

Ozeanographen unterscheiden zwischen dem Golfstrom im westlichen Atlantik und seinem verlängerten Arm, dem Nordatlantikstrom. Beide Strömungen werden in den Medien oft vereinfacht als Golfstrom bezeichnet, was gerade in Bezug auf die Theorie des Versiegens des Golfstroms zu missverständlichen Deutungen führen kann.

11 **Veränderungen der Meeresströme?**

Ein in den Medien immer wieder dramatisch aufbereitetes Szenario ist die Gefahr eines „Versiegen des Golfstroms", was nach manchen Berichten gar eine „neue Eiszeit" auslösen könnte. In dem Hollywoodfilm „The Day after Tomorrow" von Roland Emmerich wurde dieses Szenario zur Grundlage einer Science-Fiction-Story, bei der New York im Schneesturm versinkt und nebenbei von einem Tsunami geflutet wird, während die US-Regierung nach Mexiko flieht. Diesen spannenden Hollywoodthriller konnte sicher niemand mit einem Dokumentarfilm verwechseln, aber bei manchen Medienberichten ist es schon schwieriger, die seriösen wissenschaftlichen Grundlagen von Fiktion und Übertreibung zu trennen.

Stefan Rahmstorf/Katherine Richardson: Wie bedroht sind die Ozeane? Biologische und physikalische Aspekte, 2. Aufl., Frankfurt 2007, S. 145f.

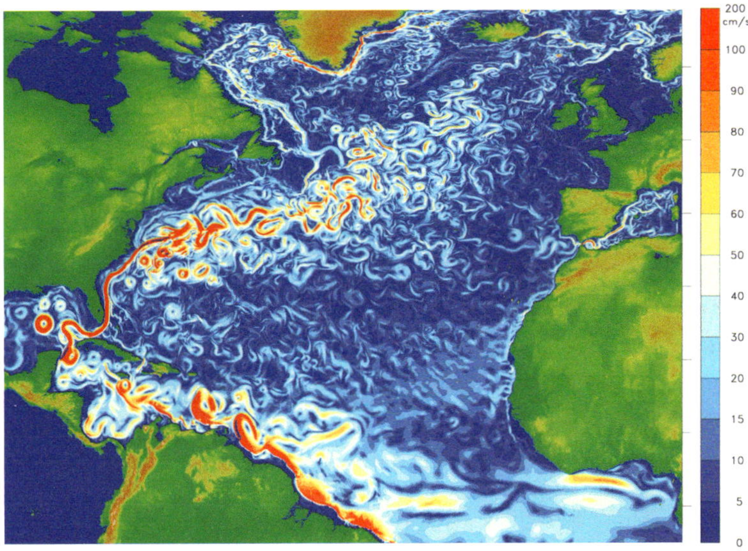

12 **Momentanaufnahme der oberflächennahen (100 m Tiefe) Strömungsgeschwindigkeit in einem hochauflösenden Ozeanmodell**

8 *a) Beschreiben Sie den Verlauf des Golfstroms bzw. des Nordatlantikstroms.*
b) Erläutern Sie, wie diese Strömung angetrieben wird.

9 *Arbeiten Sie die wesentlichen Parameter heraus, die dem Modell als Grundlage dienen.*

10 *Überprüfen Sie unter Verwendung von Internetquellen, inwieweit die Aussagen des Modells 10 mit der Einschätzung von Ozeanographen hinsichtlich des möglichen Versiegens des Golfstroms übereinstimmen.*

11 *Ermitteln Sie, ob es durch das Versiegen des Golfstroms in erdgeschichtlicher Zeit bereits schon einmal zu einer Eiszeit gekommen ist und damit das Modell die Wirklichkeit abbildet.*

12 *Vergleichen Sie das Satellitenbild 12 mit dem Strömungsband des Modells im gleichen Bereich.*
a) Erklären Sie die Unterschiede.
b) Erläutern Sie die Folgen für das Strömungsmodell.

ONLINE-Link
Infoblatt zum Golfstrom
29110X-0107

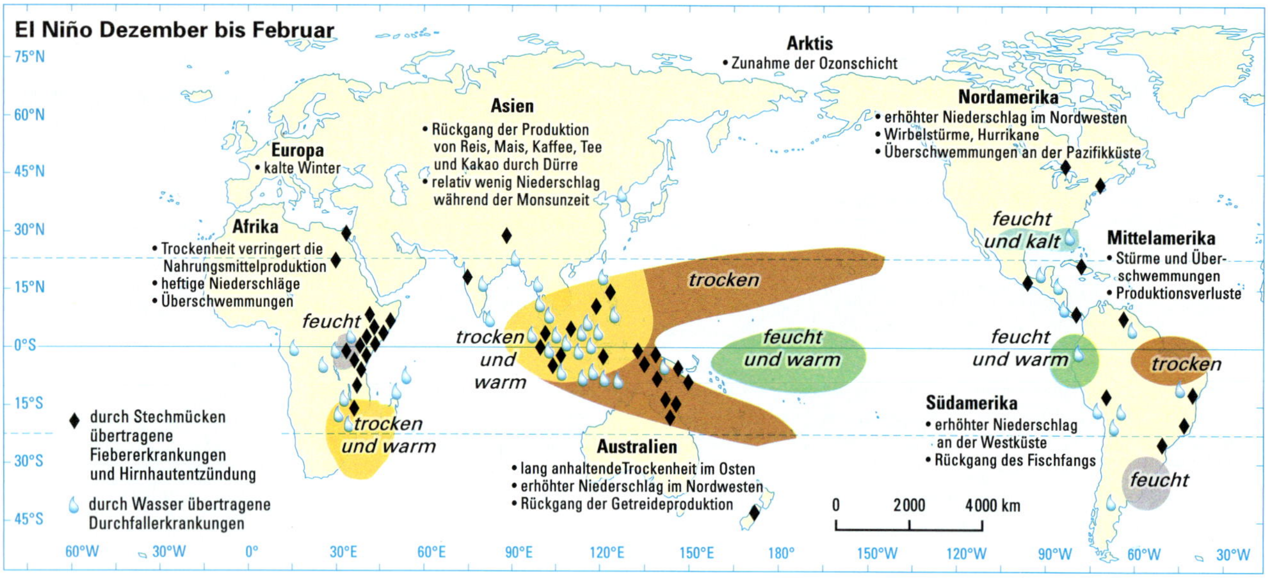

13 ***Globale Auswirkungen von El Niño;*** *nach Das ENSO-Phänomen, unter www.enso.info; P. Epstein: Krankheiten durch Treibhauseffekt. In: Spektrum der Wissenschaft, Dossier 2/2001, S. 80f.*

Das ENSO-Phänomen

Oszillation: *das mehr oder minder regelmäßig verlaufende Pendeln eines dynamischen Systems zwischen zwei oder mehreren Zuständen*

14 **Ökonomische Folgen für Peru**

Es ergeben sich für Peru ein Rückgang des Wirtschaftswachstums, höhere Arbeitslosigkeit, geringere Deviseneinnahmen, ein Rückgang der Aktienkurse Fisch verarbeitender Betriebe und ein Anstieg der Marktanteile anderer Fisch exportierender Länder. Zudem gehen die Guano produzierenden Bestände an Seevögeln nachhaltig zurück. Weiter reichende Folgen sind u.a. auch eine signifikante Zunahme von tropischen Infektionskrankheiten wie etwa Malaria, Naturkatastrophen durch Überschwemmungen und Erdrutsche sowie die Verarmung weiter Bevölkerungsschichten. All dies kann bis hin zu sozialen und politischen Unruhen führen.

Peruanischer Fischer mit zwei gefangenen Mantarochen

Nach Alexander Siegmund, Wirtschaftliche Folgen von El Niño-Ereignissen, PGM 146/2002, H5. S. 51

El Niño stürzt Bolivien ins Unglück
(Spiegel Online vom 24.02.2007)

El Niño trocknet Australien aus
(Netzeitung vom 24.07.2002)

El-Niño bringt Malaria, Pest und Cholera
(Welt Online vom 26.08.1998)

Bolivien im Griff der kalten Schwester von El Niño
(Deutsche Welle vom 19.02.2008)

Die Folgen des Klimawandels: El Niño kommt häufiger und heftiger
(Frankfurter Rundschau vom 28.12.2006)

15

El Niño (das Christkind) nennen die Bewohner der peruanischen Küstenregion einen unregelmäßig alle paar Jahre im Dezember auftretenden Warmwasserstrom, der ihnen den Fischfang verdirbt, aber der üblicherweise trockenen Küstenregion Regen bringt.

Heute weiß man, dass die geschilderten Folgen für Peru zu einem El Niño Südliche Oszillation (**ENSO-Phänomen**) genannten Klimasystem gehören, das weltweite Auswirkungen hat. Ökosysteme und Volkswirtschaften hängen von dieser natürlichen Klimaschwankung ab. Weltweit sind Entscheidungsträger in der Landwirtschaft, der Energiewirtschaft, dem Gesundheitswesen oder der Katastrophenvorsorge auf ENSO-bezogene Wetterinformationen angewiesen.

Normalsituation im südlichen Pazifik

Im Normalfall weht der Südost-**Passat** vom subtropischen Hochdruckgürtel am südlichen Wendekreis zur Innertropischen Konvergenzzone, die sich nahe am Äquator befindet. Dabei wird kaltes Meerwasser aus gemäßigten Breiten nach Norden getrieben. So entsteht an der südamerikanischen Westküste der Humboldtstrom. Er wird von dem kalten antarktischen Wasser gespeist und küstenparallele Winde fördern zusätzlich kaltes Wasser aus der Tiefe. Der Humboldtstrom transportiert dieses kalte Wasser bis zum Äquator. Somit strömt an die Westküste Südamerikas kaltes Wasser.

Das erwärmte Wasser der äquatorialen Regionen wird durch die Passatwinde im Westen des Pazifiks – an den Philippinen, den Sunda-Inseln und Australien – angesammelt, wodurch der Meeresspiegel hier etwa ein Meter höher als im Osten liegt. Im westlichen Pazifik befindet sich somit warmes Wasser.

Die unterschiedlichen Wassertemperaturen haben einen großen Einfluss auf die darüber liegenden Luftschichten. Das warme Wasser im Westpazifik erwärmt die Luft. Diese steigt auf, es bilden sich Wolken und es fallen Niederschläge (Konvektion). Durch die aufsteigende Luftbewegung sinkt am Boden der Luftdruck.

Im Ostpazifik senkt das kühle Meerwasser die Lufttemperatur. Mit der Abkühlung nehmen die Dichte der Luft und damit der Luftdruck zu. Die Konvektion, die zur Wolken- und Niederschlagsbildung führt, wird unterbunden. Diese Luftdruckunterschiede bedingen eine Ausgleichsströmung, die als Walker-Zirkulation bezeichnet wird. Dabei weht über dem Pazifik parallel zum Äquator ein Ostwind vom hohen Luftdruck an der amerikanischen Küste zum tiefen Luftdruck im Westpazifik. Der Ostwind über dem Pazifischen Ozean treibt dabei zusätzlich warmes Wasser nach Australien.

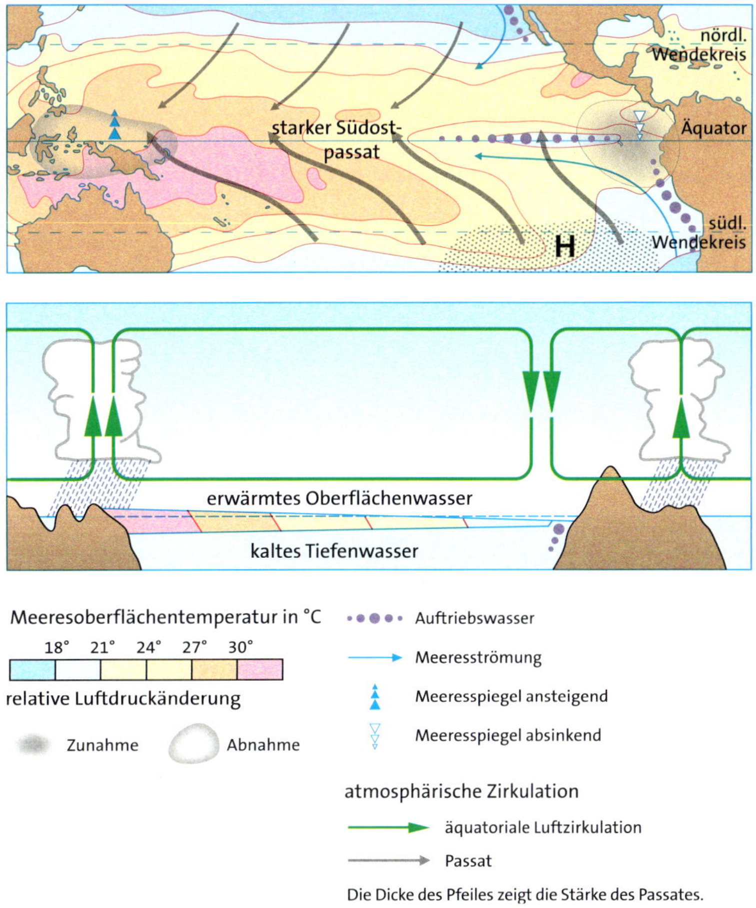

16 *„Normalsituation" auf dem Pazifik*

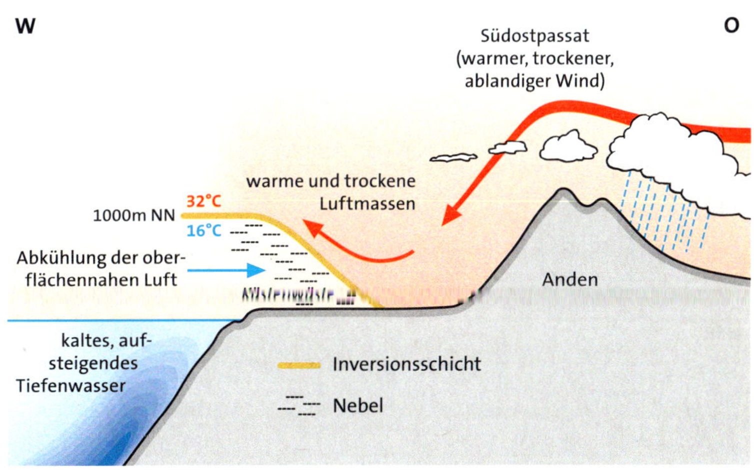

17 ***Wind- und Meeresströmungen an der südamerikanischen Pazifikküste***

13 *Beschreiben Sie mit eigenen Worten die Normalsituation der Wechselwirkung zwischen Meer und Atmosphäre im Südpazifik.*

14 *Erläutern Sie mithilfe von Grafik 17 den Begriff Küstenwüste.*

ONLINE-Link
ENSO-Phänomen
29110X-0108

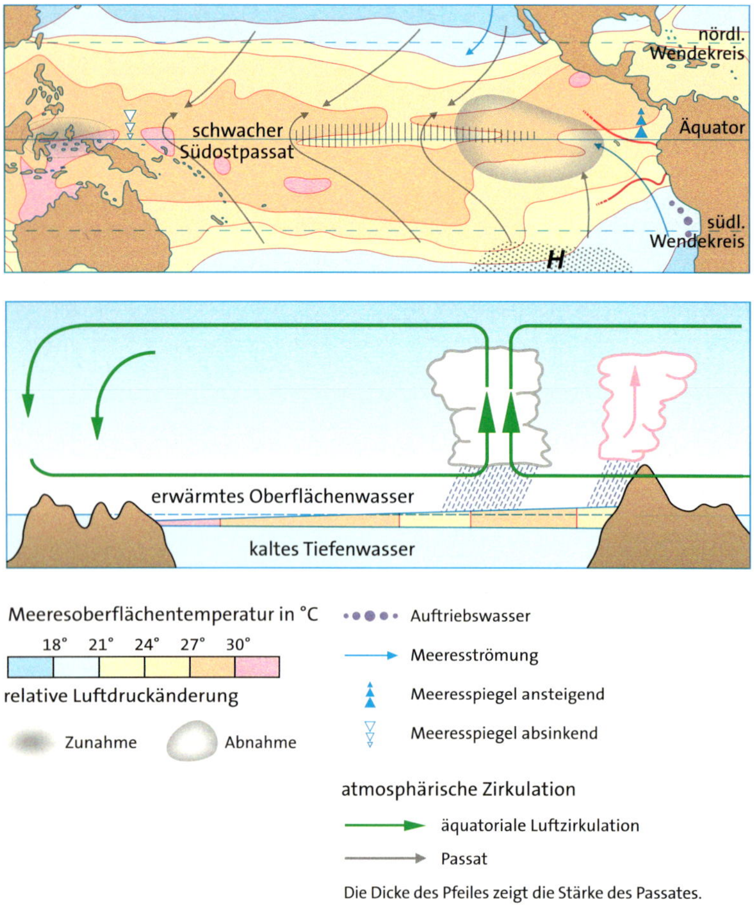

18 *El Niño – Situation auf dem Pazifik*

19 *Karikatur zum ENSO-Phänomen im Pazifik*

El Niño-Situation

Im Vergleich zur Normalsituation verändern sich die Verhältnisse bei El Niño grundlegend. Aus bisher kaum geklärter Ursache werden die Passatwinde schwächer, wodurch kein warmes Wasser mehr im westlichen Pazifik „zusammengetrieben" wird. Außerdem wird so der Humboldtstrom schwächer und es gelangt kein kaltes Wasser mehr entlang der südamerikanischen Westküste zum Äquator. Das aufgestaute warme Wasser im Westen strömt nach Osten zurück, so dass im Ostpazifik der Meeresspiegel angehoben wird und die Wassertemperatur ansteigt.

Die hohen Wassertemperaturen an der südamerikanischen Küste bedingen eine verstärkte Verdunstung, die letztlich durch die einsetzende Konvektion zu fallendem Luftdruck, Wolkenbildung und Niederschlägen führt. Im Westpazifik hingegen verringert sich durch die Abkühlung des Wassers auch die Lufttemperatur und durch die zunehmende Dichte der Luft steigt der Luftdruck, was eine Wolken- und Niederschlagsbildung behindert. Durch die Änderung des Luftdrucks dreht sich auch die Walker-Zirkulation um: Aus der östlichen Luftströmung über dem Pazifik wird ein Westwind vom hohen Luftdruck über dem Westpazifik zum niedrigeren Luftdruck an der südamerikanischen Küste. Durch diesen Wind wird zusätzlich erwärmtes Oberflächenwasser nach Osten transportiert. So führt ein El Niño-Ereignis hier zu einer Erhöhung der Meeresoberflächentemperatur, verbunden mit einer Zunahme der Niederschläge im Ostpazifik, während im Westpazifik Trockenheit vorherrscht.

15 *Erstellen Sie ein Diagramm zu den Wind- und Meeresströmungen an der südamerikanischen Pazifikküste zur Zeit von El-Niño (siehe Grafik 17).*

16 *Erklären Sie, warum man in Bezug auf El-Niño vom „warmen Bruder" und seiner „kalten Schwester" spricht.*

17 *Vergleichen Sie in Form einer Tabelle folgende Situationen: Normalzustand, El-Niño und La Niña.*

18 *Charakterisieren Sie das ENSO-Phänomen als Resultat von Wechselwirkungen zwischen Ozeanen und Atmosphäre.*

19 *Übertragen Sie Schema 22 in Ihr Heft und vervollständigen Sie das Ursache-Wirkungsgefüge.*

__Thermokline__: *Grenzfläche zwischen warmem Oberflächenwasser und kaltem Tiefenwasser*

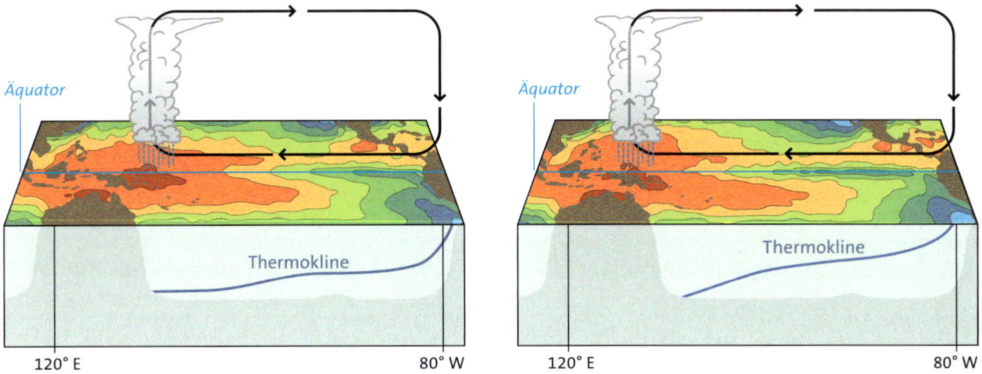

20 ***Ozean-Atmosphäre-Wechselwirkungen im Normalzustand (links) und während La Niña (rechts);*** *nach Mojib Latif: Das El Niño/Southern Oscillation-Phänomen, in: promet Heft 3/4 2006, S. 124*

21 **La Niña: Rund 50 000 Menschen mussten evakuiert werden wegen einer der schlimmsten Überschwemmungen Boliviens. Gibt es eine Erklärung für dieses Wetterphänomen?**

Antworten von dem Klimaforscher Mojib Latif: Zum Teil ist das auf ein Phänomen im Pazifik, das wir als „La Niña" bezeichnen, zurückzuführen. (...) (Es ist) quasi die kalte Schwester von El Niño. Bei El Niño erwärmt sich der Pazifik außergewöhnlich stark, jetzt haben wir die umgekehrte Situation, nämlich der Pazifik kühlt sich außergewöhnlich stark ab. Das führt gerade über Bolivien zu sintflutartigen Niederschlägen.

Inwieweit ist dieses Wetterereignis vorhersehbar?

Man kann dieses Phänomen etwa ein halbes Jahr im Voraus berechnen. Dazu braucht man Klimamodelle, die nicht nur die Atmosphäre, sondern auch den Ozean, die Meeresströmungen berechnen. Und diese Modelle werden dann mit aktuellen Daten gefüttert. Im Pazifik gibt es ein Messsystem, bestehend aus vielen Bojen längs des Äquators. Damit kann man solche Vorhersagen machen. Deshalb wussten wir auch schon vor einigen Monaten, dass wir in so eine Phase kommen würden.

Wir leben in der Zeit des vom Menschen verursachten Klimawandels. Hat La Niña etwas damit zu tun?

Man kann nicht grundsätzlich einzelne Ereignisse auf die Klimaerwärmung schieben. Aber wir müssen in Folge der Erderwärmung schon damit rechnen, dass außergewöhnliche Niederschläge weiter zunehmen, weil in einer wärmeren Welt insgesamt mehr Wasser in der Atmosphäre ist und deswegen können auch solche Auswirkungen, wie sie bei La Niña beobachtet werden, etwas stärker werden.

Steffen Leidel: Bolivien im Griff der kalten Schwester von El Niño; Deutsche Welle; unter www.dw-world.de, vom 19. 02. 2008

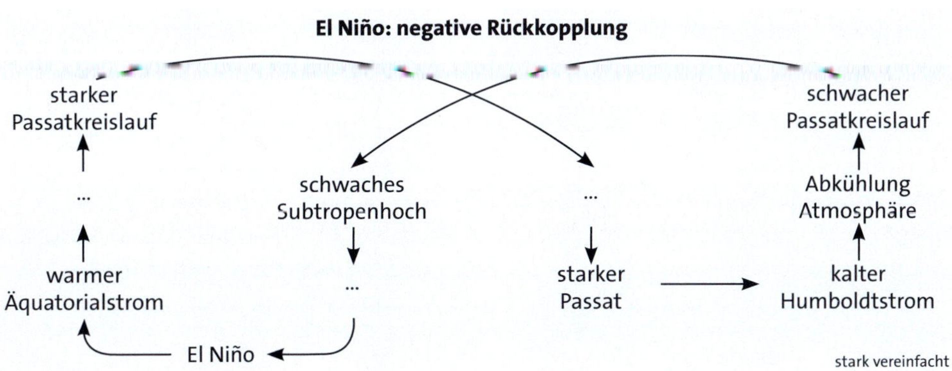

22 ***Regelmechanismus im Südpazifik;*** *nach Christoph Ammann: El Niño. Die Infoseite zur Klimaanomalie im Pazifik; unter www.elnino.info*

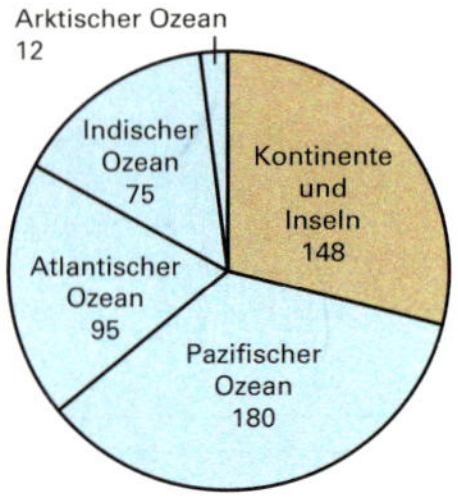

Anteil von Ozeanen und Festländern an der Erdoberfläche in Mio. km²

24
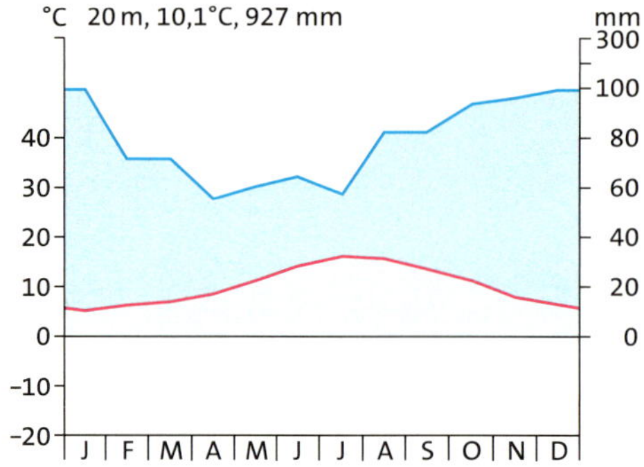

25
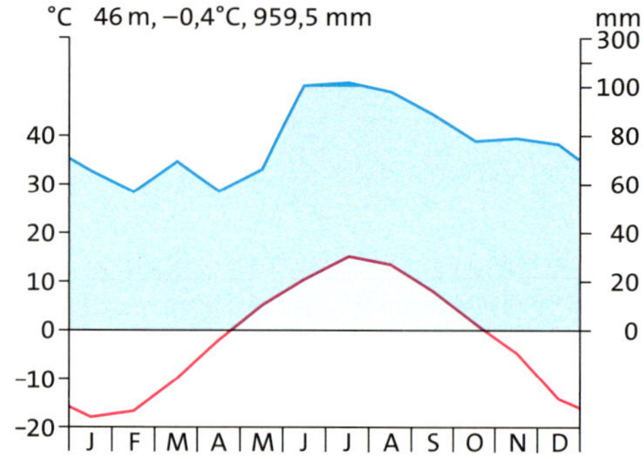

Die Bedeutung der Weltmeere für das Globalklima

Globale Windsysteme und Meeresströmungen sorgen für den Austausch von Wärme zwischen den Tropen und höheren Breiten. Das große marine Förderband, das drei Weltmeere verbindet, spielt dabei eine entscheidende Rolle. Teil des Förderbands ist der Nordatlantische Strom, der West- und Nordeuropa vergleichsweise mildes Klima beschert. Änderungen der atmosphärischen Zirkulation wie auch der Meeresströmungen können Klimaänderungen nach sich ziehen.

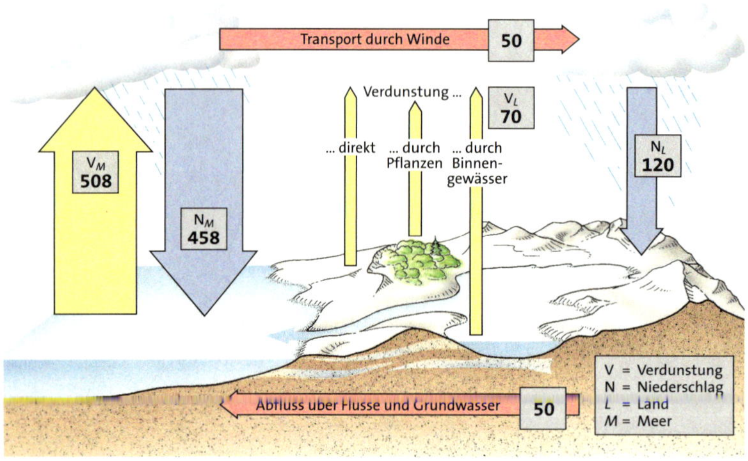

23 **Der Wasserkreislauf der Erde** *(Werte in 1000 km³ pro Jahr)*
Verweildauer des Wassers: Atmosphäre: 8–10 Tage; Eis/Gletscher: 10 Jahre bis Jahrtausende; Pflanzen: 7 Tage; See: Tage bis Jahre; Grundwasser: bis zu 10000 Jahren; Fluss: 14 Tage; Ozean: mehr als 4000 Jahre

26 **Wärmespeicherkapazität des Meerwassers**

Wasser nimmt Energie nur sehr langsam auf und gibt sie auch entsprechend langsam wieder ab. Seine Wärmespeicherungskapazität ist rund tausendmal höher als die der Luft. Es kann daher in Abhängigkeit von den Jahreszeiten auf die Atmosphäre sowie auf die Landgebiete kühlend oder wärmend wirken. Die thermischen Unterschiede zwischen Tag und Nacht und zwischen den Jahreszeiten werden durch das Meer ausgeglichen. Durch seine wärmespeichernde Eigenschaft transportiert Meerwasser Energie über große Entfernungen, der ozeanische Energieausgleich zwischen äquatorialen und polaren Regionen entspricht etwa dem der atmosphärischen Zirkulation. Die Oberflächentemperatur der Meere variiert in geringerem Umfang als die des Festlandes, nämlich maximal zwischen −2 °C und +35 °C. Die Jahresschwankungen der Meerwassertemperatur betragen unter normalen Bedingungen höchstens 10 °K. Daher stabilisiert das Meer insgesamt das Klima.

Nach Gregor C. Falk et al.: Fundamente Kursthemen. Physische Geographie. Klett-Perthes, Gotha, 2002, S. 75

20 *a) Bestimmen Sie die geographische Lage von Goose/Kanada und Shannon/Irland.*
b) Ordnen Sie die beiden Orte den Klimadiagrammen 24 und 25 zu.

27 **Ozeane im Klimasystem**

Die Ozeane werden von der Oberfläche her erwärmt während die Erwärmung der Atmosphäre ein Ergebnis des Treibhauseffektes ist. Bei einem Temperaturvertikalschnitt zwischen den Polen zeigen sich die höchsten Temperaturen mit etwa 27,5 °C in der tropischen Deckschicht, die niedrigsten mit Werten unter 0 °C in den Polargebieten, in denen die warmen Deckschichten regional nicht vorhanden sind und dementsprechend die Kaltwasserschicht bis an die Oberfläche tritt.

Über die Schubkraft der Winde werden Strömungen an der Meeresoberfläche angetrieben. Durch die Reibung und Corioliseffekt abgelenkt, entstehen die oberflächennahen Meeresströmungen. Als weiteren Antrieb für Meeresströmungen sind Vertikalkonvektionen zu nennen, die aus Dichteunterschieden des Wassers – abhängig von der Temperatur und dem Salzgehalt – resultieren. Insgesamt wird in den niederen Breiten bis rund 35 Grad mehr Energie eingenommen als abgestrahlt, in höheren Breiten ist es umgekehrt. Zur Aufrechterhaltung der Wärmebilanz muss Wärme polwärts transportiert werden. Etwa ein Drittel des Wärmetransports geschieht über die Oberflächenströmungen des Ozeans, zwei Drittel über die Atmosphäre. Die Oberflächentemperaturen der Ozeane zeigen eine zonale Anordnung, mit stärkeren Abweichungen auf der Nordhalbkugel bedingt durch die Kontinentalmassen. Die hohe Wärmekapazität des Wassers verursacht den eher zonalen Verlauf der Oberflächentemperaturen. Die Unterschiede der Lufttemperaturen über den Ozeanen sind im Jahresgang ebenso recht ausgeglichen; die Temperaturamplituden sind entsprechend geringer als über dem Festland.

Nach Dirk Schäfer und Manfred Domrös: Der Indische Ozean im globalen Zirkulationsgeschehen, in GR 57 (2005), H. 4, S. 67

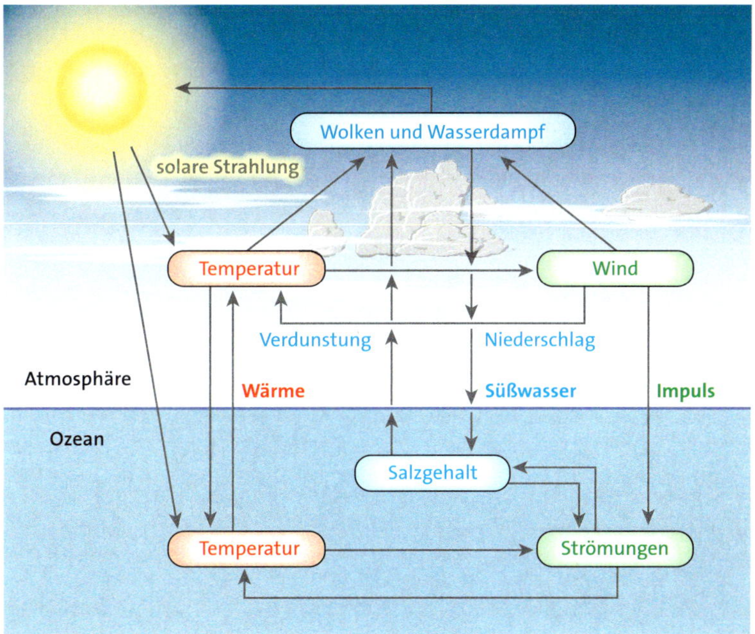

28 ***Wechselwirkung zwischen den Ozeanen und der Atmosphäre***

Nach Dirk Olbers: Die Erde ist ein feuchter Fussball, AWI, S. 3 (unter www.awi.de)

29 **Auswirkung der globalen Erwärmung**

Kohlendioxid löst sich in kaltem Wasser besser als in warmem. Wärmeres Wasser wird also weniger Kohlendioxid aufnehmen und dies wird den Treibhauseffekt verstärken. Höhere Temperaturen werden auch dazu führen, dass in den Polarregionen verstärkt Süßwasser in den Ozean fließen wird. Dieses Süßwasser kommt, Computermodellen zufolge, aus stärkeren Regenfällen in den höheren Breiten wie auch aus dem Schmelzwasser der Eisregionen. Schließlich wird die höhere Wassertemperatur zu einer Zunahme des Wasservolumens führen. Verstärkt durch Schmelzwasser wird ein Anstieg des Meeresspiegels resultieren, der zu Überflutungen führen könnte.

Lucinda Spokes: Environmental Sciences, University of East Anglia, Norwich – U.K., unter www.atmosphere.mpg.de

***Zur solaren Strahlung**:*
Auf dem Land werden Sonnenstrahlen direkt an der Erdoberfläche absorbiert. Im Meer dagegen dringen sie bis zu 100 Meter tief ein!

→ *Zirkulationsverhältnisse im Nordatlantik, siehe Seite 23*

21 *Erläutern Sie die Grafik 23.*

22 *a) Beschreiben Sie auf Grundlage einer Internetrecherche die Entstehung des antarktischen Zirkumpolarstromes oder die Abschwächung des Nordatlantikstroms nach der letzten Eiszeit.*

b) Erklären Sie mithilfe eines der beiden Fallbeispiele, wie sich Meeresströmungen auf das Klimasystem auswirken.

ONLINE-Link
Infoblatt Meeresströmungen und Klima
29110X-0109

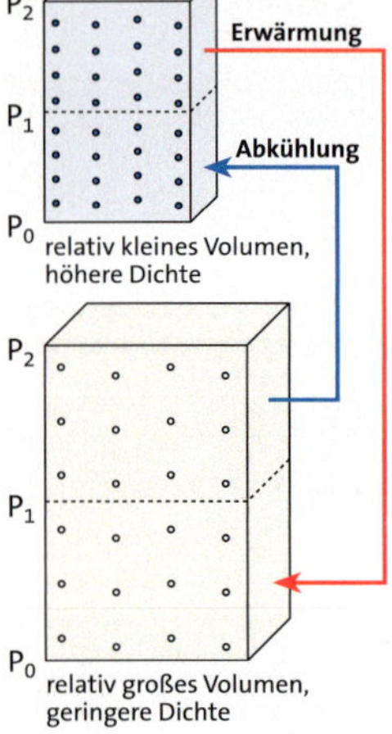

Änderung des Luftdruckes in Abhängigkeit von der Temperatur

Nach Alan H. Strahler, Arthur N. Strahler: Physische Geographie, 3. Aufl. UTB, Stuttgart 2005, S. 60

1 ***Satellitenbild der Erde***

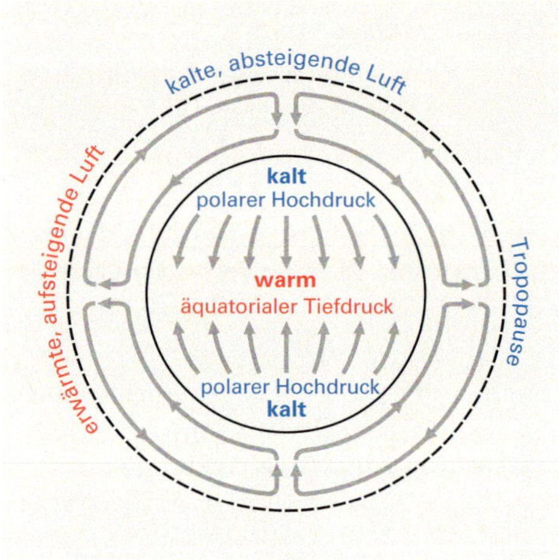

2 ***Einzellenmodell der Atmosphärischen Zirkulation*** *(ohne Berücksichtigung von Corioliseffekt und Kontinenten)*

1.4 Die Atmosphärische Zirkulation

*Luftpakete unterliegen beim Aufsteigen oder Absinken Volumen-, Druck- und Temperaturänderungen. Mit zunehmender Höhe verringert sich der Druck und das Volumen vergrößert sich. Die Temperatur nimmt alle 100 m um 1 K ab (**trockenadiabatisch**). Ist die Luft wasserdampfgesättigt, setzt Kondensation ein (Tröpfchenbildung). Die dabei freigesetzte Kondensationswärme sorgt dafür, dass sich die Luft beim Aufsteigen nur noch um ca. 0,6 K abkühlt (**feuchtadiabatisch**).*

In der Atmosphäre laufen physikalische und chemische Vorgänge ab, die das Leben auf der Erde ermöglichen und beeinflussen. Ohne Atmosphäre gäbe es keinen blauen Himmel, keine Wolken, keinen Wind, Regen oder Schnee. Dabei steht die Atmosphäre als ein Element des Systems Erde in Wechselbeziehungen mit anderen Sphären. Auch der Mensch beeinflusst in vielfältiger Weise atmosphärische Prozesse.

Die unterschiedlichen Einstrahlungsverhältnisse auf unserer Erdkugel bewirken je nach Breitengrad deutliche Temperaturunterschiede. Wie in einer gewaltigen Wärmepumpe werden Luftmassen sowohl in der Höhe als auch in Bodennähe ständig umgewälzt. Winde sind spürbarer Ausdruck dieses globalen Temperaturaustauschs. In einem stark vereinfachten Modell steigt die Luft in Äquatornähe auf, um in der Höhe polwärts zu strömen. Kalte dichte Polarluft würde dann entgegengesetzt wieder am Boden in Richtung Äquator strömen. Dementsprechend müsste sich jeweils auf der Nord- und Südhalbkugel eine große Konvektionszelle bilden.

Erdrotation und -revolution, Gebirgszüge sowie die Verteilung von Landmassen und Meeren verändern dieses Modell erheblich. Im Bereich des Äquators steigt erwärmte Luft kräftig auf, um mit zunehmender Höhe feuchtadiabatisch abzukühlen. In Bodennähe entsteht die äquatoriale Tiefdruckrinne, die sich mit dem im Jahresgang verändernden Sonnenhöchststand nach Norden oder Süden verlagert. Durch die ständig nachströmende Luft bilden sich in der Höhe Winde, die nord- bzw. südwärts wehen. Diese kalte Luft sinkt bereits vor dem 30. Breitengrad wieder ab und erwärmt sich dabei trockenadiabatisch. Als Passate strömen diese Luftmassen bodennah wieder in Richtung Äquator.

Atmosphärische Zirkulation

Als **Atmosphärische Zirkulation** oder auch planetarische Zirkulation bezeichnet man die Gesamtheit aller großräumigen vertikalen und horizontalen Luftbewegungen auf der Erde. Aus der Druckverteilung auf der Erdoberfläche ergeben sich drei Zirkulationssysteme, die sich im Jahresverlauf entsprechend der Sonneneinstrahlung verlagern:

- Die Hadleyzelle (tropische **Passatzirkulation** der niederen Breiten): Sie wurde nach dem englischen Meteorologen George Hadley benannt, der allerdings noch von einem direkten Luftkreislauf zwischen Äquator und Pol ausging. Im Jahresmittel entsteht diese Zelle etwa zwischen 35° N und 30° S.

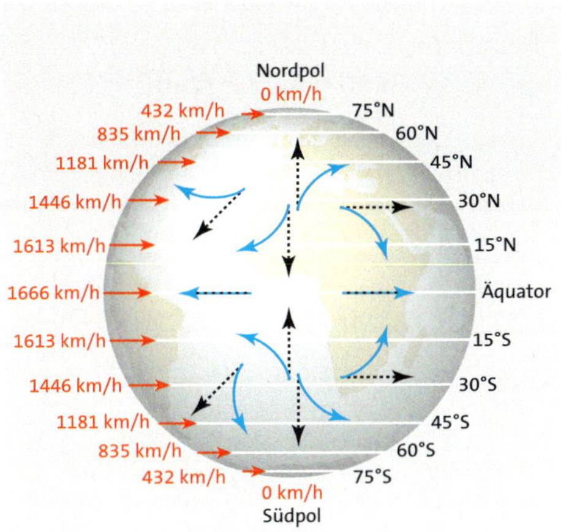

3 ***Wirkung der Corioliskraft***

Geschwindigkeitsangaben: Rotationsgeschwindigkeit der Erde in Abhängigkeit von der geographischen Breite

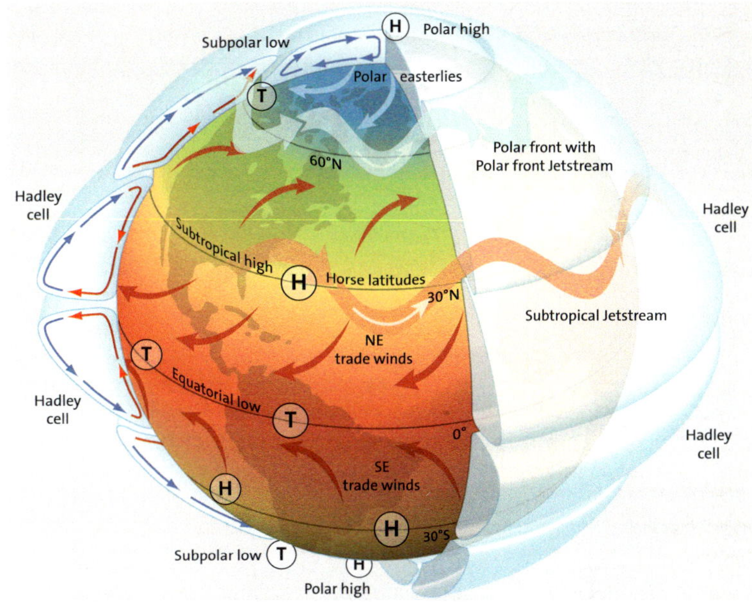

4 ***Mehrzellenmodell der Atmosphärischen Zirkulation***

Nach Federation of American Scientists, unter www.fas.org/irp/imint/docs/rst/Sect14/FIG07_006.jpg, 2008

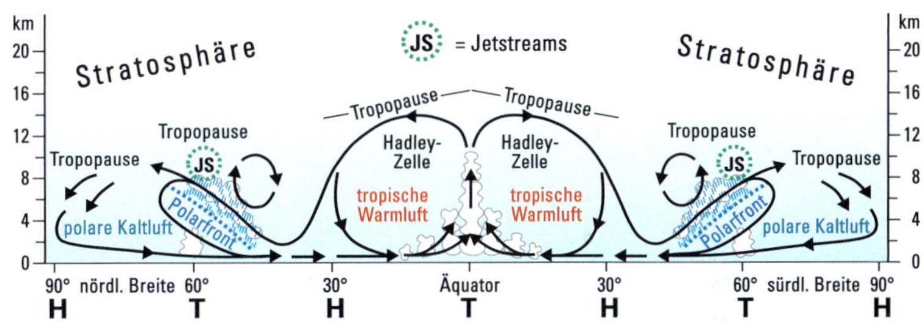

5 ***Schema der atmosphärischen Luftzirkulation zwischen tropischer Warmluft und polarer Kaltluft innerhalb der Troposphäre;*** *nach Gregor C. Falk et al.: Fundamente Kursthemen. Physische Geographie. Klett-Perthes, Gotha, 2002, S. 56*

– Die Ferrelzelle (außertropische **Westwindzirkulation** der höheren Breiten): Hier sorgen die großräumigen dynamischen Hoch- und Tiefdruckgebiete für einen horizontalen Luftaustausch und entsprechende Energietransporte. Es sind vor allem die Zyklonen (Tiefdruckgebiete), die für eine Verwirbelung unterschiedlich temperierter Luftmassen sorgen. Auf der Nordhalbkugel strömt an deren Ostseite Warmluft nach Norden und an der Westseite Kaltluft nach Süden.

– Die polare Zelle: Von den Polen (polares Hochdruckgebiet) strömt kalte dichte Luft oberflächennah aus östlicher Richtung ab. Bereits bei 60° ist die Luftmasse so erwärmt, dass sie aufzusteigen beginnt.

Corioliseffekt

Am Äquator beträgt die Rotationsgeschwindigkeit der Erde rund 1666 km/h. Dies ist die notwendige Geschwindigkeit, um den Erdumfang von gut 40 000 Kilometern an einem Tag zurückzulegen. Ein Luftteilchen, das vom Äquator in Richtung eines Pols bewegt wird, behält die aus der größeren Bahngeschwindigkeit am Äquator höhere Geschwindigkeit bei und bewegt sich daher schneller als die Land-oder Seemasse darunter. Relativ zur Erdoberfläche ergibt sich daraus eine scheinbare Ablenkung. Diese erfolgt auf der Nordhalbkugel nach rechts, auf der Südhalbkugel nach links.

1 *Erarbeiten Sie eine Definition des Begriffes „Wind".*

2 *Überprüfen Sie, wie sich folgende Sachverhalte auf die Atmosphärische Zirkulation auswirken:*
a) es existieren keine Gebirge,
b) die Erdachse ist nicht geneigt,
c) ein Jahr dauert 730 Tage,
d) die Erde dreht sich nicht in 24 Stunden, sondern in einem Monat einmal um ihre Achse.

3 *Erklären Sie, warum die Passatwinde auch als „trade winds" bezeichnet werden.*

ONLINE-Link
Infoblatt globale Windsysteme
29110X-0110

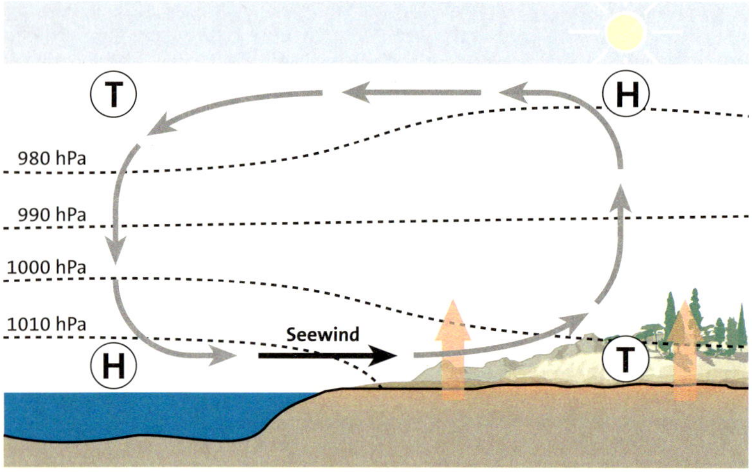

⑥ ***Seewind am Tag;*** *nach Hans Gebhardt/Rüdiger Glaser/Ulrich Radtke/Paul Reuber (Hrsg.): Geographie: Physische Geographie und Humangeographie. Heidelberg: Springer-Verlag 2006, S. 653*

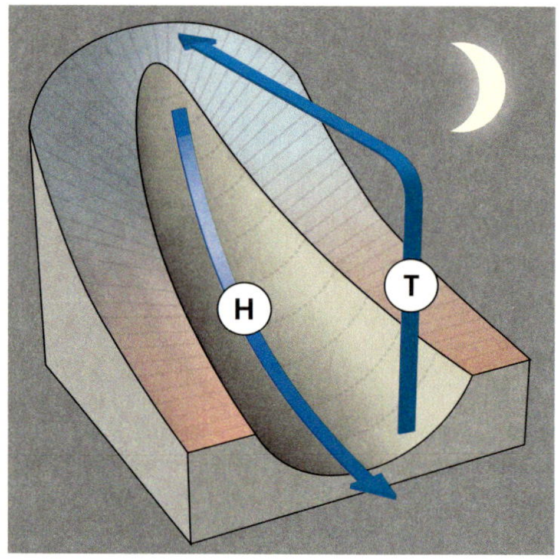

⑨ ***Bergwind bei nächtlicher Abkühlung der Hänge***

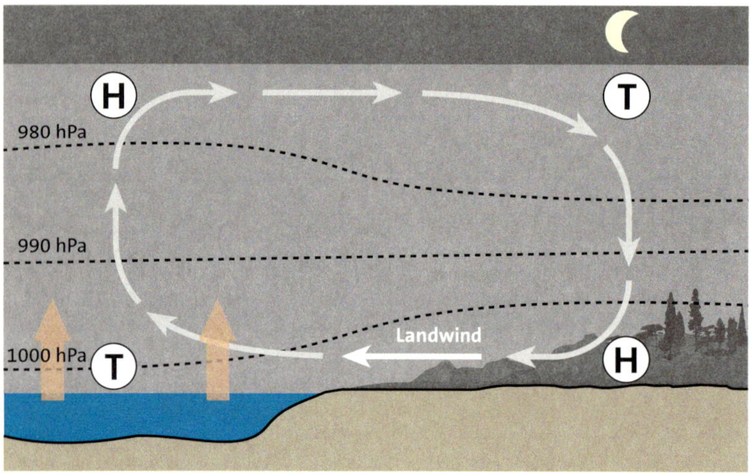

⑦ ***Landwind bei Nacht***

Nach Hans Gebhardt/Rüdiger Glaser/Ulrich Radtke/Paul Reuber (Hrsg.): a. a. O., S. 653

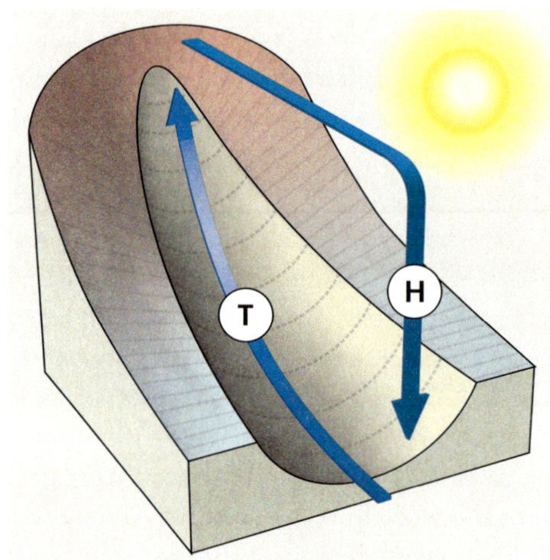

⑩ ***Talwind bei einsetzender Bestrahlung der Hänge***

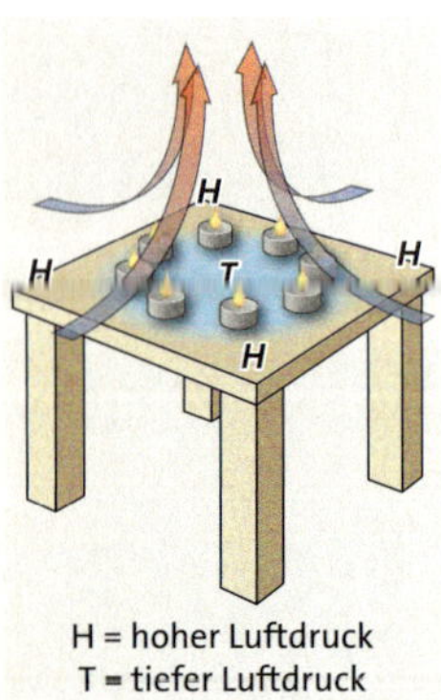

Experiment zur Entstehung von Hoch- und Tiefdruckgebieten

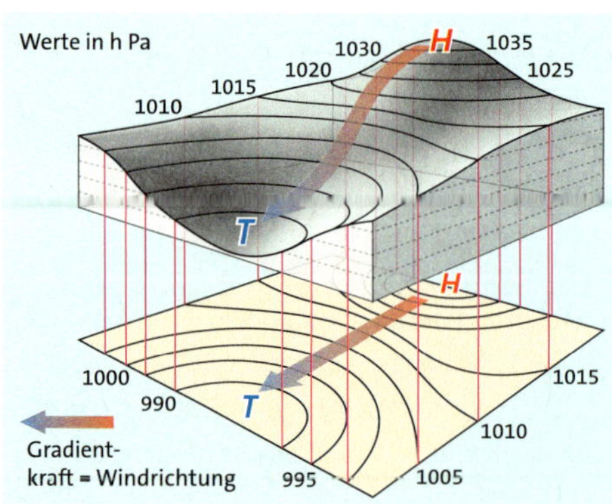

⑧ ***Druckgefälle als Ursache für Luftbewegungen***

Nach Jürgen Bauer et al.: Physische Geographie kompakt. 4. Aufl. Heidelberg, Spektrum 2004, S. 92

Lokale Windsysteme

Bei ruhiger Wetterlage stellt sich an Meeresküsten tagsüber ein Seewind ein, während nachts die Windrichtung wechselt und der Wind vom Land zum Wasser weht. An sonnigen Tagen erwärmt sich die Luft über dem Festland schneller, weil über dem Wasser ein großer Teil der Nettostrahlung für den Verdunstungswärmestrom verbraucht wird. Die über dem Festland erwärmte Luft steigt nach oben und es entsteht am Boden ein Tiefdruckgebiet. In dieses Tief strömt Luft von See nach. Auch in der Höhe entsteht ein Druckgefälle, über dem Land ein Höhenhoch und über dem Meer ein Höhentief. Je

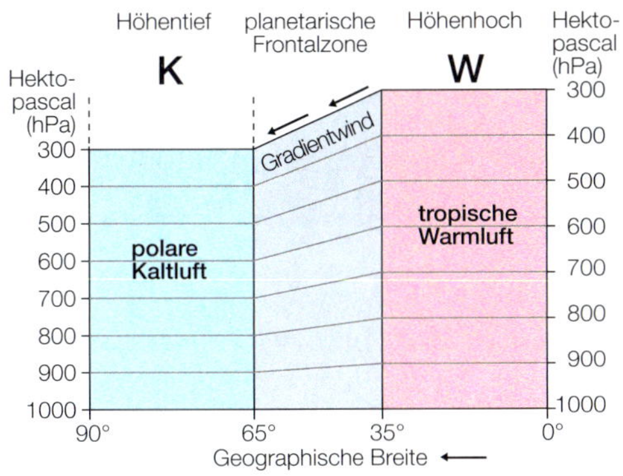

Die Entstehung der Frontalzone

verändert nach Flohn 1960

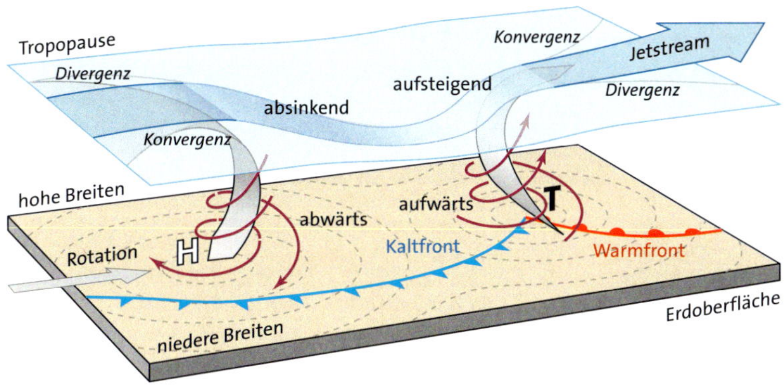

Entstehung dynamischer Drucksysteme durch die Pump- und Saugwirkung des Jetstreams

Nach Jürgen Bauer et al.: Physische Geographie kompakt. 4. Aufl. Heidelberg, Spektrum 2004, S. 96

höher die Druckunterschiede sind, umso stärker wirkt die **Gradientkraft**, die diese Unterschiede ausgleicht. Die sich einstellende Luftströmung sorgt für einen ständigen Abfluss von Luftteilchen über dem Festland zur Wasserfläche. Diese Luftmassenabnahme ist mit einer Verringerung des Luftdrucks über der Festlandoberfläche verbunden, so dass sich dort ein Tiefdruckgebiet ausbildet. Über dem Meer erhöht die in der Höhe zugeflossene Luft den Luftdruck. Über der Wasseroberfläche entsteht so ein Hochdruckgebiet. Die inzwischen abgekühlte Luft sinkt wegen der größeren Dichte über dem Meer nach unten. Es stellt sich in Richtung des Druckgefälles ein Wind vom Wasser zum Land ein. Damit ist ein Kreislauf entstanden, der solange „angetrieben" wird, wie die Sonnenenergie eine stärkere Erwärmung des Festlandes bewirkt. Nachts kehren sich Druck- und Windverhältnisse um. Weil die Luftdruckgegensätze durch unterschiedliche Erwärmung entstanden sind, bezeichnet man dieses System auch als thermisches Druckgebilde. Neben dem Land-See-Windsystem bilden auch Berg-Talwinde ein lokales Windsystem aus.

Großräumige Luftbewegungen

Das Prinzip der Entstehung von Land- und Seewinden lässt sich auf die globalen Luftdruck- und Windverhältnisse übertragen. Wegen der unterschiedlich starken Sonneneinstrahlung erwärmt sich die Luft in den äquatorialen Gebieten viel stärker als in den polaren. Durch die größere Ausdehnung liegt die Obergrenze der Troposphäre, die Tropopause, in den Tropen wesentlich höher (17–18 km) als in den polaren Gebieten (8–9 km). Das Vorhandensein von tropisch warmen und polar kalten Luftmassen hat zur Folge, dass eine Fläche mit einem bestimmten Luftdruck in den Tropen höher liegt als in den polaren Zonen. Die daraus entstehenden Luftdruckgegensätze führen in großer Höhe zu einem Abströmen von Luftmassen aus dem Äquatorbereich (Höhenhoch) polwärts (Höhentief). Auf der Nordhalbkugel müssten demnach in der Höhe ständig Südwinde wehen. In Wirklichkeit wehen dort aber Westwinde, die sogenannten **Jetstreams**. Der Grund dafür liegt in der ablenkenden Kraft der Erdrotation, dem Corioliseffekt. Die Westwinde in der Höhe wehen nicht exakt breitenkreisparallel, sondern schwingen, unter anderem bedingt durch Gebirgsbarrieren wie die Rocky Mountains, sowohl nach Norden als auch nach Süden. Dies führt zur Entstehung **dynamischer Hoch**- und **Tiefdruckgebiete**. Schwingt der Jetstream der Nordhalbkugel nach Süden, kann kalte Luft nach Süden vorstoßen (**Zyklone**), schwingt er nach Norden, stößt Warmluft aus Süden in nördliche Richtungen vor (**Antizyklone**).

4 *a) Beschreiben Sie die Luftbewegungen im Berg-Tal-Windsystem.*
b) Erklären Sie mithilfe von Grafik 9 die Druck- und Windverhältnisse bei Nacht.

5 *Erläutern Sie den Unterschied zwischen dynamischen und thermischen Drucksystemen.*

Isobaren
So werden Linien gleichen Luftdrucks bezeichnet. In Bodenwetterkarten werden die gemessenen Werte auf Meereshöhe und eine Temperatur von 0 °C umgerechnet. Höhenwetterkarten stellen dagegen die Höhenlage einer Fläche gleichen Luftdrucks dar.

ONLINE-Link
Infoblatt regionale Windsysteme
29110X-0111

Wetterkarten interpretieren

Fernsehen, Internet und Presse veröffentlichen jeden Tag Wetterkarten. Diese stellen die Wettervorgänge in der unteren Troposphäre dar. Mithilfe der Symbole kann man die Karten relativ leicht lesen und durch Anwendung der Kenntnisse zu Wettervorgängen in Tief- und Hochdruckgebieten auch verstehen. Sogar eine grobe Wettervorhersage ist dann möglich.

Täglich müssen mehrere Millionen Messdaten aus allen Teilen der Erde erfasst und verarbeitet werden. Die Messwerte für Temperatur, Luftdruck, Bewölkung, Niederschlag, Windrichtung und Windgeschwindigkeit sowie der Verlauf der Fronten werden in Form von Symbolen in die Bodenwetterkarte eingetragen. Alle drei Stunden werden dazu die Messwerte der einzelnen Wetterstationen den Wetterdienstzentralen übermittelt. Weltweit hat man dafür Beobachtungstermine festgelegt. Die Bodenwetterkarte enthält die Messdaten der angeschlossenen Wetterstationen in Form von verschlüsselten Zahlen- und Buchstabengruppen, die maschinell auf eine Karte übertragen werden. Anschließend werden die gesammelten Werte von den Meteorologen analysiert und interpretiert. Dann werden die Fronten eingetragen. Nach dem Einzeichnen der Isobaren werden die Zentren und die Verteilung der Hoch- und Tiefdruckgebiete sichtbar. Für eine eingehende Beurteilung der Wetterkarte werden zudem Höhenwetterkarten, Satellitenbilder und Radarbilder herangezogen.

Zur Wettervorhersage gehört auch die Erstellung von Prognosekarten für die nächsten 1 bis 3 Tage. Aus dem bereits vergangenen und dem aktuellen Zustand der Atmosphäre wird unter Anwendung physikalischer Regeln sowie einem Abgleich der gemessenen Werte mit Modellen ein zu erwartender Zustand ermittelt. Hierbei spielen auch die Erfahrungen der Meteorologen eine große Rolle.

Wetterkarten interpretieren

1. Schritt: Wetterlage beschreiben

Ordnen Sie die Karte zeitlich und räumlich ein und beschreiben Sie die Lage der Hoch- und Tiefdruckgebiete sowie den Verlauf von Fronten.

2. Schritt: Wetterwirksame Luftmassen ermitteln

Bestimmen Sie die aus der großräumigen Luftdruckverteilung resultierenden Hauptwindrichtungen und die damit verbundenen wetterwirksamen Luftmassen für ausgewählte Stationen bzw. einzelne Teilregionen. Achten Sie dabei auf das Datum der Wetterkarte!

3. Schritt: Wetterdaten analysieren

Ermitteln Sie für ausgewählte Stationen die genauen Bewölkungs-, Luftdruck- und Windverhältnisse, die vorherrschende Wettersituation. Nutzen Sie dazu die meteorologischen Angaben in der Legende.

4. Schritt: Wettervorhersage formulieren

Formulieren Sie für ausgewählte Stationen bzw. Regionen eine begründete Wettervorhersage. Beachten Sie dabei, wie sich die Druckverhältnisse ändern oder die Fronten verlagern könnten und welche Wetterveränderungen damit verbunden wären.

13 **Höhenwetterkarte**

Die so genannten Höhenwetterkarten werden mithilfe von Daten aus Radiosonden ermittelt. Höhenwetterkarten bringen die unentbehrliche Ergänzung in Bezug auf das Geschehen in der freien Atmosphäre, insbesondere, was das Druck- und Strömungsfeld in diesen Höhen anbelangt. Störende Einflüsse durch Gebirge, Städte und andere Hindernisse fehlen hier und so haben die Isohypsen (Höhenschichtlinien einer bestimmten Luftdruckfläche) in der Regel einen glatteren Verlauf als die Isobaren der Bodenwetterkarte. Das Bild der Höhenwetterkarte kann ganz anders sein als dasjenige der Bodenwetterkarte.

Wikimedia Foundation Inc.: Wetterkarte. Unter http://de.wikipedia.org/wiki/Wetterkarte, vom 16.09.08

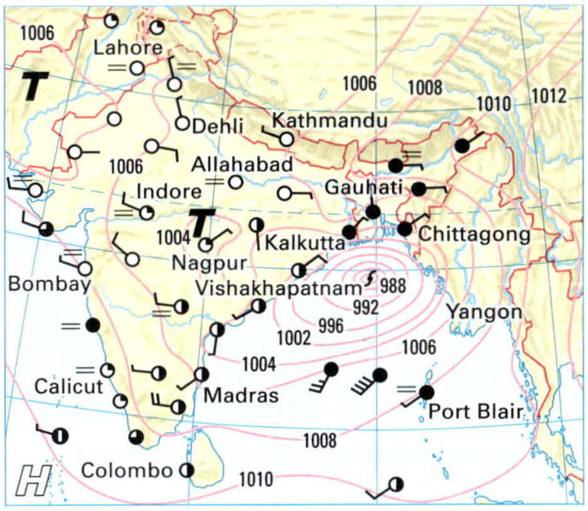

⑭ ***Bodenwetterkarte vom 29.04.1991, 08.30 Uhr***

Nach Wetterkarte des indischen Wetterdienstes

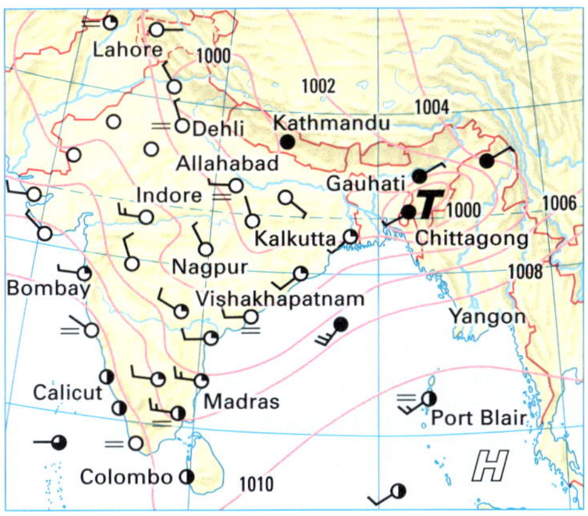

⑮ ***Bodenwetterkarte vom 30.04.1991, 08.30 Uhr***

Nach Wetterkarte des indischen Wetterdienstes

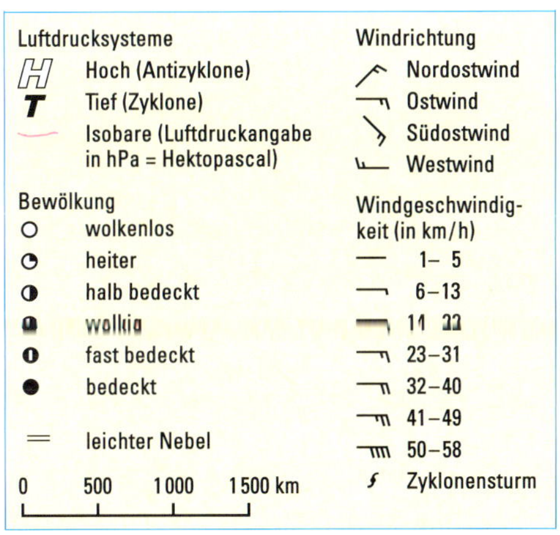

⑯ ***Legende zur Erschließung der Bodenwetterkarten***

⑰ ***Satellitenbild vom Zyklon „Sidr" am 16.11.2007 vor der Küste Bangladeschs***

6 *Ermitteln Sie mithilfe geeigneter Materialien, warum es gerade im April, Mai und November in Bangladesch immer wieder zu schweren tropischen Wirbelstürmen kommt.*

7 *Entwerfen Sie einen Wetterbericht zur Wetterlage vom 29.04.1991.*

8 *a) Erläutern Sie auf der Grundlage einer Internetrecherche, wo momentan tropische Wirbelstürme aktiv sind.*

b) Erklären Sie deren Entstehung.

9 *Begründen Sie, inwiefern solche Wetterlagen die Lebenssituation der Bevölkerung beeinflussen.*

ONLINE-Link
Wetterdaten und Wetterkarten
29110X-0112

Satellitenbilder interpretieren

Blick aus dem All

Satellitenbilder ermöglichen eine lückenlose Erfassung der Erdoberfläche. Mithilfe der Satelliten können elementare Phänomene der Erdoberfläche, der Weltmeere oder der Atmosphäre aufgezeichnet werden. Der wesentliche Vorzug von Satellitenaufnahmen liegt in der Möglichkeit, größere Geländeausschnitte in ihrem Kontext originalgetreu und aussagekräftig abzubilden. Um beispielsweise großräumigen prozessualen Veränderungen auf die Spur zu kommen, bietet sich der Vergleich zeitlich versetzter Aufnahmen an. Verschiebungen im Bereich der Landnutzung, städtische Entwicklungsprozesse, Klimavariationen, Wetterbeobachtungen oder auch Vegetationsanalysen gehören zu einigen der typischen Anwendungsfeldern moderner Fernerkundungsmethoden.

Satelliten erfassen von der Erdoberfläche ausgehende Energiefelder. Dabei muss zwischen zwei Systemen unterschieden werden. Passive Systeme erfassen die reflektierte Sonnenstrahlung mit einem Multispektralscanner oder messen emittierte Eigenstrahlung der Erde mithilfe einer Thermalbildkamera. Aktive Systeme hingegen senden Wellen und empfangen reflektierte Anteile (Radar).

Die Sensoren zeichnen reflektierte elektromagnetische Strahlung auf, die jede Oberfläche und jedes Objekt in charakteristischer Weise (d.h. in unterschiedlichen Wellenlängen) abstrahlt. Letztendlich werden die auf verschiedenen Kanälen aufgezeichneten Wellen unterschiedlicher Länge zu einem nahezu beliebig variierbaren digitalen, farblich kodierten Bild zusammengesetzt. Auf diese Weise können selbst für das menschliche Auge unsichtbare Wellenlängen visualisiert werden (z.B. das gesamte Infrarotspektrum).

Tausende künstliche Himmelskörper umkreisen unseren Planeten auf elliptischen oder kreisförmigen Umlaufbahnen. Für die Wissenschaften, die Wirtschaft und das Militär sind Satelliten inzwischen unverzichtbar.

13 ***Bangladesch: Überschwemmungsgefährdetes Gebiet***

Satellitenbilder interpretieren

1. Schritt: Bildbetrachtung und Orientierung

- *Betrachten Sie das Satellitenbild genau.*
- *Nehmen Sie eine erste Spekulation zu der Lage des gezeigten Ausschnittes und der Bedeutung der Farben vor.*
- *Führen Sie eine exakte Lage- und Maßstabsbestimmung durch. Ziehen Sie dazu Hilfsmittel hinzu (z.B. einen Atlas).*
- *Bestimmen Sie die einzelnen Farbbedeutungen.*

2. Schritt: Bildbeschreibung

- *Gliedern Sie das Satellitenbild in einzelne Teilabschnitte. Hierzu können Folien über das Satellitenbild gelegt werden, auf die einzelne Strukturelemente übertragen werden.*
- *Beschreiben Sie den Inhalt. Erfassen Sie dazu markante Merkmale. Welche Farben zeigen welche Phänomene? Was ist besonders auffällig (z.B. Gewässer, Relief, Landnutzung)?*
- *Beschreiben Sie die Lage bestimmter Merkmale (Was sehe ich wo?).*

3. Schritt: Bildanalyse

Ermitteln Sie Zusammenhänge, Ursachen und Gründe (z.B. Gefährdungspotentiale, Landnutzung, Gewässernetz, Siedlungen) anhand von Analysefragen:

- *Wie geschah es? (Erörterung der Genese)*
- *Warum ist es dort? (Erfassung der Zusammenhänge/ Kontexte)*
- *Welchen Einfluss hat es? (Betrachtung der Wirkungen)*
- *Wie verläuft die künftige Entwicklung? (Entwicklung von Zukunftsszenarien)*

19 **Satellitenbild der NASA**

Umlaufbahnen

GEO *(Geostationary Orbit)*
Flughöhe: ca. 35 790 km
Umlaufdauer: 1 Tag
Beispiele: Astra, Eutelsat

MEO *(Medium Earth Orbit)*
Flughöhe: 6 000 – 20 000 km
Umlaufdauer: 4 – 12 Stunden
Beispiel: GPS Satellit

LEO *(Low Earth Orbit)*
Flughöhe: 500 – 1 500 km
Umlaufdauer: 1 – 2 Stunden
Beispiel: Landsat

Methode

4. Schritt: Bilddiskussion

- *Bewerten Sie das dargestellte Satellitenbild (Farbgebung, Ausschnitt, Aussagekraft, Lesbarkeit).*
- *Überprüfen Sie, welche Sachverhalte mithilfe des Satellitenbildes gut dargestellt werden können.*

10 *Interpretieren Sie das Satellitenbild 19. Beginnen Sie mit einer gründlichen Betrachtung und ermitteln Sie mithilfe des Atlas die Lage des gezeigten Ausschnittes. Benennen Sie Gewässer, Länder usw. Nun folgt die Bildbeschreibung, Analyse und Diskussion. Für die Auswertung ist es erforderlich weitere Informationsquellen hinzuzuziehen (Literatur, Internet etc.).*

ONLINE-Link
Surftipp
29110X-0113

20 *Aufnahme des Wettersatelliten METEOSAT vom 06.08.1987*

Das Wettergeschehen in Mitteleuropa

Über dem Nordatlantik sorgt die Saugwirkung des Jetstreams für die Entstehung dynamischer Tiefdruckgebiete, die der Höhenströmung folgend zügig nach Osten wandern (siehe Grafik 12, S. 33). Europa liegt im Bereich der Zugbahnen dieser Zyklonen, die von der Intensität des Jetstreams an der Polarfront abhängen. Herrscht eine breitenkreisparallele (zonale) Strömung vor, werden von Westen atlantische Luftmassen herantransportiert. Schwingt der Jetstream kräftig, wird entweder Polarluft aus nördlichen oder auch Tropikluft aus südlichen Richtungen herangeführt.

Wetterablauf beim Durchzug einer Zyklone

Überquert eine Zyklone Mitteleuropa, zeigt der Wetterablauf eine gesetzmäßige Abfolge, die mit den Wettervorgängen an der Warmfront und der Kaltfront erklärt werden kann.

Beim Vordringen der Warmfront gleitet die leichtere Warmluft auf die schwere Kaltluft auf und kühlt sich dabei langsam ab. Bevor die Warmfront auch am Boden eintrifft, erkennt man ihr Herannahen an der Aufgleitbewölkung. Zunächst erscheinen hohe Schleierwolken (Cirrus) und später im mittleren Niveau gelegene Schichtwolken (Altostratus).

Die nachfolgenden tief liegenden Nimbostratuswolken bringen oft anhaltenden Landregen. Sobald die Warmfront am Boden vollständig durchgezogen ist, kommt die Aufwärtsbewegung der Luftpakete zum erliegen. Da keine weitere Kondensation erfolgt, lösen sich die Schichtwolken langsam auf. In der Regel hält jedoch das klare Wetter nicht lange an. Die vordringende Kaltluft an der Kaltfront schiebt sich wie ein großer Keil unter die Warmluft und treibt sie rasch in die Höhe. Dabei türmen sich gewaltige Haufenwolken auf und bei böigen Windstößen kommt es zu kräftigen Regen- oder Hagelschauern, mitunter sogar zu heftigen Gewittern. Die Temperaturen fallen in kurzer Zeit um 5 bis 10 Grad ab.

Im weiteren Verlauf lassen die Schauer allmählich nach und es klart auf. Häufig zeigt das „Rückseitenwetter" weiße Cumuluswolken und einen tiefblauen Himmel. Die glasklare kalte Luft erlaubt oft eine sehr gute Fernsicht.

Der Warmluftsektor verliert beim Aufgleiten an Geschwindigkeit und wird daher auf dem Weg der Zyklone nach Osten von der Kaltfront eingeholt. In diesen so entstehenden Mischfronten (Okklusionen) gleichen sich die thermischen Unterschiede nach und nach aus, bis das Tiefdrucksystem schließlich „stirbt". Die atlantikfernen Regionen weit im europäischen Osten werden entsprechend als Zyklonenfriedhöfe bezeichnet.

11 *Erarbeiten Sie eine Definition für die Begriffe Wetter und Klima.*

12 *Erläutern Sie mithilfe des Textes die Abbildung 21.*

13 *Interpretieren Sie das Satellitenbild 20 in Bezug auf die Entwicklung einer Zyklone (siehe Seite 33).*

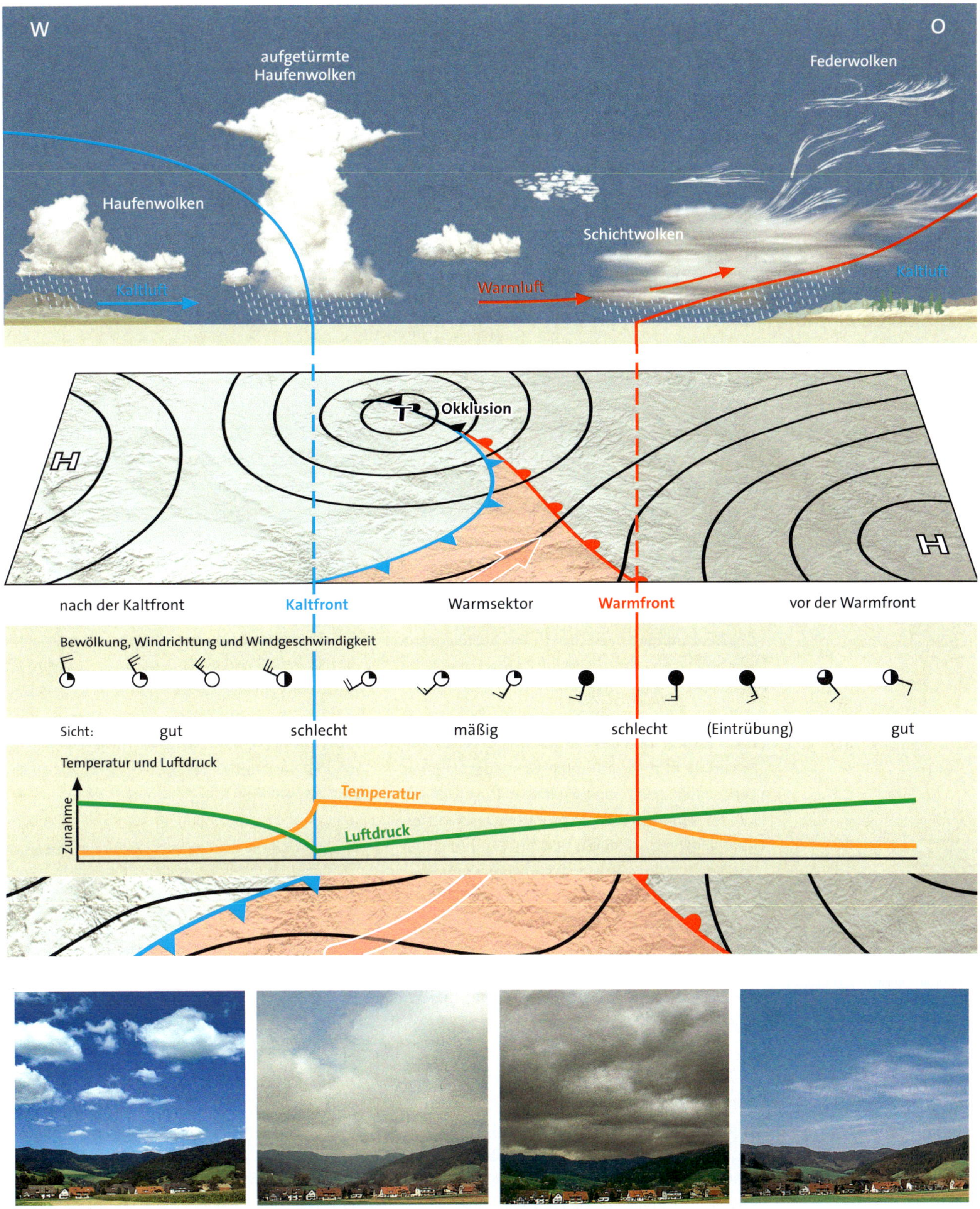

21 ***Schematisches Profil und Wettererscheinungen einer ideal ausgebildeten Zyklone***

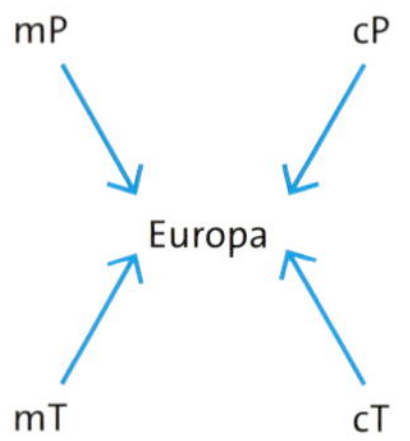

Wetterwirksame Hauptluftmassen schematisch

mP = maritime Polarluft
mT = maritime Tropikluft
cP = kontinentale Polarluft
cT = kontinentale Tropikluft

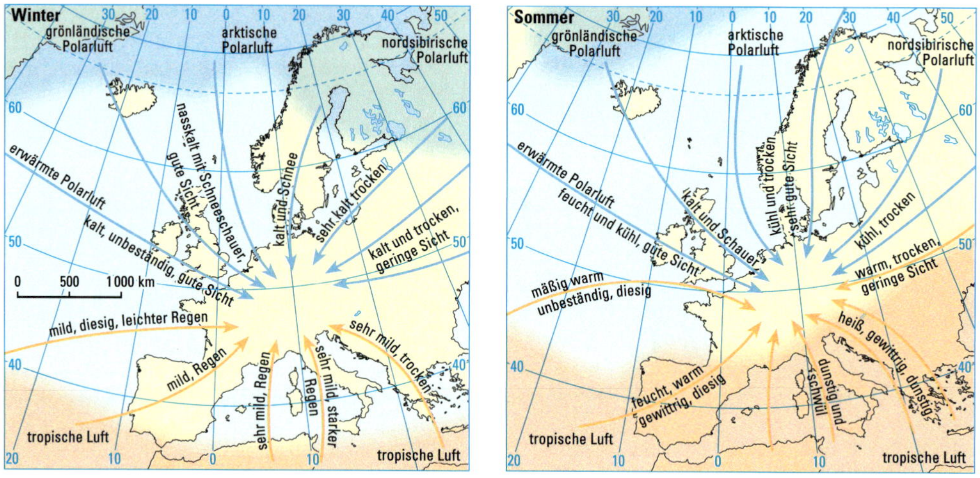

22 ***Typische Luftströmungen über Mitteleuropa;*** *Berthold Wiedersich: Das Wetter: Entstehung, Entwicklung, Vorhersage. Stuttgart: Enke 1996, S. 38*

Großwetterlagen über Mitteleuropa

Bleibt das Wetter über einen Zeitraum von einigen Tagen bis Wochen etwa gleich, spricht man von Witterung. Die großräumige Verteilung von Hoch- und Tiefdruckgebieten, die für den einheitlichen Charakter eines solchen Witterungsabschnittes verantwortlich ist, wird als **Großwetterlage** bezeichnet. In Mitteleuropa wechseln im Jahresverlauf unterschiedliche Großwetterlagen, was meist mit einer Änderung der Hauptwindrichtung verbunden ist. Je nach vorherrschender Luftströmung gerät Mitteleuropa in den Einflussbereich verschiedener Luftmassen. In Abhängigkeit vom Weg, den die Luftmassen von ihrem Ursprungsort nach Mitteleuropa nehmen, können sich ihre Eigenschaften verändern. Wird z. B. maritime Polarluft im Winter über dem Atlantik nach Süden abgelenkt um dann über Frankreich nach Mitteleuropa einzuströmen, erwärmt sie sich und sorgt bei uns für milde Winter. Die Westlage, die mit dem Durchzug von Zyklonen und der Zufuhr maritimer Luftmassen verbunden ist, tritt statistisch am häufigsten auf. Im Winter wirkt sie mildernd, im Sommer abkühlend. Im Herbst treten häufig Sturmtiefs mit orkanartigen Böen auf. Ein Kennzeichen der Westlage ist ihre Unbeständigkeit.

Entsteht zwischen Island und den Britischen Inseln ein ausgedehntes Hochdruckgebiet, dann stellt sich die Großwetterlage Nord ein. An der Ostseite des Hochs gelangt kalte Polarluft in unseren Raum. Fallende Temperaturen sowie Schneefall im Winter und Frühjahr sind die Folge.

Eine Besonderheit stellt die mit Vb bezeichnete Wetterlage dar. Meteorologen haben die Hauptzugbahnen von Zyklonen nummeriert. Die Nummer Vb bezeichnet eine Zugbahn, bei der eine Zyklone über den Golf von Biscaya in den Mittelmeerraum gelenkt wird, wo die Luft stark mit Feuchtigkeit angereichert wird, bevor sie nach Nordosten strömt. Diese Wetterlage führt im östlichen und südöstlichen Mitteleuropa zu sehr hohen Niederschlägen und Hochwassergefahr.

23 **Durchschnittliche Häufigkeit (%) der Hauptwetterlagen über Mitteleuropa (1890–1950)**

Wetterlage	Januar	Juli	Jahresverlauf
SW-Lage	6,2	1,0	2,8
W-Lage	24,0	28,4	25,1
NW-Lage	8,8	17,4	9,2
N-Lage	11,1	16,0	16,2
O-Lage	18,1	10,0	16,0
zentrales Hoch	17,6	15,2	17,3
übrige Wetterlagen	14,2	12,0	13,4

Jürgen Bauer et al.: Physische Geographie kompakt. 4. Aufl. Heidelberg, Spektrum 2004, S. 102

14 *Erstellen Sie einen Wetterbericht für den Raum München anhand der Bodenwetterkarte 24 vom 04. 04. 1994.*

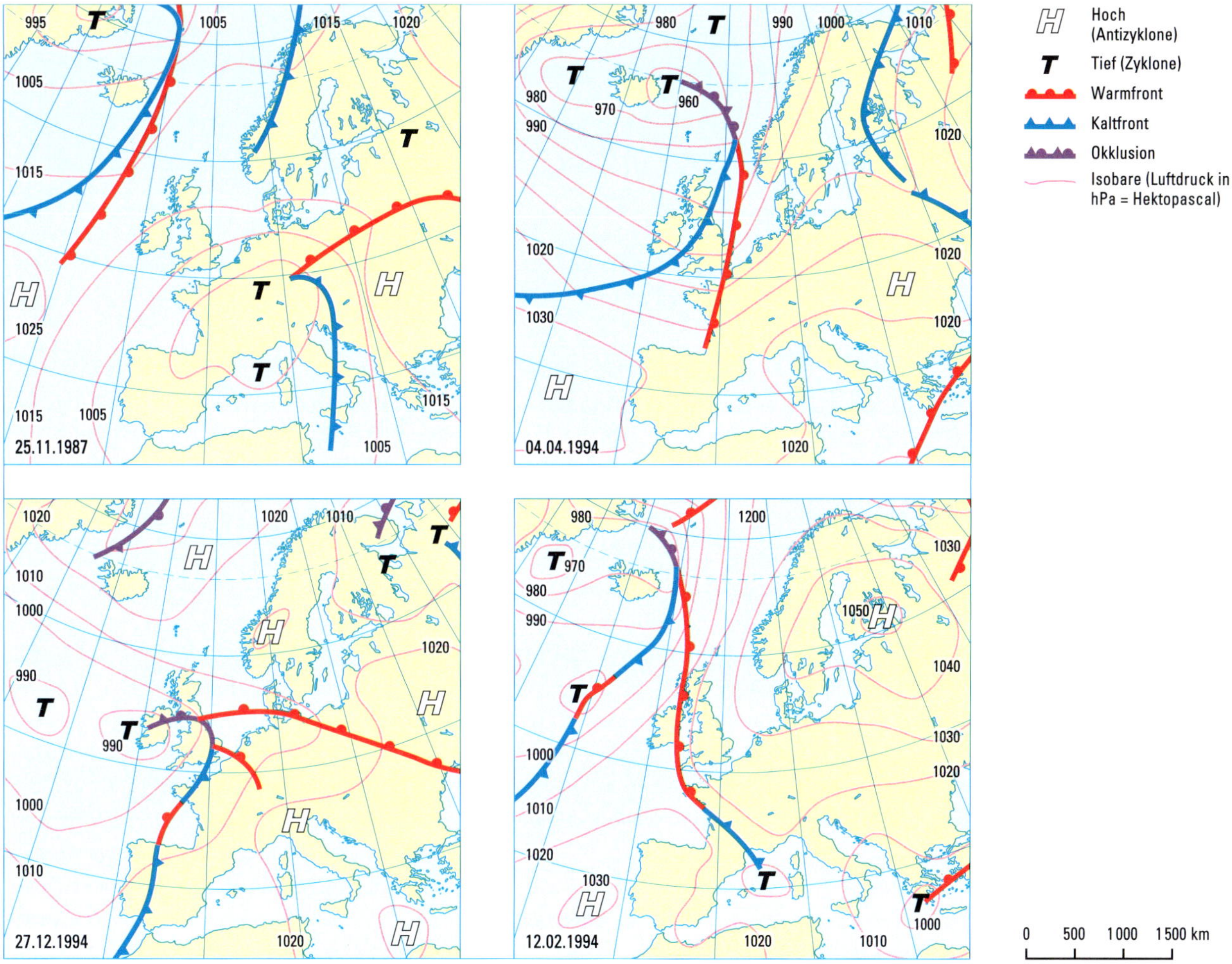

24 ***Typische Großwetterlagen in Europa;*** *nach Jürgen Bauer et al.: Physische Geographie kompakt. 4. Aufl. Heidelberg, Spektrum 2004, S. 103*

25 **Ein „typischer" Wetterbericht:**
Ein ausgedehnter Tiefdruckkomplex befindet sich mit einzelnen Tiefkernen über Island, dem nördlichen Atlantik und dem Nordmeer. Ein starkes Orkantief über Großbritannien hat den Höhepunkt seiner Entwicklung überschritten und bewegt sich langsam weiter nach Osten und Nordosten. Der Ausläufer wird mit seinem Regengebiet nachmittags auf das westliche Deutschland übergreifen. Im Verlauf der Nacht wird er stark abgeschwächt auch die Oder und Neiße sowie das östliche Bayern erreichen. Während über dem westlichen und nördlichen Deutschland in einzelnen Böen stürmischer südlicher bis südwestlicher Wind erwartet wird, dürften von Irland über den Süden Großbritanniens bis zum Ärmelkanal auch Orkanböen auftreten. Mit einer südwestlichen Strömung gelangt in den Osten und Süden recht milde Luft. Der Westen wird später von etwas kühlerer Luft erreicht. Winterwetter ist nur über dem nordöstlichen Europa anzutreffen. Über Italien befindet sich noch eine sich abschwächende Störung.

15 *Untersuchen Sie, inwiefern sich die „Hauptwetterlagen" in einer Klimakarte wiederfinden (Tabelle 23, Atlas).*

16 *Skizzieren Sie zum Text 25 eine entsprechende Wetterkarte.*

ONLINE-Link
Infoblatt Zyklone
29110X-0114

TERRATraining

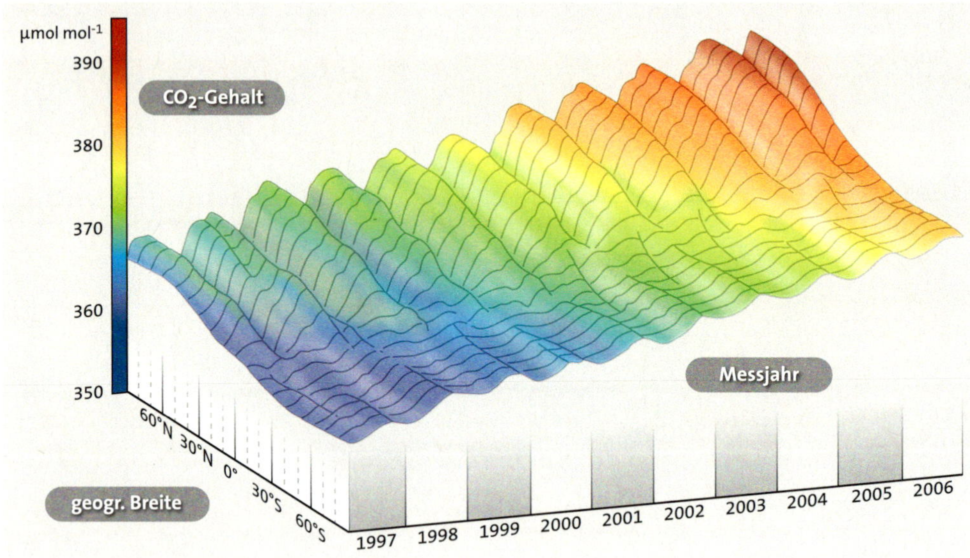

1 Räumliche Verteilung des atmosphärischen CO_2

Nach National Oceanic and Atmospheric Administration, NOAA ESRL Carbon Cycle 01/2008, unter www.esrl.noaa.gov

Wichtige Begriffe

Atmosphärische Zirkulation
dynamisches Hochdruckgebiet
dynamisches Tiefdruckgebiet
El Niño
ENSO-Phänomen
Geoökologische Zonen
Geozonen
Großwetterlage
Kohlenstoffkreislauf
Strahlungshaushalt
Thermohaline Zirkulation
Treibhauseffekt
Wärmehaushalt

1 Strahlungs- und Wärmehaushalt

a) Erläutern Sie die räumliche Verteilung des atmosphärischen CO_2 und die zeitlichen Veränderungen (Grafik 1).

b) Erstellen Sie Prognosen für die zukünftige Entwicklung.

c) Erläutern Sie den Zusammenhang zwischen der Menge des atmosphärischen CO_2 und der Entwicklung der Temperatur auf der Erde.

2 Ozeanische Zirkulation

Beschreiben und begründen Sie den Verlauf der Meeresoberflächentemperaturen in „normalen" Jahren und während des El Niño 1997/98 (Diagramm 2).

3 Atmosphärische Zirkulation

a) Entwickeln Sie mit folgenden Begriffen ein Fließdiagramm (siehe Seite 131) zur Erklärung der Atmosphärischen Zirkulation:
Antizyklone, Äquatoriale Tiefdruckrinne, Außertropische Zirkulation, Erdachse, Erdrotation, Frontalzone, Hochdruckgebiet (thermisch), Kugelgestalt der Erde, Monsunzirkulation, Nettostrahlung, Passatzirkulation, Polare Ostwinde, Sonne, Tiefdruckgebiet (thermisch), Tropische Zirkulation, Walker-Zirkulation, Westwindstrahlstrom, Westwindzirkulation, Zyklone.

b) Erläutern Sie den bodennahen Wärmeaustausch zwischen polaren und tropischen Luftmassen.

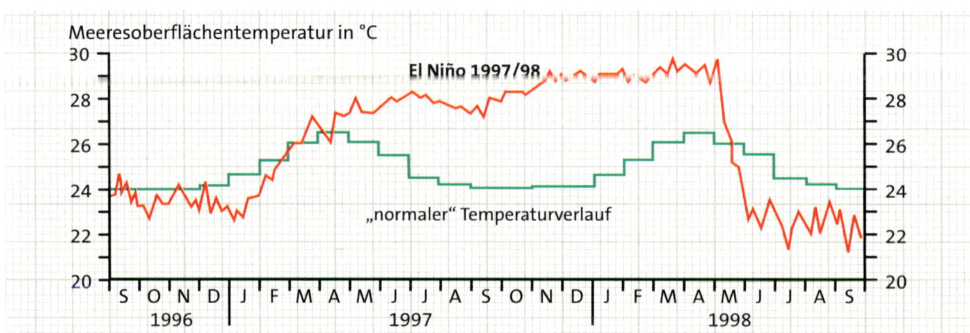

2 Meeresoberflächentemperatur während des El Niño 1997/98 (rot) und der „normale" saisonale Temperaturverlauf (grün) an einer Messstation am Äquator/125°W

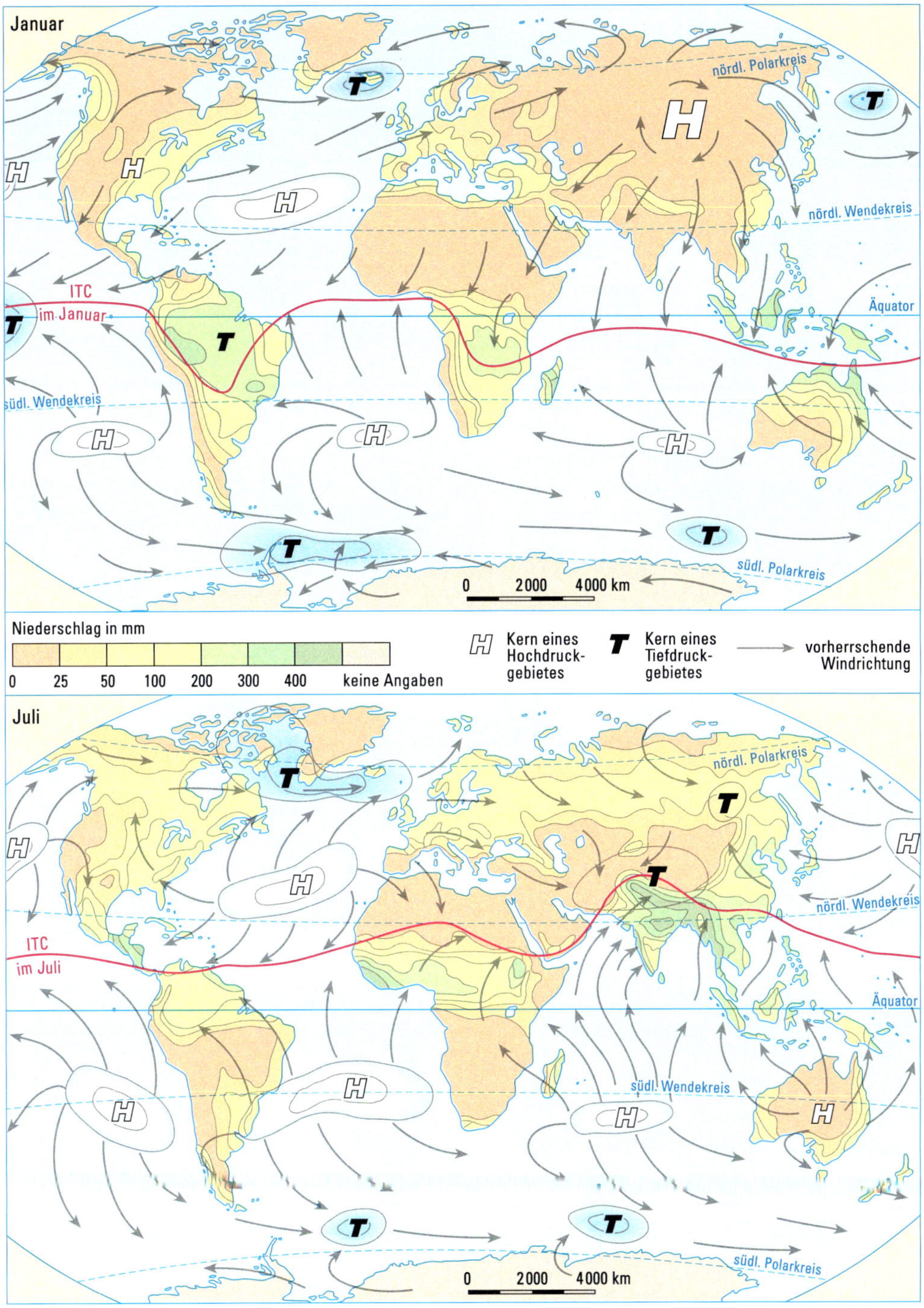

3 ***Luftdruck, Winde und Niederschlag im Januar und Juli***

c) Vergleichen Sie die atmosphärischen Prozesse im Bereich der Passatzirkulation und der Westwindzirkulation in den gemäßigten Breiten.

d) Charakterisieren Sie den Einfluss thermischer und dynamischer Druckgebiete auf die atmosphärische Zirkulation der Nordhalbkugel der Erde im Sommer und Winter (Karten 3).

Training

2 Ökosysteme und anthropogene Eingriffe

Die Tropen und die kalten Zonen sind Geozonen wie sie unterschiedlicher kaum sein können: Hitze, Feuchte und Regenwälder am Äquator, Kälte, Eis und Schnee an den Polen. Trotz aller Unterschiede haben sie auch Gemeinsamkeiten: Sie sind Ökosysteme, die in Abhängigkeit von der Sonne bezüglich Klima, Böden und Fauna sowie Flora jeweils ein Ganzes bilden. Auf menschliches Einwirken oder Eingreifen reagieren diese Ökosysteme äußerst sensibel und können aus ihrem ökologischen Gleichgewicht gebracht werden. Eine angepasste Nutzung ist im Interesse aller notwendig.

Boden

Fauna und Flora

2

2.1 Das Ökosystem der immerfeuchten Tropen

Ein Gruppenpuzzle

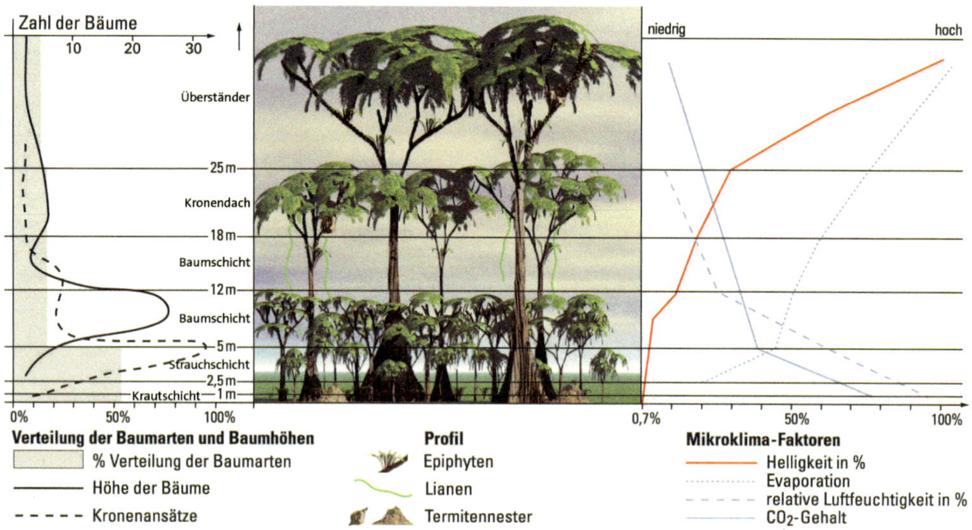

❶ ***Stockwerkbau des Tropischen Regenwaldes;*** *nach Dieter Heinrich/Manfred Hergt: Atlas zur Ökologie. Bertelsmann: Gütersloh 1990, S. 106*

Selbst organisiertes Lernen soll Ihnen helfen, schrittweise selbstständiges und eigenverantwortliches Arbeiten und Verstehen einzuüben. Eine organisatorische Möglichkeit ist das Gruppenpuzzle. Auf diese Weise können Sie sich auch den Themenbereich „Das Ökosystem der immerfeuchten Tropen" arbeitsteilig erschließen.

Arbeitsauftrag für die Stammgruppen
Erläutern Sie die Funktionsweise des Ökosystems der immerfeuchten Tropen unter Einbeziehung des Wirkungszusammenhangs von Klima, Boden und Vegetation.

Die **immerfeuchten** (inneren) **Tropen** bilden einen Gürtel entlang des Äquators mit den artenreichsten Ökosystemen unserer Erde. Hier finden wir mit mehr als 50% aller Tier- und Pflanzenarten die größte Artenvielfalt der Erde. Man geht davon aus, dass bisher erst ein kleiner Teil dieser Arten bekannt ist.

Tropische Regenwälder sind aus bis zu fünf Stockwerken aufgebaut (**Stockwerkbau**). Viele der Bäume haben Stelz- oder Brettwurzeln. Da der Boden nährstoffarm ist, konzentrieren sich die Wurzeln nur auf die obersten Zentimeter des Bodenprofils.

❷ **Der geschlossene Nährstoffkreis**

Der geschlossene **Nährstoffkreislauf** kommt dadurch zustande, dass der Wald ein oberflächliches Wurzelsystem von jedoch außerordentlicher Dichte besitzt, das dreimal so dicht wie das der Wälder unserer gemäßigten Klimagürtel ist. Und dieses dichte Wurzelnetz wirkt als perfekter Filter, das alle Nährstoffe, die bei der Zersetzung der Laubstreu mit den Exkrementen der Waldtiere usw. frei werden, sofort wieder aufnimmt und in die lebende Substanz des Waldes zurückführt. Es sind also dieselben Nährstoffe, die stets wiederholt durch die Generationen der Urwaldorganismen kreisen; etwaige Verluste liegen in der Größenordnung der in den Regen enthaltenen Stoffmengen, sodass sie durch dieselben ausgeglichen werden. Die Remineralisation der Waldstreu und die zum Teil direkte Rückführung der in ihr enthaltenen Nährstoffe in die Wurzeln der Bäume werden vor allem durch Bodenpilze, durch Mykorrhizen, besorgt.

Nach Harald Sioli: Amazonien. Stuttgart: Wissenschaftliche Verlagsgesellschaft, 1983, S. 54, gekürzt

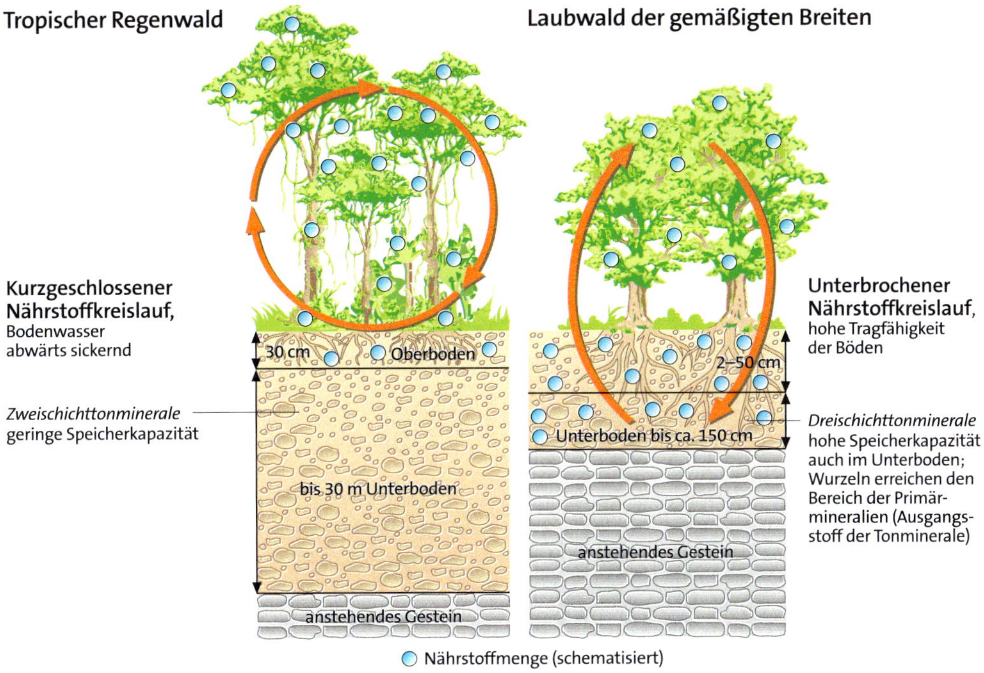

3 ***Nährstoffkreislauf im Tropischen Regenwald und im Laubwald der gemäßigten Breiten***

*Böden können Anionen und Kationen binden und so deren Auswaschung verzögern oder verhindern. In Böden überwiegen Partikel mit negativ geladenen Oberflächen, die als Kationenaustauscher wirken. Diese dienen als Reservoir für Pflanzennährstoffe, die (...) von den Wurzeln aufgenommen werden können. Diese **Kationenaustauschkapazität** hängt ab von der Art und der Menge der Tonminerale, vom Gehalt an organischer Substanz (...) sowie vom Anteil pedogener Oxide.*

Nach Geologischer Dienst NRW, unter www.gd.nrw.de 2008

Klima

Ergiebige Niederschläge und ganzjährig hohe Temperaturen sind Gunstfaktoren für das Pflanzenwachstum. Sie ermöglichen eine permanente Vegetationsperiode und sind Garanten einer hohen Biomasseproduktion. Diese wiederum ist für das globale Klima bedeutsam, da in den Pflanzen riesige Mengen Kohlenstoff gespeichert sind.

Böden

Im Vergleich zu den mitteleuropäischen Braun- und Parabraunerden sind tropische Böden nährstoffarm. Infolge der starken, tiefgründigen chemischen Verwitterung liegt der C-Horizont, das Ausgangsgestein, sehr tief (meist 5 bis 20 Meter), sodass die Pflanzenwurzeln die dort enthaltenen Primärmineralien nicht erreichen. Tropische Böden haben zudem eine geringe Nährstoffspeicherkapazität. Anstelle von Dreischichttonmineralen, die in gemäßigt-humiden Klimaten vorherrschen, überwiegen hier Zweischichttonminerale. Diese können Mineralsalze weniger gut binden, sodass sie rasch ausgeschwemmt werden, gleichgültig ob sie natürlichen Ursprungs sind oder durch Düngung zugeführt werden. Die Böden der **Tropen** weisen eine hohe Acidität (ph-Wert 3,5–5) auf. Das bedeutet, dass große Mengen an Wasserstoff- und Aluminiumionen an die Austauscher gelangen und dadurch die Aufnahme der Nährelemente durch die Pflanzenwurzeln gehemmt wird. Ungünstige Gefügeeigenschaften des Bodens, Verdichtung und periodische Vernässung können zu Wasserstau, Eisen- und Aluminiumoxidanreicherungen im A-Horizont (Oberboden) führen.

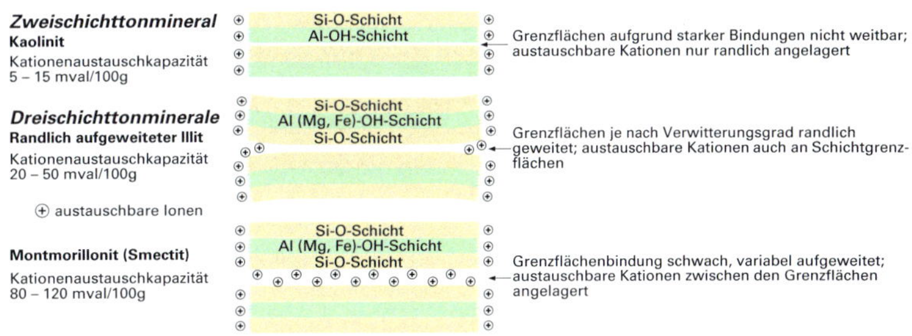

4 ***Aufbau und Kationenaustauschkapazität bei Tonmineralen***

Aufgaben zur Erschließung des Themas

1 *Beschreiben Sie die Zusammensetzung der Stockwerke des Tropischen Regenwaldes und der dort herrschenden mikroklimatischen Gegebenheiten.*

2 *Vergleichen Sie die Nährstoffkreisläufe im Regenwald und im Laubwald der gemäßigten Breiten.*

→ *Methode Gruppenpuzzle, siehe Seite 171*

ONLINE-Link
Tropischer Regenwald
29110X-0201

Expertengruppe

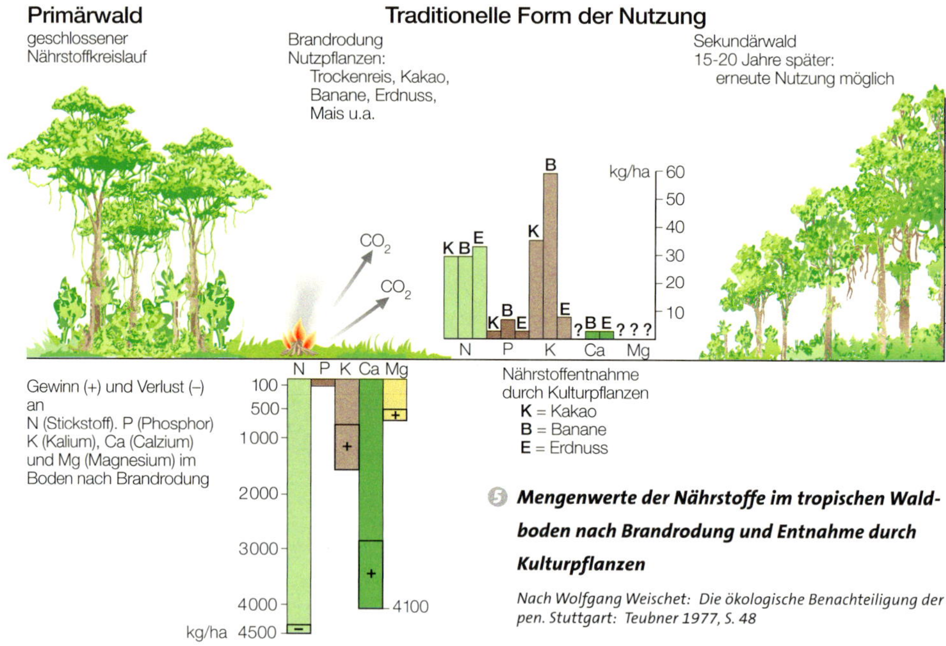

5 ***Mengenwerte der Nährstoffe im tropischen Waldboden nach Brandrodung und Entnahme durch Kulturpflanzen***

Nach Wolfgang Weischet: Die ökologische Benachteiligung der Tropen. Stuttgart: Teubner 1977, S. 48

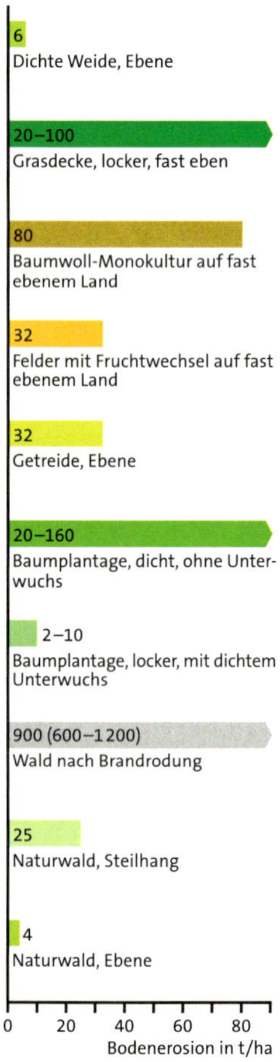

Jährliche Erosionsraten in den feuchten Tropen für ausgewählte Vegetationsformen

Nach Eberhard F. Bruenig: Ökosysteme der Tropen. In: Umschau 1974, H. 13. Frankfurt am Main: Umschau-Verlag, S. 407

Ökologische Folgen nicht angepasster Landnutzung

Arbeitsauftrag für Expertengruppe 1:
Beschreiben Sie Formen der angepassten Landnutzung in den immerfeuchten Tropen. Erläutern Sie, wie der Mensch durch Nutzung und Besiedlung ökologische Veränderungen auslösen kann.

Greift der Mensch in den sensiblen Kreislauf des Tropischen Regenwaldes ein, etwa wenn er den natürlichen Wald schlägt oder abbrennt, so kann das irreversible Folgen haben. Die bei der **Brandrodung** anfallende Asche steht zwar als natürlicher Mineraldünger kurzfristig zur Verfügung, wird aber schnell durch die kräftigen Regenfälle weggewaschen. Der geschlossene Nährstoffkreislauf wird an seiner entscheidenden Stelle unterbrochen: mit dem Absterben der Wurzelpilze verschwinden diese Nährstofffallen und der Verlust der Mineralien des Bodens kann durch Erosion und Auswaschung in die Tiefe ungehindert einsetzten. Dabei spielt auch das Relief eine wichtige Rolle.

Die älteste, einfachste und schonendste Art der Landnutzung in den tropischen Bereichen ist die **shifting cultivation**. Mit einfachen Werkzeugen wird der Regenwald gerodet, die Baumstümpfe bleiben im Boden. Zum Ende der Trockenzeit hin wird das geschlagene Holz abgebrannt und zu Beginn der Regenzeit werden Kulturpflanzen ausgesät. Die Brandrodung liefert mit der Asche wichtige Nährstoffe, vernichtet das Unkraut und die Schädlinge. Da die Böden schnell erschöpft sind, beschränkt sich die Anbauphase traditionell auf ein Jahr in den immerfeuchten Tropen und auf zwei bis vier Jahre in den wechselfeuchten Tropen.

Somit sind die Bewohner gezwungen, Wanderfeldbau zu betreiben und in einem gewissen zeitlichen Rhythmus sowohl die Wirtschaftsflächen als auch die Siedlungen zu verlegen. Bei der Landwechselwirtschaft hingegen werden die Siedlungen nicht verlegt. Nur die Anbauflächen wechseln nach einem gewissen Zeitraum, dessen Dauer primär vom Grad der Bodenerschöpfung abhängt. Zwischen Wanderfeldbau und Landwechselwirtschaft gibt es eine Fülle von Übergangsformen, für die alle sich der Begriff shifting cultivation durchgesetzt hat.

Mit zunehmendem Vordringen der Siedler in die ehemals dünn besiedelten Regionen der Tropen

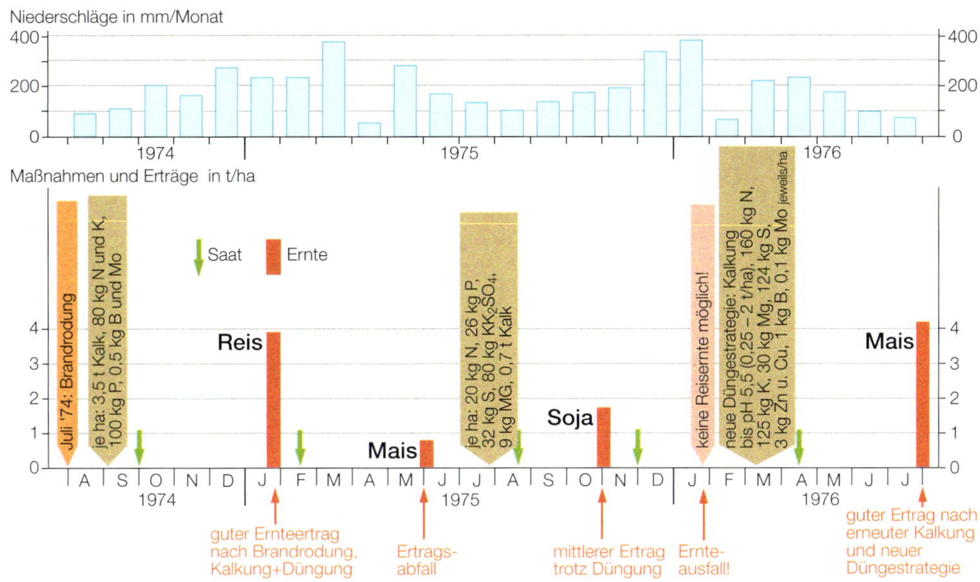

6 ***Feldversuch im peruanischen Amazonastiefland zur Ertragsfähigkeit gerodeter tropischer Böden***

Nach Wolfgang Weischet/Caesar N. Caviedes: The Persisting Ecological Constraints of Tropical Agriculture. London, New York: Longman Scientifical & Technical 1993, S. 204

schreiten die großflächige **Entwaldung** sowie die **Walddegradation** immer weiter fort. Häufig fehlen rechtliche Bestimmungen und Normen, die den Besitz des Waldes und dessen Nutzung regeln. Armut zwingt die lokale Bevölkerung oft zur Abholzung. Regierungen erschließen Regenwälder zudem, um in den Genuss neuer Kredite zu kommen oder Investoren anzulocken. Das mangelnde Bewusstsein dieser Geldgeber für die ökologischen und sozialen Folgeprobleme verschärft die Situation.

Aufgaben zur Erschließung des Themas

1 *Erklären Sie den Satz: Der Tropische Regenwald wächst eher auf anstatt aus dem Boden.*

2 *Erläutern Sie die Grafik 5 und zeigen Sie, wie sich die traditionelle Form der Nutzung und der Anbau von Kulturpflanzen auswirken.*

3 *a) Vergleichen Sie die Erosionsraten bei unterschiedlichen Vegetationsformen bzw. Nutzungsarten des Bodens.*

b) Begründen Sie, auch unter Berücksichtigung des Reliefs, die Unterschiede.

4 *Erläutern Sie die Ergebnisse des Feldversuchs zur Tragfähigkeit gerodeter tropischer Böden (Diagramm 6).*

7 **Bevölkerungsdichte als kritischer Faktor**

Bei geringer Bevölkerungsdichte fügte sich der Wanderfeldbau jahrtausendelang harmonisch in den Naturhaushalt ein. Ökologische Schäden treten erst dann auf, wenn durch steigende Bevölkerungszahlen oder übermäßige Ausweitung der Marktproduktion die Landreserven sinken und die Brachezeiten (...) verkürzt werden müssen. (...) Werden diese Umtriebszeiten unterschritten, so kann es zu schweren ökologischen Schäden kommen (...). Als erste Intensivierungsstufe wandelt sich der Wanderfeldbau zur Landwechselwirtschaft mit verkürzter Brache, welche keine Regeneration der Waldvegetation mehr zulässt (Buschbrache) (...).

Der Übergang vom Wanderfeldbau zur Landwechselwirtschaft bedeutet auch die Fixierung der Siedlungen, die nun nicht mehr nach einigen Jahren aufgegeben werden müssen.

Adolf Arnold: Allgemeine Agrargeographie. Gotha und Stuttgart: Klett-Perthes 1997, S. 163–164

5 *Beurteilen Sie den Langzeitversuch der Tragfähigkeit mit und ohne Düngung.*

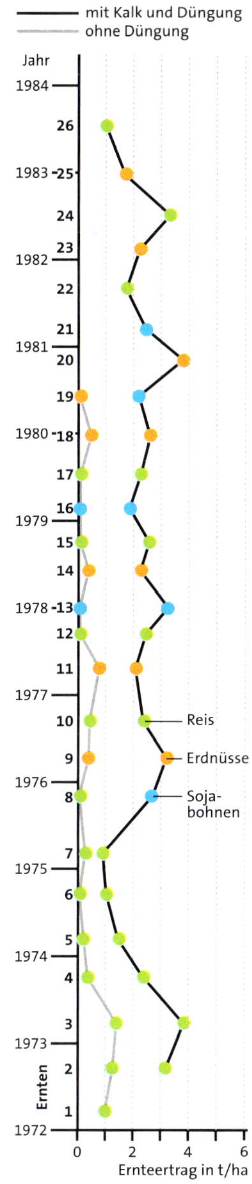

Ertragsabfolgen von 26 Ernten mit der Versuchsreihe Trockenreis-Erdnuss-Soja auf Parzellen mit und ohne Düngung; *nach Wolfgang Weischet/Caesar N. Caviedes: a. a. O., S. 206*

ONLINE-Link

Infoblatt shifting cultivation 29110X-0202

Methode

Expertengruppe

***Entwaldung**: großräumige Vernichtung des Waldes zum Zweck einer anderen Nutzung.*

***Walddegradation** (vom lateinischen degradare: herabsetzen, herabstufen): Verminderung der Waldqualität; allmähliches Auflösen eines natürlichen Waldes zugunsten anderer Waldformen und zunehmende Auflichtung einer ursprünglich dichten Waldbedeckung.*

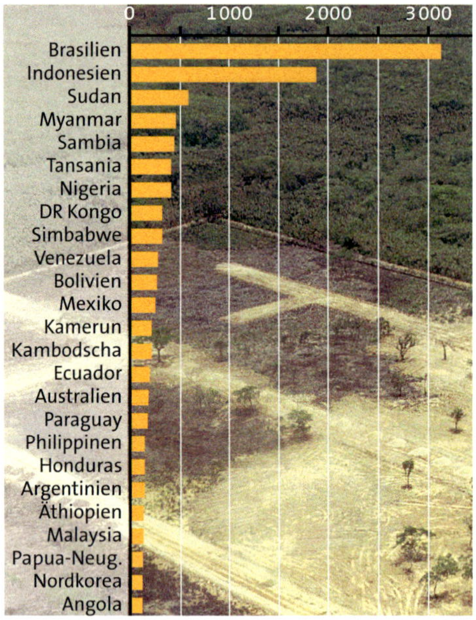

9 ***Rückgang der Regenwaldfläche zwischen 2000–2005 (in ha/Jahr);*** *nach Rhett Butler unter www.mongabay.com 2008*

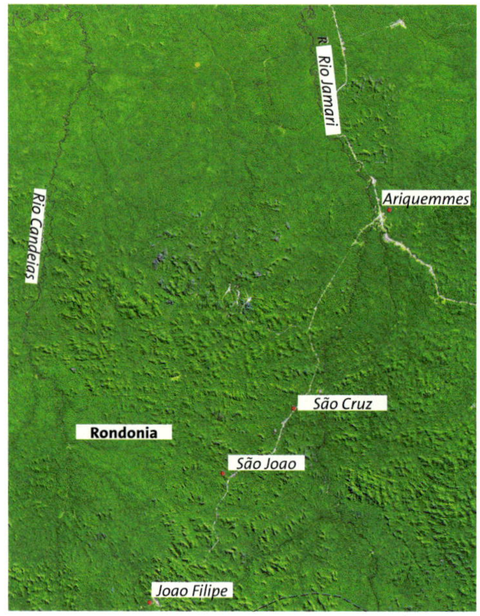

10 ***Satellitenbild Rondonia/Brasilien, 1975***

Am Anfang kam die Axt

Arbeitsauftrag für Expertengruppe 2:
Erläutern Sie das Ausmaß der Rodungen des Tropischen Regenwalds. Erklären Sie die Ursachen, die dazu geführt haben.

11 ***Abtransport der Tropenhölzer***

8 **Regenwald geht verloren – Ein Fußballfeld in 10 Sekunden**

Die Zerstörung des Regenwaldes in Brasilien schreitet rasant voran. Wie das Nationale Institut für Weltraumforschung (INPE) mitteilte, wurden allein im April 1132 Quadratkilometer Regenwald gerodet – eine Fläche so groß wie die Stadt Rio de Janeiro. Im März waren es mit rund 148 Quadratkilometern noch wesentlich weniger gewesen.
Das Institut, das sich bei seinen Berechnungen auf Satellitenfotos stützt, wies zugleich darauf hin, dass möglicherweise erheblich mehr Regenwald abgeholzt wurde. Im März [2008] waren den Angaben zufolge 78 Prozent des Regenwaldes durch Wolken verdeckt, im April waren es 53 Prozent.
Laut INPE-Direktor Câmara verschwindet im Amazonasgebiet alle zehn Sekunden ein Stück Regenwald, das so groß ist wie ein Fußballfeld. Die meisten Zerstörungen gab es erneut im Bundesstaat Mato Grosso. Allein dort wurden im vergangenen Monat 794 Quadratkilometer Regenwald gerodet.
Der brasilianische Umweltminister Carlos Minc erklärte, die Flächen würden vor allem für den Soja-Anbau und die Viehzucht entwaldet. Der Umfang der Abholzung werde dieses Jahr den des Vorjahres übersteigen. Dagegen sei wenig auszurichten. Allerdings solle in Kürze eine aus 500 Spezialisten bestehende Nationale Umweltgarde die Polizei beim Kampf gegen illegale Rodungen unterstützen. Vieh auf dadurch entstandenen Weideflächen solle beschlagnahmt werden.

n-tv: Regenwald geht verloren, unter www.n-tv.de/973499.html vom 03.06.2008

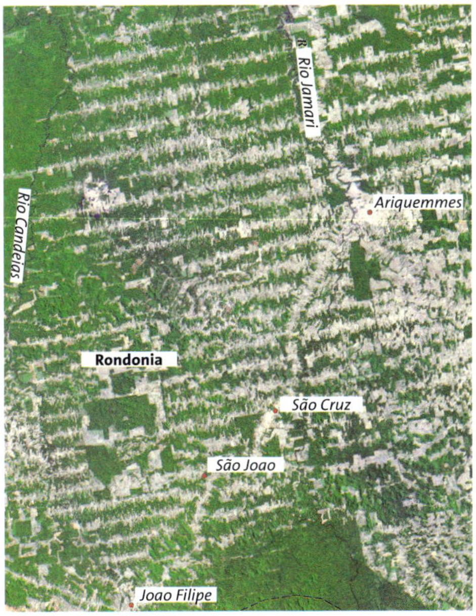

12 ***Satellitenbild Rondonia/Brasilien, 2005***

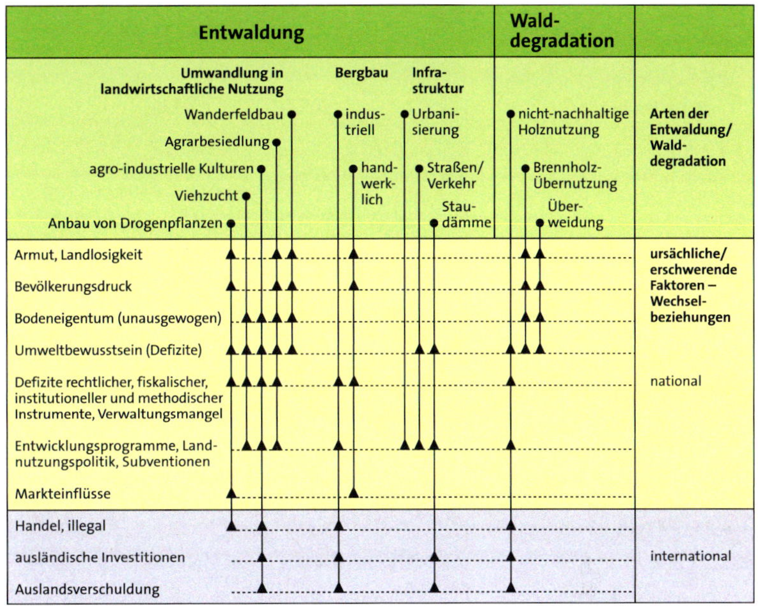

15 ***Entwaldung und Walddegradation;*** *nach BMZ: 5 Jahre nach Rio. Bonn 1997*

13 **Erschließung des Regenwaldes in der Provinz Rondônia/Brasilien**

Im 19. Jh. zog der Kautschukboom mehr als achttausend Arbeiter in die Gummiplantagen des Amazonasgebietes. Nach dem Niedergang der Kautschukwirtschaft beauftragte die Regierung (...) General Rondon dazu, eine telegraphische Verbindung zwischen Cuiabá und Porto Velho herzustellen. An den Knotenpunkten der Telegraphen bildeten sich Siedlungen und ein Teil dieser Region setzte dem heutigen Bundesstaat Rondônia seinen Ursprung. Mit dem Zweiten Weltkrieg begann ein weiterer Kautschukzyklus, verbunden mit einer neuen Einwanderungswelle. Um 1958 stießen Erkundungstrupps in der Region auf Zinnerz und es entfaltete sich eine rege Bergbautätigkeit, auf die ein landwirtschaftlicher Aufschwung folgte und tausende Neusiedler in das nun von der Bundesstrasse „BR 364" durchschnittene Land strömten. Innerhalb von 30 Jahren explodierte die Bevölkerungszahl von 37 000 (1950) auf annähernd 500 000 (1980) Einwohner. Zur Zeit leben ca. 1,5 Millionen Menschen im Bundesstaat. Seit die BR-364 zwischen Cuiabá und Porto Velho fertiggestellt wurde, ist der Staat Rondônia von einer Siedlungs- und Zerstörungswelle heimgesucht worden. Vorher war das von den Guaporé-Indianern bewohnte Gebiet kaum bekannt.

Nach „Pólos de Ecoturismo – Brasil" – mit freundlicher Unterstützung und Genehmigung des brasilianischen Fremdenverkehrsamts, unter www.brasilien.de, 2008

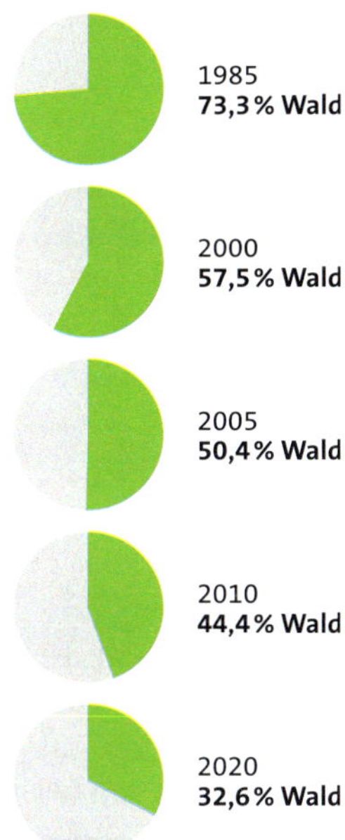

Entwicklung der Regenwaldbedeckung Borneos

Nach Rhett Butler, unter www.mongabay.com 2008

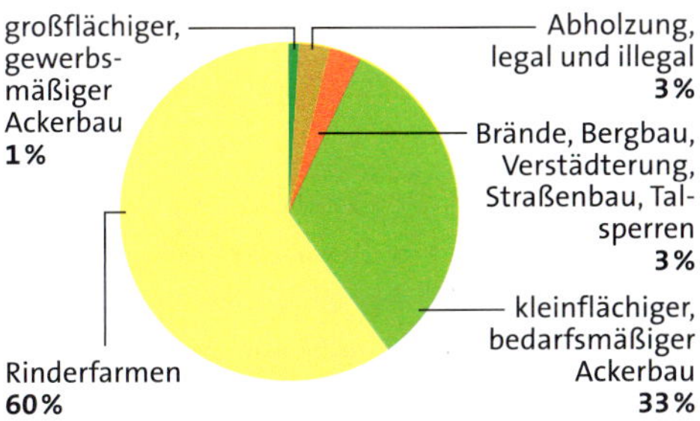

14 ***Ursachen der Regenwaldvernichtung im Amazonasgebiet***

Nach Rhett Butler unter www.mongabay.com 2008

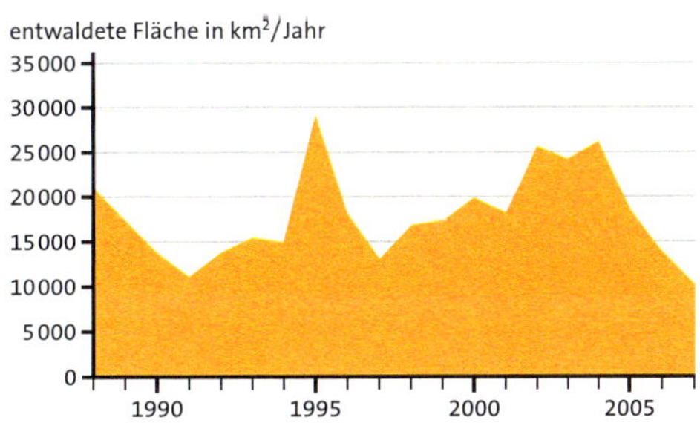

16 ***Regenwaldverluste im Amazonasgebiet***

Nach Rhett Butler unter www.mongabay.com 2008

ONLINE-Link

Nutzung der Tropischen Regenwälder

29110X-0203

***Subsistenzwirtschaft*:**
durch niedriges Entwicklungsniveau der Produktionstechnik und geringe Arbeitsteilung gekennzeichnete Wirtschaftsweise, bei der alle zum Leben benötigten Güter im eigenen landwirtschaftlichen Betrieb erzeugt werden. Subsistenzwirtschaft ist vor allem in Entwicklungsländern verbreitet.

***Cash-crops*:**
landwirtschaftliche Produkte (z. B. Kakao, Kaffee, Baumwolle und Erdnüsse), die nicht der Selbstversorgung dienen, sondern für den Exportmarkt erzeugt werden, um ein Deviseneinkommen zu erzielen. Diese Wirtschaftsweise, bei der die Produkte überwiegend in Monokultur angebaut werden, führt zur Abkehr von traditionellen, ökologisch angepassten Landnutzungsformen und erfordert häufig die Verwendung großer Mengen von Dünger und Pflanzenschutzmitteln.

17 ***„Hamburger aus Amazonien"***

18 ***Sojafarm bei Rondonópolis, Brasilien***

Essen wir den Regenwald auf?

Arbeitsauftrag für Expertengruppe 3:
Erläutern Sie Ursachen und Folgen des Wandels von der Subsistenzwirtschaft zum Cash-crop-Anbau.

Infolge der zunehmenden Kommerzialisierung der tropischen Landwirtschaft ist der Wanderfeldbau in den letzten Jahrzehnten zunehmend großflächig angelegten Dauerkulturen gewichen. Der wachsende Bedarf des Weltmarktes an Erzeugnissen der Baum- und Strauchkulturen der feuchten Tropen, z. B. der Öl- und Kokospalmen, nach Kakao, Kaffee, Tee, Kautschuk, Gewürzen, Bananen oder Zuckerrohr, bot den Kleinbauern die Chance, diese Produkte anzubauen und abzusetzen. So wurden Flächen, die zuvor in shifting cultivation genutzt wurden, mit Baum- oder Strauchkulturen bepflanzt, und aus den ehemals isoliert wirtschaftenden Subsistenzbetrieben wurden weltmarktorientierte Anbieter, sofern sie über eine gute Verkehrsanbindung an die Märkte verfügten. In besonders geeigneten Gebieten produzieren heute schon multinationale Konzerne auf groß angelegten Plantagen tropische Lebensmittel, Fleisch und Bioalkohol.

19 **Kleine Bohne, große Wirkung**

Die einzigartige Vielfalt des Amazonas-Regenwaldes wird mehr und mehr von riesigen Soja-Monokulturen verdrängt. Die Nachfrage nach billiger brasilianischer Soja für Tierfutter stieg in den letzten Jahren kontinuierlich an. Die Soja-Produktion Brasiliens hat sich in den vergangenen sieben Jahren fast verdoppelt (...). Während Soja anfangs hauptsächlich im Süden Brasiliens angebaut wurde, fressen sich die Soja-Felder inzwischen immer weiter in den Amazonas-Regenwald. Zwar ist die aus dem Amazonas-Gebiet stammende Soja-Ernte mit fünf Prozent an der Gesamternte noch relativ gering. Doch dahinter verbirgt sich immerhin eine Anbaufläche von 1,2 Millionen Hektar mitten im Regenwald und eine Soja-Ernte von 2,5 Millionen Tonnen. (...) Auf solchen Feldern gibt es keinen Lebensraum für Vögel und andere Nützlinge. Die einzigartige Vielfalt von Pflanzen und Tieren wurde durch eine kleine Bohne ersetzt. Doch Monokulturen sind auch verantwortlich für Bodenerosion und den massiven Einsatz von chemischen Düngern und Pestiziden. Da verwundert es nicht, dass Brasilien einer der weltweit größten Verbraucher von Pestiziden ist. Rund ein Viertel davon wird zum Soja-Anbau eingesetzt. (...)

Ulrike Brendel: Wir essen Amazonien auf – Zusammenfassung des Greenpeace-Reports „Eating up the Amazon", Greenpeace e. V. 04/2006, unter www.greenpeace.ch

20 ***Neue Weidefläche im Amazonasgebiet***

22 ***Borneo: Garnelenfarmen im ehemaligen Mangrovengebiet***

21 **Kahlschlag für das Steak**

(...) Trotz jahrzehntelanger Warnungen schreitet die Zerstörung in der Amazonas-Region, die 40 % des weltweiten Urwalds umfasst (...), weiter voran: Von August 2002 bis August 2003 wurden nach Regierungsangaben mehr als 23 000 km² Wald vernichtet. Von 1990 bis 2000 gingen insgesamt 170 000 km² Wald verloren (...). Der Großteil des Waldes wird inzwischen abgeholzt, um Weideland für die Viehzucht zu schaffen – und die wiederum wird, so das Institut für amazonische Forschung (Ipam) in Belem, von einer „neuen Dynamik" angeheizt: dem florierenden Exportgeschäft. (...) Mehr als drei Viertel des zumeist illegal abgeholzten Waldbestandes (...) wird nach Angaben von Ipam zu Weideland. Die Zahl der Rinder in der Region Amazonia hat sich von 1990 bis 2002 auf mehr als 50 Millionen verdoppelt und wächst so schnell wie sonst nirgendwo im Land. (...) Das internationale Waldforschungszentrum Cifor weist darauf hin, dass das Land im vergangenen Jahr bereits dreimal mehr Fleisch exportiert hat als noch 1995. Die Nachfrage ist groß – nicht zuletzt in Europa. Denn auch wenn sich die Aufregung um die Rinderseuche BSE weitgehend gelegt hat, ist die EU vom Rindfleisch-Exporteur zum -Importeur geworden. Gut 80 Prozent des eingeführten Fleisches stammen dabei aus Südamerika. (...)

Süddeutsche Zeitung vom 3./4. Juli 2004, gekürzt

23 **Die Rache der Mancha Blanca**

(...) Die Szenerie wird von riesigen industriellen Garnelenfarmen beherrscht. Kilometerlang erstrecken sich die von braunen, vegetationslosen Deichen begrenzten Becken an der Küstenregion. „Früher", erzählt Nicola Mears, „früher standen hier Mangroven soweit das Auge reicht. Tausende Familien lebten von den reichen Fischvorkommen der Mangroven." (...) Bis heute wurden etwa 95 % der gesamten Bestände für die Aufzucht der beliebten Shrimps abgeholzt. (...) Ähnlich der Landwirtschaft sind auch Monokulturen im Wasser sehr anfällig für Krankheitserreger. (...) Die Kosten für Medikamente und Chemikalien stiegen und sollten durch höhere Absatzmengen ausgeglichen werden. Der Teufelskreis endete im totalen Kollaps der Garnelenindustrie. Die natürlichen Ressourcen waren ausgebeutet, die Böden der Zuchtbecken versalzen und ausgelaugt. Die Garnelenproduktion Ecuadors, dem einst zweitgrößten Exporteur der Welt, brach innerhalb von drei Jahren um über 60 % ein. Dutzende Garnelenexporteure standen vor dem Ruin. „Die Rache der Mancha Blanca", schmunzelt Nicola Mears.

Patrick Gallitz: Die Rache der Mancha Blanca; unter www.global-reporter.net; vom 05.01.2003

Mancha Blanca *(weißer Fleck): Viruserkrankung der Garnelen, die einen immensen Einsatz von Antibiotika notwendig macht, damit nicht ganze Populationen vernichtet werden.*

Aufgabe zur Erschließung des Themas

1 *Beantworten Sie die in der Überschrift aufgeworfene Frage und begründen Sie Ihre Antwort.*

Expertengruppe

Schutz des Regenwaldes

Arbeitsauftrag für Expertengruppe 4:
Stellen Sie, auch auf Grundlage einer Internetrecherche, Vereinbarungen zum Schutz des Regenwaldes dar. Erarbeiten Sie Vorschläge zur nachhaltigen Nutzung des Tropischen Regenwaldes.

24 ***Regenwaldschutz – eine globale Aufgabe;*** *nach Allianz Umweltstiftung und OroVerde – Die Tropenwaldstiftung: Informationen zum Thema „Tropenwald", München, 2006, Folie 21*

Das seit dem Erdgipfel für Umwelt und Entwicklung in Rio de Janeiro (1992) weltweit anerkannte Leitbild der Nachhaltigkeit strebt einen Konsens der unterschiedlichen Interessen an. Ziel ist es, die Regenwälder unter Berücksichtigung ökologischer, sozialer und ökonomischer Aspekte so zu nutzen, dass nachfolgende Generationen hierdurch keinen Schaden haben.
Die Umsetzung des Leitbildes ist schwierig, da oft unterschiedliche regionale Lösungen notwendig sind. Die Palette der Lösungsansätze und Modellversuche reicht vom **Ecofarming** über Formen extensiver Weidewirtschaft und die Erprobung neuer Techniken der Holzernte bis hin zur Förderung eines neuen Umweltbewusstseins. Trotz zahlreicher Initiativen ist man aber noch weit von einer **nachhaltigen Nutzung** und Bewirtschaftung der Regenwälder entfernt.

25 **Der Regenwald: die Schatzkammer der Welt**
(...) Regenwälder sind eine materielle wie immaterielle Schatzkammer und enthalten Gewürze, Medizin, Nahrungsmittel, Früchte, Farbstoffe, pharmazeutische Substanzen, unzählige Pflanzen- und Tierarten. Nach Schätzungen des World Wildlife Fund (WWF) sterben bei der gegenwärtigen Zerstörungsrate der Regenwälder jedes Jahr über 17 000 Arten aus. Jeden Tag geht damit ein gigantisches, unerforschtes Genreservoir unwiederbringlich verloren. Viele für uns nützliche und vielleicht für die Zukunft überlebensnotwendige Wirkstoffe sind in dieser „natürlichen Apotheke" vorhanden. (...)

Nach Fee Czisch & Frauke Liesenborghs: in Global Challenges Network (Hrsg.): Im Kleinen und Ganzen. Voneinander lernen, Verantwortung übernehmen – mit der Agenda 21, München 1998, S. 90

26 **Bioprospecting**
Die natürlichen Reichtümer sind für viele Länder der Dritten Welt zum wertvollen Kapital geworden, seit die Konzerne, die im pharmazeutischen, agroindustriellen oder hortikulturellen Sektor die globalen Märkte beherrschen, ihre ökonomische Nutzbarkeit erforschen. Bioprospecting nennt sich die Suche nach marktfähigem biologischem Material. (...) Beginnt ein zweiter Wettlauf um Afrikas Ressourcen, diesmal nicht um Elfenbein und Ebenholz, Sklaven und Gewürze, sondern um „grünes Gold", also um Biorohstoffe?

Bartholomäus Grill: Dollars, Gene, grünes Gold. Die Zeit, 32/2002

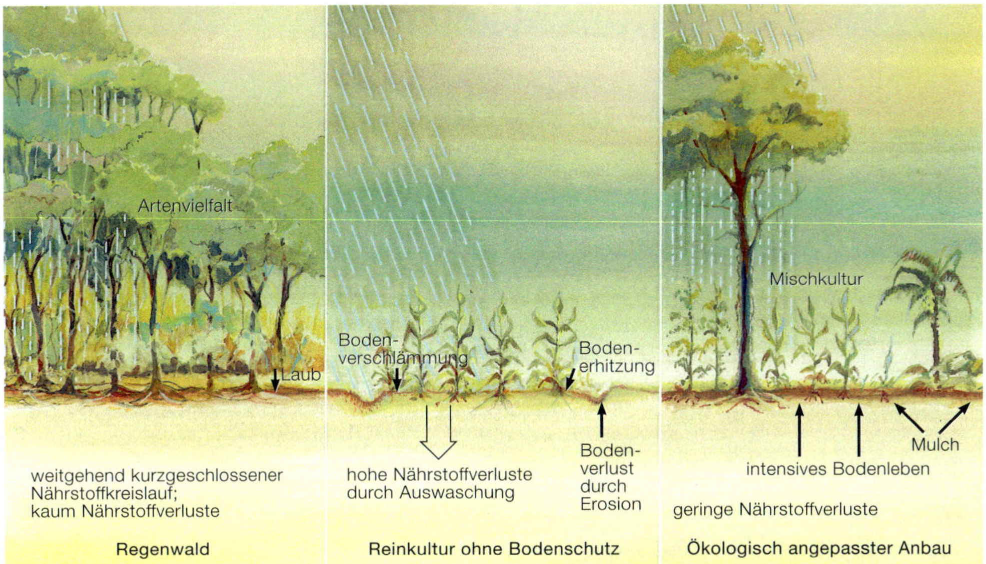

27 ***Ökologisch angepasster Anbau im Vergleich zur Reinkultur und zum Primärwald***

Nach Jürgen Schultz: Die Ökozonen der Erde. Stuttgart: Ulmer 1988, S. 491

28 **Agriculture in Layers**

Das Nutzungsprinzip der Bamiléké, einem Stamm im westlichen Bergland Kameruns, lautet „Agriculture in Layers“: Die Felder werden mit den unterschiedlichsten Nutzpflanzen angelegt, und zwar so, dass die Kultur später dem stockwerkartigen Aufbau des Regenwaldes ähnelt. Ziel ist es, dem Boden möglichst wenig Mineralien zu entnehmen. Deshalb lassen die Bamiléké sämtliches Pflanzenmaterial auf den Feldern verrotten, sofern es nicht geerntet wird. In der Fachsprache bezeichnet man diese Formen als „Agroforstwirtschaft“ und „Mischkulturen“. (...)

Ein dichtes Blätterdach verdeckt die Sicht auf das darunter liegende Ackerland. Auf den Feldern selbst verliert sich jedoch schnell der Eindruck einer Waldlandschaft. Jedes Stückchen Land ist mit Gehölzen und Feldfrüchten vielfältigster Art bepflanzt.

Nach Arno Kreus, Norbert von der Ruhren (Hrsg.): Terra Erdkunde Sekundarstufe II Räume und Strukturen. Ernst Klett Verlag, Stuttgart und Leipzig 2006, S. 98

29 **Mischkulturen**

Für den Europäer (...) scheint auf einem traditionell angelegten Acker im Grasland Kameruns alles wie „Kraut und Rüben“ durcheinander zu wachsen. (...) So finden sich Pflanzen mit hohen Nährstoffansprüchen neben genügsamen, ja oft Nährstoff spendenden Feldfrüchten (...), schattenverträgliche Pflanzen werden überdeckt von lichtbedürftigen, hoch wachsenden Kulturen, und unmittelbar neben Pflanzen mit kurzem Wachstumszyklus stehen mehrjährige Kulturpflanzen wie Bananen oder Kaffee oder Maniok. Die vielen Vorteile einer Mischkultur erklären auch den Widerstand vieler afrikanischer Bauern gegen die Einführung von Monokulturen in der Kolonialzeit (...). Galt dieser Widerspruch damals als Ausdruck der „Lernunwilligkeit bzw. -fähigkeit der Afrikaner“, so erweist er sich aus heutiger Sicht in hohem Maße als „vernünftig“.

Heiner Grysar, in: Misereor (Hrsg.): Kamerun. Leben auf dem Land. Aachen: Bischöfliches Hilfswerk, Misereor e. V. 1988, S. 50/51, gekürzt

Aufgaben zur Erschließung des Themas

1 *Erläutern Sie, weshalb der Schutz Tropischer Regenwälder eine wichtige globale Aufgabe ist, und wie er verwirklicht werden kann.*

2 *Erörtern Sie die Chancen und Risiken der Nutzung des genetischen Reservoirs für die Tropenwälder.*

3 *Beurteilen Sie die Wirksamkeit angepasster, nachhaltiger Formen der Nutzung in den Tropen.*

ONLINE-Link

Schutz der Tropischen Regenwälder

29110X-0204

Methode

2.2 Die wechselfeuchten Tropen

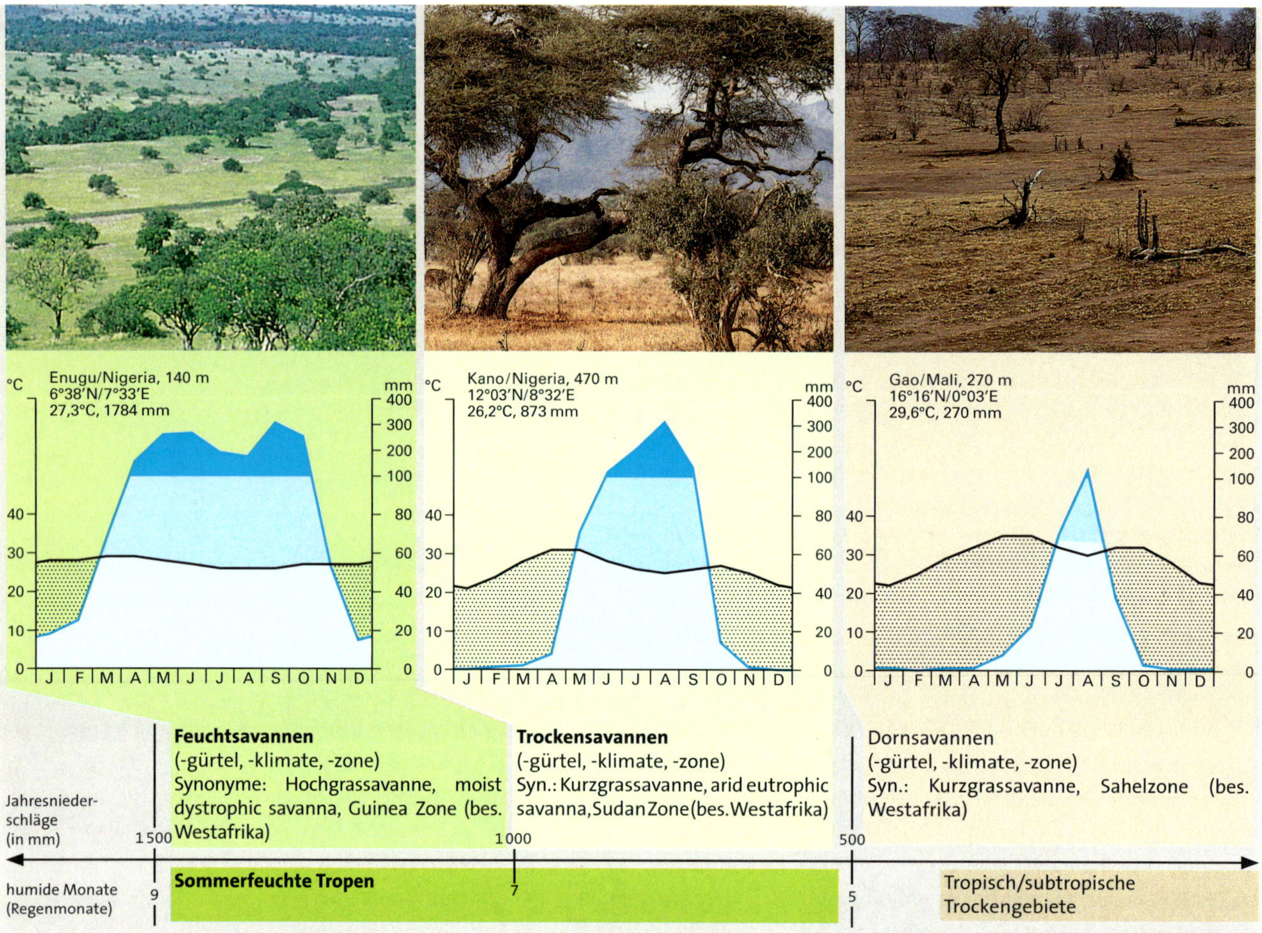

1 ***Subzonale Differenzierung der wechselfeuchten Tropen;*** *nach Jürgen Schultz: Handbuch der Ökozonen; UTB, Stuttgart 2000, S. 425*

Savannen und Desertifikation

Nördlich und südlich der immerfeuchten Tropen der Äquatorregion folgen die **wechselfeuchten Tropen**. Niederschlagsfreie Abschnitte liegen zwischen den beiden Regenzeiten. Mit zunehmender Entfernung vom Äquator wird die Trockenzeit ausgeprägter und die beiden Regenzeiten verschmelzen zu nur noch einer einzigen. Diese wird zu den Wendekreisen hin immer schwächer, die Niederschläge nehmen ab, ihre Variabilität wird immer größer. Mit der Abnahme der Feuchtigkeit verändert sich auch das Landschaftsbild: die **Feuchtsavanne** geht über in die **Trockensavanne** und dann in die **Dornsavanne**.

2 **Brasiliens Savanne wird 2030 verschwunden sein**

Die **Savanne** Brasiliens verschwindet schneller als die Regenwälder, ist das Ergebnis eines Berichts der Umweltschutzgruppe Conservation International. Ohne drastische Einschränkung der Rodungen wird das Weideland bis 2030 verschwunden sein. Jedes Jahr werden 20000 Quadratkilometer der Savanne zerstört, um Raum für den Anbau von Kulturpflanzen wie Soja, Weizen und Baumwolle zu schaffen. Die Savannenregion (...) ist das größte zusammenhängende Gebiet der Welt, das für die Landwirtschaft nutzbar ist. (...)

Marietta Gross: Brasiliens Savanne wird 2030 verschwunden sein, pressetext.austria vom 21.07.2004, unter www.pressetext.at

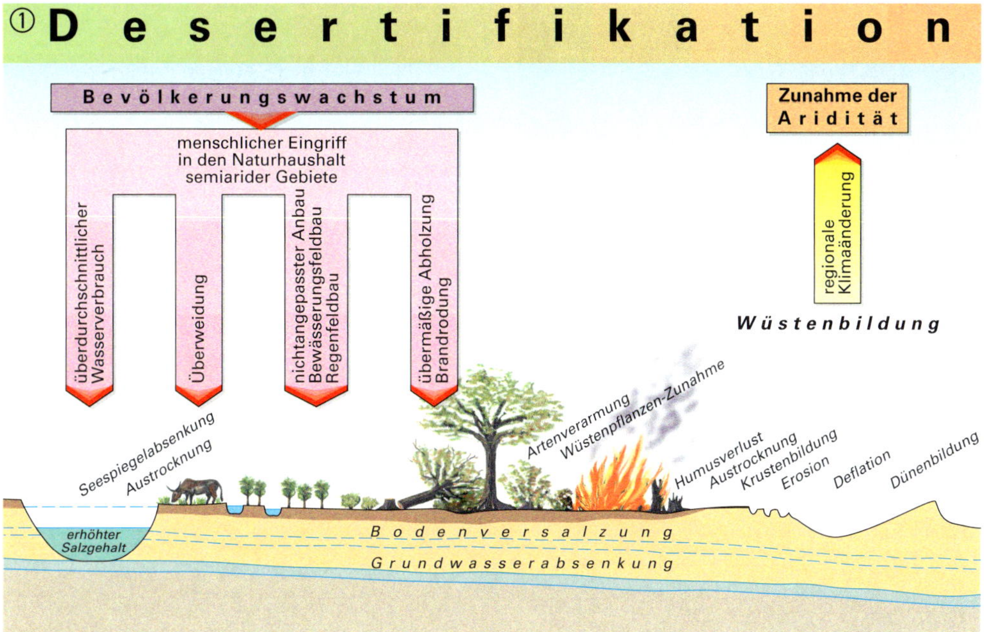

③ ***Schema zur Desertifikation***

Nach Gregor C. Falk et al.: Geographie wie sie nicht im Buche steht: Die Verlandung von Tschad- und Aralsee. Klett-Perthes: Stuttgart 1995

Brennholzsammlerin

Jährlicher Holzbedarf einer Familie in der Sahelzone

Insgesamt 195 Bäume und Büsche, davon:

- *100 für die Umzäunung der Felder – rund 600 m, davon wird jährlich die Hälfte erneuert (nur etwa jeder dritte Bauer friedet seine Felder ein),*
- *52 für Brennholz (ein Baum oder Busch pro Woche),*
- *40 für die Umzäunung des Wohngrundstücks: 80 m, davon wird jährlich die Hälfte erneuert,*
- *3 für den Bau von Wohnhütten.*

④ **Desertifikation**

(...) Als **Desertifikation** bezeichnet man die Bildung bzw. Ausbreitung von Wüstengebieten. Dieser Vorgang kann sowohl natürliche als auch anthropogen bedingte Ursachen haben. Dabei sind klimatische Veränderungen über längere Zeiträume hinweg als natürliche Ursache nicht ungewöhnlich (...). Durch Überbevölkerung (...) kommt es zu einer Verschiebung der Ökumenegrenzen. Regionen, die unwirtlich und eigentlich lebensfeindlich sind, werden zunehmend besiedelt. (...) Die zunehmende Inwertsetzung ökologisch anfälliger Trockengebiete führt zu irreversiblen Schäden. (...) Ausgangspunkt dafür ist die landwirtschaftliche Nutzung (...). Überweidung, nicht angepasster Anbau und Bewässerungsfeldbau bewirken geomorphologische Prozesse, die neu genutztes Land schnell wieder unbrauchbar machen. (...)

Ernst Klett Verlag, Geographie Infothek: Was bedeutet Desertifikation?, unter www.klett.de vom 12.05.2006

⑤ **Nachhaltige und schonende Bodennutzung**

Die Serer, eine Volksgruppe im Senegal, welche in Bereichen mit Niederschlägen zwischen 500 und 700 mm jährlich leben, nutzen in ihrem System der Landnutzung die Eigenschaften des Baumes Acacia albida. Dieser weist einen umgekehrten Vegetationszyklus auf. Zu Beginn der Regenzeit verliert er seine Blätter und düngt so den Boden für die Nutzpflanzen. Außerdem reicht sein Wurzelwerk bis zum Grundwasserhorizont hinab und transportiert so wichtige Nährstoffe für die Nutzpflanzen an die Oberfläche. Hinzu kommen sein in der Trockenzeit treibendes, dichtes Blätterwerk als Schattenspender für den Boden und seine als März, also in der Zeit des Futtermangels, reifenden Hülsenfrüchte. Durch diese Eigenschaften ersetzt so ein Bestand von ca. 50 Bäumen/Hektar eine mineralische Volldüngung. Der Dung des Viehs wird ebenfalls als organischer Dünger in den Parzellen aufgebracht.

1 *Überprüfen Sie, ob die Abfolge der Savannen- und Klimatypen der Südhalbkugel eine Entsprechung auf der Nordhalbkugel hat (Atlas, Internet).*

2 *Erläutern Sie Ursachen und Folgen der Desertifikation.*

ONLINE-Link

Savannen und Desertifikation 29110X-0205

Viehherden des Buduma-Stammes am Tschad-See

Um die Insel mit dem Fischerdorf Doro-Lelewa zu erreichen benötigte man früher Boote

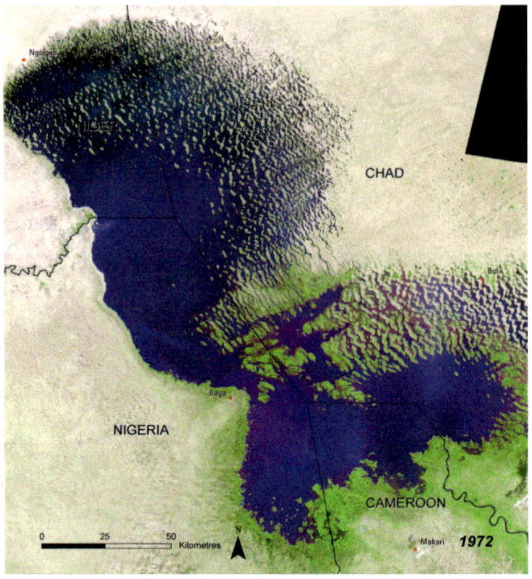

6 *Satellitenbild des Tschad-Sees im Jahre 1972*

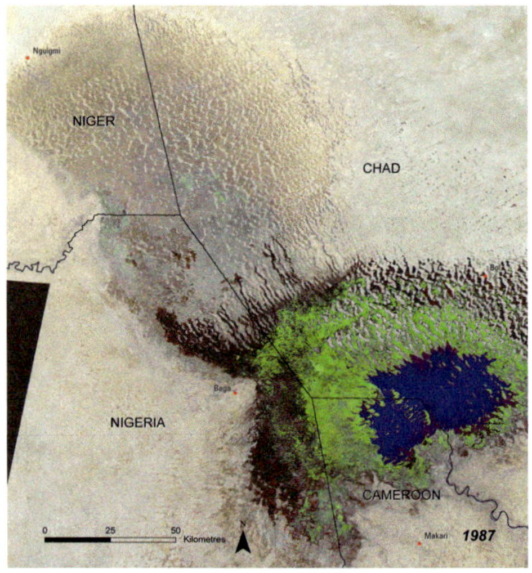

8 *Satellitenbild des Tschad-Sees im Jahre 1987*

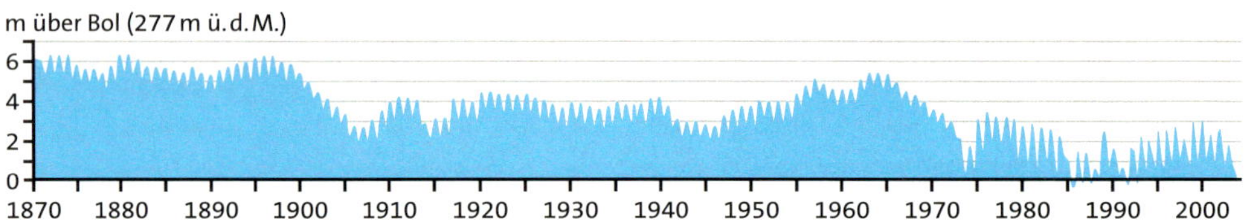

7 *Seespiegelschwankungen des Tschad-Sees*

Nach UNEP: Africas`s Lakes: Atlas of Our Changing Environment; unter http://na.unep.net 2008

Seespiegelschwankungen des Tschad-Sees

Der am Südrand der Sahara gelegene Tschad-See erlangte wie der Aralsee durch sein dramatisches Schrumpfen traurige Berühmtheit. Die **Sahelzone**, in der er liegt, ist durch eine hohe Niederschlagsvariabilität gekennzeichnet. Zwar liegt der durchschnittliche Jahresniederschlag zwischen 500 bis 1000 mm, doch gibt es auch Dürrejahre, in denen die Regenzeit ausfällt. Speziell in den letzten Jahrzehnten nahm die Fläche des Sees auf nur noch ein Zehntel ihrer ursprünglichen Ausdehnung ab, was auch auf die Zunahme der Bewässerungsflächen entlang der Zuflüsse zurückzuführen ist. Noch in den 1960er-Jahren gehörten Nigeria, Tschad, Kamerun und Niger zu den Anrainerstaaten. Heute sind die jahreszeitlich schwankenden offenen Wasserflächen praktisch nur noch im Tschad und in Kamerun zu finden. Das Beispiel zeigt, dass das Leben in der Sahelzone sowohl ökologisch als auch ökonomisch großen Risiken unterworfen ist.

9 **Der Tschad-See verschwindet**

Der heutige Tschad-See ist nur noch ein Schatten seiner selbst. Vor 6000 Jahren dehnte sich das Gewässer im nördlichen Zentrum Afrikas auf mehr als 340 000 Quadratkilometer aus. Er war damit annähernd so groß wie Deutschland und 100-mal so groß wie heute. Das alte Ufer sei fast durchgängig auf mehr als 2 300 Kilometern auf Satellitenbildern zu erkennen, teilte das Forschungsinstitut für Entwicklung IRD (...) mit. Die Satellitendaten zeigen einen Süßwassersee, der fast an die Ausdehnung des Kaspischen Meeres heranreicht. Der steinzeitliche Tschadsee war bis zu 160 Meter tief, während der heutige Tschad-See an der tiefsten Stelle kaum auf zehn Meter hinabreicht. Er wurde nicht nur – wie heute – von zwei Flüssen aus dem feuchten Süden gespeist, sondern auch von zahlreichen Zuflüssen aus dem Norden. (...) Anders als heute hatte der See zudem einen Abfluss, der über den Niger in den Atlantik mündete.

Leipziger Volkszeitung vom 21.04.2006; unter www.genios.de

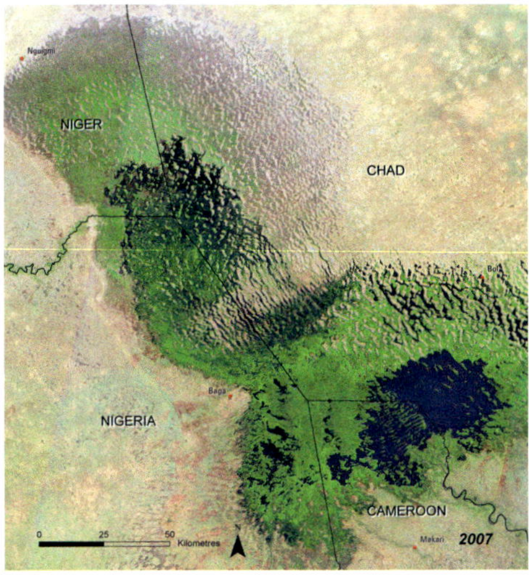

10 ***Satellitenbild des Tschad-Sees im Jahre 2007***

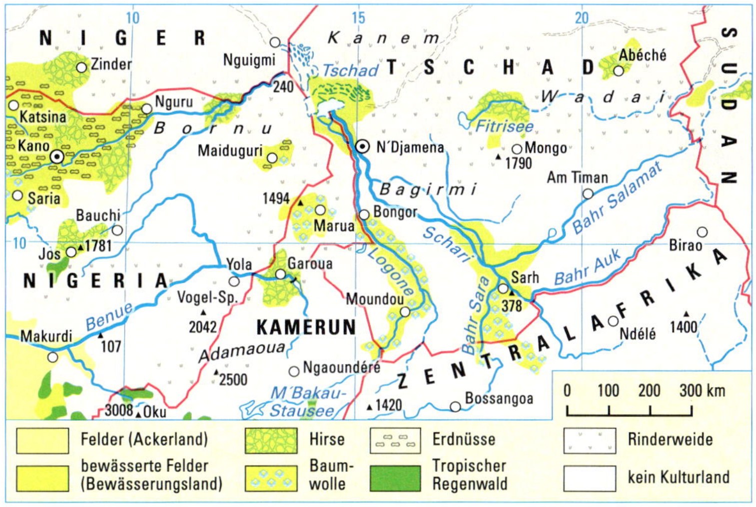

13 ***Landwirtschaft im Einzugsgebiet der Zuflüsse des Tschad-Sees***

11 **Klimavariabilität und Wasserentnahme**

Gerade der Tschad-See macht (...) die zunehmende Bedeutung von veränderter Klimavariabilität (...) in Teilen der Sahelzone deutlich. Während die Niederschläge im Einzugsgebiet des Sees seit den sechziger Jahren um ca. 25 Prozent zurückgegangen sind, hat sich sein Zufluss um 50 Prozent (...) reduziert. (...) Die andere Hälfte [ist] auf die steigenden Wasserentnahmen [zurückzuführen], die aber gerade bei trockenerem und wärmerem Klima auch stärker zunehmen. Wichtig in der Wasserversorgung sind weiterhin kritische Grenzwerte, die möglicherweise durch den Klimawandel irgendwann überschritten werden, wie z.B. die erforderliche Mindestdauer der Regenzeit.

Christoph Bals: Klimaschutz: Desinformationskampagne von Report München; unter www.germanwatch.org vom 24.07.2007

12 The receding Lake Chad left behind an estimated 0.5 million hectares of cultivable land, some of which was being cropped. Farming also is done on "recessional lands", where the lake water recedes every year, and in the "polder" depression between dunes. Rice, wheat, maize and vegetables are grown. In a traditional polder, one crop a year is grown as the water recedes. If „dams" and pumps are used, up to three crops a year can be grown.

Eric O. Odada et. al.: Lake Chad – Experience and Lessons Learned Brief; unter www.ilec.or.jp vom 27.02.2006

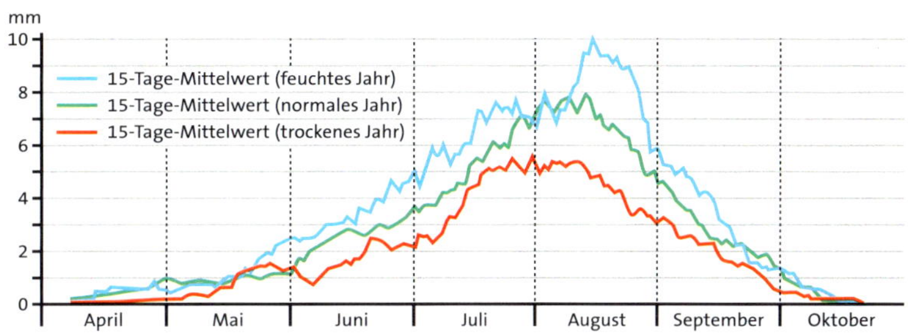

14 ***Durchschnittliche Niederschläge in feuchten, normalen und trockenen Jahren in Maiduguri***

Nach Karsten Tschierschke 2002, unter www.informatik.uni-frankfurt.de/~sfb268/d6/tschierschkeklima-en.html

15 **Projects**

At the World Water Forum (...) 2003, member countries of the Lake Chad Basin Commission, made an urgent appeal for financial support for their efforts to save the lake, including a project still on the drawing board, the „Projet d'Approvisionnement du Lac Tchad". The project would entail damming the Oubangui River at Palambo in Central African Republic and channeling some of its water through a navigable canal to Lake Chad. (...)

Science in Africa – Africa's First Online Science Magazine: Replenishing Lake Chad; unter www.scienceinafrica.co.za 2003

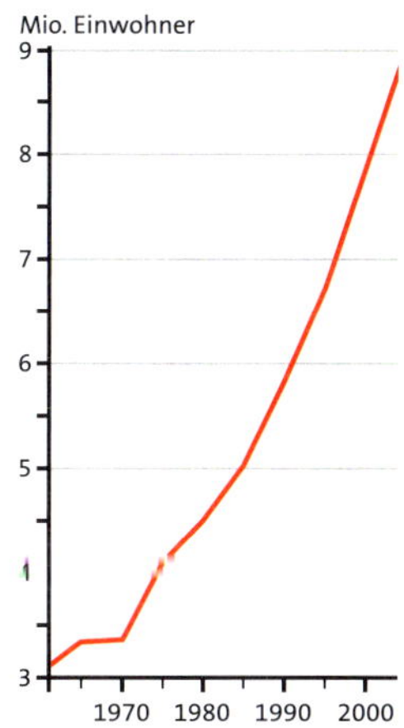

Bevölkerungsentwicklung im Tschad; *nach FAO 2008*

3 *Erklären Sie die jahreszeitlichen Seespiegelschwankungen des Tschad-Sees.*

4 *Erläutern Sie Ursachen und Auswirkungen der längerfristigen Schwankungen.*

ONLINE-Link

Tschad-See

29110X-0206

Einen schriftlichen Leistungsnachweis erbringen

Schriftliche Leistungsnachweise zählen zu den wichtigsten Überprüfungen in der gymnasialen Oberstufe. Sie unterscheiden sich in ihrem Aufbau und dem Anforderungsniveau kaum von den Abiturprüfungsaufgaben. Einzig die Länge und der zu bearbeitende stoffliche Umfang sind geringer. Es ist daher wichtig, das Schreiben von Klausuren zu trainieren. Für die Bearbeitung dieses Klausurbeispiels ist es notwendig, sich auf der rückwärtigen Umschlagseite des Buches einen Überblick über die Anforderungsbereiche und Operatoren zu verschaffen.

Tipps für den Erfolg bei schriftlichen Leistungsnachweisen

Verlangt werden bei schriftlichen Aufgaben eine inhaltlich richtige und in sich logische Darstellung mit einem stetigen Materialbezug, ein klarer und verständlicher Aufbau sowie eine sprachlich einwandfreie Formulierung.

Vorbereitung

Die notwendigen inhaltlichen Kenntnisse festigen Sie durch die Erarbeitung der entsprechenden Kapitel im Schulbuch. Ziehen Sie ergänzend Ihre Mitschriften aus dem Unterricht heran. Zusammenfassungen auf Karteikarten können ebenfalls sehr hilfreich sein.

Auch zur Schulung der methodischen Fertigkeiten gibt Ihnen dieses Buch die notwendigen Hilfen. Studieren Sie gründlich die einzelnen methodischen Kapitel und versuchen Sie die vorgestellten Methoden anzuwenden bzw. auf andere Materialien zu übertragen.

Beachten Sie, dass Aufgaben in der Regel aus drei Komponenten bestehen:

- Inhalt (Um welche Sache geht es?)
- Arbeitsanweisungen (Was soll man tun?)
- gegebenenfalls auch Zusätze (Gibt es weitere Hinweise oder Forderungen?)

Sinnvoll ist es, sich bei schriftlichen Arbeiten kurz Zeit zu nehmen und diese Komponenten unterschiedlich zu markieren. So kreist man zum Beispiel die Arbeitsanweisungen ein, unterstreicht die Inhalte und markiert die Zusätze einer Fragestellung.

Bei der Rückgabe

Schon Konfuzius stellte fest: Wer einen Fehler gemacht hat und ihn nicht korrigiert, begeht einen zweiten. Lesen Sie zu Hause in Ruhe und aufmerksam die Randbemerkungen und den Schlusskommentar des Lehrers durch und notieren Sie in einer Checkliste Ihre häufigsten Fehler, damit Sie diese durch zusätzliche Übungen beseitigen können. Sind es eher methodische Fehler, sind es sachliche Mängel oder fehlt es am Grundwissen?

Vorgehensweise bei schriftlichen Arbeiten

1. Schritt: Thema lesen

Lesen Sie das Thema und die Aufgabenstellungen genau durch. Die Liste der Arbeitsanweisungen bzw. Operatoren auf der letzten Buchseite gibt an, was von Ihnen in der entsprechenden Aufgabe verlangt wird.

2. Schritt: Überblick verschaffen

Sichten Sie die angegebenen Arbeitsmaterialien.

3. Schritt: Gliederung erstellen

Ordnen Sie den jeweiligen Aufgaben die entsprechenden Materialien zu und setzen Sie inhaltliche Schwerpunkte.

4. Schritt: Stichwortliste erstellen

Erstellen Sie eine Liste mit Stichworten zu den jeweiligen Aufgabenteilen, die Ihnen bei der Reinschrift als roter Faden dienen soll.

5. Schritt: Zeitplan festlegen

Erstellen Sie ein grobes Zeitraster.

6. Schritt: Arbeitsmaterial bearbeiten

Arbeiten Sie das Material den Aufgaben entsprechend gründlich durch; benutzen Sie Marker oder andere Hilfsmittel zur Kennzeichnung von Kernaussagen und bestimmten Sachverhalten.

7. Schritt: schriftliche Ausarbeitung anfertigen

- *Formulieren Sie eine kurze Einleitung, die in das Thema einführt und den Untersuchungsraum topographisch einordnet.*
- *Gliedern Sie Ihre Ausführungen sowohl inhaltlich als auch formal, z. B. durch Zwischenüberschriften, Unterstreichungen oder Absätze.*
- *Stützen Sie Ihre Ausführungen durch aussagekräftige Beispiele und bringen Sie dabei gezielt Ihr Vorwissen ein. Achten Sie darauf, dass nur themenbezogenes Vorwissen relevant ist!*
- *Benutzen Sie Fachtermini.*
- *Achten Sie darauf, dass Ihre Aussagen immer einen Materialbezug haben. Vermutungen sind sprachlich als solche kenntlich zu machen: Vermeiden Sie möglichst pauschale und absolute Aussagen.*
- *Kennzeichnen Sie wörtliche Übernahmen von Textpassagen als Zitate.*
- *Schließen Sie jede Teilaufgabe mit einem kurzen Fazit ab.*
- *Achten Sie insgesamt auf Logik, Rechtschreibung, Zeichensetzung und Grammatik.*

Beispiel für einen schriftlichen Leistungsnachweis

Thema: Mali – Klima, Vegetation und Sahel

Arbeitsmittel: Atlas, Anlagen (M 1, M 2)

Arbeitszeit: 45 Minuten

Aufgaben

1 *Beschreiben Sie knapp M 2 und ordnen Sie das Klimadiagramm begründet einer der Vegetationszonen Malis zu. (9 Bewertungseinheiten)*

2 *Charakterisieren Sie die Vegetation in der Republik Mali in ihrer zonalen Abfolge. Begründen Sie diese auf der Grundlage des Modells der Atmosphärischen Zirkulation. (12 BE)*

3 *M 1 zeigt ein Modell zur Lösung der Sahelproblematik. Erläutern und beurteilen Sie anhand von drei Maßnahmen die Zielsetzungen dieses Modells. (9 BE)*

→ *Anforderungsbereiche und Operatoren, siehe Seite 194/195*

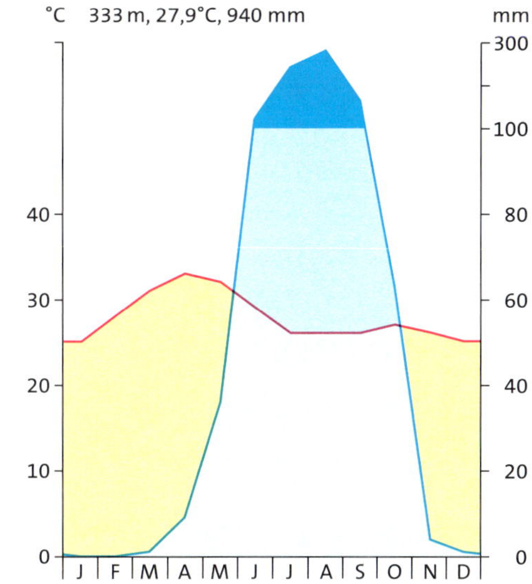

② ***Klimadiagramm eines unbekannten Ortes in Mali***

Intensitätsstufe I: Kern mit Siedlung, Versorgung, bewässerten Hausgärten
Intensitätsstufe II: Agro-forstwirtschaftliche Nutzungszone
Intensitätsstufe III: Silvi-pastorale Nutzungszone
Intensitätsstufe IV: Sektorielle Rotationsweide

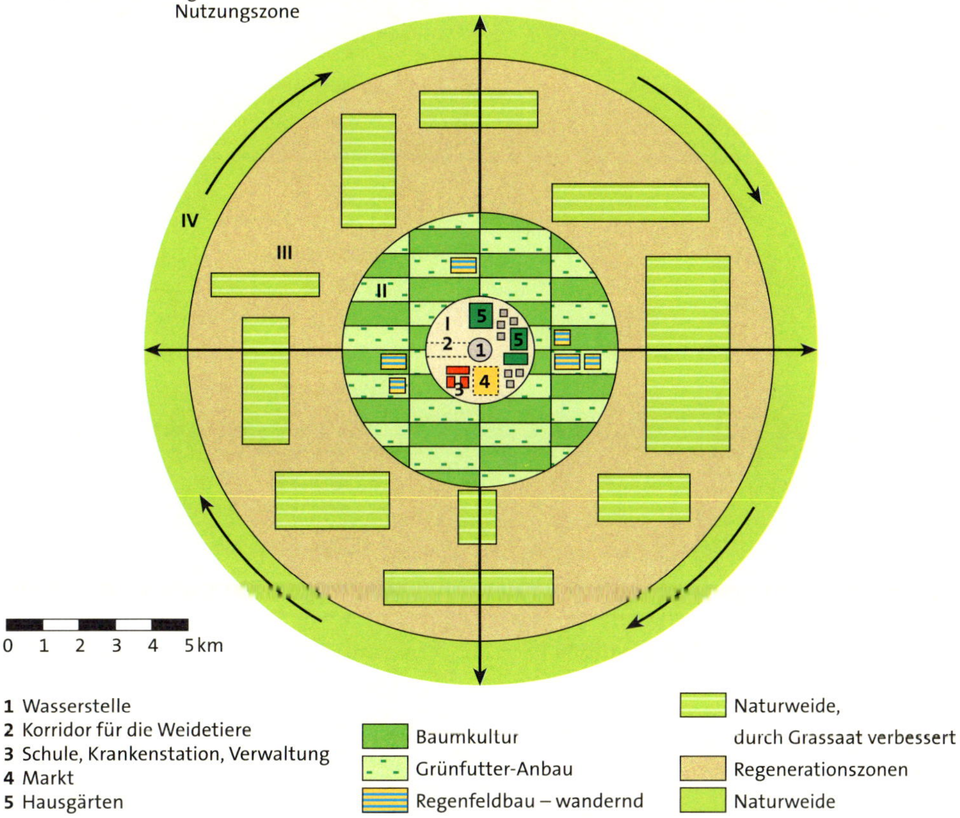

① ***Modell konservierender Intensitätsstufen der Nutzung um Wasserstellen im Sahel***

Nach Hans Karl Barth: Mali: Eine geographische Landeskunde. Darmstadt: Wissenschaftliche Buchgesellschaft 1986, S. 313

2.3 Die Subpolare Zone

Zusammenwirken von Klima, Vegetation und Boden

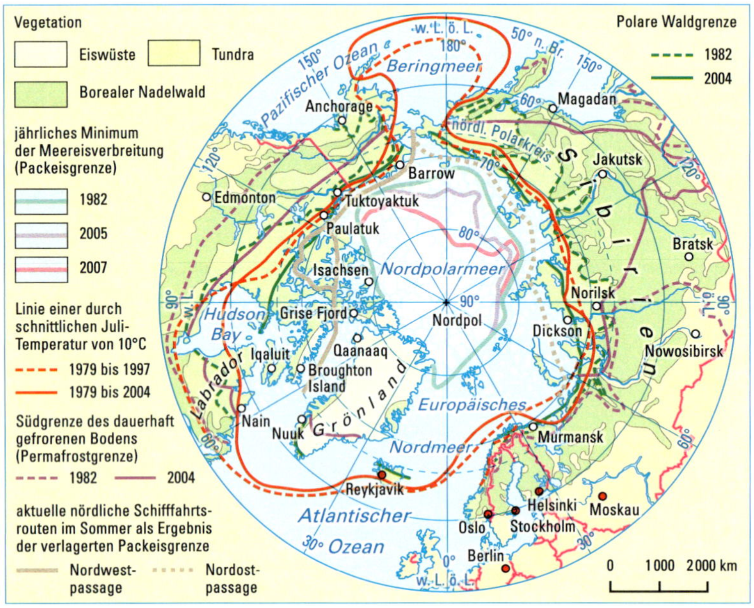

1 Wandel der Ökosysteme der nördlichen Hemisphäre; *nach verschiedenen Vorlagen*

3 Eisenbahnstrecke in Sibirien

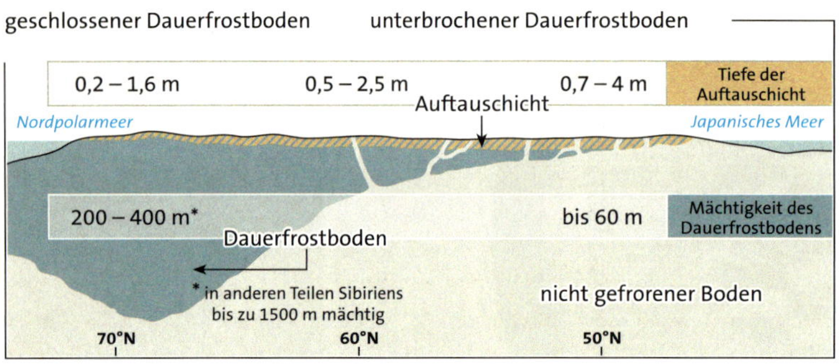

2 Dauerfrostboden und Auftauschicht in Sibirien entlang 135° ö. L.

Nach D. C. Money: Kalte Zonen, Landschaftszonen und Ökosysteme. Stuttgart: Klett 1983, S. 13

Die **Kalte Zone** wird von Süden nach Norden in die boreale Nadelwaldzone (Taiga), die **Subpolare Zone** (Tundra) und die **Polare Zone** (Eiswüste) gegliedert. Der nördliche Grenzsaum der Subpolaren Zone ist identisch mit der Schneegrenze, also der Trennlinie zwischen den immer eisbedeckten und eisfreien Gebieten. Der südliche Grenzsaum bildet die 10°C-Juli-Isotherme, die weitgehend mit dem Verlauf der polaren Baumgrenze zusammenfällt.

4 Permafrost

In Gebieten, in denen die Jahresmitteltemperatur zumindest in zwei aufeinander folgenden Jahren unter 0 °C liegt, kommt es zur Ausbildung von Permafrostböden (Dauerfrostböden). Dabei ist zu unterscheiden zwischen kontinuierlichem Permafrost (Jahresmitteltemperatur unter 0 °C) und diskontinuierlichem **Permafrost** (Jahresmitteltemperatur nur phasenweise unter 0 °C). Die geringe Verdunstung, das häufig vorherrschende flache Relief sowie der Permafrost begünstigten an vielen Stellen das Entstehen ausgedehnter Vernässungszonen. (...) Allein in Russland werden 128 Millionen Hektar von baumlosen oder mit nur kleinwüchsigen Bäumen bestockten Torfmooren eingenommen. Sie stellen einen wesentlichen Bestandteil der borealen Waldlandschaft dar und sind von erheblicher Bedeutung für den globalen Kohlenstoffhaushalt. (...)

Enquete-Kommission „Schutz der Erdatmosphäre" des Deutschen Bundestages (Hrsg.): Schutz der Grünen Erde. Bonn: Economica Verlag, S. 374

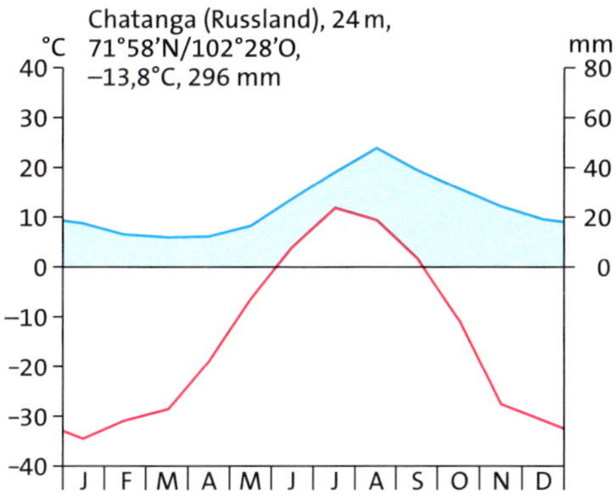

5 *Typisches kontinentales Tundrenklima*

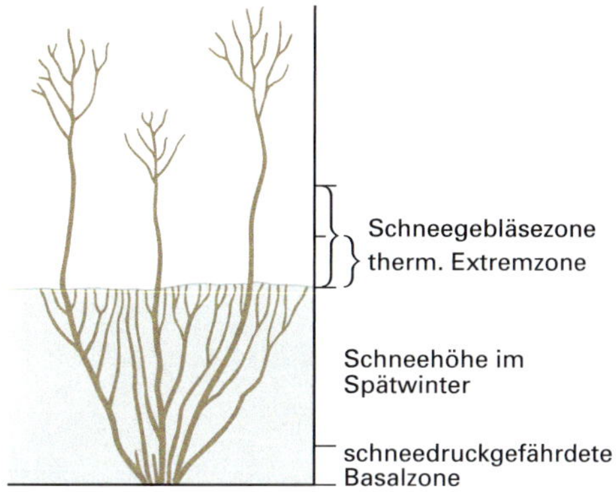

6 ***Wuchsform einer Wipfeltischbirke;*** *nach Klaus Müller-Hohenstein: Die Landschaftsgürtel der Erde. Stuttgart: Teubner 1981, S. 193*

Krautweide (Salix herbacea)
Der Naturforscher Carl von Linné bezeichnete die Pflanze als „den kleinsten Baum der Erde". Die Krautweide erreicht Wuchshöhen von zwei bis zehn Zentimeter und hat einen verholzten Stamm. Nur die Zweige mit zwei bis drei Blättchen ragen aus der Erde heraus. Die Triebe nehmen pro Jahr nicht mehr als 0,5 mm zu.

Boden
Aufgrund der klimatischen Verhältnisse dominiert die physikalische Verwitterung und es gibt keine sonderlich intensive Bodenbildung. Die sauren, nährstoffarmen Rohböden besitzen relativ viel unzersetzte organische Substanz. Die kurze sommerliche Auftauphase des Permafrostbodens führt zu Staunässe. Es dominieren Gleyböden.

Klima
Ökologisch bedeutsamer als das Jahresmittel der Lufttemperaturen sind die Höhe und Dauer der sommerlichen Erwärmung über +5 °C, dem Schwellenwert für das Pflanzenwachstum. Für die Tundrenzone gilt die Regel, dass die Temperaturmittel maximal drei bis vier Monate über +5 °C bleiben und polwärts abnehmen. Mit Annäherung an die Pole tritt an die Stelle des täglichen Tag-Nacht-Wechsels der halbjährliche Wechsel von Polarnacht zu Polartag. Es herrscht also ein thermisches und solares Jahreszeitenklima. Die Jahresniederschläge liegen normalerweise unter 300 mm und die Schneedecke erreicht kaum mehr als 20–30 cm. Trotz der geringen Jahresniederschläge herrschen in der Tundra ganzjährig humide Verhältnisse, da temperaturbedingt auch die Verdunstung gering ist.

Flora
Die Vegetation der Tundra setzt sich überwiegend aus Gräsern, Kräutern, Moosen, Flechten und Zwergsträuchern zusammen. „Baumlosigkeit" und Artenarmut sind Ausdruck der ungünstigen ökologischen Bedingungen. Viele Pflanzen keimen erst nach Einwirkung tiefer Temperaturen (Frostkeimer).
Während relativ warmer Polartage läuft die Photosynthese ohne Unterbrechung. Das Pflanzenwachstum bleibt aber gering und beträgt ca. 1–4 t/ha Phytomasse im Jahr (8–13 t/ha in den Mittelbreiten), mit hohem unterirdischem Anteil. So beträgt das Längenwachstum einer Rentierflechte 1 bis 5 mm im Jahr. Die Regeneration nach Beweidung dauert mindestens 15 Jahre.

Fauna
Auch die Tiere haben sich den klimatischen Bedingungen angepasst. Stechmücken legen ihre Eier zu Beginn der kalten Jahreszeit ab. Diese Eier können ohne weiteres einfrieren. Lemminge sind in der Lage, die Pflanzendecke unter dem Schnee zu erreichen und in der kalten Jahreszeit ausreichend Nahrung zu finden. Die von der Rentierflechte lebenden Rentiere weichen im Winter an den Rand der borealen Nadelwälder aus.

Finnische 2-Euro-Münze

1 *Beschreiben Sie den Verlauf der Südgrenze des Permafrostbodens und begründen Sie diesen Verlauf (Karte 1).*
2 *Erläutern Sie mögliche zukünftige Änderungen der Permafrostgrenzen und beurteilen Sie deren Auswirkungen (Karte 1).*
3 *Bestimmen Sie die auf der finnischen 2-Euro-Münze abgebildete Pflanze. Erklären Sie für diese Pflanze das Wirkungsgefüge von Klima, Boden und Vegetation innerhalb der Tundra.*
4 *„Das ökologische Gleichgewicht der Tundra ist labil." Nehmen Sie zu dieser Behauptung Stellung.*

ONLINE-Link
Polare/Subpolare Zone
29110X-0207

7 ***Böden in Bewegung:* Hangrutschung in Alaska**

9 **Kosten für einzelne Baubranchen:**
Vergleich Westsibirien – Region Moskau
(europäische Zentralregion = 100)

	Südzone	Naher Norden	Ferner Norden
Industriebauten			
– Energieerzeugung	164–180	220	271
– Brennstoffwirtschaft	165–182	228	265
– Chemie und Petrochemie	177–196	237	296
– Maschinenbau und Metallverarbeitung	180–200	242	300
Pipelinebau	181–200	262	387
Straßenbau			
– Erdarbeiten, Vorbereitung	169–208	254	312
– Fahrbahnbau	154–178	216	268
– Betonpisten	150	183	283
– Wohnungsbau	150–183	225	275

Südzone: Gebiete Tobolsk, Tjumen, Tomsk; Naher Norden: Gebiete Berjosowo, Niznewartowsk, Aleksandrowskoje; Ferner Norden: Gebiete Nadym, Urengoy, Jamal-Halbinsel

Ökologische Folgen von Raumerschließung und Ressourcennutzung

Rentier-Nomadismus

Trans-Alaska-Pipeline

8 **Bauschäden**

Die oberste Regel jakutischer Bauingenieure sollte lauten: Der Dauerfrost muss gewahrt bleiben, um stabil zu tragen. Deshalb stehen moderne Gebäude hochbeinig auf Betonpfeilern. Dazwischen trägt die Luft die abgestrahlte Hauswärme davon. Zudem ist der Boden unter den Häusern im Sommer vor der Sonne geschützt und im Winter schneefrei, wodurch er kälter bleibt. Sechs Meter tief ruhen die Pfeiler normalerweise in der Erde. Übliche Betonfundamente beginnen im aufgetauten Sommerboden zu schwimmen und irgendwann zu kippen, traditionelle Holzhäuser sacken (...) tiefer in den Boden ein. Doch die Erkenntnisse (...) scheitern häufig an der Ignoranz der Bauherren, an Sparsamkeit und schlechtem Material. „Lecks sind der Tod des Permafrosts“ (...). Aus maroden Kanalisationsrohren dringt Wasser, wärmt den Boden und hinterlässt beim Verdunsten Salz, das den Gefrierpunkt senkt. Wo das Wasser gefriert, dehnt es sich aus und zerstört die Stabilität des Grunds. Die Stadt versinkt langsam.

Johannes Voswinkel: Einsackende Altbauten. In: DIE ZEIT Nr. 19 vom 03.05.2007

Die Subpolare Zone ist vergleichsweise dünn besiedelt. Der einheimische Bevölkerungsanteil umfasst vor allem die Inuit (Eskimos), die Samen (Lappen) und sibirische Völkerstämme, die überwiegend von der Fischerei, der Jagd oder dem Rentier-Nomadismus leben.

Durch die Förderung von Rohstoffen nahm in den Jahren von 1976 bis 1986 allein die Bevölkerungszahl im nördlichen Teil Sibiriens um das Zweieinhalbfache zu. Mit der Zuwanderung sind viele neue Städte entstanden. Die daraus resultierenden Erschließungsprobleme beziehen sich auf die Transportwege, die Energiegewinnung, die Wärmeversorgung oder den Transport von Baumaterialien sowie die Nahrungsmittelversorgung. Weitere Probleme bereiten die Beseitigung von Haus- und Industrieabfällen sowie Bodenabsackungen mit nachfolgenden Vernässungen aufgrund von Zerstörungen der Tundrenvegetation.

Als Folge der globalen Erwärmung verschiebt sich die Permafrostgrenze auf der Nordhemisphäre nordwärts. Dort, wo der Boden auftaut, gefährden Bodenabsenkungen und Erdrutsche Verkehrs- und Transportwege, Industrieanlagen sowie Pipelines. Wissenschaftler befürchten,

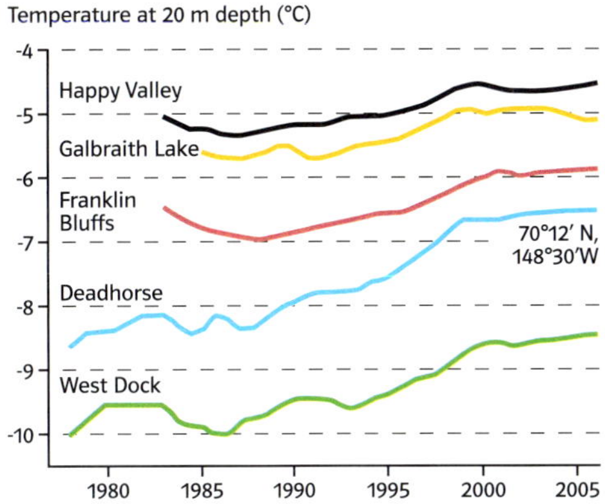

10 ***Temperatur in °C im Permafrostboden in 20 m Tiefe im nördlichen Alaska;*** *nach Hugo Ahlenius, UNEP/GRID-Arendal 2007, unter www.unep.org*

dass durch das Auftauen der Permafrostböden das Treibhausgas Methan (Sumpfgas) freigesetzt wird.

12 **Raumnutzungskonflikte**

Neben der Rentierwirtschaft sind in der nördlichen subpolaren Zone vor allem die Forstwirtschaft, der Tourismus, die Elektrizitätsgewinnung durch Wasserkraftwerke, Straßenbau aber auch Naturschutzaktivitäten von Bedeutung. Die zunehmenden Landnutzungen haben zur Folge, dass immer weniger für die Rentierhaltung geeignete Flächen zur Verfügung stehen und traditionelle Herdenwanderrouten unterbrochen sind. Dies führt zu einer Konzentration der Rentierherden (...). Damit sich die Rentierhaltung wirtschaftlich lohnt, sind jedoch große Herden erforderlich, was oft zu (...) Überweidungseffekten führt. Um zukünftig Konflikte zwischen den verschiedenen Interessengruppen (...) zu vermeiden, müssen geeignete und nachhaltige Managementstrategien gefunden werden.

Dr. Benjamin Burkhard, Ökologie-Zentrum der Christian-Albrechts-Universität Kiel, Olshausenstraße 40, 24098 Kiel

„Während des Winters kann es nun auch regnen, so wie letztes Neujahr. Früher regnete es nie im Winter. Regen mitten im Winter? Soviel, dass der Schnee verschwindet? Ja, das ist wahr. Regen, und der Schnee schmilzt."

Vladimir Lifov, Lovozero, Inuit, Russland, 2002. nach Sabine Zetsche, u. a., Klimawandel in der Arktis, Ein Resümee des Acia-Berichts, S. 6

Ein Sibirischer Dorfbewohner: „Unser Wasser ist ölverseucht, der Fisch schmeckt nach Öl. Die Rentiere sterben am Öl, auch die Kühe, die im Sommer Gras von den ölverschmierten Schwemmlandschaften fressen. Früher haben die Frauen die Wäsche im Sommer im Fluss gewaschen. Das macht heute keine mehr."

Mercur Eco e. V. 2006, nach Greenpeace-Bericht 2001, unter www.mercur.org

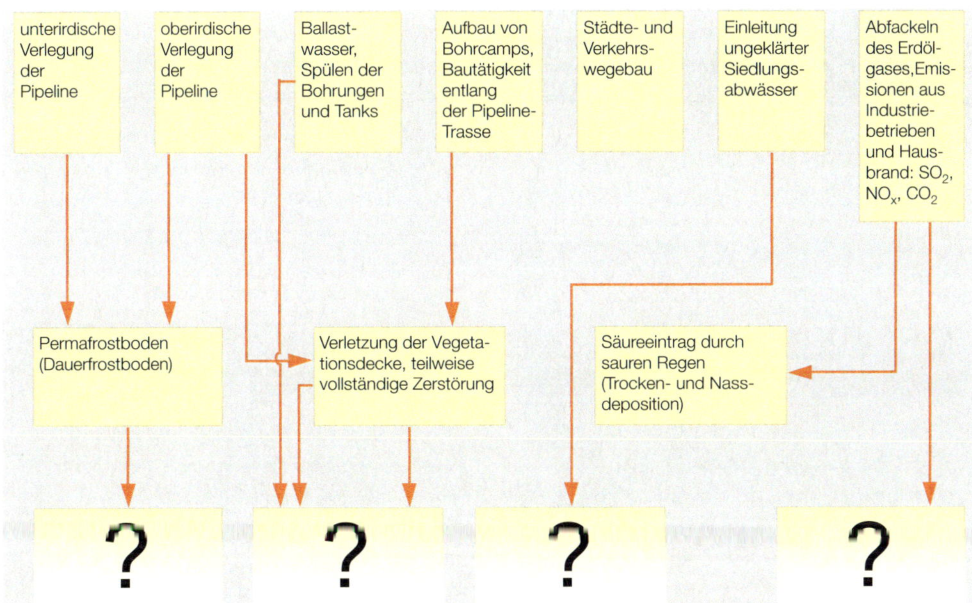

11 ***Ökologische Probleme und deren mögliche Vernetzung;*** *Hans-Ulrich Bender et al.: TERRA Erdkunde S II Landschaftszonen und Stadtökologie. Stuttgart: Ernst Klett Verlag 1996, S. 139*

→ *Erdölförderung im arktischen Ökosystem, siehe Seite 112/113*

5 *Erläutern Sie mögliche Auswirkungen der zunehmenden Raumerschließung und Raumnutzung für die indigenen Völker.*

6 *Erörtern Sie ökonomische Folgen des Klimawandels für die Subpolare Zone.*

7 *Übertragen Sie das unvollständige Strukturschema 11 in Ihr Heft und ergänzen Sie es.*

→ *Klimawandel, siehe Seite 148ff.*

2.4 Naturraum Antarktis

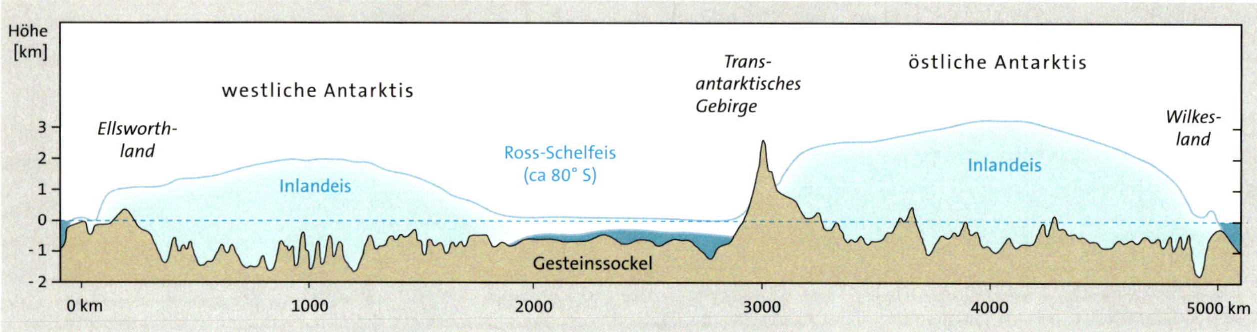

1 **Querschnitt durch die Antarktis;** *John May 1988; in: Wolf Dieter Blümel: Physische Geographie der Polargebiete. Teubner-Verlag, Leipzig 1999, S. 59*

Der Kontinent Antarktika umfasst über 13 Mio. km² und ist damit größer als Europa.

3 Mit dem Begriff **Antarktis** ist die Gesamtheit der südpolaren Ökosysteme gemeint. Hierzu gehören zum einen der von mächtigen Inlandeismassen oder Talgletschern überlagerte Gesteinssockel des Kontinents Antarktika und dessen heute unvergletscherte Festlandsflächen. Darüberhinaus werden dazu aber auch die Schelfeisflächen, das im Jahresgang unterschiedlich weit verbreitete Meereis sowie ganzjährig ungefrorene Kaltwasserflächen innerhalb der Polarfront gezählt.

Nach Wolf Dieter Blümel: Physische Geographie der Polargebiete. A. a. O., S. 18f.

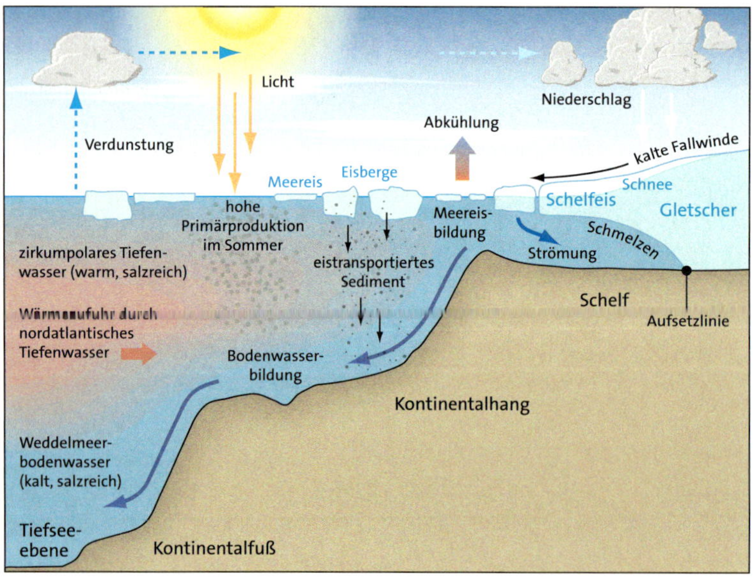

2 **Der Rand der Antarktis;** *nach Hannes Grobe: Aus dem Geschichtsbuch der Polarmeere. In: Irmtraut Hempel und Gotthilf Hempel (Hrsg.): Biologie der Polarmeere. Gustav Fischer Verlag, Jena, Stuttgart, New York 1995, S. 53*

4 **Inlandeis und Schelfeis**

Nur etwa 280 000 km² (2,4 %) des Kontinents sind eisfrei. Rund 90% des irdischen Eises und 75 % der weltweiten Süßwasserreserven sind in der antarktischen Eisdecke enthalten. Das Inlandeis ist Süßwassereis, aus Schnee entstanden, Schicht für Schicht abgelagert, umkristallisiert, zusammengepresst. Der Druck der Eisdecke beträgt im Durchschnitt über 150 kg pro cm². Große Eisströme transportieren Eis aus dem Inneren des Kontinents und bilden die Schelfeistafeln. Als **Schelfeis** wird Gletschereis bezeichnet, das weit auf das Meer vorgestoßen ist. An der Stirn der Schelfeisplatte kommt es zum „Kalben“: Eisberge brechen ab und driften davon.

Nach wikipedia: Antarktis, unter www.wikipedia.de vom 03. 11. 2008

5 **Antarktische Konvergenz (Polarfront)**

Die antarktische Konvergenz ist eine Zone, in der kaltes, nordwärts fließendes Oberflächenwasser der Antarktis auf südwärts fließendes wärmeres Oberflächenwasser trifft. Sie verläuft etwa auf dem 50. Breitengrad und bildet die Nordgrenze des Südpolarmeers. Da das Wasser aus der Antarktis kälter ist, besitzt es eine höhere Dichte als das aus dem Norden kommende wärmere Wasser. So sinkt es an der Konvergenzzone auf etwa 800 m Wassertiefe ab und fließt weiter nordwärts.

Nach wikipedia: Antarktische Konvergenz, unter www.wikipedia.de vom 20. 02. 2007

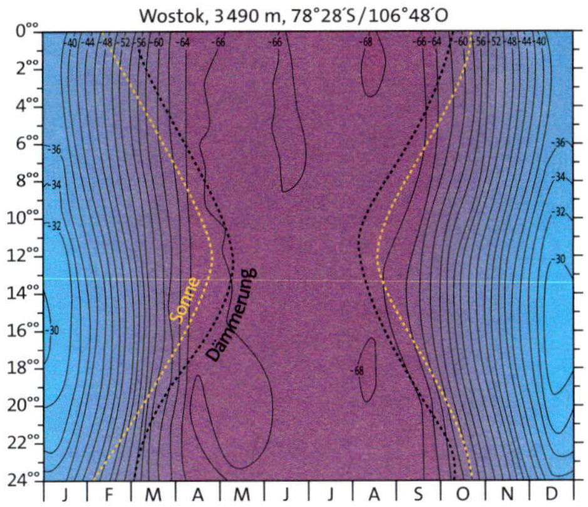

6 ***Thermoisoplethendiagramm der Station Wostok***

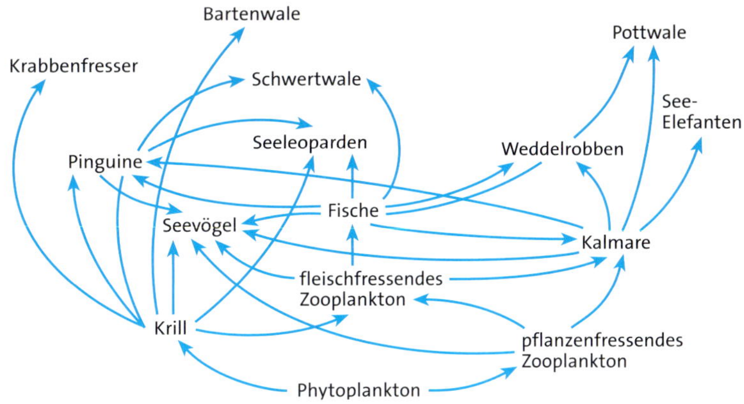

8 ***Ausschnitt aus der antarktischen Nahrungskette;*** *nach Antarctica – a living classroom, S. 18, unter www.imax.com.au*

7 **Eisberge und Packeis**

Eisberge sind von Gletschern abgebrochen, bestehen also aus Süßwasser-Eis. Da Eis etwas leichter als Wasser ist, ragen die Spitzen der Eisberge aus dem Wasser empor. 7/8 der riesigen treibenden Eisberge aber liegen unterhalb der Wasseroberfläche – unsichtbar und deshalb für die Schifffahrt so gefährlich! Manche Eisberge sind mehrere hundert Meter mächtig.

Packeis dagegen ist Meereis, also Salzwassereis und nur 1–2 Meter dick. Es ist durch Wind und Strömung zu Eisschollen zerbrochen, die auf dem Meer dahintreiben, am Nordpol z. B. 5 km pro Tag. Immer wieder reißen die Packeisfelder auf. Es entstehen Rinnen und Pressungen.

Nach Arnold Schultze, „In Nacht und Eis", in PG 33 (2003), H. 10, S. 5

9 **Merkmale der Arktis**

Arktis und Antarktis („der Arktis gegenüber") sind nur bedingt vergleichbar:

- Der Kernraum des Nordpolargebietes ist ein Meer.
- Am Nordpol herrscht eine Jahresmitteltemperatur von etwa −18 °C.
- Die Arktis wird durch die 10 °C-Juli-Isotherme, welche die klimatische Waldgrenze darstellt, begrenzt.
- Die Flora der Arktis enthält neben Flechten und Moosen etwa 1 000 Blütenpflanzen.
- Typische Tiere sind Eisbär und Rentier.
- Im Nordpolargebiet leben indigene Völker.
- Die Hoheitsansprüche bezüglich arktischer Landmassen sind weitgehend geklärt.

Königspinguine sind vom Aussterben bedroht. Ein Brutzyklus dauert 14 Monate. Unter optimalen Bedingungen zieht ein Weibchen in drei Jahren zwei Jungtiere groß. Schon eine Erhöhung der Wassertemperatur um 0,25 Grad setzt die Überlebenschance der Königspinguine um 9 Prozent herunter.

Klima

Mit einer Durchschnittstemperatur von −50 °C am Südpol und einem Niederschlag (Wasseräquivalent) von unter 100 mm im Jahr ist die Antarktis der kälteste und niederschlagsärmste Kontinent. Bei einer Erwärmung im Rahmen eines weltweiten Klimawandels könnte die Troposphäre der Antarktis mehr Wasserdampf erhalten, wodurch sich der Schneeeintrag erhöhen würde. Die globale Erwärmung führt nach Ansicht vieler Forscher zum beschleunigten Abschmelzen und Abbrechen des Schelfeises, wie z. B. eines fast 500 km² großen Stückes des Wilkins-Schelfeises im März 2008.

Jüngste Beobachtungen zeigen allerdings wieder eine Abkühlung des Zirkumpolarstromes.

1 *Erläutern Sie die Bedeutung des Schelfeises für den antarktischen Kontinent und für den Meeresspiegel (Materialien 1–4).*

2 *Analysieren Sie auf der Grundlage der Grafik 2 die Veränderungen zwischen Tiefsee und Schelfeis im Winter.*

3 *Erläutern Sie die Nahrungskette in der Antarktis.*

4 *Ist „Eiswüste" ein passender Begriff für die Antarktis? Nehmen Sie Stellung.*

5 *Vergleichen Sie Arktis und Antarktis mithilfe einer tabellarischen Übersicht.*

ONLINE-Link
Antarktis
29110X-0208

10 ***Modell der deutschen Forschungsstation Neumayer III, ab 2009 in Betrieb;***
Alfred-Wegener-Institut (AWI) 2008

„Suche Freiwillige für gefährliche Reise. Niedriger Lohn, bittere Kälte, lange Stunden in vollständiger Finsternis garantiert. Rückkehr ungewiß. Ehre und Anerkennung im Falle des Erfolges.“
Inserat des Südpolarforschers Shackleton in einer Londoner Zeitung 1907; nach BR-online vom 05. 01. 2007

Forschung in der Antarktis

Mehrere Staaten unterhalten Forschungsstationen in der Antarktis; aktuelle Zusammenstellungen nennen rund 80 Stationen, von denen die Hälfte ganzjährig besetzt sind. Rund 1 000 Menschen sind im Polarwinter dauerhaft anwesend, im Polarsommer sind es ungefähr 4 000 Forscher und Helfer. Die wichtigste Aktivität in der Antarktis ist die Forschung. Der Grund liegt in den einzigartigen Möglichkeiten, die die Antarktis in vielen Forschungsbereichen bietet. Die Präsenz der wissenschaftlichen Stationen beruht aber auch vielfach auf politischen Erwägungen. Mit den Stationen sollen zukünftige Ansprüche auf die Ressourcen der Antarktis bekräftigt werden.

11 ***Aufnahme vom 01. 01. 2006 abseits renommierter Forschungsstationen: Ölfässer in der Nähe eines Basislagers***

12 **Tagebuch von der Station Neumayer II**

Seit einer Woche sind wir alleine. Es war ein seltsames Gefühl, den letzten Flieger der Saison in den Wolken verschwinden zu sehen, und in die acht Gesichter zu blicken, die man jetzt neun Monate lang als einzige Gesellschaft haben wird. Allerdings kehrt nun endlich Ruhe ein.

Insgesamt überwintern hier neun Menschen: der Stationsleiter und Arzt, ein Koch, ein Ingenieur, ein Elektriker, ein Elektroniker und Funker und vier Wissenschaftlerinnen. Als eine von zwei Geophysikerinnen betreue ich seismologische und geomagnetische Messgeräte und eine Infraschall-Anlage zur Überwachung des Internationalen Atomwaffen-Teststoppvertrags.

Nach drei Monaten zu zweit in einem Acht-Quadratmeter-Kabuff konnten wir endlich unsere eigenen Kammern beziehen und die Sauna im Waschraum nutzen – alles Dinge, die im antarktischen Sommer unmöglich sind.

Der Polartag ist seit einigen Wochen zu Ende, und die Nächte werden von Tag zu Tag länger, im Moment ist es schon acht Stunden dunkel, und in ein paar Wochen wird die Sonne nur noch kurz über den Horizont gucken um uns dann für drei Monate ganz zu verlassen.

Bis vorgestern habe ich noch draußen in einer Kabause [kleinen Hütte] geschlafen, allerdings wurde es doch kalt. In der vergangenen Woche wurde die Minus-25-Grad-Schwelle unterschritten. Da wacht man morgens mit einer kalten Nase auf, weil es in der Kabause minus neun Grad hat. Es gefror selbst das Wasser in der Flasche neben dem Bett. Seit es so kalt ist, hört sich der Schnee unter den Schuhen an, als würde man über Glasscherben laufen.

Nora Graser, Neumayer Station, 70°39'S 8°15'W, Atka Bay, Antarctica; zit. aus SZ vom 01. 03. 2007

(13) **Forschungsschwerpunkte**

Radarmessungen zeigen, dass das bis zu 4,5 Kilometer dicke Eis der Antarktis zunimmt, Analysen der Erdanziehungskraft hingegen deuten auf einen Schwund hin. Andere Daten legen den Schluss nahe, das Eis im Osten sei dicker, das im Westen dünner geworden. Manche Klimaforscher vermuten gar, dass der antarktische Eispanzer infolge der Erderwärmung anschwellen, den Anstieg der Meere also bremsen könnte. In einer wärmeren Welt verdunstet mehr Wasser, das am Südpol als Schnee falle, kalkulieren die Experten.

Das Klima von Nord- und Südpol schwingt während der Eiszeiten offenbar [antizyklisch]. Wird es im Norden wärmer, kühlt der Süden ab – und umgekehrt. Das ergab die Auswertung von Eisbohrkernen. Vermutet werden Meeresströmungen als Ursache der so genannten bipolaren Klimaschaukel: Der Golfstrom führt warmes Wasser aus den Tropen nach Norden. Dadurch kühlen sich südliche Gefilde ab. Alle 1500 Jahre aber schwächelt der Golfstrom offenbar, und warmes Wasser staut sich im Süden, der Norden kühlt ab.

Normalerweise fahren Lebewesen ihren Stoffwechsel im Winter herunter. Doch in antarktischen Gewässern [gilt dies nicht]. Dort fanden die Biologen soeben jede Menge Jungtiere von Zooplankton. Die Fortpflanzungsaktivität der Kleinstlebewesen, die zu Abermillionen die antarktischen Gewässer bevölkern, scheint ausgerechnet im Winter am höchsten zu sein.

Unter dem Eispanzer der Antarktis verbirgt sich eine gewaltige Seenlandschaft, viele der Gewässer sind unter dem Eis miteinander verknüpft. In ihnen hat sich möglicherweise eine urzeitliche Umwelt erhalten. Unsicher ist noch, ob es Lebensräume unter dem Eis gibt und wie diese Organismen mit bekannten Lebensformen verwandt sind.

Die Wege der Eisberge lassen sich nicht vorhersagen. Eisberge können die Zirkulation der Ozeane beeinflussen, indem sich ihr Schmelzwasser wie ein Deckel auf das Meerwasser legt. In antarktischen Gewässern, wo üblicherweise Meerwasser in die Tiefe stürzt und somit die weltumspannenden Meeresströmungen antreibt, könnte das gefährlich werden: Sollten sich irgendwo Eisberge ansammeln, könnte ihr Schmelzwasser das übliche Abtauchen des Oberflächenwassers stoppen, und die Pumpe der Meeresströmungen wäre unterbrochen.

Mitten im Eispanzer der Antarktis klaffen Löcher. Die so genannten Trockentäler sind seit Jahrmillionen eisfrei. Gebirge blockieren den Zustrom der Gletscher, Fallwinde lassen jede Schneeflocke verdunsten. Doch trotz der extremen Kälte gedeihen in Gesteinsporen und Seen Mikroben, Flechten, Fadenwürmer und Algen. Das gibt Wissenschaftlern eine Vorstellung davon, wie das Leben auf der Erde oder auf anderen Planeten begonnen haben könnte. Ungeklärt ist, wie sich diese Oasen seit Urzeiten erhalten konnten.

Nach Axel Bojanowski: Zehn Fragen an das Eis; in: Süddeutsche Zeitung vom 01.03.2007, unter www.sueddeutsche.de

(14) ***Ein Eisbohrkern wird zur Analyse in Scheiben geschnitten***

Seit mehreren Jahren bohrt sich das „European Project for Ice Coring in Antarctica" (EPICA) an mehreren Stellen durch die Kilometer dicke Eisschicht. Am „Dome Concordia" hat das Forscherteam die Rekordtiefe von knapp 3 200 Metern erreicht – nur noch etwa 100 Meter vom eigentlichen Boden der Antarktis entfernt. 740 000 Jahre Klimageschichte sind in den bisherigen Bohrkernen erfasst.

6 *Schildern Sie auf der Grundlage einer Recherche knapp den Wettlauf der Entdecker zum Südpol.*

7 *Beschreiben Sie den Alltag eines Forschers in der Antarktis.*

8 *Erstellen Sie nach Text 13 und Foto 14 einen Katalog zu konkreten Forschungsschwerpunkten.*

9 *Erörtern Sie die Problematik von Forschungseinsätzen in der Antarktis.*

15 ***Untergang des für die Fahrt im Packeis vorgesehenen Kreuzfahrtschiffes Explorer nach einer Kollision mit einem Eisberg im November 2007***

16 ***Heftige Winde, extreme Kälte und Schneetreiben:*** *Der Antarktismarathon um die Patriot Hills im Jahre 2007*

Tourismus in der Antarktis

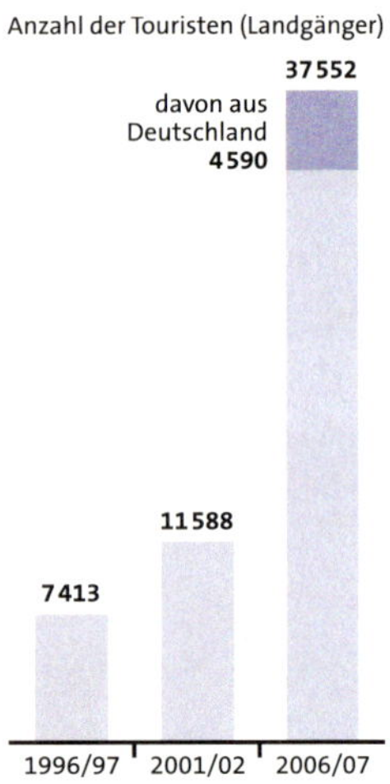

Entwicklung des Antarktistourismus; *nach International Association of Antarctic Tour Operators 2008*

Der Tourismus in der Antarktis konzentriert sich auf die wenigen eisfreien Gebiete und auf die Zeit vom November bis März. Besuchten von 1957 bis 1992 nur 43673 Touristen das Südpolargebiet, so ist diese Zahl seitdem kräftig gestiegen. Teilweise übernachten Touristen gegen Entgelt in Forschungsstationen. Für finanzschwache Länder ist dies eine willkommene Gelegenheit, Kapital für ihre Forschungsaktivitäten zu beschaffen. Seit dem Zusammenbruch der Sowjetunion wurden eisgängige Militär- und Forschungsschiffe zu Kreuzfahrtschiffen umgebaut. Der Kreuzfahrttourismus in der Antarktis ist deshalb seit 1989/90 sprunghaft angestiegen. Hinzu kommen Angebote wie Zelten in der Antarktis, Klettern auf einem Gletscher, eine Taucherexpedition oder Marathonläufe. Viele Veranstalter von Reisen in die Antarktis haben sich in einer Organisation, der International Association of Anatarctic Tour Operators (IAATO), zusammengeschlossen. Ziel der Organisation ist die Durchführung von sicheren und umweltgerechten Antarktisreisen.

17 **Aus einer Werbeanzeige für eine Kreuzfahrt in die Antarktis**

Die Antarktis ist ein Kontinent der Superlative – nirgendwo sonst ist es kälter, windiger und trockener. Im Sommer gibt es vierundzwanzig Stunden Sonne, im Winter Tag und Nacht Finsternis. Die Antarktis und die subantarktischen Inseln gehören zu den letzten wahrhaft unberührten Regionen der Erde. Der rätselhafte Weiße Kontinent bietet unvergleichliche Landschaftsbilder und fotografische Höhepunkte: gleißende Gletscher, sich hoch auftürmende Berge mit vereisten Gipfeln und das Farbenspiel der Eiskappen. In den nahrungsreichen Gewässern vor den antarktischen und subantarktischen Küsten versammeln sich Pinguine, Wale, Robben und Seevögel in gewaltigen Zahlen. Hier können Sie noch wahre Abenteuer erleben.

Markus Schiegg, unter www.antarktis-kreuzfahrt.de 2008

10 *Erläutern Sie mögliche Motive für Reisen in die Antarktis.*

11 *Erläutern Sie negative und positive Auswirkungen des zunehmenden Antarktistourismus.*

18 ***Fußspuren im Moos***

19 **Gefährdung durch Tourismus**

Die wenigen unvergletscherten Bereiche der Antarktis stellen den Lebensraum für eine karge, sehr langsam wachsende und damit nur schwer regenerierbare Flora. (....) Des Weiteren werden bevorzugt diese Periglazialgebiete jahreszeitlich von den zahlreichen Seevögeln als Brutkolonien sowie von den Pelzrobben und See-Elefanten zum Fellwechsel oder zur Nachwuchsaufzucht genutzt. (...) Da der Mensch ebenfalls für den Bau seiner Stationen und Basislager für Expeditionen [häufig] die eisfreien Standorte vorzieht, erwächst daraus zwangsläufig eine regionale Beeinträchtigung oder gar Zerstörung von Lebensräumen. (...) Zusätzlich zu den unmittelbaren, irreparablen Schäden durch (...) Transporte mit Fahrzeugen, den Flugpistenbau usw. bedeuten selbst ‚sanfte' Fortbewegungsarten zu Fuß eine ernste Schädigung. Ein einziger Fußtritt vernichtet oder beschädigt Pflanzen, die zur ihrer Entwicklung bisweilen mehrere Jahrhunderte benötigt haben. Darüber hinaus werden filigrane Oberflächenstrukturen der Kältewüste wie Frostmustererscheinungen durch Begehen zerstört. Selbst solche scheinbar unbedeutenden Spuren bleiben, vergleichbar denen in heißen Wüstengebieten, oft mehr als Jahrzehnte sichtbar.

Wolf Dieter Blümel: Physische Geographie der Polargebiete. A.a.O., S. 106

20 **Schutzzonen im ewigen Eis**

Wissenschaftler fordern einen besonderen Schutz der antarktischen Pflanzen- und Tierwelt. Besonders wichtig ist das in all den (...) Gebieten, wo sich Forscher und Touristen gleichermaßen drängeln. Ein Beispiel dafür ist die Insel King-George. „Wir sind nicht gegen Tourismus in der Antarktis". Doch geht es nach den Vorstellungen der (...) Forscher, sollen strenge Naturschutzgebiete getrennt werden von Gebieten, wo der Mensch aktiv ist. Die Benutzung festgelegter Wege und Wanderrouten im Gelände soll dabei helfen, übermäßige Schäden in Zukunft zu vermeiden.

Nach Christoph Seidler, Spiegel-Online vom 23.09.2005

21 **Touristen als Botschafter**

In den Zielregionen [des antarktischen Tourismus] wird das Bewusstsein für den Natur- und Umweltschutz gestärkt, denn das Gebiet muss für den Tourismuszweig, der sich v.a. auf Naturbeobachtung stützt, besuchenswert bleiben. Lokale Schutzbemühungen wie der Erhalt von historischen Stätten oder die Schaffung von Naturschutzgebieten werden von Tourismusorganisationen unterstützt, um den touristischen Wert des Reisegebietes zu bewahren. Reisende, die in den Gebieten die Bedrohung der Umwelt und Naturzerstörung gesehen haben, kehren als Botschafter für den Erhalt der Polarregionen in ihre Heimat zurück. Sie tragen dazu bei, dass mehr Aufmerksamkeit die Öffentlichkeit erreicht und letztendlich politischer Handlungsbedarf aufgedeckt wird. Zunehmende Nutzungskonflikte und wirtschaftliche Interessen gelangen in die öffentliche und politische Diskussion.

Michaela Mayer: Tourismus und seine Auswirkungen, S. 285, unter www.inasea.de 2008

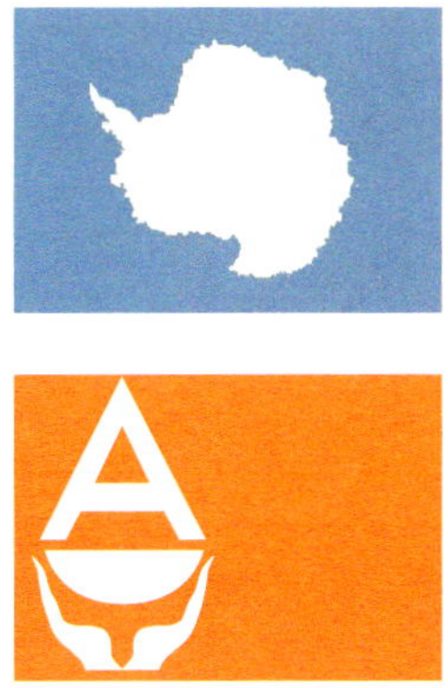

Flaggenvorschläge für die Antarktis

12 *Erstellen Sie Verhaltensregeln für Besucher der Antarktis.*

13 *Erörtern Sie: Die Antarktis – ein Disneyland für Erwachsene?*

14 *Beurteilen Sie die Flaggenvorschläge und erstellen Sie einen eigenen Vorschlag.*

(22) *„Die Antarkis ist schon besetzt“*

Gemeinsames Erbe der Menschheit?

London steigt in Kampf um Südpol ein

„Unmoralisch“ und „beschämend“: Britische Zeitungen und Umweltschützer sind empört über den Vorstoß der Regierung. Diese erhebt Hoheitsansprüche von einer Million Quadratkilometer auf ein gemeinsames „Erbe der Menschheit“, die Antarktis. (...)

Henning Hoff: London steigt in Kampf um Südpol ein, in: WELT ONLINE vom 24.10.2007, unter www.welt.de

(23) **Der Antarktisvertrag**

1961 trat der Antarktis-Vertrag in Kraft. Er ist das erste internationale Abkommen nach dem Zweiten Weltkrieg. Mit der Unterzeichnung des Antarktis-Vertrages, der das gesamte Gebiet südlich 60° südlicher Breite umfasst, einigten sich die Vertragsstaaten auf:

- die friedliche Nutzung der Antarktis,
- die freie internationale Zusammenarbeit in der Forschung mit ungehindertem Informationsaustausch,
- die Zurückstellung der Gebietsansprüche einzelner Länder,
- das Verbot militärischer Aktivitäten,
- die Beseitigung und das Einfuhrverbot radioaktiver Abfälle in der Antarktis.

Inzwischen zählt der Antarktis-Vertrag 43 Mitgliedsstaaten, 26 unter ihnen mit Stimmrecht (Konsultativstaaten). Um stimmberechtigtes Mitglied zu werden, muss ein Staat zum Beispiel eine dauerhafte wissenschaftliche Forschungsstation betreiben.

Nach Umweltbundesamt Dessau-Roßlau: Schutz der Antarktis, unter www.umweltbundesamt.de, vom 19.03.2008

(24) **Der Weltparkgedanke**

Im Rahmen der Ölkrise der 1970er-Jahre gewann [der Gedanke der] Rohstoffausbeutung in der Antarktis an Bedeutung. In den 1980er-Jahren versuchten die Konsultativstaaten, Regelungen für den Rohstoffabbau zu treffen. Gleichzeitig bemühten sich die neu entstandenen Umweltverbände, wie Greenpeace oder World Wide Fund for Nature (WWF), die Antarktis als **Weltpark** auszuschreiben. 1989 forderten die Vereinten Nationen in einer Resolution, die Antarktis als Welt-Naturschutzpark auszuweisen. Nach langen Verhandlungen wurde am 4. Oktober 1991 in Madrid das Umweltschutzprotokoll zum Antarktisvertrag beschlossen. Dieses Protokoll setzt die schärfsten und umfangreichsten Umweltschutz-Regelungen um, die jemals für eine Region der Erde in einem internationalen Übereinkommen erarbeitet wurden. So muss jeglicher Müll aus der Antarktis abtransportiert werden. Die Vertragsstaaten verbieten zudem für die kommenden 50 Jahre den Abbau von Rohstoffen in der Antarktis. Des Weiteren verpflichten sie sich gemäß Art. 2 des Protokolls, die Antarktis als ein Naturreservat zu belassen, das dem Frieden und der Wissenschaft gewidmet ist und sie als solches für die künftigen Generationen zu schützen. Ein ganzer Kontinent steht also unter Verwaltung einer Staatengemeinschaft. Leitgedanken seiner Nutzung sind derzeit Naturschutz und Forschung. Und zukünftig? Im Jahre 2041 ist eine Dreiviertelmehrheit der derzeit 26 Konsultativstaaten erforderlich, um nach Ablauf der 50 Jahre eine Ausbeutung der antarktischen Ressourcen zu genehmigen.

Nach Umweltbundesamt Dessau-Roßlau: Schutz der Antarktis, unter www.umweltbundesamt.de, vom 19.03.2008

15 *Prüfen Sie, inwiefern die Forderungen der Umweltschutzgruppen durch den Antarktisvertrag erfüllt wurden.*

16 *Erläutern Sie technische, wirtschaftliche, politische und ökologische Probleme bei der Gewinnung von Rohstoffen in der Antarktis.*

25 **Die letzte Rohstoffschatzkammer**

(...) Warum in der Antarktis heute noch nicht geschürft und gebohrt wird, ist schnell erklärt: Da sind einmal die widrigen natürlichen Faktoren. 98 Prozent des Landes sind mit einer Eisdecke von durchschnittlich 2 200 Metern Dicke überzogen. Die mittlere Tagestemperatur am Südpol wird mit minus 50 Grad Celsius angegeben; der Kälterekord liegt bei minus 89,2 Grad. Die Entfernungen sind riesig, der Zugang ist außerordentlich schwierig und zudem nur wenige Monate im Jahr möglich. Kurz: Bei den heutigen Weltmarktpreisen ist die Rohstoffgewinnung in der Antarktis einfach zu aufwendig und zu teuer.

(...) Die Umweltgefahren einer Erdöl- und Erdgasförderung sind von ganz anderer Qualität: Fördertürme auf wanderndem Schelfeis oder Bohrinseln im Südpolarmeer zu errichten, die jederzeit von der Kollision mit driftenden Packeisschollen oder Eisbergen bedroht sind, birgt enorme Risiken in sich. Eine Ölpest in polaren Gewässern wird sicherlich einen ganz anderen Verlauf nehmen als die uns bekannten Tanker- und Pipeline-Katastrophen. (...) Die Faustregel, wonach etwa ein Drittel des auslaufenden Erdöls verdunstet oder im Wasser gelöst wird, das zweite Drittel auf natürlichem bakteriellen Weg abgebaut wird und der Rest als Teerklumpen und -platten auf den Meeresboden absinkt oder verdriftet wird, gilt im Eismeer sicherlich nicht.

(...) Dennoch wird die Förderung von Öl und Gas aus heutiger Sicht wahrscheinlich der erste Schritt einer Rohstoffausbeutung im Südpolargebiet sein, sollte eines Tages die Ressourcennutzung in dieser Region zugelassen werden.

(...) Der Präsident des internationalen wissenschaftlichen Komitees für Antarktisforschung, Richard Laws, bereitet unterdessen das Terrain für die Ressourcengewinnung im ewigen Eis vor: „Ich halte die angeblichen Gefahren für die antarktische Umwelt durch Bergbau für einen Mythos. Die Angaben der Umweltschützer über die besondere Verletzlichkeit des antarktischen Ökosystems sind absolut fragwürdig." Im Übrigen sei es sinnvoll, schon jetzt einen vernünftigen rechtlichen Rahmen für den Abbau von Bodenschätzen in der Antarktis zu formulieren. Mit den entsprechenden Umweltregelungen, versteht sich.

(...) Es gilt aber zu beachten, dass im Vorfeld einer sich abzeichnenden Ressourcenerschöpfung die Rohstoffpreise steil anziehen. Einsparung und Ersatz würden massiv gefördert. (...) [Die Erschöpfung der Ressourcen] könnte durch eine massive Ausbeutung der antarktischen Vorkommen um vielleicht 20 oder 40 Jahre hinausgeschoben werden, aber was wäre damit gewonnen für zukünftige Generationen außer einem geplünderten sechsten Kontinent!

Nach Jörg Hettler, Geologe, in: Frankfurter Rundschau vom 22.07.1991

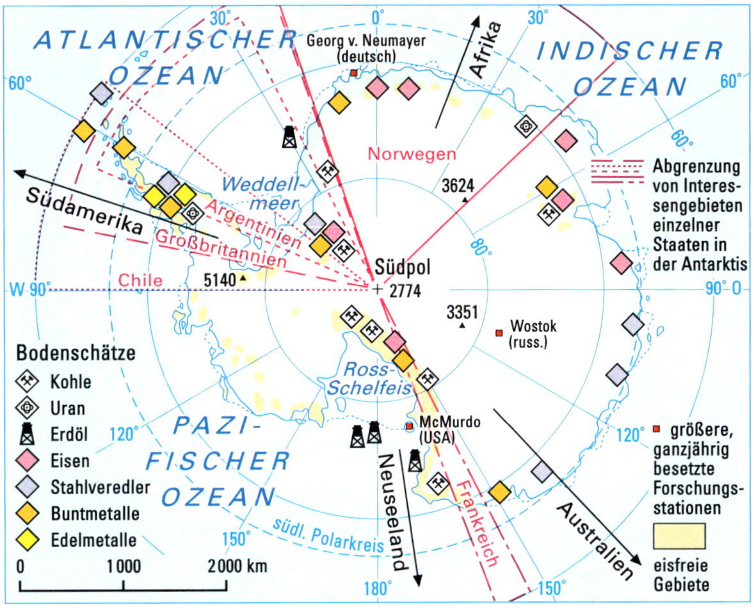

26 ***Bodenschätze in der Antarktis***

Wie lange reichen Öl und Gas?

„Teures Öl wird noch 100 Jahre und länger reichen. Es gibt die großen Mengen Ölschiefer und Ölsande, die ausgebeutet werden können, außerdem Vorkommen in der Tiefsee und unter der Antarktis."

Hermann-Josef Wagner zit. in: Frankfurter Rundschau, FR-Online.de, unter www.fr-online.de vom 02.01.08

17 *Arbeiten Sie heraus, wie der Autor des Zeitungsartikels „Die letzte Rohstoffkammer" die Zukunft der Antarktis sieht.*

18 *Nehmen Sie Stellung zu der Einschätzung des britischen Seefahrers und Entdeckers James Cook (1728 – 1779): „Die Welt wird keinen Nutzen aus diesem Land ziehen!"*

Mit Kausalprofilen arbeiten

Ein Kausalprofil ist eine Kombination aus einer Profilskizze, der Darstellung eines Schnittes durch einen Teil der Erdoberfläche, und Angaben zu Klima, Vegetation, Nutzung etc., die meist in Tabellenform ergänzt werden. Es stellt kausale Zusammenhänge zwischen der Skizze (z. B. geomorphologisches Profil, geologisches Profil, Bodenprofil, Vegetationsprofil) und anderen Geofaktoren her. Es hilft, Räume zu beschreiben und Landschaftstypen voneinander abzugrenzen. Wie Sie ein Kausalprofil erstellen, können Sie auf Seite 173 nachlesen.

Kausalprofile sind Modelle, die in der Geographie Abhängigkeiten und Wechselbeziehungen in Landschaften verdeutlichen, geographische Sachverhalte veranschaulichen und räumliche Abwandlung verständlich machen. Die Erstellung eines komplexen Kausalprofils ist bereits aus der Jahrgangstufe 10 bekannt. Somit liegt hier der Schwerpunkt auf dessen Interpretation.

Ein Kausalprofil interpretieren

1. Schritt: Profil lesen

Verschaffen Sie sich einen Überblick zu:
- *der Profilart,*
- *dem Maßstab,*
- *der Detailliertheit und dem Verallgemeinerungsgrad,*
- *den dargestellten Landschaftsmerkmalen.*

2. Schritt: Profil beschreiben

Beschreiben Sie die jeweils dargestellten Landschaftsmerkmale wie Klima, Relief, Höhe etc. anhand der Linienführung des Profils, und die Strukturmerkmale wie Vegetation, Boden etc. anhand der Farben und Symbole.

3. Schritt: Zusammenhänge herstellen

- *Analysieren Sie die einzelnen Teilräume hinsichtlich der dargestellten Geofaktoren und anthropogeographischen Erscheinungen.*
- *Verdeutlichen Sie die Abhängigkeiten und Wechselbeziehungen in diesen Teilräumen.*

4. Schritt: verschiedene Teilräume miteinander vergleichen und Landschaftstypen abgrenzen

- *Vergleichen Sie die Teilräume durch Zusammenschau aller Einzeltatsachen und kausaler Zusammenhänge differenziert miteinander.*
- *Grenzen Sie die einzelnen Landschaftstypen voneinander ab.*
- *Erklären Sie räumliche Wandlungen.*

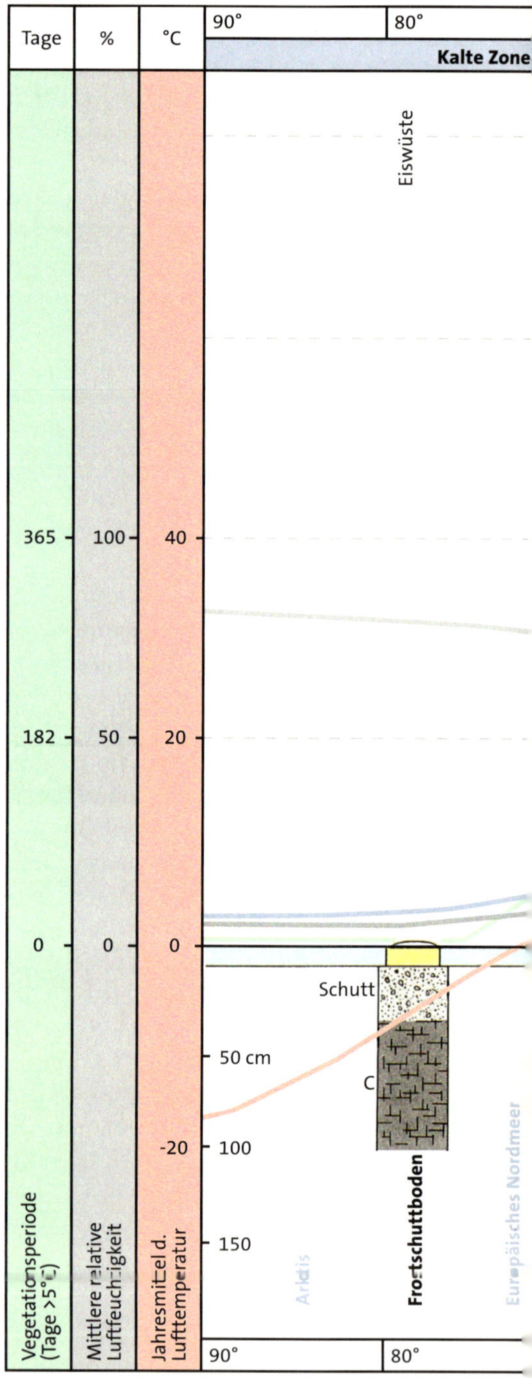

27 **Landschaftszonenprofil 15° Ost;** *Entwurf: W. Wallert*

19 *Beschreiben Sie die im Kausalprofil dargestellten Landschaftsmerkmale für die Tropen und die Kalte Zone.*

20 *Grenzen Sie die einzelnen Savannengebiete voneinander ab.*

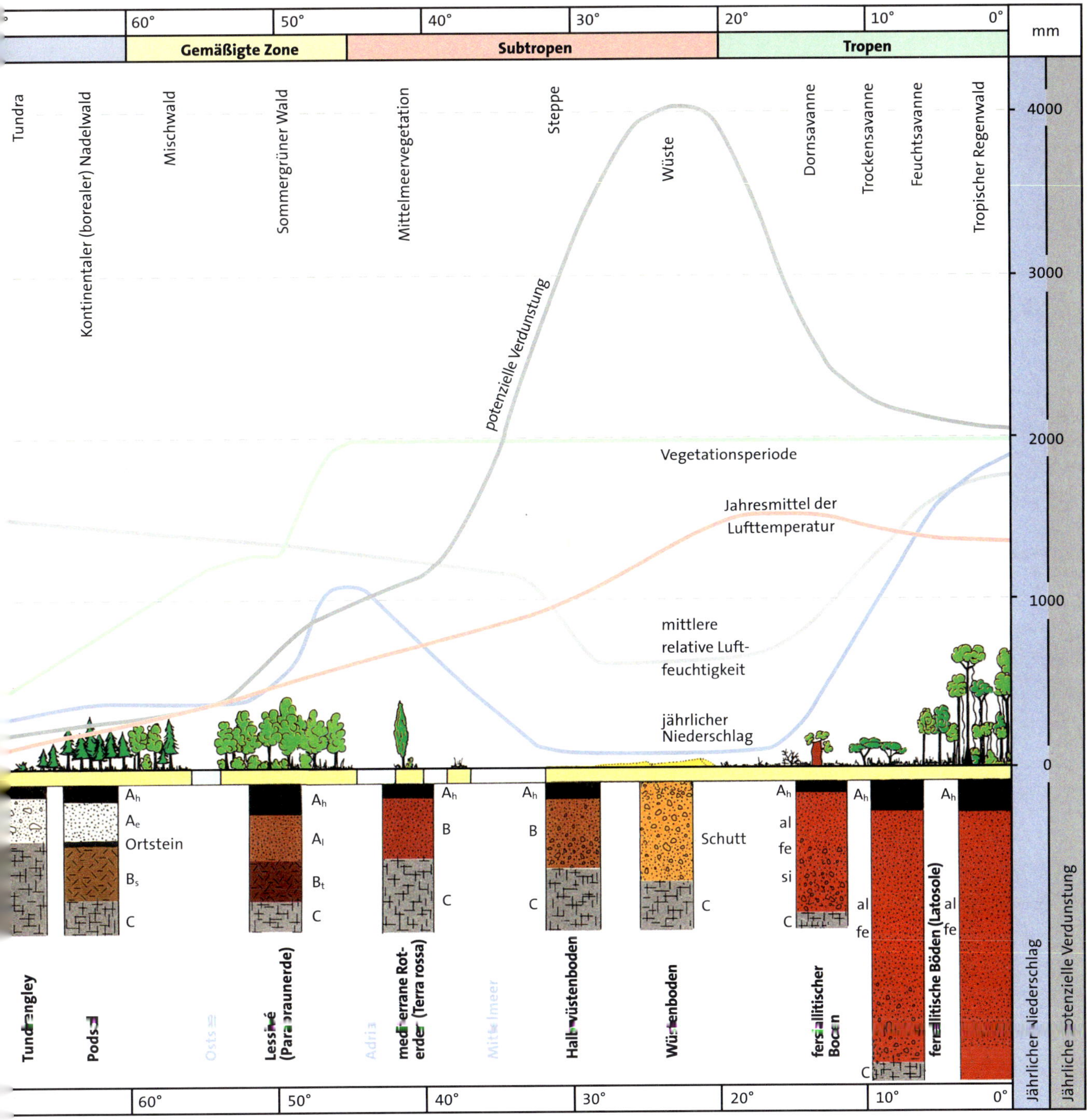

21 *Erläutern Sie die Auswirkungen der Veränderung der jährlichen Niederschläge in den Savannengebieten.*

22 *Die Böden der Erde sind zwar in Anlehnung an die Klimazonen zonal angeordnet, doch können außerklimatische Faktoren zu einer azonalen Kleingliederung führen. Erläutern Sie, welche Faktoren dies sein können.*

→ *ein Kausalprofil erstellen, siehe Seite 173*

Methode

TERRATraining

❶

Wichtige Begriffe
Antarktis
Bioprospecting
Brandrodung
cash-crops
Desertifikation
Ecofarming
Entwaldung
nachhaltige Nutzung
Nährstoffkreislauf
Permafrost
Polare Zone
Savanne
shifting cultivation
Stockwerkbau
Subpolare Zone
Subsistenzwirtschaft
Tropen
Tropischer Regenwald
Walddegradation

1 *Karikaturen interpretieren*

Interpretieren Sie die Karikatur 1 und gehen Sie dabei auch auf die Standpunkte und Interessen der beiden dargestellten Personen ein.

2 *Klimadiagramme vergleichen*

a) Ordnen Sie die drei nebenstehenden Klimadiagramme 3–5 den afrikanischen Klimastationen Tahao (Niger), Kabwe (Sambia) und Makoku (Gabun) zu und begründen Sie Ihre Entscheidung. Nehmen Sie dabei auch auf die jeweilige Vegetationszone Bezug.

b) Bewerten Sie kritisch die Darstellungsform und ihre Aussagekraft.

3 *Diagramme interpretieren*

a) Interpretieren Sie die Grafik 2.

b) Zeigen Sie die Konsequenzen für das Ökosystem der Antarktis auf.

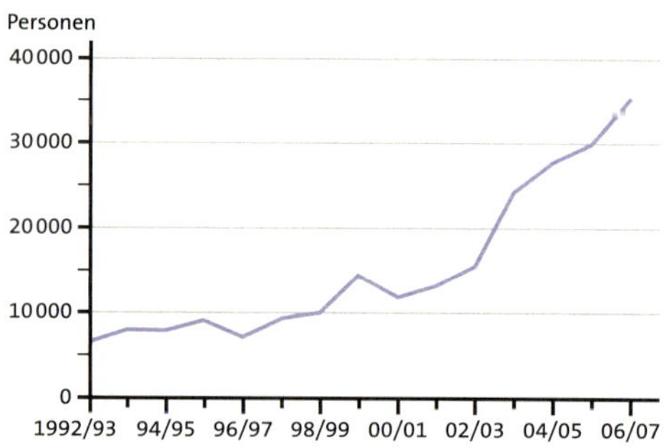

❷ ***Anzahl der Schiffstouristen in der Antarktis;***

Nach UN Environment Programme: global outloock for ice & snow, 2007, nach IAATO 2007, unter www.unep.org 2008

❸

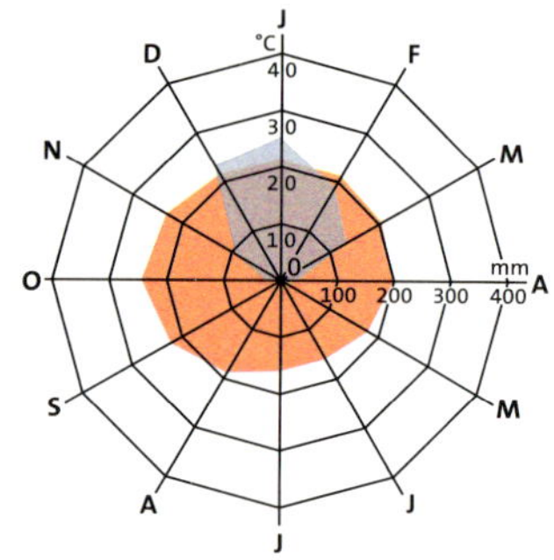

❹

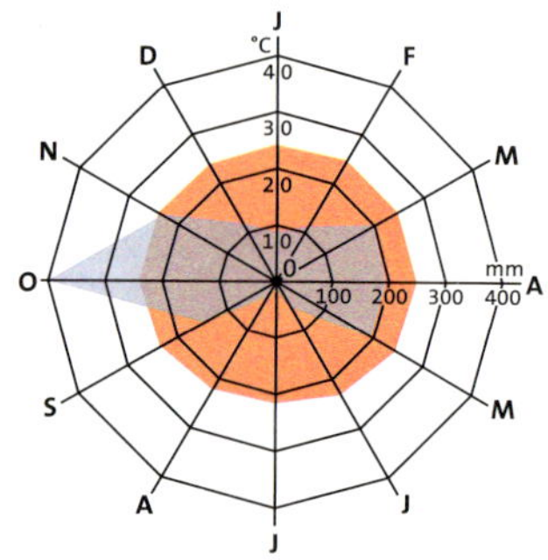

❺

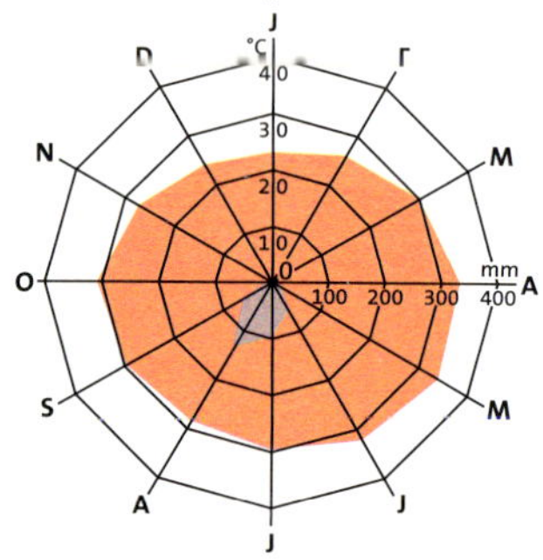

4 Ökozonen vergleichen

a) Erläutern Sie die Hierarchie der Hauptkomponenten von geozonalen Ökosystemen (siehe Schema 6).

b) Erstellen Sie auf einer DIN A4/DIN A3-Seite ein entsprechendes Schaubild für die Subpolare Zone oder die Ökozone der wechselfeuchten Tropen (siehe Schema 8).

c) Vergleichen Sie mithilfe der Tabelle und der Begriffserklärung die Polare/Subpolare Ökozone mit einer der tropischen Ökozonen (siehe Tabelle 7).

__Evapotranspiration__ ist die Summe aus Transpiration und Evaporation, also der Verdunstung von Wasser der Tier- und Pflanzenwelt, sowie der Bodenoberfläche.

Der __Abflusskoeffizient__ gibt den Quotienten aus Abfluss und Niederschlag über längere Zeiträume an. In ihm sind auch die Teile des Niederschlags enthalten, die vorerst im Gebiet gespeichert werden, aber später zum Abfluss gelangen.

Der __Blattflächenindex__ ist die Summe aller Blattflächen pro Grundfläche.

Die __Phytomasse__ ist die Gesamtmasse aller lebenden Pflanzen.

Das __Wurzel/Sprossverhältnis__ ist das Verhältnis von unterirdischer zu oberirdischer Phytomasse.

__Streu__ meint hier den gesamten Auflagehumus, also das tote organische Material unmittelbar auf und in dem Boden.

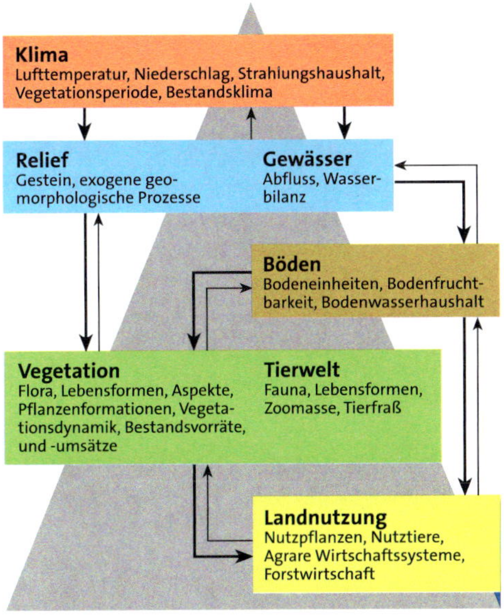

6 ***Merkmalsauswahl und Hierarchie der Hauptkomponenten von geozonalen Ökosystemen;*** *nach Jürgen Schultz: Die Ökozonen der Erde. Stuttgart: Ulmer 2002, S. 19*

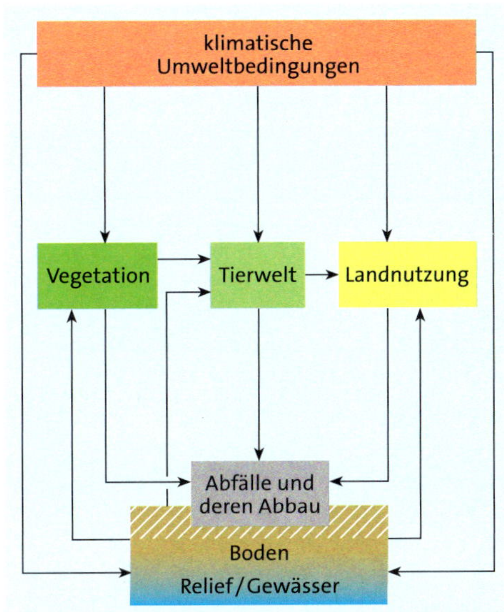

8 ***Schema für ein zusammenfassendes Schaubild einzelner Ökozonen;*** *nach Jürgen Schultz: Die Ökozonen der Erde. Stuttgart: Ulmer 2002, S. 85*

1) ● = sehr hoher Wert; ◕ = hoher Wert; ◑ = mittlerer Wert; ◔ = kleiner Wert; ○ = sehr kleiner Wert oder Null; ohne Signatur = Angabe entfällt

2) nur für Dornsavannen

<table>
<tr><th rowspan="3" colspan="2">Merkmal 1)</th><th colspan="6">Ökozone</th></tr>
<tr><th colspan="2">Polare/Subpolare Zone</th><th colspan="2">Tropisch/subtrop. Trockengebiete</th><th rowspan="2">Sommerfeuchte Tropen/Feuchtsavanne</th><th rowspan="2">Immerfeuchte Tropen/Tropischer Regenwald</th></tr>
<tr><th>Eis-wüsten</th><th>Tundren u. Frostschutt-gebiete</th><th>Dorn-savannen u. Dorn-steppen</th><th>Wüsten u. Halb-wüsten</th></tr>
<tr><td colspan="2">Jahresniederschläge</td><td colspan="2">○</td><td>◔</td><td>○</td><td>◕</td><td>●</td></tr>
<tr><td colspan="2">Jahrestemperatur</td><td colspan="2">○</td><td colspan="2">◕</td><td>●</td><td>●</td></tr>
<tr><td colspan="2">Potentielle jährliche Evapotranspiration</td><td colspan="2">○</td><td colspan="2">●</td><td>◑</td><td>◕</td></tr>
<tr><td rowspan="2">Abfluss</td><td>-höhe</td><td colspan="2">◔</td><td colspan="2">○</td><td>◔</td><td>●</td></tr>
<tr><td>-koeffizient</td><td colspan="2">●</td><td colspan="2">○</td><td>●</td><td>●</td></tr>
<tr><td colspan="2">Jährliche Globalstrahlung</td><td colspan="2">○</td><td colspan="2">●</td><td>◕</td><td>◕</td></tr>
<tr><td colspan="2">Länge der Vegetationsperiode</td><td>○</td><td>◔</td><td>◔</td><td>○</td><td>◕</td><td>●</td></tr>
<tr><td colspan="2">Globalstrahlung während der Vegetationsperiode</td><td></td><td>○</td><td>◔</td><td></td><td>●</td><td>●</td></tr>
<tr><td colspan="2">Temperatur während der Vegetationsperiode</td><td></td><td>○</td><td>◕ 2)</td><td></td><td>◑</td><td>●</td></tr>
<tr><td rowspan="2">Phytomasse</td><td>gesamt</td><td></td><td>◔</td><td>◔</td><td>○</td><td>◑</td><td>●</td></tr>
<tr><td>Wurzel/Sprossverhältnis</td><td></td><td>◕</td><td>◑</td><td>●</td><td>◑</td><td>○</td></tr>
<tr><td colspan="2">Blattflächenindex</td><td></td><td>◔</td><td>◔</td><td>○</td><td>◕</td><td>●</td></tr>
<tr><td colspan="2">Nettoprimärproduktion</td><td></td><td>○</td><td>◔</td><td>○</td><td>◕</td><td>●</td></tr>
<tr><td colspan="2">Streuvorrat</td><td></td><td>◕</td><td>◔</td><td>○</td><td>◔</td><td>◔</td></tr>
<tr><td colspan="2">Tote organische Bodensubstanz</td><td></td><td>●</td><td colspan="2">○</td><td>◔</td><td>◔</td></tr>
<tr><td colspan="2">Zersetzungsdauer von Bestandsabfällen</td><td></td><td>●</td><td colspan="2">◔</td><td>◔</td><td>○</td></tr>
</table>

7 ***Vergleich von Ökozonen nach ausgesuchten quantifizierbaren Merkmalen***

Nach Jürgen Schultz: Die Ökozonen der Erde. Stuttgart: Ulmer 2002, S. 86

3 Ressourcen und ihre Nutzung

Ressourcen sind Rohstoffe und Umweltgüter, von deren Verfügbarkeit die Menschen in ihrer Lebens- und Wirtschaftsweise existenziell abhängig sind. Zu ihnen gehören Bodenschätze, Sonnenenergie, Wasser und Böden genauso wie die Schönheit der Landschaft oder das Erbgut von Organismen.
Die Entwicklung von Technologien zum sparsamen und umweltschonenden Umgang mit Ressourcen und deren Nutzung im Sinne der Nachhaltigkeit ist eine der wichtigsten Aufgaben im 21. Jahrhundert. Es gilt, die Menschen für diese Aufgabe zu sensibilisieren und ein entsprechendes „Ressourcenbewusstsein“ zu schaffen.

Potenziale für eine nachhaltige Energieversorgung: Beispiel Photovoltaik

Nordafrika: Tröpfchenbewässerung

Talsperren als Trinkwasserreservoir und zur Energiegewinnung

Bodenversalzung durch unangepasste Bewässerung

Braunkohletagebau: irreversible Eingriffe in den Landschaftshaushalt

Tjumen: Umweltschäden durch Erdölgewinnung

3.1 Wasser als Lebensgrundlage

Wasser im Nutzungskonflikt

Trinkwasser

Abfallträger

Energiequelle

Fischerei

Sport

Brauchwasser

Heilmittel

1 ***Trinkwasserreservoir Grane-Stausee im Harz***

Wasser stellt eine der zentralen Lebensgrundlagen für Menschen, Tiere und Pflanzen dar. Die Nutzungen durch Mensch und Natur sind äußerst vielfältig, wobei sich einige der Nutzungsansprüche sehr gut miteinander vereinbaren lassen, wie zum Beispiel die Versorgung mit Trinkwasser und der Erhalt von Lebensräumen für Tiere und Pflanzen. Andere Ansprüche stören sich gegenseitig erheblich oder schließen sich sogar aus. Zu nennen sind hier Nutzungen von Wasser als Produktionsmittel in Industrie und Gewerbe, als wichtiges und preiswertes Transportmittel und als Kühlmittel. Eine große Bedeutung kommt vor allem Fließgewässern als Energiequelle zu. In weiten Teilen der Welt ist die Landwirtschaft auf Bewässerung angewiesen. Der Mensch nutzt Wasser auch als Heilmittel in Thermal- oder sonstigen Bädern, er braucht es zur Körperpflege, für sanitäre Einrichtungen und zur Gebäudereinigung. Vielfach erfüllt Wasser auch religiöse bzw. rituelle Funktionen. Als Handelsware wird es immer wichtiger. Wasser ist also eine **Ressource** von existenzieller Bedeutung – aber diese elementare Ressource ist in hohem Maße gefährdet.

Der „Große Durst"

Für viele Menschen in Deutschland gilt Wasser als selbstverständliches Konsumgut. Es kommt zu jeder Zeit und stets sauber sowie trinkbar aus dem Hahn. Den Wenigsten ist bewusst, dass Wasser als eine der wichtigsten natürlichen Ressourcen nur in begrenztem Umfang verfügbar ist. Weltweit steigt die Wassernachfrage immer stärker an, und um seinen „Großen Durst" zu stillen, greift der Mensch in vielen Regionen dieser Erde immer massiver in den Wasserhaushalt ein. Die ökologischen und ökonomischen Folgeschäden nehmen immer größere Ausmaße an. Häufig bleiben dabei auch die Gebote einer **nachhaltigen Nutzung** außer Acht: In einer Vielzahl von Ländern wird schon heute pro Jahr mehr Trink- und Brauchwasser gefördert, als sich im gleichen Zeitraum erneuern kann.

2 **Drohender Wassermangel**

Von einer Wasserkrise zu sprechen, stößt bei vielen Menschen auf Unverständnis. Nach Einschätzung der Vereinten Nationen steuert die Welt jedoch auf einen dramatischen Wassermangel zu. Die Weltorganisation hatte 2003 zum Jahr des Wassers ausgerufen und den Zeitraum von 2005 bis 2015 zur Wasserdekade erklärt. Während die weltweiten Vorräte immer weiter zurückgehen, steigt der Bedarf ungebremst an. Der Verbrauch hat sich in den vergangenen 50 Jahren fast verdoppelt. Mitte dieses Jahrhunderts könnten bis zu sieben Milliarden Menschen in 60 Ländern von Wasserknappheit betroffen sein.

Gründe für die Wasserknappheit sind der stetig steigende Verbrauch und das anhaltende Bevölkerungswachstum. Vor allem in den Ländern des Südens, in denen zum Wassermangel noch eine starke Verschmutzung und eine schlechte Bewirtschaftung hinzukommen, verschärft sich die Lage. (...) Veränderungen im Wasserkreislauf tragen zur weiteren Verknappung des Wassers bei.

Ludwig Watzal: Wasser (Editorial). In: Aus Politik und Zeitgeschichte 25/2006. S. 2

3 **Verschwendete Gewässer**

Owens Lake – Nordamerika

800 000 Jahre lang existierte der nahe Los Angeles gelegene See. Das 518 km² große Gewässer ist inzwischen komplett ausgetrocknet, nachdem in den zwanziger Jahren begonnen wurde, das Wasser in die Millionenmetropole zu leiten (...).

Plattensee – Europa

Nach einer Serie warmer, trockener Sommer schrumpft Mitteleuropas größter See (...).

Tschadsee – Afrika

Die Nutzung der Zuflüsse für die Landwirtschaft und ausbleibende Regenfälle ließen den See seit den sechziger Jahren um 95 Prozent schrumpfen.

Totes Meer – Asien

Der [Wasserspiegel des tiefst gelegenen Sees] der Welt sinkt jährlich um rund einen Meter. Grund sind Bewässerungsprojekte. Bis 2050 könnte der See vollständig verschwunden sein, mit ihm Hunderte Tier- und Pflanzenarten (...).

Aralsee – Asien

Seit seine beiden Zuflüsse exzessiv zur Bewässerung genutzt werden, gelangt kaum noch Wasser in den See. In den vergangenen 50 Jahren schrumpfte er auf die Hälfte seiner Fläche und ist nun zweigeteilt. Die Küstenlinie des Sees ist um bis zu 250 Kilometer zurückgegangen und hinterließ eine unfruchtbare Salzwüste. Durch den Bau eines Dammes 2005 scheint sich zumindest der nördliche Teil des Sees zu erholen (...).

Nach Die Retter der Welt (Teil III). In: DER SPIEGEL 32/2007. S. 52–53

1 *Beschreiben Sie anhand konkreter Beispiele die vielfältigen Nutzungsmöglichkeiten von Wasser. Stellen Sie Ursachen des steigenden Weltwasserverbrauchs dar.*

2 *Analysieren Sie für ein ausgewähltes Raumbeispiel aus dem Quellentext 3 Ursachen der dargestellten Fehlentwicklung (Internet-Recherche).*

3 *Gestalten Sie eine Präsentation (Collage, Dokumentation, Vortrag) zum Thema „Lebensgrundlage Wasser – eine elementare Ressource und ihre Gefährdung".*

4 ***Aralsee: Schiffswrack***

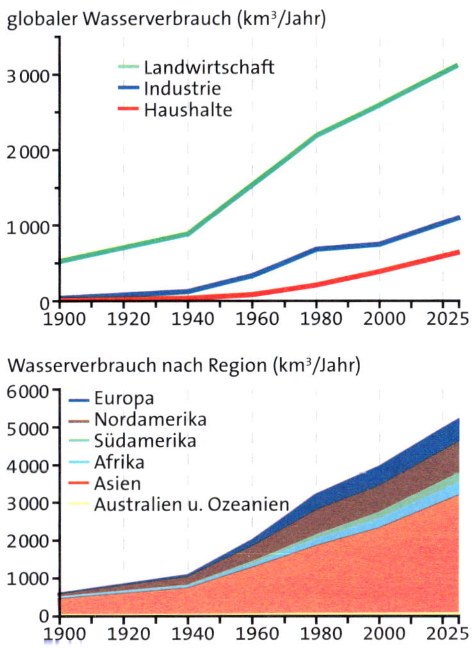

5 ***Entwicklung des Weltwasserverbrauchs***

Nach Bundesministerium für wirtschaftliche Zusammenarbeit (Hrsg.): Überlebensfrage Wasser – eine Ressource wird knapp. Bonn 1995, S. 32, aktualisiert nach UNEP 2003

In den Industrieländern wird pro Person im Durchschnitt etwa zehnmal soviel Wasser verbraucht wie in den Entwicklungsländern. Das sind in den Industrieländern 500–800 Liter pro Tag (300 m³ pro Jahr). In den Entwicklungsländern liegt der Verbrauch pro Person und Tag dagegen nur bei 60–150 Liter (20 m³). Landwirtschaftliche Bewässerung verbraucht zwischen 60 und 80 % des insgesamt verwendeten Wassers. Prognosen gehen bei den Bewässerungsflächen von einem jährlichen Zuwachs von 0,4 % in den kommenden Jahren aus.

Nach Deutsche Gesellschaft für Technische Zusammenarbeit GmbH (GTZ) 2007, unter www.iydd2006.de

ONLINE-Link

Wasser als Lebensgrundlage
29110X-0301

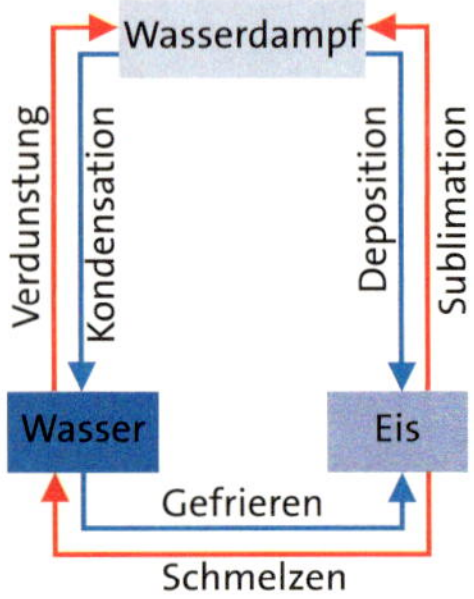

Aggregatzustände des Wassers und Übergangsprozesse

Wie viel Wasser gibt es?

„Würde man unabhängig vom Aggregatzustand alles Wasser der Erde, also das Süßwasser, das Meerwasser, das Eis usw. addieren, so ließe sich diese Frage mit der unvorstellbaren Zahl von 1,4 Milliarden Kubikkilometer Wasser beantworten. Findige Köpfe haben zur Veranschaulichung errechnet, dass diese Menge ausreichen würde, um die Landmasse aller Kontinente unter einer 2 728 Meter mächtigen Wasserschicht verschwinden zu lassen. Aber trotz dieses überwältigenden Überangebots an Wasser sehen wir uns auf der Erde Wasserproblemen ausgesetzt."

Thomas Hoffmann: TERRA-global. Weltproblem Wasser. Gotha: Klett-Perthes 2003, S. 8

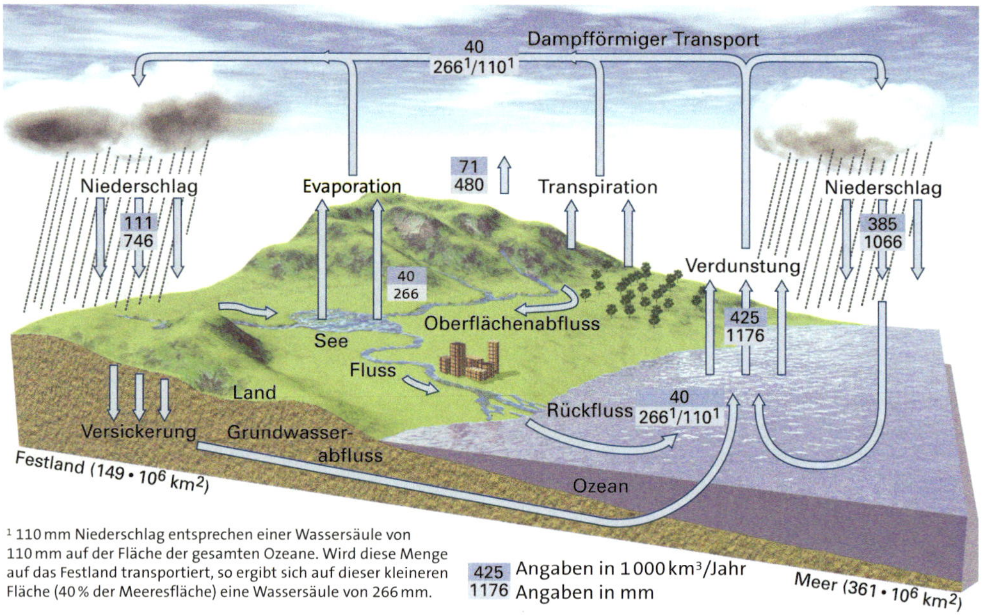

[1] 110 mm Niederschlag entsprechen einer Wassersäule von 110 mm auf der Fläche der gesamten Ozeane. Wird diese Menge auf das Festland transportiert, so ergibt sich auf dieser kleineren Fläche (40 % der Meeresfläche) eine Wassersäule von 266 mm.

6 ***Der globale Wasserkreislauf***

Globaler Wasserkreislauf

Das auf der Erde vorkommende Wasser befindet sich dank Sonnenenergie und Schwerkraft in einem stetigen Kreislauf zwischen Ozeanen, Atmosphäre und Festland, der durch Niederschlag, Abfluss sowie Verdunstung charakterisiert ist.
Die durch die Sonnenstrahlung angetriebene Verdunstung erfolgt vor allem über dem Meer. Die Wasserfläche verliert je Gramm verdampften Wassers ca. 500 bis 600 Kalorien. Um den Verdunstungsvorgang aufrecht zu erhalten, muss diese Wärmemenge ersetzt werden. Die zur Verfügung stehende Strahlungsenergie bestimmt (neben der Wassertemperatur, dem Sättigungsgrad der Luft und Luftturbulenzen) die Verdunstungsrate. Von der Luft kann nur eine bestimmte Maximalmenge von Wasser in gasförmiger Form aufgenommen werden, wobei die Aufnahmefähigkeit mit der Temperatur ansteigt. Jede darüber hinausgehende Wasserdampfmenge führt zur Kondensation und setzt die latente Wärme des Wasserdampfes frei, sodass sich bei Wolkenbildung die Luft erwärmt.
Für das geschlossene System der Erde kann der **globale Wasserkreislauf** mit der Formel N = V (Niederschlag = Verdunstung) beschrieben werden. Bei einer differenzierten Betrachtung der Landmasse oder ihrer Teilgebiete sind neben der Verdunstung im engeren Sinne auch der Abfluss (A) sowie die Rücklage (R) (z. B. Bodenfeuchte, Eis, Wasser in stehenden Gewässern) und die Entnahme aus der Rücklage durch Abfluss oder Verdunstung (= Aufbrauch B) zu berücksichtigen. Hier gilt folgende Formel: NL = VL + AL + (R – B).

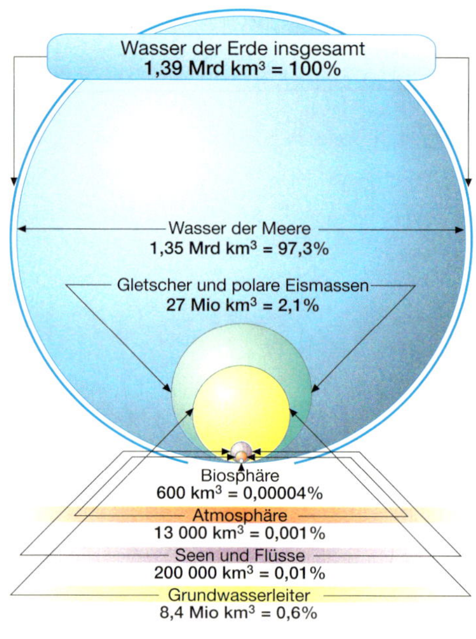

7 ***Wassermengen und deren Verteilung auf der Erde***

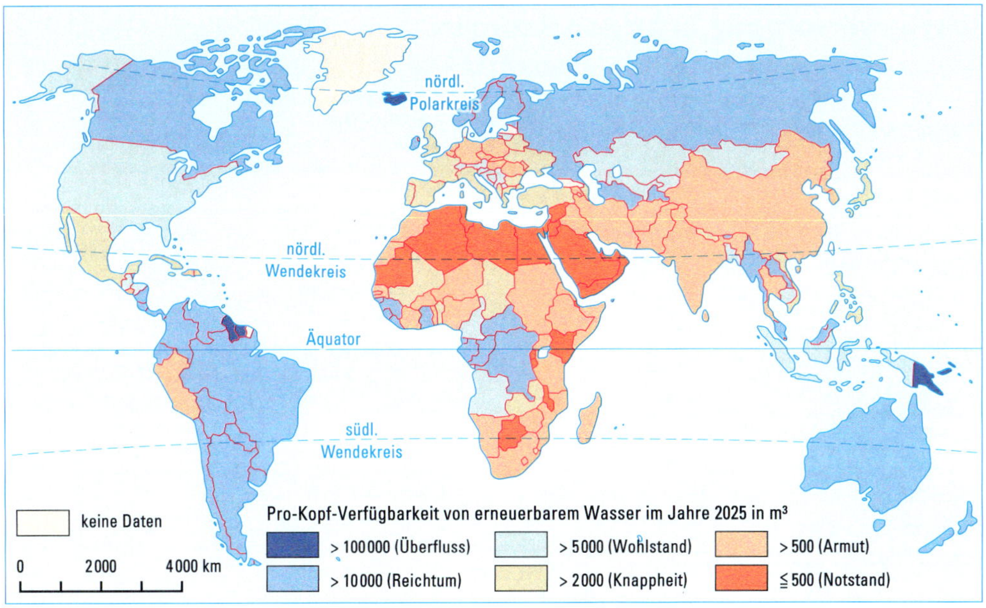

8 ***Pro-Kopf-Verfügbarkeit von erneuerbarem Wasser im Jahre 2025 in m³***

Nach Torsten Engelhardt: Wasserreport – Die Wasserbilanz. In GEO, H.6/1993, Hamburg: Grunner+Jahr 1993, S. 55

Anthropogene Eingriffe in den Wasserkreislauf

Weltweit gesehen ist die Landwirtschaft mit einem Anteil an den Gesamtentnahmen von ca. 65 % der größte Nutzer von Wasser. Das von den Pflanzen aufgenommene Wasser wird überwiegend durch Transpiration an die Atmosphäre abgegeben und geht so der jeweiligen Region (zunächst) verloren. Dünger- und Pestizidrückstände belasten das Grundwasser.

Als zweitgrößter Wassernutzer erweist sich mit ca. 25 % aller Entnahmen die Industrie. Von ihr gehen auch Gefährdungen der Wasserqualität durch Einleitungen und Rückstände aus, was kostspielige Wasseraufbereitungsverfahren erforderlich macht.

Städte und Gemeinden greifen in mehrfacher Weise in den Wasserhaushalt ein: durch die Bereitstellung von Trinkwasser, durch Nutzung und Verschmutzung dieses Wassers in den privaten Haushalten, durch Versiegelung der Böden durch Gebäude, Verkehrs- und Gewerbeflächen mit der Folge eines verstärkten Oberflächenabflusses und zunehmender Erosions- und Hochwassergefahr sowie Beeinträchtigungen bei der Erneuerung des Grundwassers.

4 *Beschreiben Sie unter Verwendung der Fachausdrücke den globalen Wasserkreislauf (Grafik 6).*

5 *Untersuchen Sie, an welchen Stellen und durch welche Maßnahmen der Mensch schädigend, und an welchen Stellen er schonend bzw. schützend auf diesen Kreislauf einwirkt bzw. einwirken kann. Erstellen Sie hierzu eine Tabelle.*

6 *Erläutern Sie die Zusammensetzung des globalen Wasserdargebots (Grafik 7).*

7 *a) Erstellen Sie eine Tabelle mit Beispielländern, für die bis zum Jahre 2025 bei der Wasserversorgung „Notstand“, „Armut“, „Knappheit“ und „Wohlstand“ prognostiziert werden.*

b) Stellen Sie für die in Aufgabe 7 a) untersuchten Länder Hypothesen zu den möglichen Ursachen des Befundes dar.

c) Vergleichen Sie die Prognose der Karte 8 zur Situation in Deutschland mit den Informationen auf Seite 86/87.

8 *Diskutieren Sie die Objektivität der Karte 8. Welche Intention könnte der Verfasser verfolgen?*

9 *Diskutieren Sie Möglichkeiten, der Wasserarmut in einem Land entgegenzuwirken.*

„Zwei Milliarden Menschen haben keinen Zugang zu sauberem Trinkwasser; sie sind auf Flüsse, Seen, Bäche oder Tümpel angewiesen.“

„Rund 436 Millionen Menschen leben in Ländern, in denen Wasser bereits knapp ist. Bis zum Jahr 2050 wird voraussichtlich mindestens ein Viertel der Weltbevölkerung mit chronischem oder immer wiederkehrendem Süßwassermangel leben.“

„Drei bis vier Millionen Kinder sterben jährlich an Durchfallkrankheiten und Infektionen, hervorgerufen durch unsauberes Wasser.“

G. O.-Wissen Online: unter www.g-o.de, Okt. 2005

ONLINE-Link
Infoblatt Wasserkreislauf
29110X-0302

Stockwerkbau im Oasengarten

Das Wasser, das wir verbrauchen, rauben wir nicht dem Globus, sondern uns selbst. Der Mensch kann zwar nicht das Volumen des gesamten Wassers der Erde verringern, wohl aber den Anteil von nutzbarem, sauberem Süßwasser. Immer mehr davon verdunstet durch menschliche Eingriffe, immer mehr wird unbrauchbar durch Verschmutzung. Zwar regnet das verdunstete Wasser wieder ab, aber meist nicht dort, wo es genutzt wurde. Die Eingriffe in den Landschaftshaushalt führen zu ökologischen Folgewirkungen, die in den ariden und humiden Klimazonen jeweils unterschiedlich ausgeprägt sind.

Wasserversorgung in ariden Räumen

In ariden Räumen sind vielfältige Methoden der Wassergewinnung und -nutzung entwickelt worden. Die dabei vorgenommen Eingriffe in den Wasserkreislauf und Landschaftshaushalt sollen im Folgenden anhand von zwei Raumbeispielen vorgestellt und in ihren ökologischen sowie wirtschaftlichen Auswirkungen untersucht werden.

9 **Beispiel Souf-Oasen**

Die Souf-Oasen (am Großen Östlichen Erg bei El Oued in Algerien) bestehen aus vielen kleinen Palmengruppen, die von (...) [Erdwällen] umgeben sind (= Trichteroasen oder „Ghout").

[Die Wurzeln der Palmen] reichen bis ins Grundwasser, welches das Substrat durchtränkt. Weil das Wasser sehr nahe an der Oberfläche zur Verfügung steht, ist für die Palmen keine Bewässerung erforderlich.

Dieses Nutzungssystem ist heute gefährdet, vor allem infolge des Anstiegs des Grundwassers (...). Jahrhundertelang erfolgte die Trinkwasserförderung über flache Brunnen; die wenigen Abwässer gelangten ins Grundwasser, wo sie gereinigt wurden und im Sand zirkulierten. Die Menge der Abwässer war unbedeutend. Doch dann begann die Ausbeutung der [fossilen, das heißt nicht regenerierbaren] Grundwasserkörper in 250–500 Tiefe. Sowohl für die Trinkwasserversorgung der rasch wachsenden Bevölkerung als auch zur Versorgung der neugeschaffenen Bewässerungsgebiete wurde Wasser gefördert. Mit dieser Wasserentnahme erhöhte sich das Volumen der Abwassereinleitung, besonders seit man auch Wasser aus über 2000 m Tiefe aus dem „Continental Intercalaire" fördert. Die Folge ist ein Grundwasseranstieg. Am höchsten ist er, verursacht durch die Abwässer, um die städtischen Siedlungen (...). Die in den Grundwasserkörper entweichende Wassermenge beträgt bei landwirtschaftlicher Nutzung 15 % und erreicht 90 % bei städtischen Abwässern (...).

Jean Bisson: Technologie und Landwirtschaft in den Oasen der Sahara. Übersetzt von Jürgen Rauh. In: Geographische Rundschau, 49. Jg., H. 2. Braunschweig: Westermann 1997, S. 77

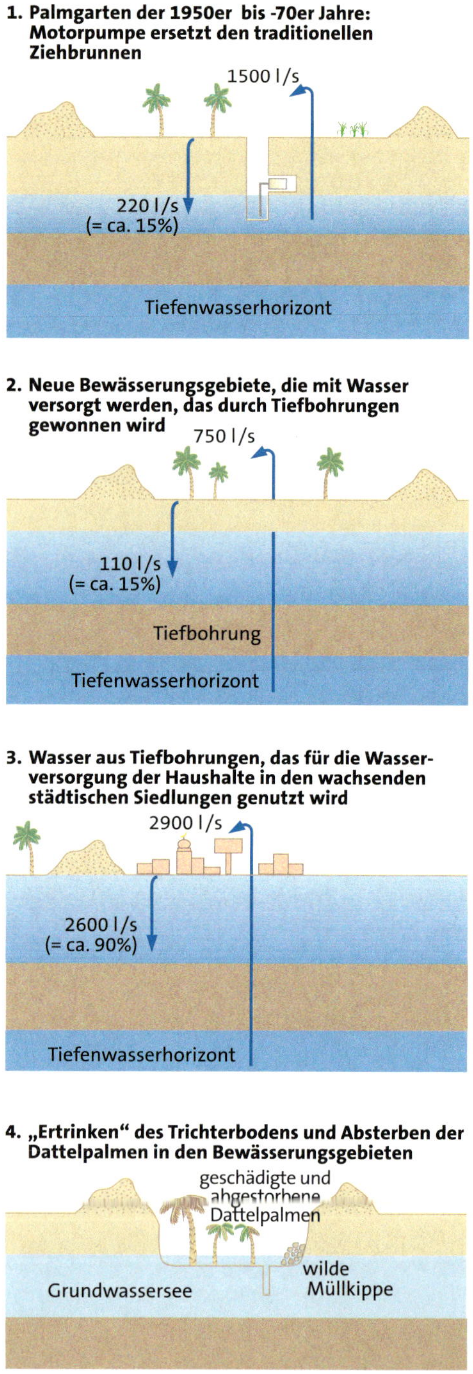

10 ***Veränderung der Wasserbilanz des Souf und die Folgen***

Nach Jean Bisson a. a. O, S. 77

11 **Terrassenbewässerung und Water-harvesting im Jemen**

Dem Erfindungsreichtum, dem Fleiß und der Beharrlichkeit der Menschen ist es vor allem zu verdanken, dass Südarabien [trotz Mangel an Niederschlägen und trotz ungünstigen Boden- sowie Reliefbedingungen] über Jahrtausende hinweg eine blühende Landwirtschaft aufwies. Mit erstaunlich einfachen, aber sehr wirksamen und ökologisch hervorragend angepassten Methoden gelang es, dem kargen Land Ernten abzutrotzen (...).

Hauptziel dieser Bemühungen musste es sein, das lebensspendende Wasser möglichst optimal zu nutzen und gleichzeitig die nach der Rodung der Wälder steigende Gefahr der Bodenabspülung zu begrenzen. Wichtigste Maßnahme dafür war der Bau von Terrassen, mit denen ein geneigter Hang in eine Folge von übereinander liegenden horizontalen Flächen verwandelt wird. Besonders die Gebirgsräume des Jemen sind deshalb von Millionen solcher Terrassen geprägt, aber auch in flacheren Landesteilen werden alle Felder möglichst horizontal angelegt und umwallt. Starkregen können somit nicht abfließen und dringen allmählich in den Boden ein. In Gebieten mit stark schwankenden Niederschlägen sind die Terrassen zusätzlich mit einem „Ventil“ versehen: Erhält eine Terrasse zu viel Wasser, wird der Überschuss gezielt über besonders befestigte Auslässe auf die darunter liegende Terrasse geleitet.

Vielerorts reicht aber dieser Regen nicht aus. Dann wird von benachbarten, nicht genutzten Flächen das ohnehin meist oberflächlich abfließende Regenwasser gezielt den Feldparzellen zugeleitet („rainwater harvesting“ bzw. „runoff agriculture“ – M 12). Um diesen Abfluss zu steigern, muss die „Wassersammelfläche“ möglichst glatt sein – ein weiterer Grund für die Vegetationslosigkeit vieler Berge. Auch das Feinmaterial von diesen Hängen gelangt auf die Felder und sorgt dort für Nachschub an Mineralstoffen für das Pflanzenwachstum. Regensammelfläche und Nutzfläche stehen zueinander in einem Größenverhältnis, das genau dem Wasserbedarf der angebauten Nutzpflanze unter Berücksichtigung der zu erwartenden mittleren Niederschlagshöhe entspricht. Reicht auch dann der Niederschlag nicht mehr aus, praktiziert man das [**Dry farming**]: Eine Parzelle wird nur jedes zweite Jahr zum Anbau genutzt, das Brachjahr dient der zusätzlichen Bodenwasseranreicherung (...).

Die Bevölkerungsdichte dieser Agrargesellschaft entsprach genau dem verfügbaren Potenzial. Bevölkerungswachstum bzw. Trockenjahre mussten in einem solchen System zu Krisen führen. (...)

Horst Kopp (Hrsg.): Länderkunde Jemen. Reichert Verlag Wiesbaden 2005, S. 106–111

Flutwassernutzung ist eine der vielen Methoden des „Water-Harvesting“. Sie hat den Vorteil, dass sie ohne großen Aufwand und angespasst an die lokalen Verhältnisse schon bei kleineren periodischen Fließgewässern rentabel sind.

10 *Erstellen Sie ein Wirkungsgefüge zu den möglichen Folgen der Nutzung fossilen Grundwassers in ariden Gebieten.*

11 *Erläutern Sie anhand einer Skizze das System der Terrassenbewässerung.*

12 *Vergleichen Sie die beiden vorgestellten Methoden der Wassergewinnung unter ökologischen und ökonomischen Gesichtspunkten.*

12 ***Bewässerungsterrassen mit Regensammelflächen oben rechts und Zuleitungswällen im Jemen***

ONLINE-Link
Bewässerungslandwirtschaft/Oasen
29110X-0303

„Berechnungen des Umweltbundesamtes zeigen, dass sich die Niederschläge bis zum Ende des 21. Jahrhunderts voraussichtlich innerhalb der Jahreszeiten sowie regional verschieben. Im heute schon trockenen Osten Deutschlands könnten die Sommerniederschläge weiter abnehmen. Es gäbe mehr Perioden sommerlicher Trockenheit, die länger anhielten. Eine mögliche Folge: sehr niedrige Wasserstände der Flüsse. Die Schiffe könnten weniger laden und müssten möglicherweise Transporte einstellen. Flusswasser, das der Kühlung der Kraftwerke dient, stünde nicht mehr in ausreichender Menge zur Verfügung. Leistungseinschränkungen bis zur Abschaltung der Kraftwerke könnten folgen. (...) Nicht zuletzt wäre die Trinkwassergewinnung wegen häufiger Niedrigwasserstände und fallender Grundwasserspiegel beeinträchtigt."

Umweltbundesamt: Presseinformation Nr. 14/2007

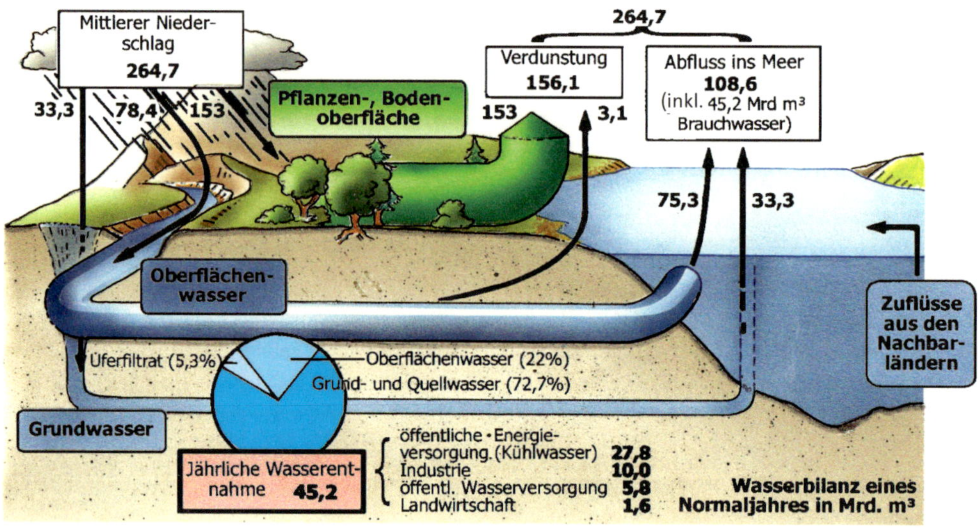

13 ***Die jährliche Wasserbilanz Deutschlands***

Wasserversorgung und -entsorgung in humiden Zonen: Beispiel Deutschland

In den humiden Zonen stellen sich die Probleme der Wassergewinnung und nachhaltigen Nutzung in ganz anderer Weise dar, wie das Beispiel Deutschland zeigt. Vergleicht man hier das Dargebot mit dem Bedarf, so scheint es auf den ersten Blick, als sei bei uns Wasser im Überfluss vorhanden. Allerdings ist zu beachten, dass unsere Trinkwasserversorgung aus Grundwasservorräten gespeist wird und dass es dabei Räume mit nur geringen Vorkommen gibt. Beispiele solcher Wassermangelgebiete sind Karstlandschaften wie die der Fränkischen Alb, wo die Niederschläge rasch versickern. In Ballungsgebieten übersteigt mitunter der Bedarf das Dargebot. In solchen Mangelgebieten müssen Fernversorgungsleitungen für einen Ausgleich sorgen. Auch ist zu bedenken, dass es sich bei den in der Wasserbilanz angegebenen Daten um Mittelwerte aus langjährigen Messungen handelt. Wie Meldungen über Trockenheiten und Dürren zeigen, können selbst in humiden Räumen die Niederschläge von Jahr zu Jahr und von Region zu Region stark schwanken. In trockenen und heißen Perioden steht aber nicht nur weniger Wasser aus Niederschlägen zur Verfügung, es gehen auch größere Mengen durch Verdunstung verloren. Zudem verbrauchen Menschen und Tiere mehr Wasser als in Normaljahren.

Das Bild vom „Wasser im Überfluss" muss weiter korrigiert werden, wenn man die Qualität der für die Wasserversorgung zur Verfügung stehenden Vorkommen betrachtet. Immer wieder beunruhigen uns Meldungen über Unfälle in der Industrie oder im Schiffsverkehr, die unsere Flüsse genauso verschmutzen wie Rückstände aus den Haushalten oder aus der Landwirtschaft. Und beim Grundwasser führen entsprechende Messungen gelegentlich zu dem Ergebnis, dass Reinigungskraft und Rückhaltevermögen der überlagernden Schichten nicht mehr ausreichen, um die Vorräte gegenüber anthropogenen Verunreingungen zu schützen.

In den letzten beiden Jahrzehnten sind allerdings in Deutschland Anstrengungen unternommen worden, um durch den Bau von Klärsystemen die Wasservorräte zu schützen. Insgesamt konnte auf diese Weise der Belastungszustand der Fließgewässer deutlich verbessert werden. Steigt allerdings der Wasserbedarf weiter stark an, werden schon im Laufe einer Generation alle für die Großraumversorgung geeigneten Grundwasservorräte erschlossen sein. Dann muss verstärkt auf Oberflächenwasser zurückgegriffen werden. Hier wird also wie auch bei den unterirdischen Vorräten ein wirksamer Gewässerschutz immer wichtiger.

14 **Wasser in Gefahr**

Wir alle sind sowohl direkt über die Nutzung fossiler Brennstoffe (...) als auch indirekt über die Nutzung von Industrieprodukten und elektrischer Energie für die Umweltbelastung mitverantwortlich. Durch das Schadstoffgemisch, das im Wesentlichen aus Stickoxiden, Schwefeldioxid, Stäuben und organischen Lösungsmitteln besteht, haben sich die Eigenschaften der Niederschläge ungünstig verändert. Besonders schädlich ist die Verschiebung des pH-Werts der Niederschläge in den stark sauren Bereich (...). Artenreiche Gewässerökosysteme kommen nur bis zu einem pH-Wert von 6 vor, unter pH 4 überlebt keine einheimische Fischart. In deutschen Quellgewässern (...) sind jedoch pH-Werte zwischen 3,3 und 4,4 gemessen worden (...).
Ackerbau wird unter ständigem Einsatz von Mineraldünger und Pflanzenbehandlungsmitteln betrieben. Auch bei sparsamer Anwendung können Teile davon ins Grundwasser gelangen. (...) Die Massentierhaltung ist nur mit industriell gefertigtem Importfutter rentabel. Die anfallenden Fäkalien müssen möglichst kostengünstig entsorgt werden. [Nitratbelastung und] Überdüngung mit der Folge von Belastungen des Grundwassers und der Bäche und Flüsse sind daher nicht selten. (...) Viele Industriestandorte stellen eine latente Gefahr für das Grundwasser dar. (...) Die Analyse von Schadensfällen hat gezeigt, dass von unterirdischen Tankanlagen für Öl und andere Wasser gefährdende Stoffe sowie von Abwasserleitungen eine erhöhte Gefahr für das Wasser ausgeht (...).

Vereinigung Deutscher Gewässerschutz e. V. (Hrsg.): Naturstoff Wasser. = Schriftenreihe der Vereinigung Deutscher Gewässerschutz e. V., Bd. 37. Bonn 2003, S. 49–51

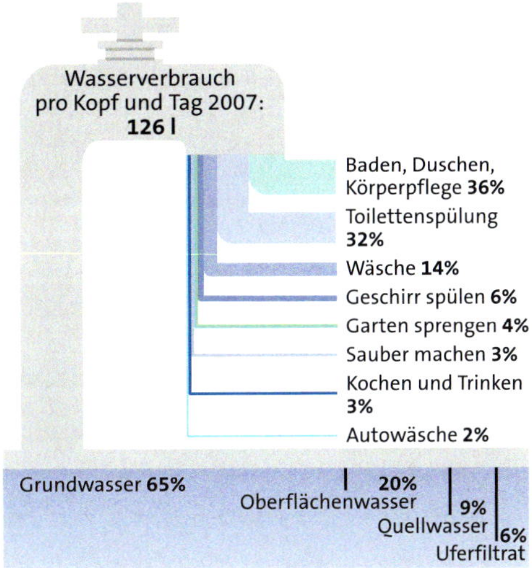

15 ***Frischwassernutzung der Privathaushalte in Deutschland***

Nach Deutsche Vereinigung für Wasserwirtschaft, Abwasser und Abfall e. V. (DWA) 2007

16 **Was der Einzelne tun kann**

Viele Putz- und Reinigungsmittel, Farben, Heimwerker- und Gartenchemikalien sowie Medikamente enthalten Stoffe, die das Wasser gefährden. Machen Sie sich in Haus und Garage auf die Suche. Ob ein Produkt Wasser gefährdende Stoffe enthält, steht auf dem Etikett. Dann muss man dafür sorgen, dass Reste nicht in der Toilette landen. (...) Grundsätzlich sollte man Reiniger und Haushaltschemikalien so sparsam wie möglich verwenden. (...) Besonders wichtig ist der umweltschonende Einsatz von Waschmitteln. (...)
Viele Lokale Agenda 21-Gruppen suchen nach Lösungen hin zu einer nachhaltigen Wasserwirtschaft. Jeder Bürger kann sich beteiligen (...).

Vereinigung Deutscher Gewässerschutz e. V. (Hrsg.) a. a. O., S. 60–63

13 *Vergleichen Sie die Probleme der Wassernutzung in ariden und humiden Klimazonen.*

14 *Ermitteln Sie unter Berücksichtigung von Inhalten aus den Fächern Chemie und Biologie mögliche Folgewirkungen von Schwermetall- und Nitratanreicherungen im Wasser.*

15 *Erarbeiten Sie auf der Grundlage einer Behördenrecherche (z. B. Umweltbundesamt) weitere Antworten darauf, „was der Einzelne tun kann" (Text 16).*

16 *Überprüfen Sie Ihren persönlichen Umgang mit dem Trinkwasser:*
- *Ermitteln Sie mithilfe der Wasseruhr Ihren Wasserverbrauch.*
- *Vergleichen Sie den ermittelten Wert mit den Angaben in Grafik 15: Gehören Sie zu den „Wasserverschwendern" oder „-sparern"?*
- *Erarbeiten Sie aus der Grafik 15 Möglichkeiten für Ihren Beitrag zur Wassereinsparung.*

ONLINE-Link
Surftipp
29110X-0304

3.2 Wasser als Produktionsfaktor

1 *Atatürk-Damm am Oberlauf des Euphrat*

Atatürk-Damm: Staurohre zur Erzeugung von Hydroenergie

Standortfaktor Hydroenergie

Beispiel: Südostanatolien-Projekt (GAP)

In den 1980er-Jahren hat die Türkei in Südostanatolien ein gewaltiges Staudammprojekt in Angriff genommen, mit dessen Hilfe Wasser des Euphrat und Tigris in großem Stil genutzt werden soll. Das Projekt sieht vor, Hydroenergie für die Industrialisierung der Region sowie Wasser zur Ausweitung und Intensivierung der Landwirtschaft bereit zu stellen.

Insgesamt sollen bis zur Vollendung des Projekts im Jahre 2010 22 Staudämme und 19 Wasserkraftwerke gebaut werden. Die Kraftwerke sind für eine Kapazität von 7 476 MW ausgelegt und sollen pro Jahr eine Hydroenergiemenge von 27 Milliarden kWh erzeugen, wodurch sich die Gesamtenergieerzeugung der Türkei um über 20 % erhöhen wird. Durch Bewässerung sollen zwischen den beiden Flüssen Euphrat und Tigris 1,7 Millionen Hektar für die Landwirtschaft erschlossen werden. Diese Fläche ist größer als die Gesamtfläche der Benelux-Länder und umfasst etwa neun Prozent der gesamten Landesfläche der Türkei.

Im Einzelnen verfolgt die Türkei mit dem „Südostanatolien-Projekt" u. a. folgende Ziele:

- Ansiedlung von Industrien (in erster Linie Lebensmittelverarbeitung, Möbelfertigung, Textilbetriebe, Chemie) auf der Grundlage günstiger Stromangebote,
- Erhöhung der regionalen Industrieproduktion um zehn Prozent pro Jahr,
- Gewinnung von Hydroenergie zur Verringerung der Abhängigkeit von Ölimporten,
- Ausweitung, Diversifizierung und Exportorientierung der Landwirtschaft,
- Schaffung neuer Arbeitsplätze in Landwirtschaft, Industrie und Dienstleistungen,
- Hebung des Lebensstandards in der gesamten Region, damit Eindämmung der Binnenmigration von Ost nach West und Entschärfung des Kurdenkonflikts.

Das Herzstück dieses Großprojektes ist der im Jahre 1992 eingeweihte, riesige Atatürk-Staudamm, der ohne die Zustimmung der beiden stromabwärts liegenden Staaten Syrien und Irak errichtet wurde. Die Türkei, welche die Oberläufe von Euphrat und Tigris kontrolliert, beansprucht die Verfügungsgewalt über das Wasser der in ihrem Staatsgebiet verlaufenden Flüsse. Sie sieht es grundsätzlich als ihr legitimes Recht, die über die Grenzen an die Unterlieger weitergeleitete Wassermenge maßgeblich zu bestimmen. Die an den Unterläufen gelegenen Staaten Syrien und Irak dagegen sehen Euphrat und Tigris als internationale Fließgewässer mit gemeinsamen Nutzungsrechten an. Sie fordern international überwachte Verträge mit garantierten Zuflussmengen. Ein Projekt zur wirtschaftlichen Entwicklung einer Rückstandsregion und zur Verbesserung des dortigen **Standortfaktorenangebots** wird auf diese Weise zur Ursache eines brisanten Konflikts.

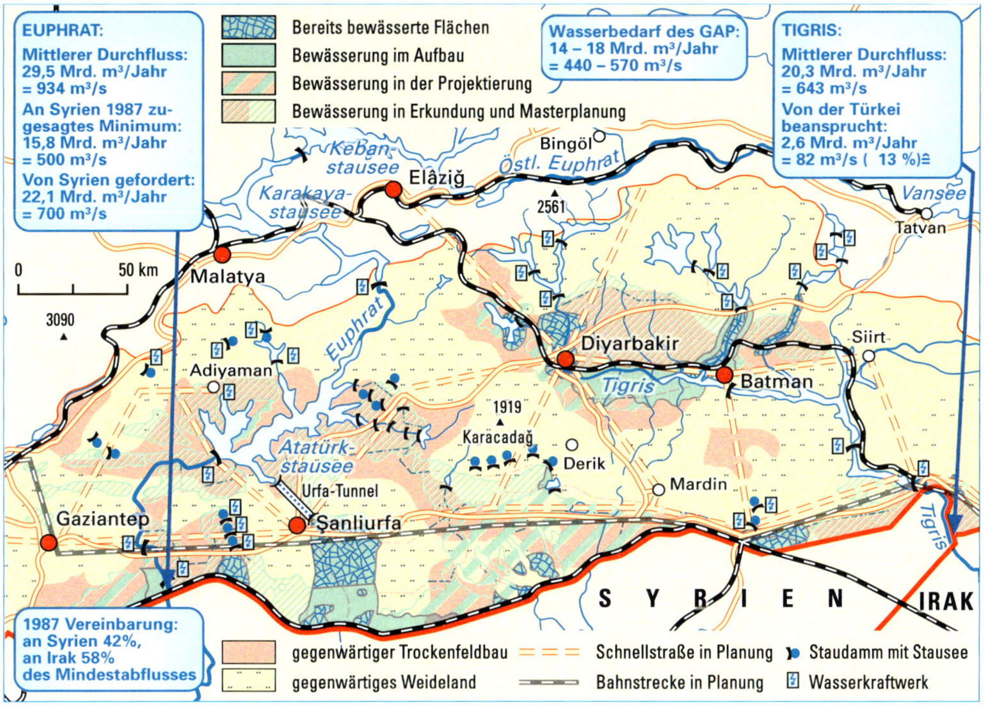

Das Südostanatolien-Projekt (GAP = Güneydogu Anadolu Projesi)

Nach Ernst Struck: Sozialgeographische und geopolitische Aspekte des Südostanatolien-Projektes (GAP). In: Passauer Schriften zur Geographie 1993, H. 13, S. 119

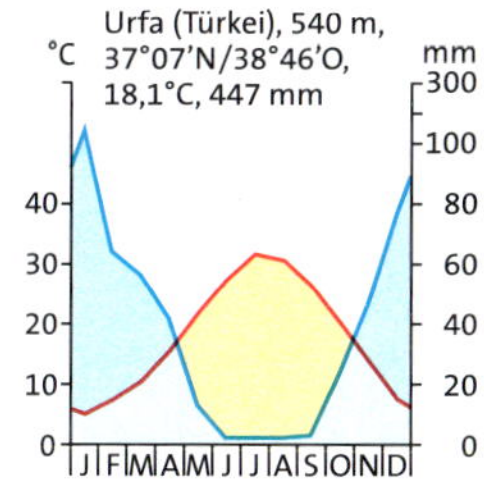

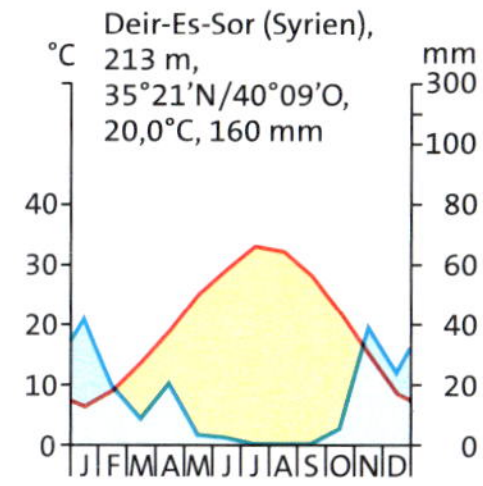

Energiesituation der Türkei

Als Folge der expandierenden Industrialisierung ist die Nachfrage nach Energie in den letzten Jahren um durchschnittlich zehn Prozent jährlich gewachsen. Da die Türkei aus eigener Produktion nur etwa ein Drittel der erforderlichen Energiemenge erzeugen kann, werden erhebliche Kapazitäten an Elektrizität aus Iran, Bulgarien und Georgien eingeführt. Darüber hinaus sind langfristige Lieferverträge für Erdgas unter anderem mit Russland, Iran und Turkmenistan geschlossen worden.

Udo Steinbach: (Türkei) Auf dem Weg zu einer wettbewerbsfähigen Volkswirtschaft. In: Informationen zur politischen Bildung 277/2002

1 *Charakterisieren Sie die hydrologischen Bedingungen im Untersuchungsraum (Klimadiagramme in der Randspalte, Atlas).*

2 *Untersuchen Sie die Standortfaktoren Südostanatoliens vor dem Beginn des GAP.*

3 *Erläutern Sie, auch vor dem Hintergrund des Quellentextes 3, Lage, Funktionen und Zielsetzungen des GAP.*

4 *Überprüfen Sie mithilfe von Wirtschaftskarten im Atlas, in welchem Ausmaß die geplanten Industrieansiedlungen auf der Grundlage des Standortfaktors Hydroenergie bereits realisiert wurden.*

5 *„Mit dem Wasser ist es wie mit dem Öl, wer an der Quelle sitzt, hat ein Recht darauf." – Diskutieren Sie diese Position des ehemaligen türkischen Ministerpräsidenten S. Demirel.*

ONLINE-Link
Surftipp
29110X-0305

④ *Sprinklerbewässerung in Süditalien*

Bewässerungslandwirtschaft im Mittelmeerraum: Nutzungskonflikte

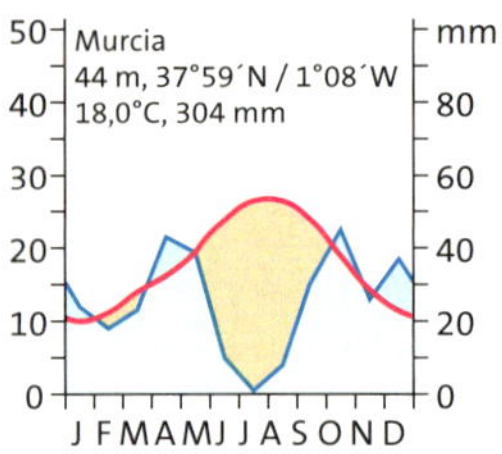

⑤ **Ein Bauer an der italienischen Adriaküste**

„Seit ich vor 10 Jahren aus Deutschland zurückgekommen bin, bewirtschafte ich den fünf Hektar großen Betrieb selbst. Viel Geld und Arbeit mussten hineingesteckt werden. In den unteren Hanglagen wurde ein 100 Meter tiefer Brunnen gebohrt, um mithilfe einer Elektropumpe das Grundwasser zu erreichen. Die Investition hat sich gelohnt, denn dieses Wasser kostet nichts. Aber für die höheren Bereiche der Hänge reichte die Brunnenschüttung nicht mehr aus. Hier mussten Wasserrohre bis zu den großen Druckwasserleitungen aus den Abruzzen-Stauseen gelegt werden. Das hat ein ‚Consortio' übernommen, das mit Subventionen von Rom und Brüssel unterstützt wurde. Für dieses Wasser muss ich Gebühren bezahlen. (...)

Für ein weiteres Wachstum sehe ich kaum Chancen. Der Boden hier wird immer teurer. Die neuen Wohngebiete, Industrien und die Hotels von Pescara nehmen uns das Land weg – und auch das Wasser."

Nach einer Feldstudie von Prof. Horst-Günter Wagner, Julius-Maximilians-Universität Würzburg

⑥ **Intensiver exportorientierter Anbau von Sonderkulturen in Andalusien**

Wie in Nordamerika ist auch in Europa eine Verlagerung der Anbauschwerpunkte von Obst und Gemüse in die wärmeren Gebiete zu beobachten. Dabei nimmt Spanien in der Erzeugung und im Export in Europa eine Spitzenstellung ein. Die Obst- und Gemüseproduktion konzentriert sich nicht nur auf die klimatischen Gunstgebiete in den Huertas von Valencia oder Murcia, sondern auch auf die noch weiter südlich gelegenen, durch Gebirge besser vor Kaltlufteinbrüchen geschützten semiariden, winterfeuchten Küstengebiete Andalusiens. Als Reaktion auf die steigende Nachfrage nach frischem Obst in Mitteleuropa konnte sich an der andalusischen Costa del Sol durch einen marktwirksamen Zeitvorsprung gegenüber den Huertas eine Dynamik entwickeln, die durch Expansion, Intensivierung und räumliche Spezialisierung gekennzeichnet ist. So entstand zum Beispiel in der Provinz Huelva auf der Grundlage einer intensiven Nutzung des Grundwassers, des Einsatzes von Folientunneln, der Tropfbewässerung mit Düngung und des Imports neuer Sorten das größte Erdbeeranbaugebiet Europas. Dank einer kontinuierlichen Steigerung der Produktivität auf 35–40 t/ha – das Drei- bis Vierfache des Flächenertrags in Deutschland – erwarb sich Huelva nahezu eine Monopolstellung bei der Belieferung der (mittel-)europäischen Märkte in den Winter- und Frühjahrsmonaten.

Diese Erfolge werden erkauft mit einer Fülle ökologischer Probleme. So ist der Wasserverbrauch in den Anbauregionen drastisch angestiegen, werden doch z. B. bei der Erzeugung von Erdbeeren bis zur Ernte pro Kilogramm 115 Liter Wasser benötigt. Mit der Absenkung des Grundwasserspiegels besteht die Gefahr der Versteppung und – wegen des nachlassenden Binnendrucks im Grundwasserkörper – des Eindringens von Meerwasser. Probleme bereitet auch die Entsorgung der Plastikfolien und weiterer Abfälle (alte Bewässerungsschläuche, leere Behälter und Verpackungen der Pflanzenschutzmittel).

Nach Lorenz Deuringer et al.: FUNDAMENTE Kursthemen Europa. Ernst Klett Schulbuchverlag Stuttgart und Leipzig 2006, S. 71

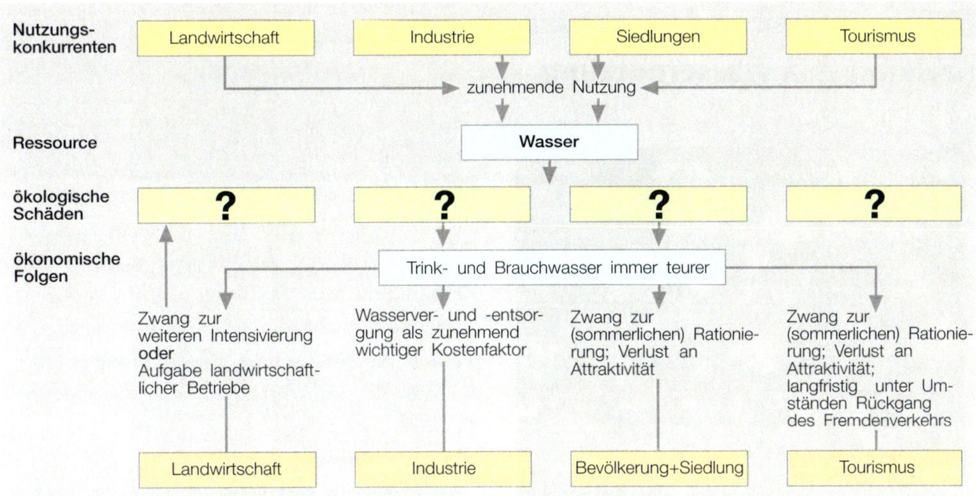

7 ***Wirkungsgefüge zum Nutzungskonflikt um das Wasser***

8 ***Erdbeerernte bei Sevilla im Februar***

Nutzungskonflikte

In allen Küstenräumen der Mittelmeerländer ist die Bevölkerung seit der Mitte des letzten Jahrhunderts in starkem Maße gewachsen. Ursache sind Wanderungsbewegungen zur Küste, ausgelöst in erster Linie durch den sich immer mehr ausweitenden Massentourismus und durch die Verlagerung von Industrie in die standortgünstigen Küstenstädte. Als Folge dieser Verdichtung ergeben sich vielfältige Nutzungskonflikte, die im gesamten mediterranen Raum ähnlich verlaufen und vergleichbare äußere Merkmale aufweisen. Betroffen sind nicht nur die urbanen Ballungsräume, sondern in zunehmendem Maße auch die Agrarlandschaften.

Landwirtschaft, Gewerbe und Tourismus konkurrieren um Nutzflächen. Ein weiterer Streitpunkt mit hoher Brisanz ist das Wasser – und das wird als Trink- und Brauchwasser immer knapper. Es ist darüber hinaus durch Verunreinigungen aller Art gefährdet. Einer der Hauptwasserverbraucher ist der sonnenhungrige Tourist aus Nord- und Mitteleuropa. Er verbraucht während eines dreiwöchigen Urlaubs im Durchschnitt soviel wie ein Einheimischer im gesamten Jahr.

Derartige Übernutzungen führen zu Umweltbelastungen und ökologischen Schäden wie z. B. zu Grundwasserabsenkungen oder sogar zu Desertifikationserscheinungen. Mit dem fortschreitenden Klimawandel und dem Rückgang der Niederschläge würden sich diese Folgen noch verstärken.

6 *Beschreiben Sie auf der Grundlage einer Internetrecherche Formen, Methoden und Probleme der Bewässerungslandwirtschaft in ariden Räumen.*

7 *Stellen Sie die Grundlagen des Erdbeeranbaus in Andalusien dar.*

8 *Erörtern Sie – auch unter Einbeziehung Ihrer persönlichen Rolle als Konsument – die Methoden der intensiven Bewässerungslandwirtschaft (Beispiel Erdbeeren) in Andalusien.*

9 *Erläutern Sie einen der im Wirkungsgefüge 7 erkennbaren Nutzungskonflikte.*

10 *Übernehmen Sie das Wirkungsgefüge 7 in Ihr Heft und ordnen Sie mögliche ökologische Schäden bei einer Übernutzung der Ressource Wasser in dieses Schema ein.*

11 *Überprüfen Sie Reise- und Urlaubsprospekte unter dem Gesichtspunkt „Nutzung und Schutz der Ressource Wasser."*

Was der Tourist erwartet:

„Das bietet Ihre Hotelanlage: Mehrere Aufenthaltsräume und Restaurants, Cafeteria im Einkaufszentrum, großer Konferenzraum. Zwei Süßwasser-Swimmingpools, einer davon mit Olympia-Maßen, beheizbares Hallenbad für die Vor- und Nachsaison. Ein gesonderter Spielplatz mit Süßwasser-Planschbecken für die Kleinen.
Ein 500 Meter langer, geschützter Sandstrand. Liegen und Sonnenschirme am Strand und am Pool ohne Gebühr. Eine umfangreiche Palette an Wassersportmöglichkeiten: Segeln, Surfen, Wasserski, Pedalos, Kanu.
Umweltbewusste Hotelführung: Einsatz von Mehrwegflaschen. Regelmäßige Meer- und Poolwasseranalysen, Solarenergie zur Warmwasserbereitung."

Aus einem Reiseprospekt

ONLINE-Link
Bewässerungslandwirtschaft
29110X-0306

Notwendigkeit und Lösungsansätze einer nachhaltigen Wassernutzung

Jeder Tropfen zählt

Zwischen 30 und 40% der weltweit produzierten Nahrungsmittel sind von künstlicher Bewässerung abhängig.

9

Bewusster Umgang mit Wasser

In einer Zitrone mit einem Gewicht von 100 Gramm sind 100 Liter Wasser enthalten. Es ist unsichtbar, also virtuell. Das ist das Wasser, das erforderlich war, um diese Zitrone wachsen zu lassen. Je Gramm ist 1 Liter Wasser erforderlich.

Bei all dem, was wir täglich verbrauchen, summiert sich die Wassermenge, die für den Anbau in der Landwirtschaft oder die industrielle Produktion der Güter erforderlich ist. Der gesamte tägliche virtuelle Wasserverbrauch eines Bundesbürgers beträgt etwa 4000 Liter. (...) Für den Anbau des Tees sind durchschnittlich 136 Tassen Wasser erforderlich. Für eine Tasse Kaffee werden sogar 1100 Tassen Wasser eingesetzt (...). Der virtuelle Wasserverbrauch für ein Baumwoll-T-Shirt beträgt 2000 Liter, für eine Jeans sind es 6000 Liter und für einen Hamburger 2400 Liter.

Sehr negativ wirkt sich aus, dass gerade in den Ländern, in denen bereits eine Wasserknappheit herrscht, die Produktion vieler landwirtschaftlicher Erzeugnisse besonders wasserintensiv ist. (...)

Die große Chance der Debatte über virtuelles Wasser besteht darin, dass endlich bewusst wird, welche enormen Einsparpotenziale bestehen, wenn der Wassereinsatz für die Produktion von zahllosen Gütern reduziert und deren Verbrauch vermindert wird, z. B. durch wassersparende Bewässerungsmethoden in der Landwirtschaft oder die Nutzung von Brauchwasser.

Was können wir auf diesem Gebiet selbst tun? Patentrezepte gibt es nicht, wohl aber viele kleine sinnvolle Schritte. Das beginnt beim heimischen Speiseplan. Jeder und jede kann auch überlegen, ob Tomaten aus dem trockenen Süden Spaniens oder Schnittblumen aus Afrika wirklich auf den eigenen Einkaufszettel gehören. 50 Gramm Salat aus Südspanien enthalten 50 Liter virtuelles Wasser.

(...) Auch ist zu prüfen, in welchem Zustand das Wasser, das nicht von den Pflanzen aufgenommen wurde, in die Natur zurückgegeben wird. Im Falle vieler Blumenfarmen ist es zum Beispiel so, dass dieses Wasser sehr stark pestizidbelastet ist. Auch dies spricht dafür, Blumen mit Siegel zu kaufen, mit dem angezeigt wird, dass sie umwelt- und sozialverträglich produziert worden sind.

Auch der eigene Speiseplan sollte überprüft werden. Für die Produktion von einem Kilogramm Rindfleisch werden mindestens 15 Kubikmeter Wasser benötigt, für ein Kilogramm Getreide sind es nur etwa 1,5 Kubikmeter Wasser. (...)

Ein letztes Beispiel, wie virtuelles Wasser gespart werden kann: In einem Blatt üblichen Papiers sind 10 Liter Wasser verborgen, in einem Blatt Recyclingpapier sind es nur 1,5 Liter. (...)

Frank Kürschner-Pelkmann: Wassersparen überflüssig? Sinnvoller Umgang mit dem kühlen Nass. Vortrag auf der Messe „Energie leben 2007" in Bremen am 14. Oktober 2007; unter www.wasser-und-mehr.de

10 *Computergesteuerte Bewässerung im Negev*

11 **Bewässerungsmethoden im Vergleich**

Methode Art der Wasserzuleitung	Investitionskosten (in US-$/ha)	Arbeitsaufwand (in h/ha)	Wirkungsgrad Ø (in %)	Weltweite Verbreitung (in %)
Schwerkraftbewässerung durch Kanäle und Rinnen unter Ausnutzung des Gefälles	700–1150	12–30	45–90	90
Beregnungsbewässerung durch Sprühtechniken mit ortsfesten „Sprinklern" oder „Karussells"	1050–2650	3–5	70–98	9
Tröpfchenbewässerung durch Schlauchsysteme im Wurzelbereich bei exakter Dosierung	1850–1950	10	85–95	1

Verändert nach Walter Lükenga: Wasser als knappe Ressource. In: Geographie und Schule 22, 2000, H. 128. S. 10

Die Landwirtschaft weist mit knapp 70% den größten Anteil am globalen Wasserverbrauch auf. In Entwicklungsländern liegt dieser Wert sogar bei 85–90%. Der Wirkungsgrad des für den **Bewässerungsfeldbau** eingesetzten Wassers ist dabei im Durchschnitt sehr niedrig, so dass sich in diesem Bereich das größte Einsparpotenzial bietet. Aber auch in der industriellen Produktion, auf die zurzeit etwa ein Viertel des weltweiten Wasserverbrauchs entfällt, müssen effizientere Formen der Wassernutzung gefunden werden. Aufgrund der fortschreitenden Industrialisierung in vielen Entwicklungsländern sind in diesem Bereich hohe Steigerungsraten zu erwarten.

Optimierung von Bewässerungstechniken

Eine Erhöhung der landwirtschaftlichen Wasserproduktivität setzt bei den drei unterschiedlichen Methoden an, die weltweit bei der Bewässerung angewandt werden (Tabelle 11). Bei der Schwerkraftbewässerung lässt sich der Wirkungsgrad u.a. durch eine gleichmäßigere Verteilung der Wasserzufuhr verbessern. Eine Voraussetzung hierfür ist z.B. die Planierung der Landfläche durch Beseitigung von Unebenheiten unter Beibehaltung des natürlichen Gefälles. In den USA gelang es, dieses Verfahren durch den Einsatz lasergesteuerter Planierungstechniken so zu perfektionieren, dass der Wirkungsgrad auf 90% gesteigert werden konnte. Bei der Beregnungsbewässerung kann durch den Einsatz der LEPA-Technik (Low Energy Precision Application) sogar eine Wasserausnutzung von 98% erreicht werden. Das Wasser wird mit geringem Druck unmittelbar an die Pflanze gesprüht, was gleichzeitig den Energieverbrauch senkt. Und bei der Tröpfchenbewässerung wird inzwischen nicht nur die Zufuhr von Wasser, sondern auch von Nährstoffen durch Computer und Sensoren gesteuert. Zudem wird durch den sparsamen, gezielten Einsatz auch die Verwendung von Brackwasser möglich, so dass bei diesen Systemen der Wirkungsgrad inzwischen bei 95% liegt.

Die Verbraucher insbesondere in den Ländern mit hohem Lebensstandard sind aufgerufen, mit der Ressource Wasser sparsam umzugehen, vor allem auch „weil westliche Konsumtrends weltweit kopiert werden".

Jürgen Trittin, ehemaliger Bundesumweltminister

12 *Erarbeiten Sie eine Definition des Begriffes „virtuelles Wasser".*

13 *Vergleichen Sie den täglichen Verbrauch eines Bundesbürgers an Frischwasser (S. 87) und an virtuellem Wasser.*

14 *Überprüfen Sie auf der Grundlage des Quellentextes 9 Ihr Konsumverhalten.*

15 *Untersuchen Sie die Bewässerungsmethoden (Foto 10 und Tabelle 11) anhand folgender Kriterien: notwendige Voraussetzungen, Vor- und Nachteile.*

ONLINE-Link
Surftipp
29110X-0307

3.3 Flüsse als Lebensadern

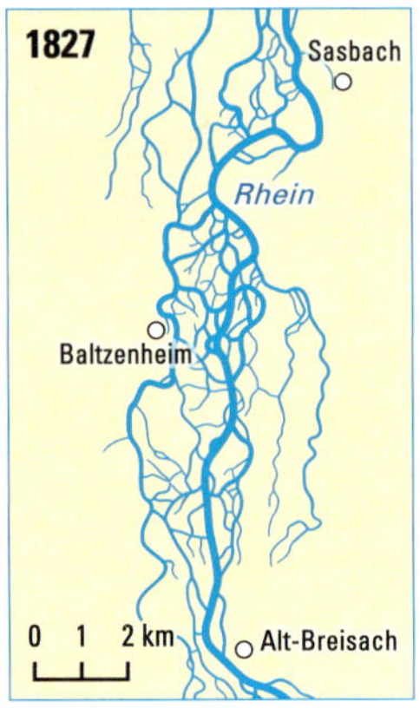

Rhein bei Breisach vor der Regulierung

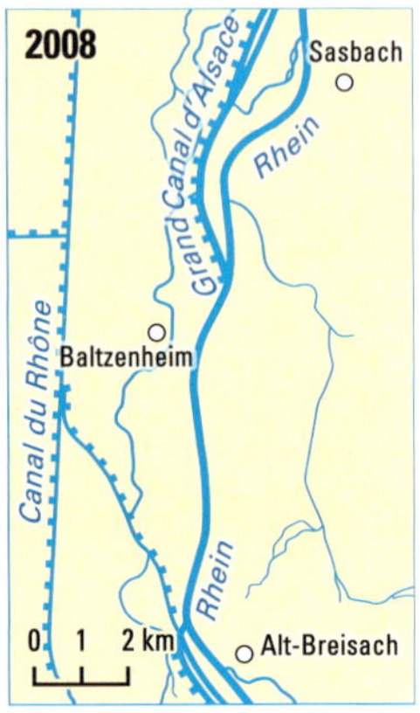

Rhein bei Breisach heute

Johann Gottfried Tulla (1770–1828)

ONLINE-Link
Rhein
29110X-0308

Oberrhein: Von einer natürlichen Flusslandschaft zur dynamischen Entwicklungsachse

Das heute eine wichtige **Entwicklungsachse** bildende Oberrheingebiet ist eine rund 300 km lange und im Durchschnitt 40 km breite Tiefebene, die sich von 250 m ü. M bei Basel auf etwa 90 m ü. M bei Mainz absenkt. Der Oberrhein wies hier zwei Flusslauftypen auf:

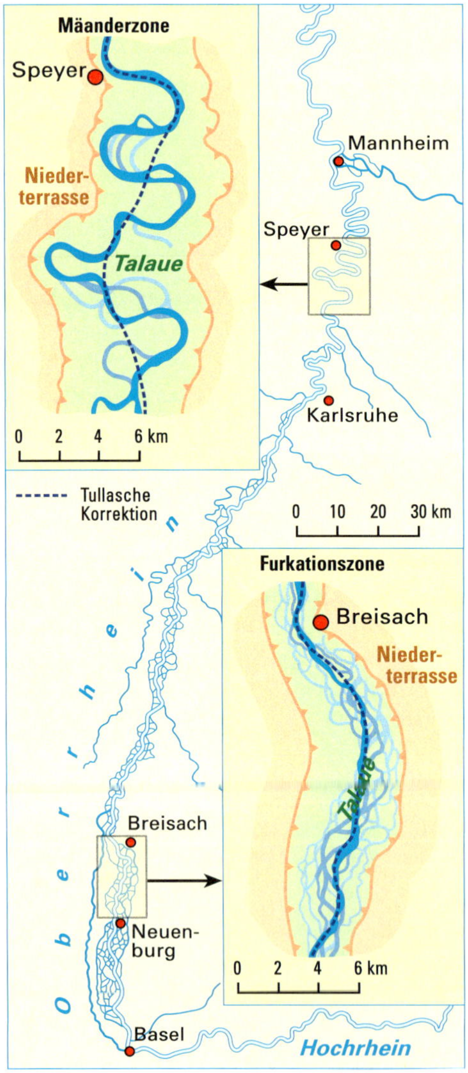

① ***Naturräumliche Einheiten des Oberrheins um 1800***

– im südlichen Bereich die zwei bis drei Kilometer breite Furkationszone mit einem durchschnittlichen Gefälle von 1 ‰, in der sich der Strom in mehrere Arme aufgabelt,
– im nördlichen Abschnitt die Mäanderzone mit einem durchschnittlichen Gefälle von 0,3 ‰ und typisch ausgebildeten Flussschlingen.

Die Ebene im Bereich der Niederterrasse wurde zwar bereits in vorgeschichtlicher Zeit besiedelt, aber es war für die Menschen stets gefährlich, hier zu leben und zu wirtschaften. Die Schneeschmelze im Frühjahr und hohe Niederschläge im Sommer führten immer wieder zu gefürchteten Hochwässern. Der Rhein floss in einem Gewirr von Seitenarmen dahin, die sich mit jedem Hochwasser verlagerten. Überschwemmungen bedrohten Siedlungen sowie Ackerland und beeinträchtigten die Schifffahrt. In den sumpfigen Auelandschaften fanden Stechmücken als Überträger der Malaria einen idealen Lebensraum. Seit jeher war es also das Ziel der Anwohner, sich gegen den „Fresser", wie sie den Rhein nannten, wirksam zu schützen.
Hierzu waren wasserbautechnische Eingriffe in einem Ausmaß notwendig, wie sie nur ein größerer, kraftvoller Staat organisieren und finanzieren konnte. Das Gebiet des Oberrheins war aber seit dem Hochmittelalter zersplittert in viele Kleinstterritorien, die eifersüchtig über ihr Staatsgebiet wachten und zu keiner Zusammenarbeit bereit waren.
Erst im Zuge der territorialen Neuordnung im Südwesten nach 1806 bzw. 1815 konnte der Wasserbauingenieur Johann Gottfried Tulla mit der Planung der Rheinkorrektur beauftragt werden. Von 1817 bis 1880 wurde der Rhein nach seinen Vorstellungen begradigt. Auf der Strecke von Basel bis Karlsruhe wurden zahlreiche Flussarme in einem 200 m breiten Mittelbett zusammengefasst, was zu einer Verkürzung de Flusslaufes um 14 % führte. Weiter flussabwärts in der Mäanderzone zwischen Karlsruhe und Mannheim wurde der Lauf um 37 % bzw. 50 km verkürzt. Der Fluss und seine bis zu zwei Kilometer breite Aue wurden eingedeicht. Von 1912 bis heute folgten weitere wasserbautechnische Eingriffe (M 2).

2 Wasserbautechnische Maßnahmen seit 1912

Phase	**Maßnahmen** – Ziele – Folgen
1912–1940	**Rheinregulierung nach Honsel** mit Bau von Buhnen zur Einengung des Flussbettes Ziel: Schaffung einer stabilen Fahrrinne, Schiffbarkeit auch bei Niedrigwasser Folgen: weitere Verstärkung der Sohlenerosion, Absenkung des Rheinwasserspiegels
ab 1928	**Bau des betonierten Rheinseitenkanals** (Grand Canal d'Alsace) Ziel: Nutzung als Schiffahrtsstraße und zur Energiegewinnung, Ableitung von Rheinwasser in den Grand Canal d'Alsace (laut Versailler Vertrag von 1919 besitzt Frankreich das alleinige Energienutzungsrecht am Oberrhein) Folgen: weiteres Absinken des Grundwasserspiegels, Beschleunigung der Hochwasserwelle
ab 1956	**„Schlingenlösung"** laut Oberrheinvertrag zwischen Frankreich und der BRD Ziel: zwischen Breisach und Straßburg Einbau von Flussschlingen mit Kraftwerken Folgen: Verhinderung eines weiteren Absinkens des Grundwasserspiegels
1970–1977	**Bau der Staustufen** Garnsheim (1974) und Iffezheim (1977) Ziel: Energiegewinnung und Verminderung der Sohlenerosion Folgen: Verlust an Aueflächen, Absenkung des Grundwasserkörpers, Verschärfung des Abflusses
nach 1978	**Bau von Rückhaltewehren** im Rest-Rhein und von **„Poldern"** in der Rheinaue Ziel: Hochwasserschutz Folgen: Rückhalten von Hochwasserspitzen, Verzögerung des Abflusses

3 Rheintal bei Breisach heute, Blick Richtung Süden

A Wehr zur Wasserregulierung; B Schiffsschleuse; C Laufwasserkraftwerk

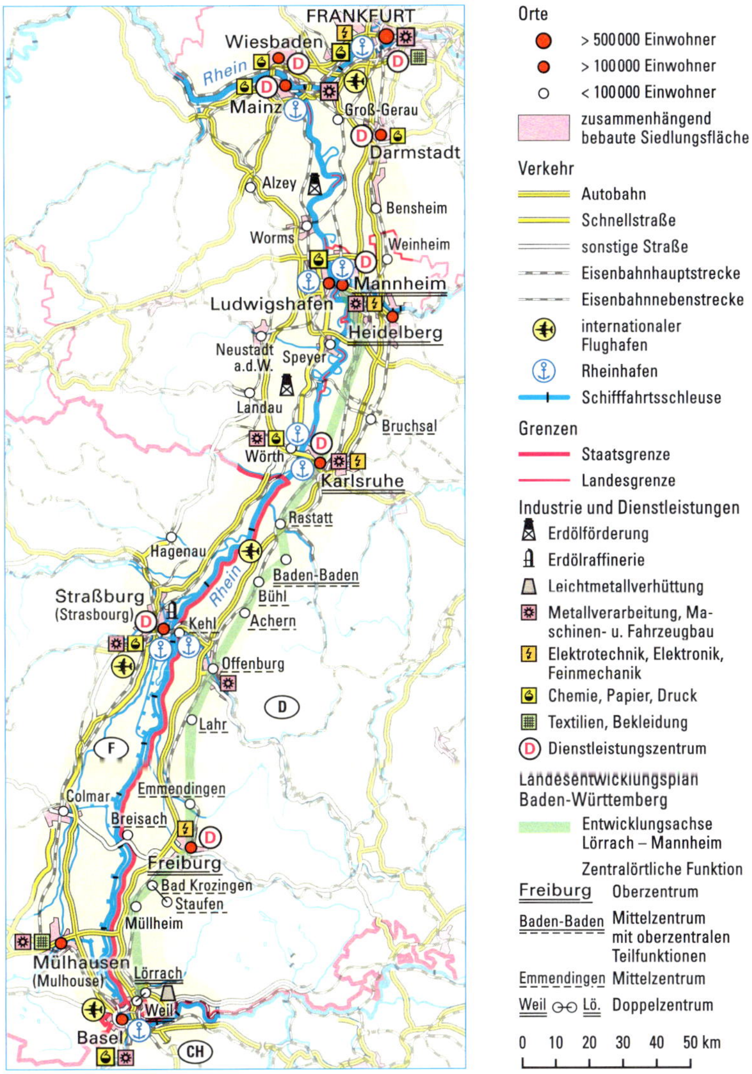

4 Verkehrs- und Entwicklungsachse Oberrhein

1 *Arbeiten Sie Gründe für die Rheinkorrektur Tullas heraus.*

2 *Stellen Sie Folgen der wasserbautechnischen Eingriffe für die ursprüngliche Flusslandschaft dar.*

3 *Erläutern Sie – auch mithilfe von Wirtschaftskarten im Atlas – die heutige Bedeutung des Oberrheingebietes als Entwicklungsachse.*

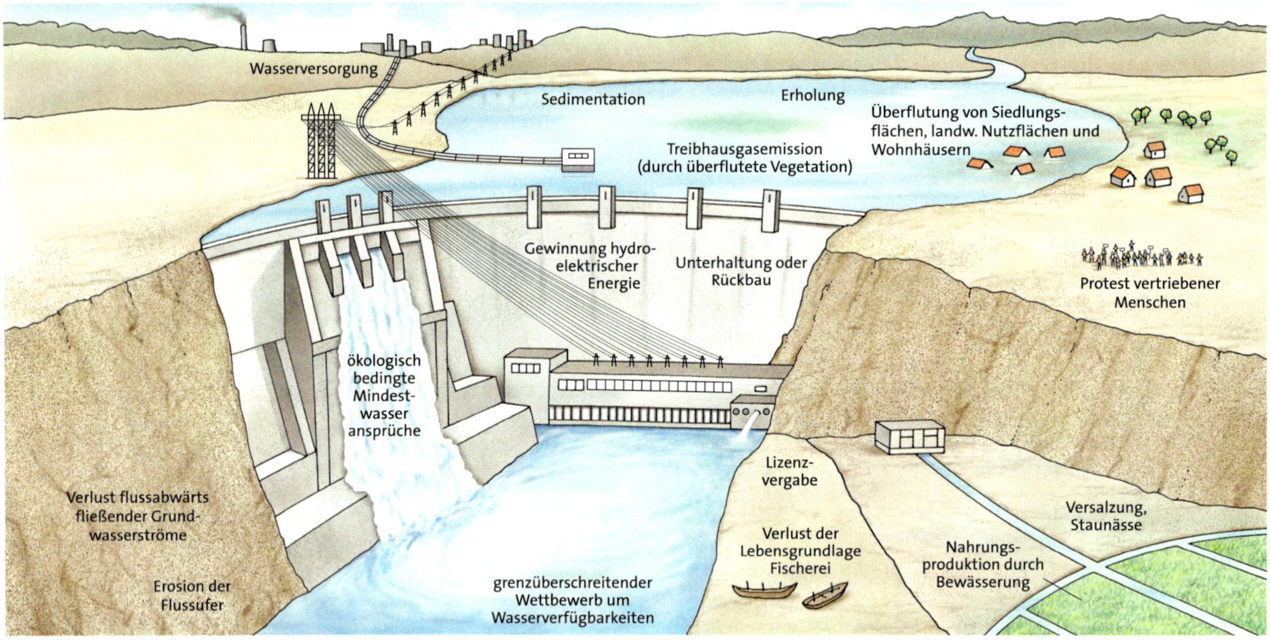

5 ***Funktionen und Konfliktpotenzial von Staudämmen*** *Nach Dams: Official Newsletter of the World Commission on Dams. Nr. 8, 12/2000, S. 9*

Großstaudämme:

„Laut der „Internationalen Kommission für Großstaudämme" (ICOLD) hat ein Großstaudamm eine Höhe von 15 Metern oder mehr (über dem Fundament). Wenn ein Staudamm 5 bis 15 Meter hoch ist und ein Speichervolumen von mehr als 3 Millionen Kubikmetern hat, ist er ebenfalls als Großstaudamm zu bezeichnen. Nach dieser Definition gibt es weltweit mehr als 45 000 Großstaudämme."

Thomas Hoffmann: Brennpunkt Groß-Staudämme. In: TERRA-global Weltproblem Wasser. Klett-Perthes, Gotha und Stuttgart 2003. S. 30

Staudammprojekte: Erwartungen, Risiken und Folgen

Die Ausnutzung der Wasserkraft gilt grundsätzlich als ökologisch weitgehend verträgliche Form der Energiegewinnung. Diese positive Bewertung muss jedoch relativiert werden. Sie gilt nahezu uneingeschränkt nur für klein dimensionierte Staudämme, die so konzipiert sind, dass die gewonnene Energie und das Bewässerungswasser den lokalen bzw. regionalen Verbrauch decken. Auf diese Weise profitiert auch die ortsansässige Bevölkerung unmittelbar von den Projekten. Mit zunehmender Größe der Anlagen und einer national oder gar international geplanten Nutzung der Energie oder des Wasserreservoirs nehmen die positiven Effekte ab. Großstaudämme, so lehrt die Erfahrung der vergangenen Jahrzehnte, führen fast immer zu weit reichenden Folgeproblemen.

4 *a) Untersuchen Sie die natur- und wirtschaftsräumliche Situation im Narmada-Gebiet.*
b) Erläutern Sie die Zielsetzung dieses Projekts.

5 *Diskutieren Sie positive und negative Folgen von Staudamm-Großprojekten.*

Mögliche Folgeprobleme von Staudamm-Großprojekten:

- Veränderung des Grundwasserspiegels und der Abflussverhältnisse,
- Ausbleiben wertvoller Schwebfracht im Unterlauf der Flüsse,
- in ariden bzw. semiariden Räumen hohe Verdunstungsverluste über großen Wasserflächen,
- durch hohe Projektkosten Abhängigkeit von ausländischen Kreditgebern,
- Verzögerung anderer Vorhaben zur Verbesserung der Wirtschaftsstruktur durch langfristige Kapitalbelastung des Staates,
- soziale Probleme durch Umsiedlung von Bevölkerungsgruppen und durch radikalen Umbruch traditioneller Strukturen,
- Verdrängung von Kleinbauern und Pächtern durch Agrarindustrien,
- Anbau von Industriepflanzen („cash crops" wie z. B. Baumwolle) statt Nahrungsmittel; damit Abhängigkeit vom Weltmarkt.

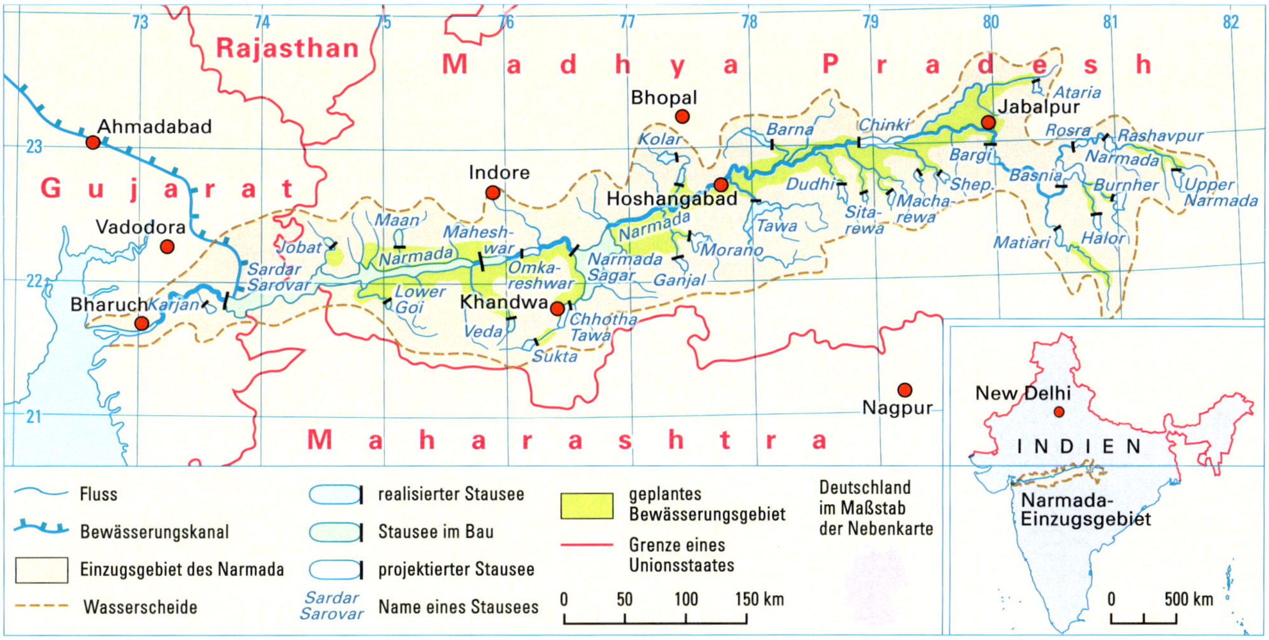

6 ***Staudammprojekte an der Narmada***

7 **Beispiel: Narmada-Projekt in Indien**

Planung: wasserwirtschaftliche Nutzung des Flusses Narmada, einem der „heiligen Flüsse“ Indiens durch:
- Aufbau eines Systems von 30 großen und vielen kleinen Staudämmen an der Narmada und ihren Zuflüssen,
- Ausbau eines Tausende von Kilometern umfassenden Bewässerungskanalsystems.

Ziel: Industrialisierung und Ausbau der Exportlandwirtschaft durch:
- Bewässerung in Trockengebieten,
- Erzeugung von etwa 2 000 MW Strom,
- Sicherung der Trinkwasserversorgung,
- Hochwasserschutz

Ablauf der Realisierung:
- Baubeginn in den 1970er-Jahren,
- Baustopp an den Hauptdämmen Anfang der 1980er-Jahre nach massivem Widerstand der Betroffenen,
- Weiterbau seit Urteil des Obersten Gerichts in Delhi im Oktober 2000.

8 **Das Narmada-Projekt in der Kritik**

Die Befürworter argumentieren, dass mit dem Narmada-Wasser genug Brachland landwirtschaftlich nutzbar gemacht werden könnte, um die Ernährungslage von 20 Mio. Menschen zu verbessern (...). Diese Annahmen beruhen allerdings auf Schätzungen, wonach die jährliche Abflussmenge der Narmada 34 Mrd. m³ Wasser betragen soll. Seit einigen Jahren liegen aber Ergebnisse langjähriger Messreihen vor, nach denen von einer etwa 20 % geringeren Wassermenge ausgegangen werden muss. (...) Kritiker weisen außerdem darauf hin, dass der überwiegende Teil des Narmada-Wassers bereits in den relativ wohlhabenden Distrikten Gujarats (...) verbraucht werden wird. Diese Region zählt schon heute zu einer der wohlhabendsten Indiens. Auch sei in diesen Gebieten keine Ausweitung des Nahrungsmittelanbaus vorgesehen, sondern die Intensivierung bewässerungsintensiver Zuckerrohr-, Ölsaaten- und Baumwollkulturen. Davon würden in erster Linie wohlhabende, überwiegend für den Export produzierende Großbauern profitieren. (...)

Nach Christoph Dittrich: 20 Jahre Widerstand gegen das Narmada-Projekt in Indien. Südasien-Informationsnetz e. V. (Hrsg.): Südasien-Informationen Nr. 11, Juli 2006, S. 6 f.

Arundhati Roy, Mitglied in der Narmada-Bewegung und indische Gesellschaftskritikerin zu Großstaudämmen:

„Big Dams started well, but have ended badly. There was a time when everybody loved them, everybody had them – the Communists, Capitalists, Christians, Muslims, Hindus, Buddhists. There was a time when Big Dams moved man to poetry. Not any longer. (...). They're uncool. They're undemocratic (...) They're brazen means of taking water, land and irrigation away from the poor and gifting it to the rich. Their reservoirs displace huge populations of people, leaving them homeless and destitute.“

Arundhati Roy: The cost of living. London 1999. S. 15–16

3.4 Rohstofflagerstätten und deren Nutzung

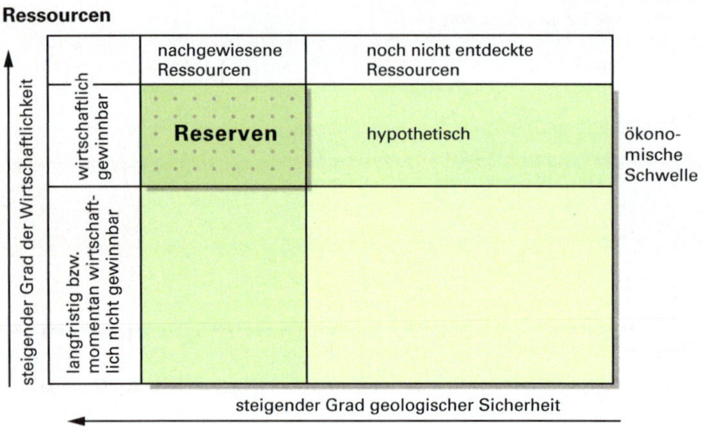

1 Ressourcen

2 Kalgoolie: Goldmine Super Pit, größter Tagebau Australiens

Ressource:
sämtliche für die Wirtschaft erforderlichen oder nutzbaren Bedingungen der Umwelt. Zu unterscheiden sind erneuerbare Ressourcen, z. B. Tiere oder Wälder, und nichterneuerbare Ressourcen, wie z. B. Bodenschätze.

Nach Klaus Achim Boesler: Rohstoffwirtschaft, Diesterweg, Frankfurt a. M. 1989, S. 6

Mineralische Rohstoffe:
Anorganische Körper der festen Erdrinde mit bestimmten, einheitlichen chemischen, physikalischen und strukturellen Eigenschaften. Sie gehören zur Gruppe der nichterneuerbaren Ressourcen.

Nach Klaus Achim Boesler: a. a. O., S. 6

Rohstoffe – Reserven, Ressourcen und Reichweiten

„The Coal Question: Can Britain survive?" (Jevons, 1865)
Schon die ersten Jahrzehnte der Industrialisierung in Europa waren von der Besorgnis um ausreichende Vorräte an **Rohstoffen** begleitet, wie der Titel der Untersuchung des britischen Ökonomen Jevons andeutet. Einhundert Jahre später prognostiziert Meadows (1972) auf der Grundlage exponentiell ansteigender Fördermengen eine statistische Reichweite und damit die Erschöpfung der **Reserven** an Kupfer, Zink, Blei, Zinn, Aluminium, Gold und Silber sowie Erdgas und Erdöl bis zum Beginn des 21. Jahrhunderts. Das Ausbleiben der Prognosen Meadows verdeutlicht, dass die Reserven nicht unbedingt entsprechend den Fördermengen abnehmen müssen.
Hauptfaktoren für den Anstieg der Reserven sind neben der Entdeckung neuer Lagerstätten insbesondere technologische Fortschritte bei Exploration und Gewinnung von Rohstoffen, die Schonung von Rohstoffen bei der Verarbeitung durch einen verbesserten Ausnutzungsgrad und den Einsatz von Ersatzrohstoffen (Substitution) sowie das Recycling.

Rohstoffe – Grundlage industrieller Produktion
Rohstoffe sind weitgehend unbearbeitete Erzeugnisse mineralischer, pflanzlicher oder tierischer Herkunft. Auch Raffinaden und Metallkonzentrate gelten als Rohstoffe ebenso wie Halbfabrikate aus ersten Verarbeitungsschritten wie z. B. Roheisen oder Stahl. Sie sind die Grundlage zur Erzeugung von materiellen Gütern und Energie. Jedem industriellen Verarbeitungsprozess geht am Beginn einer Wertschöpfungskette die bergmännische Gewinnung von Rohstoffen voraus. Mit zunehmender Industrialisierung und Energienachfrage weltweit, z. B. als Folge der wachsenden Erdbevölkerung, steigt daher der Bedarf an Rohstoffen und die Menge, die den Lagerstätten entnommen wird. Eine Erschöpfung der globalen Rohstoffvorräte, die aufgrund ihrer über lange geologische Zeiträume hinweg reichenden Entstehung nicht regenerierbar sind, hätte das Ende industrieller Verarbeitungsprozesse und der Erzeugung eines Großteils der Energie zur Folge.

3 Reserven bei Erzen bzw. Metallen (Auswahl) zu Zeiten Meadows 1972/2004 (Mio. t)

		1972	2004
Basismetalle	Bauxit	1170	23000
	Blei	91	67
	Eisenerz	100000	80000
	Kupfer	380	470
	Zink	123	220
	Zinn	4,35	6,10
Stahlveredler	Chrom	775	810
	Mangan	800	380
Edelmetalle	Gold	0,011	0,042
	Silber	0,170	0,270
	Platin	0,013	0,071

Nach RWI Essen et al. 2007, S. 25, 26; nach Meadows 1972

Statistische Reichweite und Ressourcenreichweite

Trotz der Unzulänglichkeiten bei der Erstellung von Prognosen hinsichtlich ihrer künftigen Verfügbarkeit kann die Berechnung der **statistischen Reichweite** eines Rohstoffs angeben, wie lange die zumindest zu einem bestimmten Zeitpunkt festgestellte Reservemenge die Versorgung mit Rohstoffen noch gewährleistet. Die statistische Reichweite wird daher auch als Reservereichweite bezeichnet. Ihrer Berechnung liegen die Reserven und jährlichen Fördermengen zum Zeitpunkt der Berechnung zugrunde. Werden anstelle der Reserven die **Ressourcen** zur Berechnung herangezogen, ergeben sich z. T. erhebliche Unterschiede in den Reichweiten.

4 Verschiedene Faktoren bestimmen die Rentabilität und Abbauwürdigkeit von Lagerstätten:
- Menge und Qualität des Rohstoffes,
- geographische Lage der Lagerstätte,
- geologische Lagerungsverhältnisse,
- Kosten zur Erschließung der Lagerstätte,
- Eigentumsverhältnisse,
- Umweltschutzauflagen,
- Wirtschafts- und Rohstoffpolitik des Fördelandes und der Abnehmer,
- Marktchancen des Rohstoffes (Preisentwicklung).

Nach Hans-Ulrich Bender et al.: Fundamente. Geographisches Grundbuch für die Sekundarstufe II, Klett-Perthes, Gotha und Stuttgart 2001, S. 147

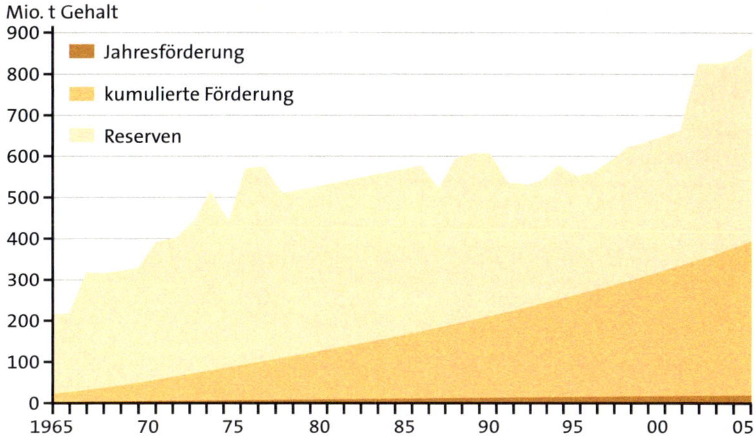

5 *Entwicklung von Jahresförderung, Reserven und bislang geförderter Mengen am Beispiel Kupfer*

Nach Bundesanstalt für Geowissenschaften und Rohstoffe (Hrsg.), Datenbestand der BGR. Hannover 2005

6 Statistische Reichweiten und Ressourcenreichweiten ausgewählter Rohstoffe 2004

	Förderung 2004 (Mio. t)	Reichweite in Jahren	
		Reserve	Ressource
Basismetalle			
Bauxit	159,00	157	>346
Blei	3,15	21	>476
Eisenerz	1340,00	119	>597
Kupfer	14,60	32	>158
Zink	9,40	23	>202
Zinn	0,26	23	>42
Stahlveredler			
Chrom	17,46	64	687
Mangan	9,35	41	>545
Edelmetalle			
Gold (in t)	2430	17	>37
Silber (in t)	19700	177	249
Platin (in t)	402	14	>29

Nach RWI Essen et al. 2007, S. 17–19, nach USGS 2006, 2005; BGR 2005

Ressource auf dem Meeresboden: Manganknolle

1 *Erklären Sie die Begriffe „Reserven" und „Ressourcen".*

2 *„Can Britain survive?" formulierte Jevons schon im 19. Jahrhundert. Erläutern Sie die Zweckmäßigkeit der Berechnung von statistischen Reichweiten und Ressourcenreichweiten.*

ONLINE-Link
Rohstoffe
29110X-0309

7 *Kupfermine El Teniente/Chile*

10 *Lage der Kupfermine El Teniente/Chile*

Rohstoffe als Wirtschaftsgüter – Das Beispiel Kupferförderung in El Teniente/Chile

8 **Verwendung von Kupfer**

Kupfer wird überwiegend als Raffinadekupfer verbraucht, welches aus Erzen und Schrott erzeugt wird. Wegen seiner guten Leitfähigkeit wird Kupfer in der Elektrotechnik verwendet, aufgrund seiner Korrosionsbeständigkeit aber auch in der Bauwirtschaft, dem Maschinenbau und in der Automobilindustrie (...). 2001 betrug der Anteil des Bauwesens am weltweiten Verbrauch 48 %, der Elektrotechnik 17 %, des Maschinenbaus 16 %, während das Verkehrswesen lediglich einen Anteil von 7 % hatte. Die Verwendung von Kupfer hat in Deutschland in der Elektronik und Elektrotechnik stark zugenommen. Der Anteil dieses Bereichs lag 2004 bei 32 %. Die Anteile des Maschinenbaus und des Bauwesens sind hingegen gefallen.

Nach RWI Essen et al. 2007: Trends der Angebots- und Nachfragesituation bei mineralischen Rohstoffen, S. 107; unter www.rwi-essen.de

Codelco:
Förderung Kupfer 2003: 1,67 Mio. t
Anteil an Weltförderung Kupfer 2003: 12,2 %
Rangstellung Welt: 1

9 **Staatliche Kupferförderung in Chile**

Die Mine El Teniente ist Teil von Codelco, dem weltweit größten Kupferkonzern mit einem Umsatz von zuletzt 8,2 Mrd. Dollar. Und Codelco hat nur einen Aktionär: Der Konzern ist Staatsbetrieb. Im vergangenen Jahr holte Codelco rund 1,9 Mio. Tonnen Feinkupfer aus den Bergen und lieferte damit rund 13 % des globalen Kupferangebots. Die historische Arbeitersiedlung auf dem Gelände von El Teniente liegt 2 700 Meter über dem Meeresspiegel am Berghang. Sewell heißt die Siedlung noch heute, benannt nach Barton Sewell, dem ersten Präsidenten der Braden Copper Company, wie El Teniente damals hieß. (...) Erst die Nationalisierung der Mine im Jahr 1971 unter dem sozialistischen Präsidenten Salvador Allende beendete das alte Leben. Die Braden Copper Company wurde in das neue staatliche Kupferunternehmen Codelco eingegliedert: (...) Mit der Verstaatlichung der größten Kupfermine des Landes und der Entstehung von Codelco wurde das Metall zur wichtigsten Einnahmequelle Chiles. Codelco lieferte im vergangenen Jahr nicht weniger als 3,3 Mrd. Dollar beim chilenischen Staat ab. Das sind etwa 15 % seiner Einnahmen. Das Geld stammt nicht alleine aus dem Kupferabbau, sondern auch aus der Verarbeitung. Aus dem Großteil der Codelco-Minen werden Kupferkathoden geschmolzen, die dann nach Asien, Europa oder in die USA verkauft werden. (...) Etwa ein Fünftel seiner Produktion verkauft Codelco als Konzentrat zur Verarbeitung an internationale Kupferhütten. (...)

Nach Anne Grüttner: Wohlstand aus der Grube. In: DIE ZEIT Nr. 39, 22. September 2005, unter www.zeit.de

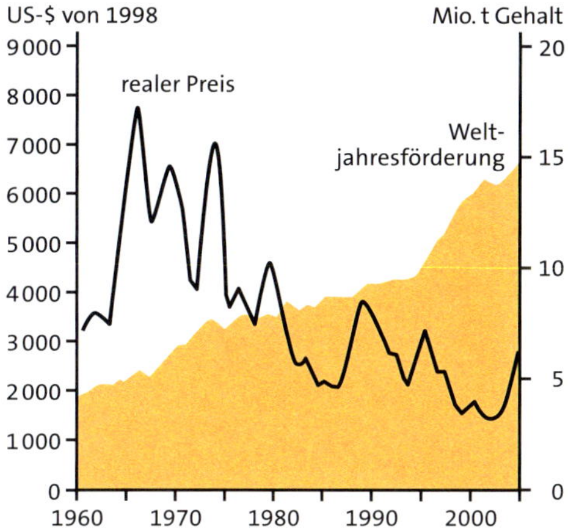

11 ***Reale Erzpreise pro t Kupfergehalt 1960–2005 (US-$)***

Nach Bundesanstalt für Geowissenschaften und Rohstoffe 2005

12 **Nachfrageboom**

Immer schneller und maschineller, so lässt sich die Entwicklung des Kupferbergbaus beschreiben. Das gilt heute mehr denn je, seit der Weltmarktpreis für die Tonne Feinkupfer in die Höhe geschossen ist und Mitte September [2005] an der Londoner Metallbörse den Preis von 3 710 Dollar je Tonne erreichte. (...) Schon ist die Rede von einem neuen „Superzyklus“, einem Preishoch über viele Jahre, wie es die Branche zuletzt von Mitte der fünfziger bis Anfang der siebziger Jahre im Zuge des weltweiten Wiederaufbaus nach dem Zweiten Weltkrieg und der japanischen Industrialisierung erlebte.

Getrieben wird die Nachfrage derzeit vor allem von China – wie in anderen Rohstoffmärkten auch. Das Reich der Mitte hat seinen Kupferkonsum in den vergangenen fünf Jahren verdoppelt. 2004 brauchte China insgesamt 3,6 Millionen Tonnen Kupfer – und stand damit für gut ein Fünftel der weltweiten Nachfrage. (...) Die Chinesen benötigen das rote Metall für Kühlschränke, Klimaanlagen, Häuser und Autos. (...) Von daher sei „die Kontrolle über Kupfer für das Wachstum der asiatischen Volkswirtschaften von strategischer Bedeutung“, sagt Claudio Gambogi, Chef von APC Consulting SA, einem italienischen Handelshaus für Rohstoffe.

Nach Anne Grüttner: Wohlstand aus der Grube. In: DIE ZEIT Nr. 39, 22. September 2005, unter www.zeit.de

13 **Führende Kupfererzförderländer 1985–2005 (Mio. t)**

	1985	1995	2005	Anteil an Weltförderung 2005 (%)
Chile	1,36	2,49	5,40	35,9
USA	1,10	1,85	1,21	8,0
Australien	0,26	0,38	1,11	7,4
Peru	0,40	0,48	1,02	6,8
Indonesien	0,09	0,34	1,00	6,6
China	0,24	0,45	0,70	4,7
Welt	8,54	10,07	15,05	100,0

Nach RWI Essen et al. 2007, S. 112

14 **Raffinadekupferverbrauch weltweit 1985–2005 (Mio. t)**

	1985	1995	2005	Anteil an Weltverbrauch 2005 (%)
China	0,44	1,13	3,67	21,9
USA	2,14	2,52	2,23	13,3
Japan	1,23	1,41	1,19	7,1
Deutschland	0,91	1,07	1,02	6,1
Südkorea	0,21	0,54	0,88	5,3
Welt	9,78	12,08	16,74	100,0

Nach RWI Essen et al. 2007, S. 109

15 **China als Akteur auf dem Weltkupfermarkt**

Um sich den Nachschub zu sichern, kauft der chinesische Staat Beteiligungen bei großen Minen oder geht Joint Venture ein wie mit Codelco. (...) Außerdem kaufen chinesische Konzerne in großen Mengen Kupferschrott in Europa und den USA auf, und die Verarbeitungsindustrie im Reich der Mitte wird mit Subventionen und billigen Krediten gepäppelt. Die Konkurrenz der Chinesen macht sich vor allem im traditionellen Geschäft mit der Bauindustrie bemerkbar, im Dachkupfer oder Röhrenkupfer. Die Verarbeiter aus den entwickelten Ländern wie die Norddeutsche Affinerie müssen sich deshalb auf solche Marktsegmente konzentrieren, die ein besonders hochwertiges Kupfer benötigen, wie die Automobil- oder Computerindustrie.

Nach Anne Grüttner: Wohlstand aus der Grube. In: DIE ZEIT Nr. 39, 22. September 2005, unter www.zeit.de

3 *Erläutern Sie die Entwicklung der Kupferförderung und des Kupferverbrauchs weltweit.*

4 *Nennen Sie mithilfe von Text 9 Ursachen für die Verstaatlichung der Kupferförderung in Chile.*

Kupferimportquellen für in Deutschland verarbeitetes Kupfererz 2004 *(1 000 t);*

		Anteil (%)
Chile	*470,3*	*41,2*
Peru	*161,1*	*14,1*
Argentinien	*156,4*	*13,7*
Portugal	*103,1*	*9,0*
Papua/Neuguinea	*95,0*	*8,3*
Indonesien	*37,3*	*3,3*
Insgesamt	*1 141,8*	*100*

Nach BGR 2005

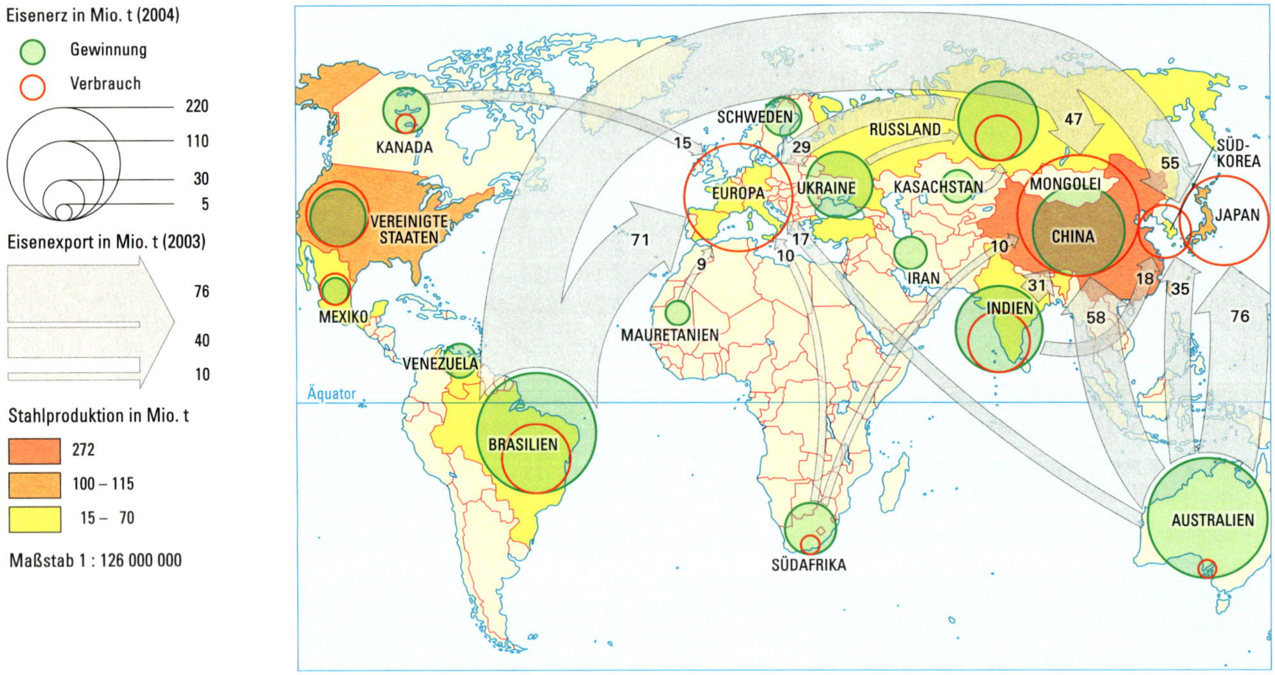

16 ***Eisenerzförderung und -verarbeitung weltweit***

Nach Atlas der Globalisierung.taz Verlag, Berlin 2006, S. 28

Die Zukunft: Ära der teuren Rohstoffe?

17 **Verwendung von Eisenerz**

Eisenerz wird nahezu ausschließlich zur Stahlerzeugung eingesetzt, nur noch geringe Mengen werden zur Gusseisenproduktion verwendet. Stahl erlebte nach einer Phase mäßigen Wachstums oder gar Stagnation, welche mit der ersten Erdölkrise Mitte der 1970er-Jahre begann, spätestens seit dem Beginn des neuen Jahrtausends eine weltweite Renaissance. Das seither zu beobachtende weltweite Nachfragewachstum weist Steigerungsraten auf, die jene während der Wiederaufbauphase nach dem 2. Weltkrieg in den Schatten stellen. Gleichzeitig muss mit einem weiterhin steigenden Stahlbedarf gerechnet werden. (...) Befürchtungen hinsichtlich einer potenziellen Erschöpfung der weltweiten Eisenerzvorkommen sind indessen nicht angebracht. (...) Eisenerz wird ebenso wie Aluminium häufig als praktisch unerschöpflich bezeichnet.

Nach RWI Essen et al. 2007: Trends der Angebots- und Nachfragesituation bei mineralischen Rohstoffen, S. 75 f.; unter www.rwi-essen.de

18 **Neue weltwirtschaftliche Arbeitsteilung?**

Rettung ist nicht in Sicht. Im Gegenteil. Nach Auffassung von Experten haben die jüngsten Preissprünge eine neue Phase der weltwirtschaftlichen Arbeitsteilung eingeläutet: die Ära teurer Rohstoffe. Vorbei die Zeiten, da sich das reiche Fünftel der Weltbevölkerung ungestört und zu real sinkenden Preisen mit Rohstoffen eindecken konnte – von einzelnen Ausreißern abgesehen. [Neben China haben sich] Brasilien, Russland und Indien aufgemacht, Anschluss an die ökonomischen Supermächte zu finden. (...) Und bei ihrer Aufholjagd [werden sie], wie einst England, Deutschland und Amerika während deren Industrialisierung, einen immensen Rohstoffhunger entwickeln. (...) China verfügt zwar über viele Bodenschätze, aber die Förderung ist teuer, und es fehlt die modernste Verarbeitungstechnologie. (...) Tatsächlich werden

19 **Auswirkungen auf Deutschland**

Friedhelm Sträter, Inhaber einer Stanzerei in Solingen, beschäftigt 200 Leute mit dem Herstellen von unscheinbaren, aber wichtigen Metallteilen für die Kfz-Branche: Halterungen für Motoren oder Auspuffanlagen zum Beispiel. Dafür braucht er Stahl, den er seit ein paar Wochen kaum noch beschaffen kann. „Wild durcheinander" kauft Sträter nun Stahl, wo immer er ihn ergattern kann – zu Preisen, die sich seit einem halben Jahr in Einzelfällen fast verdoppelt haben (...). „Wenn das so bleibt", schwant Sträter, „ wird demnächst das erste Band in der Autoindustrie stillstehen" – weil Zulieferer wie er mangels Material nicht pünktlich liefern können. Oder weil sie in die Pleite gehen.

Nach Georg Blume und Fritz Vorholz: Gier nach Erz und Öl. In: DIE ZEIT Nr. 22, 19. Mai 2004, unter www.zeit.de

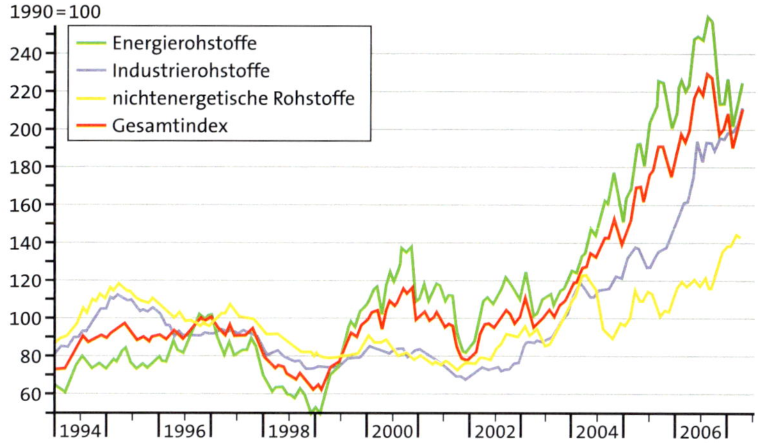

20 ***Entwicklung der Rohstoffpreise an den internationalen Warenbörsen 1994–2007***

Nach Fischer Weltalmanach, Frankfurt am Main: Fischer Taschenbuchverlag, verschiedene Jahrgänge

21 **Globale Nachfrage nach Stahl 1985/2004 (Mio. t)**

	1985	2004	Anteil 2004 (%)
China	69 470	302 200	29,9
USA	103 450	123 803	11,4
Japan	73 377	80 500	7,4
Südkorea	11 313	47 500	4,4
Deutschland	30 824	38 721	3,6
Indien	14 400	38 300	3,5
Russland	k. A.	37 176	3,4
Welt insgesamt	716 960	1 084 109	100,0

Bundesanstalt für Geowissenschaften und Rohstoffe 2005

Stahl verarbeitende Sektoren in der EU 2005;

	Mio. t	*Anteil*
Bauwesen	*54,5*	*33 %*
Automobilindustrie	*29,7*	*18 %*
Maschinenbau	*21,5*	*13 %*
Rohre	*21,5*	*13 %*
Metallwaren	*21,5*	*13 %*
Übrige	*16,5*	*10 %*
Insgesamt	*165,0*	*100 %*

Nach RWI Essen et al. 2007: Trends der Angebots- und Nachfragesituation bei mineralischen Rohstoffen, S. 133; unter: www.rwi-essen.de

schon heute 60 Prozent des chinesischen Stahlverbrauchs von der Bau- und Autoindustrie aufgefressen. In den nächsten 10 bis 15 Jahren aber wollen mehr als 200 Millionen Chinesen vom Land in die Städte umsiedeln, wo sie erst eine Wohnung brauchen und später ein Auto wollen. (...) Für Shen Minggao vom China-Zentrum für Wirtschaftsforschung der Peking-Universität ist es „ganz selbstverständlich" und eine Frage der Gerechtigkeit, dass sein Land jetzt größere Weltmarktanteile von Stahl und anderen Rohstoffen beansprucht. „China und der Westen müssen hierüber zu einem strategischen Einverständnis finden", fordert Shen. „Die Industrien wandern von Westen hierher." Damit sei eine „gewaltige Umverteilung" der Ressourcen verbunden.

Nach Georg Blume und Fritz Vorholz: Gier nach Erz und Öl. In: DIE ZEIT Nr. 22, 19. Mai 2004, unter www.zeit.de

5 *Vergleichen Sie für die Situation am Beginn des 21. Jahrhunderts Europa und China hinsichtlich:*
   - *der Eigengewinnung und des Verbrauchs an Eisen,*
   - *der Stahlproduktion,*
   - *der Lieferländer von Eisen sowie*
   - *des Anteils am Welteisenexport.*

6 *Erstellen Sie eine begründete Prognose zum globalen Rohstoffbedarf am Beispiel von Eisenerz/Stahl.*

7 *Erörtern Sie Folgen künftig steigender Rohstoffpreise aus der Perspektive Europas und Chinas.*

8 *Die Rohstoffpreise gelten als „Fieberkurve der Weltwirtschaft". Überprüfen Sie diese Aussage.*

Topographische Karten interpretieren

Topographische Karten dienen der allgemeinen Orientierung. Sie stellen deshalb Landschaftselemente wie Geländeformen, Gewässer, Vegetation, Siedlungen und Verkehrswege dar. Darüber hinaus geben sie eine Reihe sonstiger Erscheinungen, die einen Raum prägen und sich in der Regel nicht kurzfristig ändern, relativ genau wieder.

Die Informationsdichte einer Topographischen Karte hängt entscheidend vom Maßstab ab. Das amtliche deutsche Kartenwerk unterscheidet:
- die Deutsche Grundkarte (1 : 5000),
- die Topographischen Karten im eigentlichen Sinne 1 : 25 000, 1 : 50 000 und 1 : 100 000,
- die Topographische Übersichtskarte 1 : 200 000

Themengeleitete Karteninterpretation

In der Schule wird in der Regel keine Komplexanalyse verlangt, also keine Beschreibung und Deutung aller in einer Topographischen Karte dargestellten Geofaktoren, die das räumliche Gefüge und die räumliche Differenzierung einer Landschaft integrierend erklärt. Da hierfür umfangreiche Kenntnisse aller Zweige der Geographie, vor allem die der systematischen Allgemeinen Geographie nötig sind, bleibt dies zumeist dem Hochschulstudium vorbehalten.

In der Oberstufe geht es vor allem darum, einzelne Themen in den Vordergrund der Betrachtung zu rücken. Einzelne Inhaltselemente der Karte sind unter einer bestimmten/begrenzten Fragestellung zu beschreiben und zu erklären. Beispiel: Untersuchung des Reliefs, des Siedlungsgefüges, des Verkehrsnetzes. Aber auch hier darf sich die Auswertung nicht auf eine Beschreibung der Einzelelemente beschränken. Es gilt vielmehr, die Beziehungen der Einzelelemente untereinander aufzudecken. Denn nur so lassen sie sich in ihrer räumlichen Anordnung erklären und nur so ist es möglich, ursächliche Zusammenhänge aufzuzeigen.

Interpretationsschritte

1. Schritt: Formales/Orientierung
- *Was stellt die Karte dar?*
- *Wo liegt der dargestellte Raum?*
- *Welchen Maßstab hat die Karte?*
- *Wie groß ist der Raumausschnitt?*
- *Woher stammt die Karte (Quellenangabe)?*
- *Wann wurde die Karte aufgenommen?*
- *Wann erfolgte die letzte Berichtigung?*

2. Schritt: Beschreibung

Hier bieten sich zwei Möglichkeiten an:

a) Fensterprinzip: Gliederung in deutlich unterscheidbare Teilräume und deren Beschreibung (Beispiel: Tieflandebene oder Mittelgebirge),

b) Schichtenprinzip: Beschreibung des gesamten Kartenausschnitts gegliedert nach Geofaktoren bzw. Landschaftselementen mit anschließender Zusammenschau.

Leitfragen:
- *Welches sind die dominanten Geofaktoren?*
- *Sind auffällige Raumstrukturen erkennbar?*
- *Sind Entwicklungsprozesse festzustellen?*

Teilfragen für Detailuntersuchungen:

Beispiel Relief:
- *höchsten und niedrigsten Punkt suchen,*
- *Verlauf und Abstand der Höhenlinien feststellen,*
- *Geländeformen beschreiben,*
- *Dichte und Fließrichtung der Gewässer feststellen.*

Beispiel Bodennutzung:
- *Art und Verbreitung der Vegetation beschreiben,*
- *Verteilung von Ackerflächen, Wiesen, Sonderkulturen und Wald bestimmen*

Beispiel Ressourcenausstattung/-nutzung:
- *Vorkommen von Bergwerken, Tagebauen, Verarbeitungsanlagen und entsprechenden Infrastruktureinrichtungen bestimmen.*

3. Schritt: Erklärung
- *Welche kausalen und funktionalen Zusammenhänge werden in der Karte sichtbar?*
- *Welche Erklärungsansätze stecken in Namen und sonstigen Beschriftungen?*

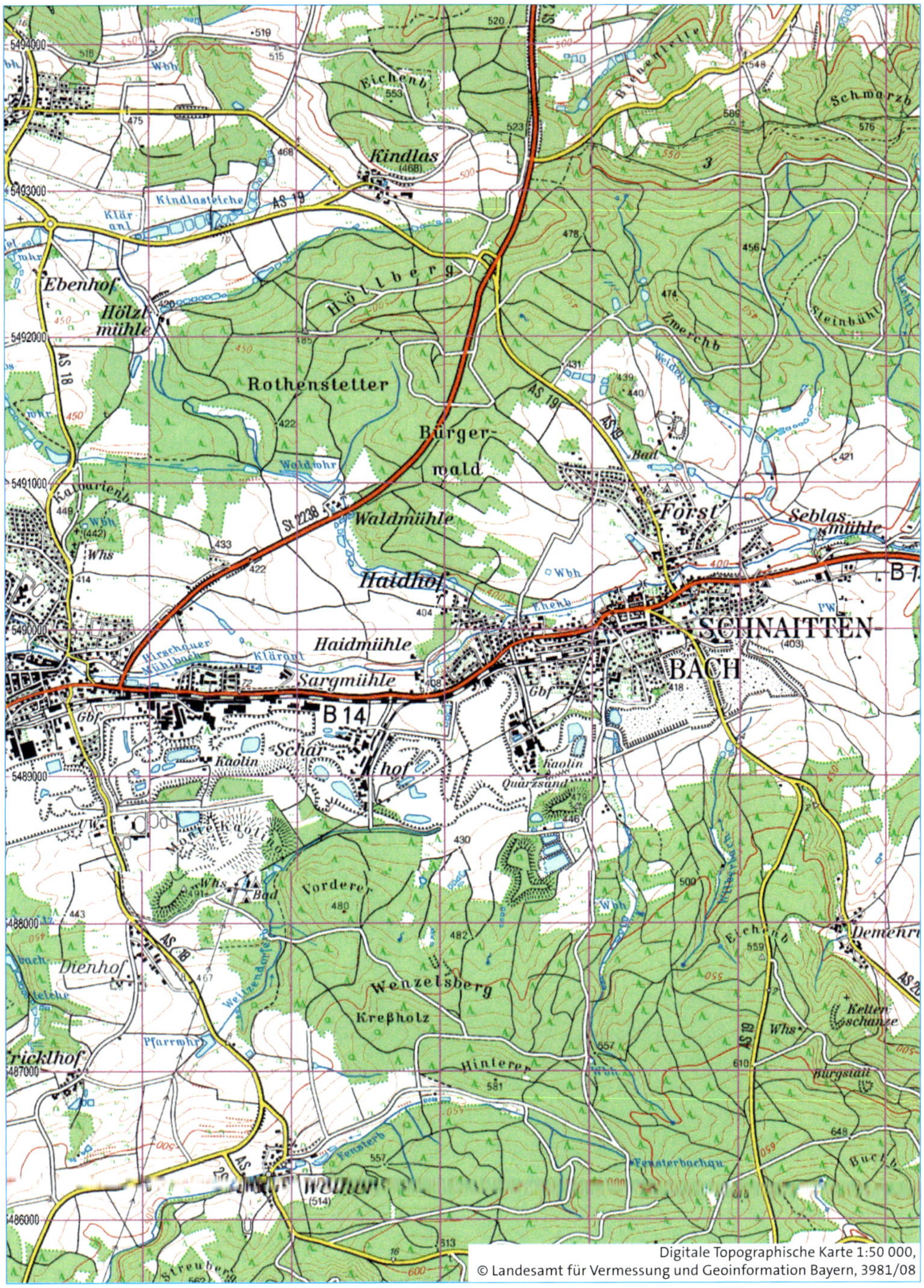

Bodenbedeckung
- Mischwald
- Nadelwald
- Wiese

Einzelobjekte
- Kirche, Kapelle
- Steinkreuz, Denkmal
- Wassermühle
- Campingplatz
- Sportplatz
- Trigonometrischer Punkt
- Halde
- Tagebau

Verkehr
- Eisenbahn mit Bahnhof
- Bundesstraße
- Hauptstraße
- Landstraße
- befestigter Fahrweg
- Feldweg

Maßstab 1 : 50000
0 1 km

22 ***Ausschnitt der Topographischen Karte 1:50000, Blätter L6538/L6536***

Beispiel für eine themengeleitete Interpretationsaufgabe

9 *Interpretieren Sie den Ausschnitt der Topographischen Karte 1:50000 unter folgenden thematischen Aspekten:*

- *Gliederung nach Höhenlage, Oberflächengestalt, Vegetationsbedeckung,*
- *Beschreibung und Erklärung der Ressourcenausstattung und -nutzung.*

3.5 Weltenergieverbrauch und -distribution

Belle-Plagne (Savoyen): hell erleuchtetes Feriendorf im Schnee

1 ***Tel Harin (Syrien): Frau bäckt Fladenbrot in einem Lehmofen***

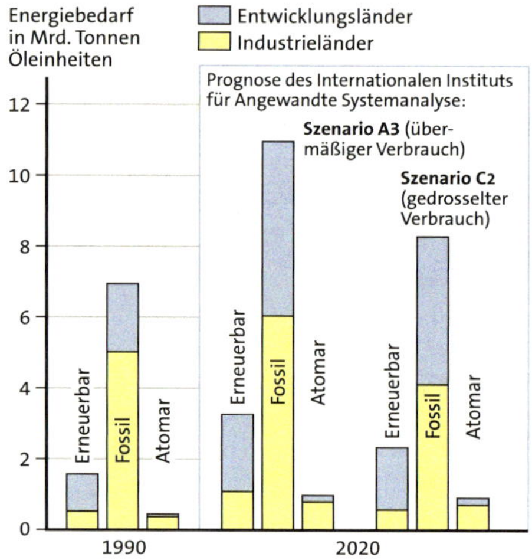

3 ***Energiemix der Zukunft***

Nach Atlas der Globalisierung. taz Verlag, Berlin 2006, S. 20

Zukunft ohne Energie – Energie ohne Zukunft?

2 **Vom Ursprung der Energie**

Energie ist die Fähigkeit eines Systems, Arbeit zu verrichten, so die physikalische Definition. Streng genommen kann sie weder erzeugt noch verbraucht werden. Sie kann nur von einer Form in eine andere umgewandelt werden (Energieerhaltungssatz). (...) Fünf Energieformen lassen sich unterscheiden: elektrische, mechanische, thermische, chemische und Kernenergie. (...) Ursprung aller Energie auf der Erde sind vier Phänomene: die Kernfusion in der Sonne, der Zerfall radioaktiver Elemente, die Entstehungshitze der Erde und die Gravitation der Himmelskörper. Die Kernfusion in der Sonne ist die wichtigste Energiequelle für uns. Durch das Verschmelzen von Wasserstoffkernen entsteht Energie, die als Sonnenstrahlung die Erde erreicht. Pflanzen machen daraus in der Fotosynthese Biomasse. Zerfällt diese unter Luftabschluss, entstehen **fossile Energieträger** wie Kohle, Erdöl und Erdgas. Thermische Solarkraftwerke und Photovoltaikanlagen wandeln Sonnenenergie in elektrische Energie um. Weil die Sonnenstrahlung die Erde ungleichmäßig erwärmt, bilden sich Atmosphärenbewegungen und Meeresströmungen, die man mit Windrädern, Wellen- und Strömungskraftwerken nutzen kann. Auch die Verdunstung von Wasser wird durch die Sonnenstrahlung verursacht, Niederschlag fällt, es bilden sich Flüsse; in Wasserkraftwerken treiben sie Turbinen an.
Der radioaktive Zerfall von Uran, Thorium und Kalium in der Erdkruste setzt thermische Energie frei. Etwa 60 Prozent der Erdwärme entstehen auf diese Weise. In Kernkraftwerken wird die Hitze einer radioaktiven Kettenreaktion genutzt, um Dampf zu erzeugen.
Die Entstehungshitze der Erde sorgt für rund 40 Prozent der Erdwärme. Vor etwa 4,6 Milliarden Jahren entstand der Planet durch die Zusammenballung von Materie, die sich dabei stark erhitzte. Die Gesteine, die sich während der Abkühlung bildeten, leiten die Wärme aus dem Erdinneren nur langsam ab. Deshalb ist sie zum Teil bis heute erhalten. Nutzbar ist sie nur dort, wo Anomalien wie Heißwasservorkommen und oberflächennahe, heiße Gesteinsschichten auftreten.
Die Gravitation der Himmelskörper lässt Ebbe und Flut auf der Erde entstehen. In Gezeitenkraftwerken wird versucht, deren Energie zu nutzen.

Nach Stefanie Schramm: Vom Ursprung der Energie. In: DIE ZEIT Nr. 47, 15. November 2007, unter www.zeit.de

ONLINE-Link
Energie
29110X-0310

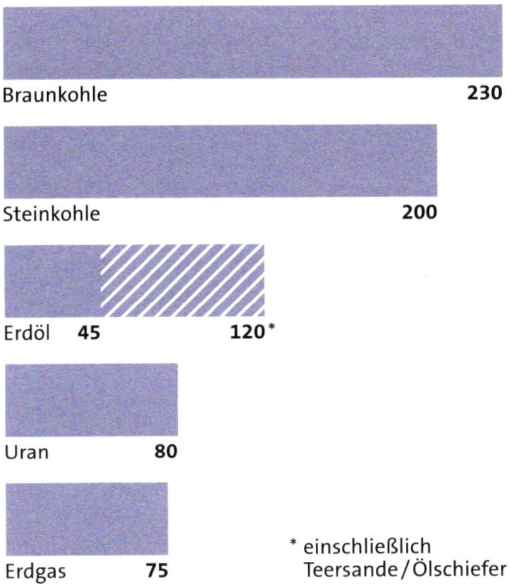

4 ***Statistische Lebensdauer einzelner Energieträger in Jahren auf der Grundlage des aktuellen Fördervolumens***

Nach Fischer Weltalmanach 2008, S. 656

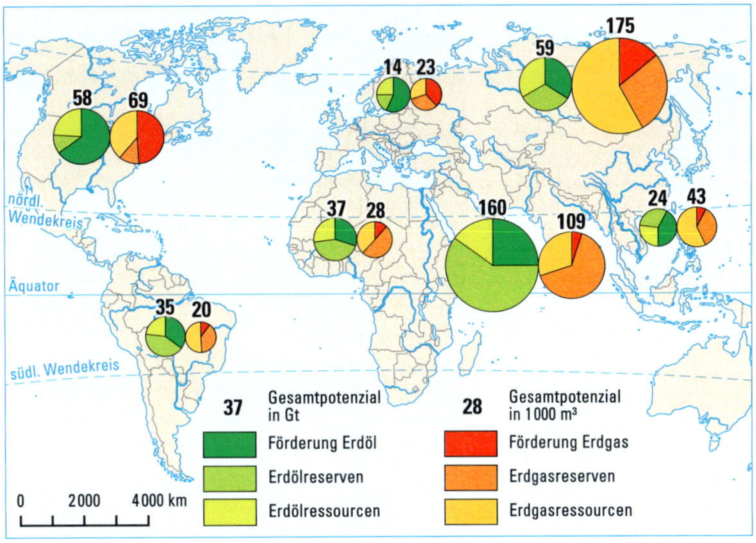

5 ***Gesamtpotenzial von konventionellem Erdöl und Erdgas 2005***

Nach Hilmar Rempel: Globale Verfügbarkeit nichterneuerbarer Energierohstoffe, GR 1/2008, S. 24 u. 26

Nichterneuerbare und erneuerbare Energierohstoffe

Nichterneuerbare Energierohstoffe werden nach Prognose verschiedener Studien auch in absehbarer Zeit den Hauptanteil an der globalen Energieversorgung ausmachen, trotz wachsender Anteile erneuerbarer Energieträger wie Sonne, Wind, Wasser und Biomasse. Nichterneuerbare Energierohstoffe sind die fossilen Rohstoffe Kohle, Erdöl und Erdgas, wobei die letzten beiden in konventioneller und nichtkonventioneller Form vorliegen. Unter nichtkonventionellem Erdöl versteht man vor allem Ölsande und Ölschiefer, nichtkonventionelles Erdgas umfasst z. B. Kohle-Flözgas und Gashydrate.

Künftige Versorgungssicherheit

Bei der Frage nach der künftigen Versorgungssicherheit mit Energie spielt neben dem Reserven- und Ressourcenumfang auch die globale räumliche Verteilung der Lagerstätten eine entscheidende Rolle. Hauptförder- und Hauptverbrauchsregionen sind nicht identisch. Erdöl- und Erdgasvorkommen zeichnen sich durch eine besonders ungleichmäßige globale Verteilung aus. Auch die gesamten Uranvorkommen konzentrieren sich auf zehn Länder, allein Australien hat einen Anteil von 36 % inne. Hieraus resultieren nicht nur die globalen Haupthandelsströme für Energierohstoffe, sondern grundlegende energiepolitische Strategien im Umgang mit Energierohstoffen.

1 *Beschreiben Sie in arbeitsteiliger Gruppenarbeit die weltweite Verbreitung der Hauptförderstätten und -handelsströme von Erdöl, Erdgas, Stein- und Braunkohle (Atlas, Karte 5).*

2 *Arbeiten Sie aus Grafik 3 die Hauptaussagen zu dem Energiemix der Zukunft heraus.*

3 *Erörtern Sie die Möglichkeiten und Probleme der zukünftigen Energieversorgung Deutschlands.*

Gesamtpotenzial
Darunter versteht man die Gesamtheit von Reserven, Ressourcen und der Summe schon getätigter Förderung.

OPEC *(Organization of Petroleum Exporting Countries): Zusammenschluss Erdöl exportierender Länder, 1960 in Wien mit dem Ziel gegründet, sich gegen Preisverfall und Minderung ihrer Einnahmen aus den Erdölexporten abzusichern. Die Mitgliedsstaaten haben einen Anteil an den Welterdölreserven von 80 %. Mitglieder (Stand 2007) sind die Staaten Iran, Irak, Saudi-Arabien, Kuwait, Venezuela, Algerien, Angola, Libyen, Nigeria, Katar, Vereinigte Arabische Emirate und Indonesien. Russland als zweitgrößter Erdölproduzent der Welt ist kein Mitglied der OPEC.*

6 *Erdölförderung in Westsibirien*

Energiepolitik mit Erdöl

bpd
barrel per day
1 Barrel = 159 Liter
7,3 Barrel = 1 Tonne Erdöl
(bei einer Dichte von
0,862 t/m³)

Russland – Global Player der Erdölwirtschaft
Ausschlaggebende Faktoren für die Rolle Russlands als einem der Hauptakteure der globalen Erdölwirtschaft sind die geographische Lage zu den Abnehmerstaaten und die weltweite Nachfragesituation nach Erdöl.
Ein Blick auf die räumliche Verteilung wichtiger Erdölimportländer offenbart die Lagegunst Russlands. Mit Europa und Ostasien grenzen an den weltweit zweitgrößten Erdölproduzenten Russland gleich zwei ressourcenarme Großräume mit hohem Nachfragepotenzial, die aufgrund der zusammenhängenden Kontinentalmasse Eurasiens kostengünstig über Pipelines versorgt werden können. Erfolgte die Belieferung europäischer Regionen, insbesondere der ostmitteleuropäischen Länder des ehemaligen Ostblocks, schon seit den 1970er-Jahren, so richtet sich das Augenmerk russischer Erdölexporte in jüngster Zeit verstärkt auf Ostasien, parallel zum rasanten Wirtschaftsaufschwung Chinas und dem damit verbundenen hohen Energiebedarf. Die jüngsten Pipelineprojekte stehen daher im Zusammenhang mit der Erschließung ostasiatischer Märkte.

Lage der russischen Erdölfelder
Ausgehend von der Erdölgewinnung an der Küste des Kaspischen Meeres bei Baku in vor- und frühsowjetischer Zeit verlagerte sich der räumliche Schwerpunkt der Förderung in Russland seit der Nachkriegszeit über die Wolga-Ural-Region nach Westsibirien. Westsibirien, bis heute das Zentrum der russischen Förderung, weist jedoch strukturelle Nachteile gegenüber anderen Förderregionen auf (siehe Text 9).

7 **Erdölreserven, -förderung und -export in Russland**

	2000	2002	2004	2005	2008 (Prog.)
Reserven/Mrd. t			9,9[1]		
Förderung/Mio. t	324	380	459[2]	470	500
Förderung/ Mio. bpd	6,5			9,43	
Export/Mio. t	145	188	254	251	
Anteil des Exports an Ges.förd./%	44,8	49,5	55,4	53,4	

[1] entspricht 6,1 % Anteil an Welterdölreserven
[2] entspricht 11,9 % der Weltförderung
BP Statistical Review of World Energie 2005

8 LUKOIL: Reserven und Produktionsleistung der Lagerstätten 2006 (in Mio. Barrel)

	Reserven	Produktion
Gesamt	15 927	703
Russland	15 319	661,1
davon: Westsibirien	8 574	441,2
Uralregion	2 112	80,6
Wolgaregion	697	23,7
Timan-Petschora	3 469	100,4
sonstige	110	15,2
Außerrussische Gebiete	608	41,9

LUKOIL 2008, unter www.lukoil.com

10 LUKOIL: Entwicklung der Erdölreserven (in Mio. Barrel)

	2002	2004	2006
Reserven zu Jahresbeginn	14 576	15 977	16 114
Vergrößerung/Neuentdeckung von Feldern	308	624	551
Produktion	(564)	(635)	(703)
Kauf/Verkauf von Reserven	29	(4)	216
Reserven am Jahresende	15 258	15 972	15 927
Verhältnis Reserven zu Förderung (in Jahren)	27	25,2	22,7

( ) Reduktion der Reserven
LUKOIL 2008, unter www.lukoil.com

9 Förderbedingungen in Westsibirien

Erste Erdölfunde in Schaim 1960 lösten intensive Explorationen im Bereich des mittleren Ob-Abschnitts aus. 1961 wurden die Lagerstätten Megian und Ust-Balyk westlich von Surgut, vier Jahre später das größte Erdölfeld bei Samotlar entdeckt. In den 1970er- und 1980er-Jahren konzentrierte sich die Suche vor allem auf die nördliche Region des westsibirischen Tieflandes. Einschließlich des arktischen Schelfs an der Nordküste und den Halbinseln Jamal und Gydan galten im westsibirischen Tiefland ca. 2 Mio. km² als erdgas- und erdölhöffig. Hinzu kamen die günstigen geologischen Lagerverhältnisse. Die durchschnittliche Lagertiefe des Erdöls betrug in den 1980er Jahren 2 800 Meter. Die gute bis sehr gute Qualität des dortigen Erdöls beruht u.a. auf dem geringen Schwefelgehalt (...). Zwar sind die natürlichen Verhältnisse in den Erdölfördergebieten Westsibiriens nicht ganz so extrem wie in den nördlicher gelegenen Erdgasförderregionen, (...) negativ wirkt sich u.a. jedoch der hohe Versumpfungsgrad aus. Ohne künstlich aufgeschüttete Sandflächen mit aufgelegten Betonplatten bzw. in den Untergrund eingerammte Betonpfähle hätte kein ausreichender Baugrund für jegliche Industrie- und Infrastruktureinrichtungen bestanden (...). Sinkende Förderleistungen der einzelnen Bohrlöcher und Ölverluste durch Pipelinebruch infolge Bodenabsenkungen trugen am Ende der 1980er-Jahre zu den stagnierenden Fördermengen des westsibirischen Reviers bei.

Paul Lindner: Erdölwirtschaft in den Nachfolgestaaten der Sowjetunion. In: Geographie und Schule, 25. Jahrgang, Heft 146, S. 10–22, Dezember 2003

11 Erdölförderung im 21. Jahrhundert

Der steile Anstieg der Fördermenge seit dem Jahr 2000 ist vor allem eine Folge des Einsatzes verbesserter Technologie in bereits produzierenden Feldern und nicht auf neu erschlossene Ölfelder zurückzuführen. (...) Bezogen auf die für 2020 prognostizierte Erdölförderung lassen sich drei Lager unterscheiden: Die „Skeptiker" sehen einen Rückgang der russischen Ölförderung auf 5 bis 9 Mio. bpd voraus. Die „vorsichtigen Optimisten" erwarten, dass sich die russische Ölförderung bei rund 10 bis 11 Mio. bpd stabilisieren wird. Die „Optimisten" halten einen Anstieg auf 12 Mio. bpd und darüber hinaus für möglich. [Laut] Sibneft wird die Ölförderung in Westsibirien zwischen 2010 und 2020 nachlassen, der Rückgang kann aber vorübergehend durch eine Zunahme in Ostsibirien* und an arktischen Offshore-Feldern ausgeglichen werden. (...)

**Sachalin 1–5, davon fördert Sachalin 1 seit Oktober 2005*

Bundesagentur für Außenwirtschaft (bfai): Länder und Märkte: Russische Föderation – Energiewirtschaft 2006. Erdöl. unter www.bfai.de

4 *Beschreiben Sie die Lage der russischen Erdölfördergebiete und deren Anteil bei Reserven und Produktion (Atlas, Tabelle 8).*

5 *Arbeiten Sie aus der Tabelle 7 erkennbare Trends heraus.*

6 *Erläutern Sie am Beispiel des russischen Ölkonzerns LUKOIL die Problematik der Erdölreserven in Russland (Tabellen 8 und 10).*

7 *Charakterisieren Sie die Förderbedingungen in Westsibirien, dem Zentrum der russischen Erdölförderung.*

LUKOIL

Die Gesellschaft wurde im Jahre 1991 gegründet und ist aus den Unternehmen Langepasneftegas, Uraineftegas und Kogalymneftegas hervorgegangen. Unter den Erdölproduzenten Russlands nahm LUKOIL 2006 den ersten Rangplatz ein.

Nach LUKOIL 2008, unter www.lukoil.com

Sibneft

Das Unternehmen mit Sitz in Moskau wurde 1995 gegründet. Im Jahr 2005 wurde es durch den staatlichen Erdgasproduzenten Gazprom übernommen und 2006 in Gazprom Neft umbenannt. Unter den Erdölproduzenten Russlands nahm es 2006 den fünften Rangplatz ein.

Nach Gazprom Neft 2006, unter www.gazprom-neft.com

ONLINE-Link

Erdöl: Entstehung, Gewinnung, Verarbeitung, Energiepolitik
29110X-0311

Die Exportkorridore als Faktor der Energiepolitik Russlands

(12) ***Das Baltische Pipelinesystem;*** *nach Transneft 2002; unter www.transneft.ru*

An der mehrere zehntausend Kilometer langen Außengrenze Russlands eignen sich nur wenige Standorte für einen ungehinderten Transport des Erdöls aus dem Lande heraus in Richtung der Hauptabsatzregionen. In den meisten Fällen unterliegen die Korridore russischen Erdöls Transporthindernissen wie dem Transit durch benachbarte Länder. Dies war schon mehrfach Anlass für politische Konflikte, bei denen es zu Lieferunterbrechungen seitens Russlands kam. Mit dem geplanten Ausbau des Pipelinesystems und der Ölterminals verfolgt die russische Erdölwirtschaft daher die Ziele:

- die Entlastung der an den Kapazitätsgrenzen arbeitenden alten Transportwege,
- die Diversifizierung der Exportrouten,
- die Reduzierung von Transitabhängigkeiten und -kosten,
- die Erhöhung der Kapazität von derzeit ca. 300 Mio. Tonnen pro Jahr auf 433 Mio. Tonnen im Jahr 2010.

(13) **Ölriese Lukoil legt sich mit Deutschland an**

Der russische Ölkonzern Lukoil hat zum zweiten Mal innerhalb eines Jahres seine Lieferungen nach Deutschland eingeschränkt. Von dem Lieferstopp ist vor allem die PCK Raffinerie GmbH im ostdeutschen Schwedt betroffen. Ein Sprecher der Anlage bestätigte, dass die Lieferungen aus Russland um 25 Prozent reduziert worden seien. Insgesamt sollte Lukoil über die Pipeline Druschba in diesem Monat rund 520 000 Tonnen Öl nach Schwedt transportieren. Aus dem Umfeld des russischen Lieferanten hieß es, Deutschland werde derzeit gar nicht mehr beliefert. (...) [Das Unternehmen] will für seine Erdölexporte nach Deutschland höhere Preise durchsetzen, begründete eine Lukoilsprecherin auf Anfrage die Einstellung der Lieferungen.

Jens Hartmann/David Schraven: Ölriese Lukoil legt sich mit Deutschland an. In: WELT ONLINE vom 22.02.2008; unter www.welt.de

(14) **Exportkorridor Ostsee**

Seit 2001 kann Russland auf das in einer ersten Stufe fertiggestellte Baltische Pipelinesystem (BPS) zurückgreifen, das am russischen Ostseehafen Primorsk/Finnischer Meerbusen endet. Primorsk ist mit seinem Ölterminal Eigentum des Staatsunternehmens Transneft. Das BPS transportiert vor allem Öl aus der Petschora-Region sowie aus Westsibirien. Bis Ende 2003 wurde die Kapazität auf 360 000 bpd erhöht. Das BPS reduziert insbesondere den russischen Transit über die baltischen Häfen Klaipeda/Memel (Litauen), Ventspils/Windau (Lettland) und Tallinn (Estland). Diese Häfen führen aber nach wie vor russische Erdölexporte durch.

Paul Lindner: Erdölwirtschaft in den Nachfolgestaaten der Sowjetunion. In: Geographie und Schule, 25. Jahrgang Dezember 2003, Heft 146, S. 10–22

Zu den jüngsten Projekten gehört die Entwicklung des Exportkorridors „Barentssee“ (siehe S. 112/113). Dieser soll unter anderem der Belieferung des US-Marktes dienen.

15 **Staatliche Erdölwirtschaft in Russland**

Der russische Markt wird von [einigen] großen Ölgesellschaften mit einer vertikal-integrierten Struktur (Förderung und Verarbeitung von Erdöl, Verkauf von Ölprodukten) dominiert, z.B. Lukoil, Rosneft, TNK-BP. (...) Während in den 1990er-Jahren Liberalisierungstendenzen zu beobachten waren, verstärkten sich zuletzt Bestrebungen des Staates zur Wiedererlangung von Einfluss im Ölsektor (...). Seit der Übernahme von Sibneft durch Gazprom [2005] sind fast 40 % der Rohölförderung unter staatlicher Kontrolle. Ausländische Firmen kommen, einschließlich des 50 %- igen Anteils von BP an TNK-BP, auf einen Anteil von knapp 10 % der Förderung. Das Ölpipelinenetz, über das auch der größte Teil der Rohölexporte (über 90 %) erfolgt, wird durch das staatliche Monopolunternehmen Transneft betrieben. Eine Öffnung des **Pipelinenetzes** für private Unternehmen als Anteilseigner ist derzeit nicht vorgesehen.

Bundesagentur für Außenwirtschaft (bfai): Exportziele russischen Erdöls 2020. Köln 2006, S. 1, 2

16 **Exportkorridor Mittelmeer/Schwarzes Meer**

Seit dem Jahr 2000 wurden Pläne verwirklicht, den südlichen Zweig der Druschba-Pipeline mit der Adria-Pipeline zwischen Ungarn und dem kroatischen Tiefwasserhafen Omisalj zu verbinden. Der erste Transport erfolgte 2002. Bis 2012 soll die Kapazität auf 300 000 bpd gesteigert werden. Vor allem zu den Exporthäfen Noworossisk (Russland) und Tuapse (Ukraine) am Schwarzen Meer ergibt sich eine Ergänzung. Zusammen mit den hier endenden Pipelines aus Tengriz (Kasachstan) und Baku (Aserbaidschan) bildet Noworossisk den Hauptexporthafen für russisches Erdöl.

Nach Paul Lindner: Erdölwirtschaft in den Nachfolgestaaten der Sowjetunion. In: Geographie und Schule, 25. Jahrgang Dezember 2003, Heft 146, S. 10–22

8 *Beschreiben Sie mithilfe von Karte 12 und dem Atlas die räumliche Struktur des russischen Pipelinenetzes und seiner Exportkorridore.*

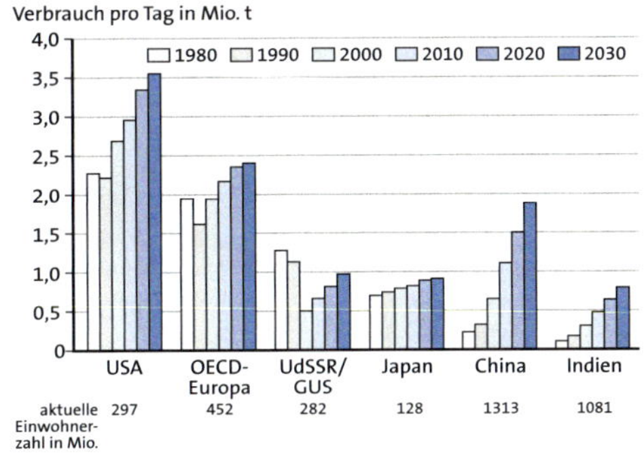

17 ***Regionaler Erdölbedarf 1980–2030***

Nach Wolfgang Hess: In: Bild der Wissenschaft, Heft 10/2005, S. 94

18 **Exportziele russischen Erdöls 2020**

Planung Erdölexporte 2020 – Zielregionen (Mio. t/Jahr)	
Europa	ca. 150–160
Asiatisch-Pazifischer Raum	ca. 100
Nordamerika	ca. 100
Exportmenge gesamt 2005	251

bfai 2006, a. a. O. S. 4

19 **Die Ostsibirien-Pazifik-Pipeline**

Baubeginn	2006
Fertigstellung des ersten Abschnitts bis Skovorodino	2008
Länge	4 188 km
Verlauf	Angarsk–Taischet–Skovorodino (Region Amur)–Nachodka (Japanisches Meer)
Kapazität	bis 80 Mio. t/Jahr
Eigentümer	Transneft

bfai 2006, a. a. O. S. 4

9 *Erläutern Sie Handlungsspielräume, die sich für die Energiepolitik Russlands aus der Struktur der Exportkorridore ergeben.*

10 *Überprüfen Sie unter Einbezug der Ergebnisse von Aufgabe 9 die Verhandlungsposition Europas im Vergleich zu China beim Import von russischem Erdöl (Diagramm 17, Tabelle 18).*

ONLINE-Link
Surftipp
29110X-0312

20 ***Erdöltanker im Eismeer***

21 ***Erdöl- und Erdgasvorräte in der Barentssee***

Nach DIE ZEIT Nr. 15 vom 04.04.2007, unter www.zeit.de

Ökologische Risiken der Erdölförderung im arktischen Ökosystem

Erdöl aus dem Eismeer

Die Besorgnis erregenden Berechnungen der in absehbarer Zeit zur Neige gehenden Erdölreserven des russischen Festlandes haben Pläne vorangetrieben, die Förderung der in großem Umfang vermuteten Reserven der russischen Arktis in Angriff zu nehmen. Nach heutigem Kenntnisstand sollen hier ungefähr ein Viertel aller weltweit bekannten fossilen Energieträger lagern. In diesem Zusammenhang ist auch die Beanspruchung eines bis zum Nordpol reichenden Sektors des nordpolaren Raums durch die russische Regierung 2007 zu sehen. Im Zentrum der aktuellen Erschließungspläne stehen jedoch zunächst die Lagerstätten im Bereich des Kontinentalschelfs Russlands. Die dortigen Vorkommen werden auf 73 Bio. Kubikmeter Erdgas und 13,5 Mrd. Tonnen Erdöl geschätzt. Zwei Drittel davon entfallen allein auf die Barentssee und die Karasee. Doch für Förderung und Transport im Offshore-Bereich der polaren Klimazone fehlen bislang technische Erfahrungen. Zudem sind wesentlich umfangreichere Investitionen als bei der herkömmlichen Erdölförderung notwendig.

Beim Transport des Erdöls aus der Region Barentssee/Karasee ist man aus Kostengründen von der ursprünglichen Planung des Baus einer Pipeline zum ganzjährig eisfreien Hafen Murmansk zugunsten einer Verschiffung mit Eisbrechertankern von Warandej an der Petschorasee abgerückt. Der große Vorteil des Exportkorridors Warandej für Russland ist die Gewährleistung eines transitfreien Erdöltransports.

Ökologische Risiken

Die Havarie des Erdöltankers „Exxon Valdez" vor der Küste Alaskas 1989 offenbarte das hohe Gefährdungspotenzial arktischer Gewässer. So verzögern unter anderem die niedrigen Temperaturen die Abbauprozesse des austretenden Erdöls. Daher kann die ökologische Regenerierung der betroffenen Gebiete über Jahrzehnte andauern.

11 *Erläutern Sie unter Berücksichtigung der Ergebnisse von Aufgabe 4, S. 109 das Interesse Russlands an der Erschließung arktischer Erdölressourcen.*

12 *Diskutieren Sie das Für und Wider der Erschließung arktischer Erdölressourcen.*

22 **Klimawandel erschwert Erdöltransport im Nordpolarmeer**

(...) Wer nur darauf hofft, der Klimawandel werde die Probleme bald lösen, das eisige Nordmeer freischmelzen (...), ist auf dem falschen Dampfer. Dünnes Eis bedeutet nicht, dass die Gefahren für die Schifffahrt entsprechend abnehmen, sie verlagern sich nur. „Dickes Eis hält dem Wind länger stand, dünnes Eis hingegen bricht bei Wind leichter und türmt sich zu Eisbarrieren auf", sagt Karl-Hein Rupp, Ingenieur bei der [HSVA]. Es entstehen bis zu zwanzig Meter hohe Barrieren. Selbst für große Eisbrecher sind sie eine Herausforderung. Während sich mancherorts eisfreie Wasserflächen bilden, können die Gefahren in der Arktis bei wärmerem Klima durch Eisbewegungen sogar zunehmen. (...)

Henning Sietz: Energie aus dem Eismeer. In: DIE ZEIT Nr. 13 vom 23. 03. 2006, unter www.zeit.de

23 **Auftanken im Eis**

(...) Warandej an der Küste der Petschorasee. LUKOIL hat hier massiv in einige auf dem Land gelegene Lagerstätten des Timan-Petschora-Beckens investiert (...). Damit Tanker in den flachen, im Winter häufig von Eis geradezu belagerten Küstengewässern Öl laden können, musste eine Pipeline etwa zwanzig Kilometer in die See hinaus verlegt werden. „Das Problem sind die zehn bis zwanzig Meter starken Presseisrücken, die den Meeresgrund regelrecht durchpflügen", sagt Joachim Schwarz, ehemaliger Leiter der Eistechnik der Hamburgischen Schiffsbau-Versuchsanstalt (HSVA). Die Pipelines müssen unter den Meeresgrund verlegt oder mit einem Betontunnel geschützt werden. An bestimmten Anlegepunkten sind unter dem etwa zwanzig Meter tief gelegenen Meeresboden tonnenschwere Ladevorrichtungen vergraben, die sich akustisch orten lassen. Nachdem der 60 000 Tonnen-Tanker den Ladeschlauch vom Meeresgrund über das Heck übernommen hat, kann das Füllen beginnen. (...) 2003 lag die Ölförderung von Warandej bei 400 000 Tonnen. Ende des Jahres will man fünf Millionen Tonnen erreichen. (...)

Henning Sietz: Energie aus dem Eismeer. In: DIE ZEIT Nr. 13 vom23. 03. 2006, unter www.zeit.de

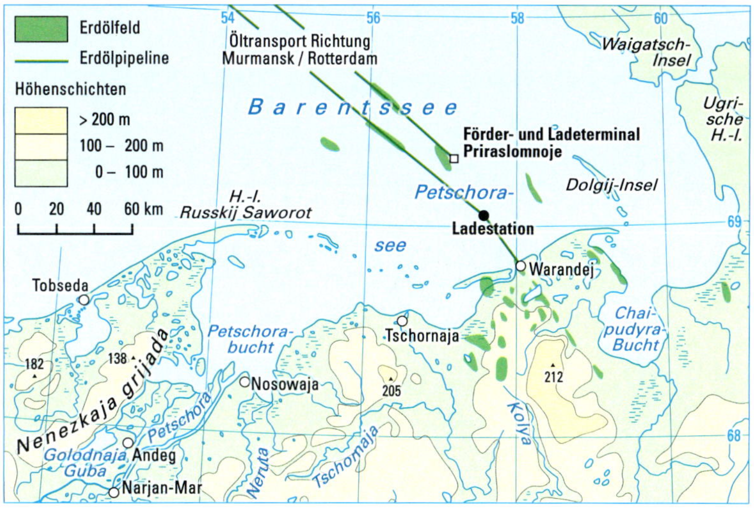

24 ***Russische Fördergebiete in der Petschorasee***

Nach DIE ZEIT Nr. 13 vom 23. 03. 2006, unter www.zeit.de

25 **Nährstoffe in der Barentssee**

Teile der Barentssee (...) gehören zu den ertragsreichsten Fischgründen der Welt. (...) Die wichtigen Nährstoffe (N, P, K, Fe u. a.) werden vorwiegend vom Meeresboden des Schelfs sowie durch bakterielle Remineralisierung aus der absinkenden Nekromasse geliefert. Die winterliche Abkühlung verursacht eine starke Konvektion des Wasserkörpers, was zu einer guten Nährstoffversorgung der Oberflächenschichten führt. In flachen Meeresbereichen (z. B. in der Barentssee) erreicht die Winterkonvektion den Meeresboden und ist Verursacher einer besonders hohen Primärproduktion im folgenden Frühling (etwa ab März). Das zurückkehrende Sonnenlicht führt zu einer explosionsartigen Entwicklung des pflanzlichen Planktons. (...) In der Folge vermehren sich auch die Beweider dieser marinen Pflanzenproduktion, v. a. tierische Planktonorganismen sehr stark. (...) Große Flüsse (Ob, Jennissej) ergießen sich in [Barentssee und Karasee] und führen [diesen] Sedimente, Nähr- und Schadstoffe zu.

Christoph Wüthrich/Dietrich Thannheiser: Die Polargebiete. Das Geographische Seminar. Westermann, Braunschweig 2002, S. 18, 50, 206

Konvektion

Absinken von kaltem Wasser infolge höherer Dichte bis zum Temperaturniveau des Dichtemaximums bei gleichzeitigem Aufstieg wärmeren Tiefenwassers. Je höher der Salzgehalt, desto niedriger die Temperatur des Dichtemaximums.

Matrix der Salzwasser-eigenschaften

Salzgehalt in %	*größte Dichte bei °C*	*Gefrierpunkt bei °C*
0	*+4,0*	*0,0*
10	*+1,8*	*-0,5*
20	*-0,3*	*-1,1*
30	*-2,5*	*-1,6*

ONLINE-Link

Infoblatt Exxon Valdez
29110X-0313

3.6 Erdöl- und Nachfolgewirtschaft in Vorderasien

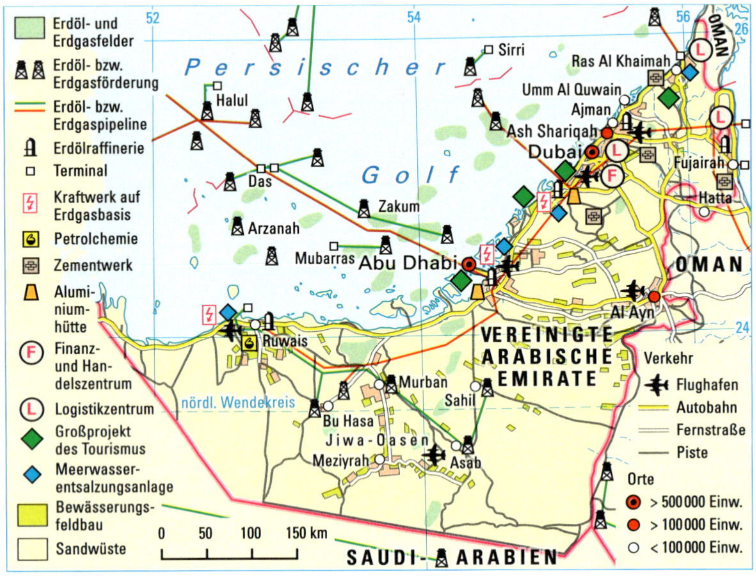

1 ***Vereinigte Arabische Emirate: Wirtschaft;*** *nach Fred Scholz, GR 57 (2005), H. 11, S. 16*

2 Vereinte Arabische Emirate

Emirat	Fläche (km²)	Einwohner 2005 (1 000)
Abu Dhabi	67 350	1 292,1
Al-Fujayrah	1 150	118,6
Ash-Sharigah	2 600	724,8
Dubai	3 900	1 200,3
Ra's al Kaymah	1 700	197,5
'Ujman	250	189,8
Umm al-Qaywayn	750	45,8
VAE (gesamt)	77 700	4 533,5

Nach Fischer Weltalmanach 2008

3 Wirtschaftsfaktor Erdöl in den VAE 1980–2004

	1980	1987	1997	2004
Erdölförderung (Mio. t)	82,1	75,7 (1988)	109,7 (1998)	121,1
Anteil Erdöl am Export (%)	–	>90	48	36
Export (Mrd. US-$)	–	12	32,9	107,9

Nach Fischer Weltalmanach, verschiedene Jahrgänge

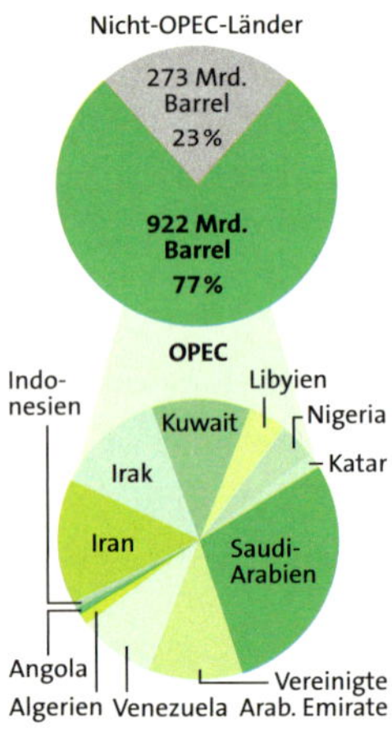

Erdölreserven der OPEC-Staaten 2006

Nach OPEC Facts and Figures, World Oil Outlook 2008

Das Beispiel Vereinigte Arabische Emirate

Die Vereinigten Arabischen Emirate (VAE) gehören mit Kuwait, Bahrain, Katar und Oman zu den Kleinen Golfstaaten. Weltwirtschaftliche Bedeutung besitzen die Kleinen Golfstaaten durch ihre Erdölreserven, die zusammen mit Saudi-Arabien, Iran und Irak mehr als die Hälfte der weltweiten Reserven an Erdöl umfassen.

Die Erdölreserven der VAE werden heute auf 97,8 Mrd. Barrel geschätzt, was gut 9 % der weltweiten Reserven entspricht. Bis 2015 soll die Tagesförderung auf 3,5 Mio. Barrel gegenüber 2006 mit 2,5 Mio. Barrel gesteigert werden. Allerdings hat die Förderung der drei größten Felder, die fast zwei Drittel der Gesamtproduktion der VAE ausmachen, im Jahre 2008 ihr Maximum schon erreicht.

Seit 1853 stand das Gebiet unter dem Protektorat Großbritanniens, das als globale Kolonialmacht an einer ungehinderten Schifffahrt im Persischen Golf interessiert war. Damals bildeten Perlenfischerei und Handel die wirtschaftliche Grundlage der Emirate im Südosten der Arabischen Halbinsel. In den 1950er Jahren wurden die ersten Erdölfelder entdeckt, deren Erschließung 1962 in Abu Dhabi und 1969 in Dubai begann. 1971 entließ Großbritannien die Emirate in die Unabhängigkeit, was den politischen Zusammenschluss dieser und den Beginn eines bis heute andauernden enormen wirtschaftlichen Aufschwungs auf der Basis des Erdölexports ermöglichte.

Von der nachholenden Wirtschaft zur Nachfolgewirtschaft

Angetrieben insbesondere durch die weltweiten Ölkrisen 1973/74 und 1978 und des damit verbundenen raschen Anstiegs des Erdölpreises wuchsen auch in den VAE die Einnahmen aus dem Erdölexport in bis dahin unbekannte Ausmaße. Neben hohen Konsumausgaben erfolgten auf der Grundlage dieser Einnahmen („Petrodollars") im Zuge einer nachholenden Entwicklung

4 Zusammensetzung des BIP 2006 – Anteile und Wachstum nach Branchen (in %)

	Anteil	Wachstum gegenüber 2005
Landwirtschaft	–	–
Erdöl, Erdgas	25,9	6,5
Strom, Wasser	13,9	–
Verarbeitendes Gewerbe	25,1	14,5
Bauwirtschaft	8,8	16,0
Immobilien	8,4	–
Handel	14,5	9,9
Transport, Kommunikation	7,6	12
Banken, Versicherungen	7,3	12
Öffentliche Dienste	8,0	4,6

Nach Bundesagentur für Außenwirtschaft (bfai): Wirtschaftsdaten kompakt – Vereinigte Arabische Emirate; November 2007

gegenüber den Industrieländern umfangreiche Investitionen in die Wirtschaft. So wurden unter anderem die Einrichtung einer Freihandelszone in Dubai sowie der Aufbau einer technischen und sozialen Infrastruktur, beispielsweise in den Bereichen Wohnungsbau und Verkehrswesen, forciert. Bedeutende internationale Flug- und Seehäfen entstanden.

Erste Ansätze einer wirtschaftlichen Diversifizierung zur Minderung der **monostrukturierten**, d.h. fast ausschließlich auf den Erdölsektor setzenden Wirtschaft führten zur Ansiedlung leichtindustrieller und energieintensiver schwerindustrieller Branchen wie z.B. der Dubai Aluminium Company DUBAL.

Um den enormen Arbeitskräftebedarf zu decken, wurden zahlreiche niedrig entlohnte Arbeitskräfte aus Südasien angeworben, die vor allem auf dem Bau, in der Industrie und im Dienstleistungsgewerbe, wie beispielsweise im Gesundheits- und Erziehungswesen, beschäftigt sind. Heute sind ungefähr 80 % der Bewohner der VAE Ausländer. Deren Teilhabe am rasch ansteigenden Lebensstandard findet nur in begrenztem Umfang statt.

Die wirtschaftlichen Globalisierungsprozesse zusammen mit dem kräftigen Anstieg des Erdölpreises seit dem Ende der 1990er Jahre bildeten entscheidende Impulse zur Entwicklung einer Wirtschaftsstrategie, die den VAE vor dem Hintergrund der künftig zur Neige gehenden Erdölreserven auch in der Nach-Erdöl-Zeit eine Rolle als aktiver Mitgestalter globaler Wirtschaftsstrukturen ermöglichen soll (**Nachfolgewirtschaft**).

5 ***Plakatwand mit einem Modell der neuen Downtown von Dubai***

6 Immobilien-Boom in Dubai hält an

Das außerordentliche Wachstum Dubais bescherte dem Emirat einen anhaltenden Immobilien-Boom. Seit 2001 wächst der Bau- und Immobiliensektor um durchschnittlich 33 Prozent pro Jahr. Der Grund hierfür ist weniger die staatliche Förderung; fast alle Projekte werden von privaten Investoren getragen. Ursächlich ist vielmehr die Erwartung hoher Renditen für die Investitionen. (...) Das Emirat wird mit Hongkong und Singapur in einem Atemzug genannt. Das extravagante Handels- und Wirtschaftszentrum des Nahen Ostens, Drehscheibe für Waren, Finanzen und Dienstleistungen, zählt zu den am stärksten wachsenden Metropolen der Welt. Dubai kennt keine Arbeitslosigkeit. Täglich werden über 800 neue Arbeitsgenehmigungen erteilt. Der Bedarf an neuen Wohnungen liegt derzeit bei 45 000 jährlich. Mieter leisten die Jahresmiete plus Nebenkosten stets im Voraus. Das Emirat erhebt mit wenigen Ausnahmen keine Steuern.

Badische Neueste Nachrichten, Nr. 58, 8./9. März 2008

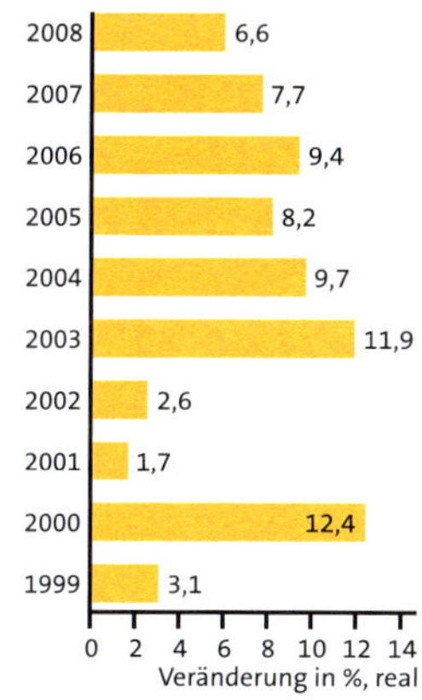

Entwicklung des BIP in den Vereinigten Arabischen Emiraten;

Nach Bundesagentur für Außenwirtschaft (bfai): Wirtschaftsdaten kompakt – Vereinigte Arabische Emirate; November 2007

BIP/Kopf in US-$

2004	2006	2007
24 059	35 099	36 180

Nach Bundesagentur für Außenwirtschaft (bfai): Wirtschaftsdaten kompakt – Vereinigte Arabische Emirate; November 2007

ONLINE-Link

Vereinigte Arabische Emirate
29110X-0314

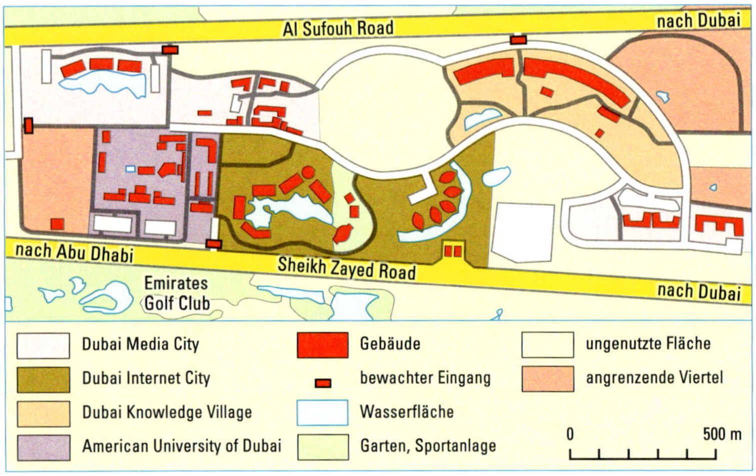

7 Internet-City Dubai

Nach Fred Scholz: Die Kleinen Golfstaaten im Globalisierungsprozess – Beispiel Dubai, GR 57 (2005), H. 11, S. 12–20

8 Informationstechnologie

Mit dem Technologie/Medien-Komplex (...) sowie mit der Eröffnung der ersten Produktionsstätte für Chips, CDs, DVDs und Software, Dubai Silicon Oasis, ist ein richtungsweisender Schritt vollzogen. Dubai Internet City bietet ausländischen Firmen nicht nur „100 % tax-free ownership, 100 % repatriation on capital and profits, no current regulations", sondern auch einfache Registrierung und Schutz des intellektuellen Eigentums. Über 700 Firmen, darunter z. B. Microsoft, Oracle, HP, IBM oder Cisco, mit ca. 14 000 „Wissensarbeitern" sind hier vertreten."

Nach Fred Scholz: a. a. O., S. 12–20

Herkunft der Beschäftigten in Dubai Internet-City in %

Europa	*33*
Mittlerer Osten	*27*
USA	*17*
Indien	*17*
Südost-Asien	*4*
Afrika	*2*

Nach Fred Scholz, a. a. O., S. 12–20

Islamisches Finanzsystem

Nach den Vorgaben der Scharia ist jegliche Art von Zins verboten. Scharia-konforme Finanzprodukte unter der Umgehung von Zinsberechnungen bieten weltweit mehr als 300 Banken in 75 Ländern an. Zentren sind die Golfregion und Malaysia. Ein Scharia-Board, bestehend aus islamischen Gelehrten, überprüft jedes Finanzprodukt.

Die in kürzester Zeit entstandene architektonisch eindrucksvolle städtebauliche Kulisse, bestehend aus zahlreichen Hochhauskomplexen, Hotel-, Wohn- und Freizeitanlagen sowie Shopping Malls ist sichtbarer Ausdruck einer wirtschaftsstrategischen Zielsetzung Dubais, nach der die Metropole unabhängig vom Erdölsektor eine künftig führende Position unter den globalen Wirtschaftsstandorten anstrebt. Folgende Maßnahmen sind Bestandteil dieser Strategie:

- Funktion als Verkehrsdrehscheibe im globalen Handel u. a. durch den Bau des weltweit größten Flughafens,
- Anwerbung ausländischen Kapitals,
- Internationale Finanzdrehscheibe, u. a. abgestimmt auf das islamische Finanzsystem (Zinsverbot),
- Hauptziel des internationalen Tourismus, (Freizeit, Einkaufs-, Gesundheits- und Geschäftstourismus),
- Generierung von Know-how u. a. durch Gründung von Niederlassungen ausländischer Elite-Universitäten wie der Sorbonne/Frankreich,
- Aufbau eines IT- und Mediensektors,
- Aufbau einer Leicht- und Konsumgüterindustrie,
- Kapitalbeteiligungen an ausländischen globalen multinationalen Unternehmen,
- Aufbau einheimischer transnationaler Unternehmen.

9 Luftverkehrsdrehscheibe und Tourismus

Der Dubai International Airport baut seine Drehscheibenfunktion weiter aus. Hier wirkt die strategische Lage zwischen Zentralasien, Südasien, Europa und Afrika. Seit 2000 ist der Flughafen jährlich um 15 % gewachsen. Ab 2010 soll der Flughafen mit dem dritten Terminal 60 Millionen Passagiere abfertigen können. Gleichzeitig werden die Pläne für den Großflughafen Jebel Ali weiter forciert, erste Arbeiten an der neuen Flughafenstadt haben begonnen. Eng verwoben mit dem Ausbau Dubais zur internationalen Drehscheibe ist der Hochflug von „Emirates". „Emirates" ist mit 45 bestellten Maschinen größter Kunde für den Airbus 380. (...) Unmittelbar mit dem Luftfahrtdrehkreuz VAE verbunden ist das Gastgewerbe. Der Hotelsektor in den VAE hat in den letzten drei Jahren einen beispiellosen Boom erlebt. Durchgängige Auslastungen von knapp 100 % im Fünfsternebereich tragen zur extremen Profitabilität dieses Sektors bei. Der durch den Erfolg katalysierte Bauboom mit einer prognostizierten Verdoppelung der Zimmerzahl in weniger als fünf Jahren lässt einige Beobachter künftige Überkapazitäten befürchten. Ende September 2006 verfügte allein das Emirat Dubai über 30 969 Hotelzimmer.

Christian Glosauer: VAE weiter auf Wachstumskurs. bfai: Länder und Märkte – Vereinigte Arabische Emirate, 2008

10 ***Indische Arbeiter in einem Schlafsaal in Dubai***

12 ***Tourismus in Dubai: Palm Projects***

11 **Arbeiten und schlafen in Dubai**

Dubai, sechs Uhr abends. (...) Tief unten, in den Kellern der Türme A bis H, hat sich die Nachtschicht eingefunden. Im grellen Neonlicht zieht eine Karawane namenloser Bauarbeiter an der Stechuhr vorbei. Heute muss Scheschpol, der Arbeiter mit der Nummer 14 219, nicht mehr ganz nach oben, auf die Spitze des Turms G. Dort oben, in den Penthousewohnungen mit dem spektakulären Ausblick ist die Arbeit getan. Jede von ihnen ist jetzt Millionen von Dollar wert. (...)

Der Inder Scheschpol ernährt sechs Personen, seine Frau und fünf Kinder. Einmal in der Woche telefoniert er mit ihnen, alle zwei Jahre besucht er sie im gebirgigen Norden Indiens. Dafür nimmt er zwei Monate unbezahlten Urlaub. Die ersten drei der acht Jahre in Dubai hatte er den Kredit der Arbeitsvermittlung zurückgezahlt. Al Quoz ist eines der zwölf Arbeitscamps der Baufirma Habtoor. 3 300 Arbeiter wohnen hier wie in einer kleinen Stadt. Facharbeiter haben einen Anspruch auf Zimmer mit nur sechs Betten. Einfache Arbeiter wie die Vietnamesen sind zu zwölft in einem Raum. „In meiner Heimat ist Dubai die Vokabel für Arbeit, für Geldverdienen", sagt Scheschpol. Für seine Familie sei er zur weiten Reise nach Dubai aufgebrochen. „Wie denn sollte ich sie sonst ernähren?"

Rainer Hermann: Arbeiten und schlafen in Dubai. FAZ Nr. 69, Samstag 22. März 2008; unter www.faz.net

13 **Wirtschaftliche Kehrseite**

Einige hausgemachte Entwicklungen [beeinträchtigen] die Konjunktur in den Emiraten. Besonders Dubai ist ein Opfer des eigenen Erfolgs. Die enormen Preissteigerungen an den Immobilienmärkten verringern die Wettbewerbsfähigkeit des Standortes. Aus der Wirtschaft sind Klagen über Mieten und Löhne zu hören, manche Firmen sollen sich bereits nach Alternativen umschauen bzw. entsprechende Pläne schon umsetzen. (...) Mit jährlichen gesetzlichen Mietsteigerungsobergrenzen von 15 % für Dubai versucht die Regierung der Lage Herr zu werden. Die Inflationsrate von offiziell 8 % in 2005 und geschätzten 7,7 % für 2006 spricht schon eine deutliche Sprache. (...)

Christian Glosauer: VAE weiter auf Wachstumskurs. bfai: Länder und Märkte – Vereinigte Arabische Emirate, 2008

Emirates

Logo der in Dubai ansässigen Fluggesellschaft Emirates

1 *a) Beschreiben Sie die Entwicklung der Erdölwirtschaft in den Vereinigten Arabischen Emiraten.*
b) Erläutern Sie die Strategie der Nachfolgewirtschaft in den Vereinigten Arabischen Emiraten.
c) Begründen Sie die Notwendigkeit einer solchen Strategie.

2 *Beurteilen Sie vor dem Hintergrund der Ergebnisse von Aufgabe 1 die langfristigen Aussichten der Nachfolgewirtschaft in den Vereinigten Arabischen Emiraten.*

Primäraluminium:
Unmittelbar aus Aluminiumoxid gewonnenes Aluminium

Sekundäraluminium:
Durch Recycling gewonnenes Aluminium

Halbzeug:
Halbfabrikate wie Bänder, Bleche, Drähte, Profile, Stangen, Rohre

Recyclingraten bei Aluminium in Deutschland/EU 2008 in %

	D	EU
Verkehr	95	90–95
Bauwesen	95	95
Verpackung	76	40
Maschinenbau	83	80
Elektrotechnik	87	80

Quelle: Gesamtverband der Aluminiumindustrie e. V. unter www.aluinfo.de, 2008

3.7 Substitution von Rohstoffen

Rohstoff-Recycling am Beispiel des Aluminium

Trotz der Tatsache, dass eine weltweite Erschöpfung der Aluminium-Ressourcen als nicht akut angesehen wird, kommt es insbesondere in Deutschland zu erheblichen Anstrengungen bei der Entwicklung von Alternativen zur Primärproduktion von Aluminium. Dabei spielt die Wiederverwendung gebrauchter Aluminiumprodukte (Sekundäraluminium) eine maßgebliche Rolle. Ausschlaggebend für die Forcierung der Sekundärproduktion von Aluminium sind:

- steigende Preise für Primäraluminium wegen weltweit erhöhter Nachfrage nach Aluminium,
- Verringerung der Abhängigkeit von wenigen Anbietern an Bauxit,
- steigende Energiepreise,
- Energieeinsparung bei Sekundär- gegenüber Primäraluminium,
- Senkung der CO_2-Emissionen,
- Entlastung der Abfalldeponien.

Insbesondere steigende Energiepreise wirken sich auf den Produktionsumfang von Primäraluminium aus, zumal bei der Erzeugung von Sekundäraluminium nur 5 % der Energiemenge der Erzeugung von Primäraluminium benötigt werden. Beim **Recycling** von Aluminium treten keine Qualitätsverluste auf, so dass Primär- und Sekundäraluminium gleichermaßen in die Weiterverarbeitung zu Halbzeugen oder Endprodukten z. B. im Maschinenbau oder beim privaten Konsum eingehen können.

1 Anteil der Energieträger bei der Herstellung von Primäraluminium weltweit 2001/2006 in Prozent

	2001	2006
Wasser	57	51,1
Kohle	29	33,3
Öl	1,0	1,0
Gas	7,0	10,1
Nuklear	6,0	1,7

Nach Gesamtverband der Aluminiumindustrie e. V. unter www.aluinfo.de, 2008

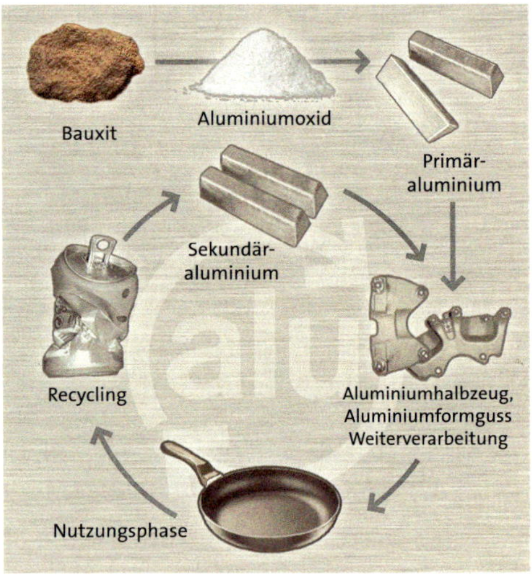

2 ***Kreislaufwirtschaft in der Aluminiumindustrie***

Nach Gesamtverband der Aluminiumindustrie e. V. unter www.aluinfo.de, 2008

3 Produktion von Primär- und Sekundäraluminium weltweit und in Deutschland (D) 2002/2006 in Tonnen

	2002		2006	
	primär	sekundär	primär	sekundär
Europa	8 100	2 600	8 900	2 800
davon D	661*	678*	551**	836**
Asien	6 800	1 500	13 100	1 200
Afrika	1 400	30	1 900	30
N/S-Amerika	7 600	3 600	7 800	3 700
Ozeanien	2 200	150	2 300	130
Welt	26 100	7 880	34 000	7 860

** 2003; ** 2007*
Nach Gesamtverband der Aluminiumindustrie e. V. unter www.aluinfo.de, 2008

1 Wo begegnet Ihnen Aluminium im Alltag? Erstellen Sie eine Liste von Aluminiumprodukten.
2 Stellen Sie die Daten von Tabelle 3 grafisch dar.
3 Erläutern Sie die Notwendigkeit des Aluminium-Recyclings unter energiepolitischen Gesichtspunkten.
4 Diskutieren Sie die Möglichkeiten der Einsparung von Aluminium im privaten Haushalt.

④ ***Solarpark Gut Erlasee bei Arnstein mit einer Gesamtleistung von 12 MW aus Sonnenkraft***

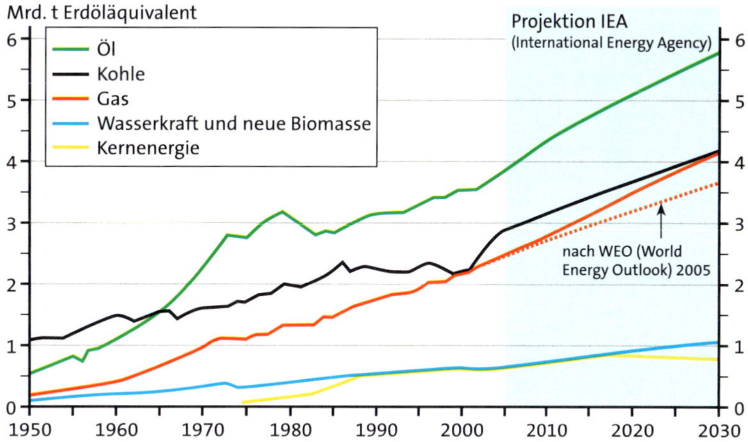

⑤ ***Entwicklung des Primärenergieverbrauchs weltweit nach Energieträgern***

Nach Hilmar Rempel: Globale Verfügbarkeit nichterneuerbarer Energierohstoffe, GR 1/2008, S. 22

Erneuerbare Energien – Unerschöpfliches Energiereservoir der Zukunft?

Nach Ansicht von Experten wie dem Vorsitzenden des Weltrates für erneuerbare Energien (WCRE) Scheer, „[ermöglicht] eine solare Weltwirtschaft die Befriedigung des Gesamtbedarfs an Energie". Damit wird eine Wirtschaftsform bezeichnet, die auf der Grundlage erneuerbarerer Energien (sogenannter **regenerativer Energien**) basiert. Zu diesen zählen:

- Geothermie und Gezeitenenergie,
- Sonnenwärme und -licht,
- Wasserkraft,
- Windkraft,
- Biomasse.

Im weiteren Sinne werden zu den erneuerbaren Energien auch Energien, die aus Deponie- und Klärgas, Klärschlamm sowie biologisch abbaubaren Abfällen gewonnen werden, gerechnet.

Der Vorstellung uneingeschränkter Verfügbarkeit erneuerbarer Energien stehen jedoch erhebliche Nutzungsprobleme entgegen. Mittelfristige realistische Schätzungen sehen trotz großer Wachstumsraten bei erneuerbaren Energien nach wie vor in den nichterneuerbaren Energien die Basis der globalen Energieversorgung.

⑥ **Nutzungsprobleme erneuerbarer Energien**

- ungleiche Verteilung solarer Energie auf der Erdoberfläche,
- geringer Nutzungsgrad bei der Gewinnung erneuerbarer Energien,
- ungleiche Ausstattung des Naturraums (z. B. wechselnde Windgeschwindigkeiten, unterschiedliche tatsächliche Sonnenscheindauer infolge unregelmäßiger Witterungsprozesse),
- eingeschränkte Flächenverfügbarkeit für die Installierung von Anlagen zur Gewinnung erneuerbarer Energien aufgrund anderweitiger wirtschaftlicher Nutzungsformen (z. B. bei Photovoltaikanlagen),
- hohe Erzeugerkosten und daher Notwendigkeit öffentlicher Subventionen,
- wirtschaftliche und soziale Konflikte bei der Nutzung von Biomasse: Energiegewinnung kontra Nahrungsmittelerzeugung,
- räumliche und zeitliche Divergenz zwischen den Standorten des Energiebedarfs und der Energiegewinnung,
- soziale Unverträglichkeit, z. B. Nähe von Windkraftanlagen zu Wohngebieten,
- Schädigung von Ökosystemen wie z. B. der Tropischen Regenwälder infolge von Rodungen zugunsten des Anbaus von Energiepflanzen wie Zuckerrohr oder Ölpalmen.

ONLINE-Link
regenerative Energie
29110X-0315

7 ***Ethanoltankstelle in Brasilien***

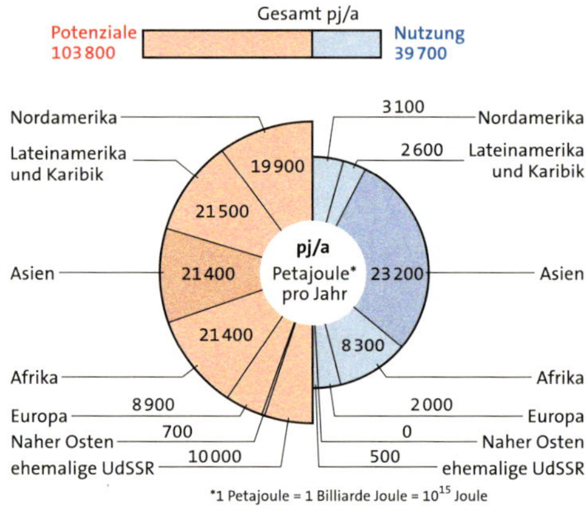

9 ***Potenzial und Nutzung von Biomasse***

Nach Claus-Peter Simon, in: Jürgen Petermann (Hrsg.): Sichere Energie im 21. Jahrhundert. Hamburg: Hoffmann und Campe 2006, S. 207

Nachwachsende Rohstoffe: soziale, ökologische und ökonomische Konfliktpotenziale

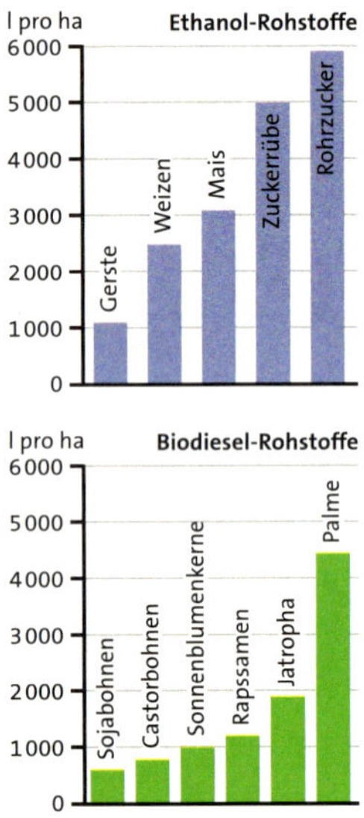

Biotreibstofferträge ausgewählter Energiepflanzen

Nach Kerstin Gerling/Paul Gans: Biokraftstoffboom. a. a. O. S. 61

8 **Biomasse**

Ob in Form von Holz, Stroh, als getrockneter Dung oder Torf wurde Biomasse seit Jahrtausenden in allen Kulturen als wichtigster Brennstoff verwendet. Bis heute ungebrochen hat diese Tradition der Energieversorgung in ländlichen Gebieten weltweit Bestand (...). Zugleich ist vor allem in Europa, ausgelöst durch die massiv steigenden Öl- und Gaspreise sowie die als endlich erkannten fossilen Energieträger, in jüngster Zeit eine Entwicklung hin zum verstärkten Einsatz von Biomasse zur Energiebereitstellung zu beobachten. Das Besondere des Energieträgers Biomasse ist, dass dieser im Gegensatz zu den anderen erneuerbaren Energieträgern gleichermaßen für die Erzeugung von Elektrizität, Wärme und Kraftstoffen genutzt werden kann. (...) Klimapolitisch vorteilhaft ist, dass die CO_2-Bilanz von Biomasse neutral ist, da bei ihrer Verbrennung nur exakt so viel CO_2 freigesetzt wird, wie durch das Pflanzenwachstum gebunden war. Die CO_2-Bilanz wird erst dann negativ, wenn mehr Biomasse in einem Zeitraum zur Produktion von Strom, Wärme oder Kraftstoff aus der Natur entnommen wird, als im gleichen Zeitraum wächst.

Thomas Hoffmann: Weltproblem Energie. TERRA global. Leipzig und Stuttgart: Ernst Klett Verlag 2007, S. 22

10 **Kein Strom aus Palmöl**

Das Unternehmen Renergie Saarlouis GmbH plant im Saarhafen Saarlouis/Dillingen den Bau von zwölf Blockheizwerken, die eine Gesamtleistung von 65 Megawatt haben sollen. Gegen das Vorhaben laufen Umweltschützer, Dritte-Welt-Aktivisten und der Dillinger Stadtrat Sturm. Ihre Kritik: In den Anlagen sollen riesige Mengen Palmöl verbrannt werden; von nahezu 144 000 Tonnen jährlich ist die Rede. (...) Doch Umweltschützer bemängeln, dass für den Anbau der Palmölpflanzen riesige Regenwälder, vor allem in Indonesien und Malaysia, gerodet werden müssen. (...) Für Andreas Kleber vom Naturschutzbund (Nabu) steht schon jetzt fest, dass die Umweltbilanz des Kraftwerks im Saarhafen „absolut katastrophal" wäre: „Das Palmöl um die ganze Welt zu transportieren, um es dann hier zu verbrennen, das ist doch Wahnsinn." (...) [Die Kritiker hoffen], dass die Bundesregierung bald das Erneuerbare Energien Gesetz (EEG) ändern wird. Noch werden für die Einspeisung von Strom aus Palmöl Mindestvergütungen gewährt. (...)

Marcus Stölb: Kein Strom aus Palmöl. In: DIE ZEIT Nr. 2 vom 03. Januar 2008; unter www.zeit.de

11 **Globale Bioethanolproduktion 2006**

Land/ Region	Produktion (Mio. t)	Anteil an Gesamtprod. (%)	Hauptrohstoff
USA	18 300	47,9	Mais
Brasilien	15 700	41,1	Zuckerrohr
EU	1 550	4,1	Getreide, Zuckerrüben
China	1 300	3,4	Mais, Getreide
Kanada	550	1,4	Mais, Getreide
Rest	800	2,1	
Welt	38 200	100,0	

Biofuels for Transportation, Worldwatch Institute, Washington 2006, S. 6 f.

12 **Volkswirtschaftliche Perspektiven der Biokraftstoffproduktion – Das Beispiel Brasilien**

Der Absatz der Energiepflanzen und der daraus gewonnenen Kraftstoffe schlagen sich in einer gestiegenen Beschäftigung und Wirtschaftsleistung Brasiliens nieder. 2005 waren in der Biokraftstoffindustrie des Landes ca. 1 Mio. Menschen beschäftigt (mit Saisonarbeiteranteil von 35 %). Zudem waren weitere 300 000 Arbeitsplätze in der verarbeitenden Industrie entstanden. Allein die für 2025 angestrebte Verachtfachung der aktuellen brasilianischen Ethanolproduktion könnte zur Deckung von 5 % der Weltbenzinnachfrage, zu einer Steigerung des BIP um 11,4 % sowie zu 5 Mio. Arbeitsplätzen führen. Zudem erlaubt die nationale Produktion von Biotreibstoffen eine erhebliche Importsubstitution und verringert dadurch den Abfluss von Devisen, die das hoch verschuldete Land dringend zur Abzahlung seiner Kredite auf den internationalen Kapitalmärkten benötigt. Seit 1975 konnte Brasilien so etwa 100 Mrd. US-$ einsparen, dieser Summe sind Subventionen von 9 Mrd. US-$ gegenüberzustellen.

Kerstin Gerling/Paul Gans. Biokraftstoffboom: Segen oder Fluch für die Agrarländer des Südens, in: Geographische Rundschau Nr. 60, April 2008, S. 61

13 **Globale Biodieselproduktion 2006**

Land/Region	Produktion (Mio. t)	Anteil an Gesamtprod. (%)	Hauptrohstoff
Deutschland	2 499	40,6	Raps
USA	852	13,8	Soja
Frankreich	625	10,2	Raps
Italien	568	9,2	Raps
Tschechien	153	2,5	Raps
Spanien	142	2,3	Raps
Malaysia	136	2,2	Palmöl
Rest	1 178	19,2	
Welt	6 153	100,0	

Biofuels for Transportation, Worldwatch Institute, Washington 2006, S. 6 f.

Tortilla-Krise in Mexiko

Hintergrund der Massendemonstrationen Ende Januar 2007 in Mexiko-Stadt waren drastische Verteuerungen von Nahrungsmitteln, die auf den Preisanstieg bei Mais zurückgingen. Besonders betroffen waren Tortillas, dünne Maisfladen, eine Art Nationalgericht in Mexiko, aber ebenso Hühner- und Schweinefleisch, da zur Mast der Tiere vor allem Mais eingesetzt wird. Die Ursache für den Preisanstieg lag in der Verknappung des Angebots von Mais infolge der zunehmenden Verwendung als **nachwachsender Rohstoff** bei der Produktion von Biokraftstoffen für Kraftfahrzeuge in den USA. Ausbleibende Maisimporte aus den USA und die mit dem Beitritt Mexikos zur nordamerikanischen Freihandelszone NAFTA einhergehende Aufgabe vieler mexikanischer Maisbauern als Folge niedriger Importpreise ließen die Maispreise in Mexiko ansteigen. Hinzu traten Spekulationskäufe und Hortung der industriellen Verwerter des Mais. Durch politische Eingriffe, unter anderem durch die Subvention der Tortilla-Preise, konnte eine Nahrungsmittelkrise kurzfristig abgewendet werden.

5 *Analysieren Sie das weltweite Potenzial und die tatsächliche Nutzung des Energieträgers Biomasse.*

6 *Erörtern Sie ökonomische sowie ökologische Vor- und Nachteile bei der Nutzung erneuerbarer Energien.*

7 *Die Getreidemenge für die Tankfüllung eines Mittelklassewagens mit Bioethanol kann einen Menschen ein Jahr lang ernähren.*

a) Erläutern Sie die These, die Produktion von Biokraftstoffen berge soziale Konfliktpotenziale.

b) Nehmen Sie Stellung zu dieser These.

ONLINE-Link
Bioenergie
29110X-0316

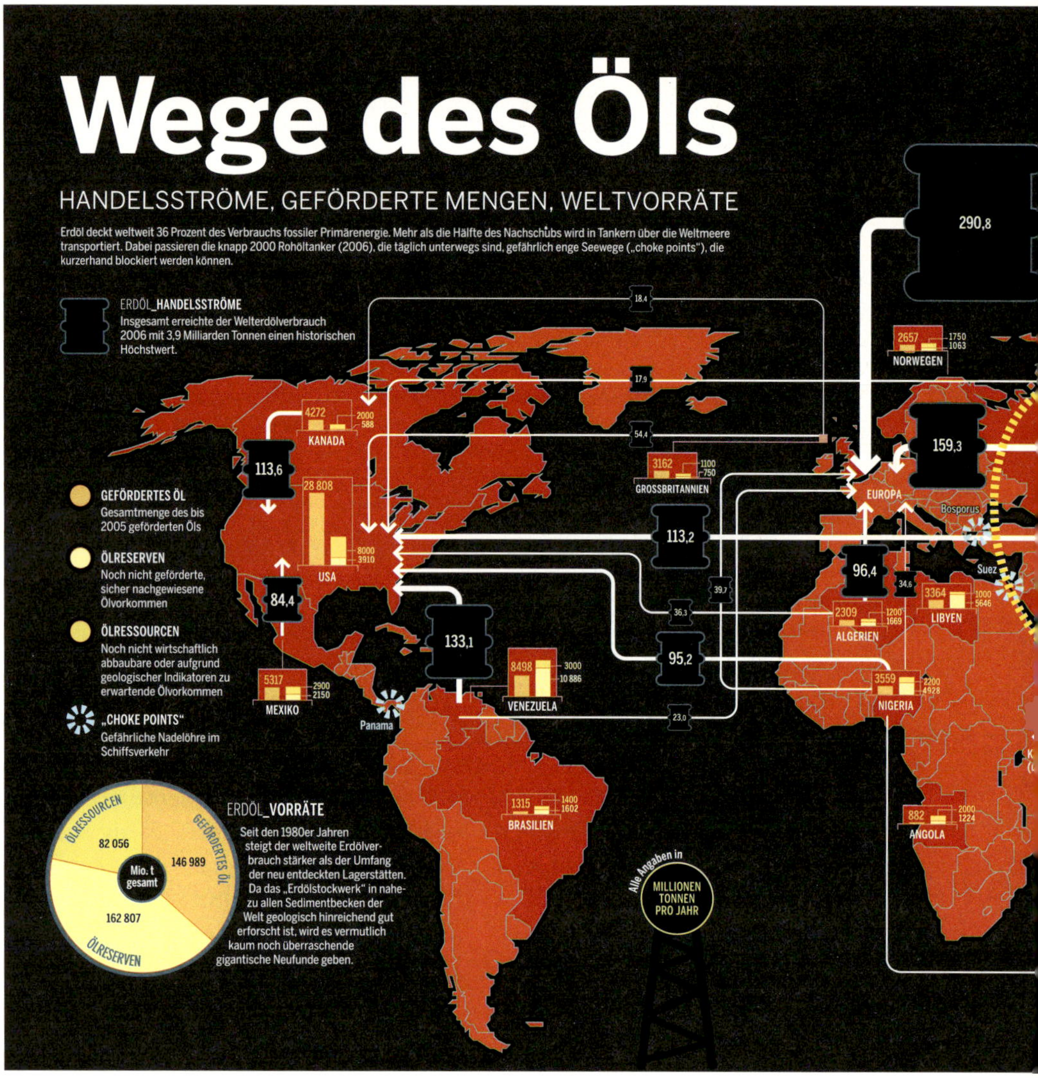

❶ **Wege des Öls** *Jürgen Petermann (Hrsg.): Sichere Energie im 21. Jahrhundert, Hamburg: Hoffmann und Campe 2006, S. 340/341*

❷ ***„So leben wir, so leben wir, so leben wir alle Tage …"***

Wichtige Begriffe
Entwicklungsachse
fossile Energieträger
globaler Wasserkreislauf
mineralische Rohstoffe
Monostruktur
nachhaltige Nutzung
nachwachsende Rohstoffe
Pipelinenetz
Recycling
regenerative Energien
Reserven
Ressourcen

1 *Interpretieren Sie die Karikatur 2.*

2 ***Erdöl – ein strategischer Rohstoff?***
Analysieren Sie die Karte 1.
a) Benennen Sie die Länder mit den größten Ölreserven und die Länder mit den größten Fördermengen.
b) Erklären Sie, was mit der Bezeichnung „Strategische Ellipse" gemeint ist.
c) Stellen Sie in einer Übersicht für China und die USA folgende Daten gegenüber: bis 2006 gefördertes Öl; Reserven; Importe 2006 (aus welchen Ländern/Regionen; welche Mengen, Berechnung Gesamtimport).

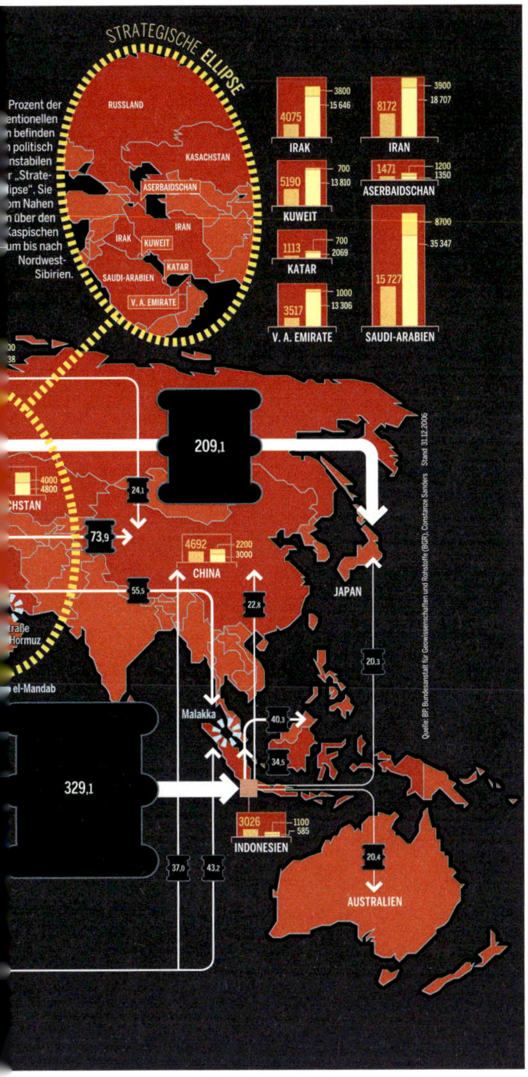

d) Stellen Sie dar, welche Probleme und wirtschaftspolitische Strategien sich für die USA und für China ergeben.

e) Begründen Sie die Rolle von Erdöl als strategischem Rohstoff.

3 Ressource Trinkwasser

Analysieren Sie die Statistiken 3, 4 und 5 zum Wasserverbrauch in Deutschland und den Wasserpreisen hinsichtlich Aussagekraft und Interpretationsmöglichkeiten.

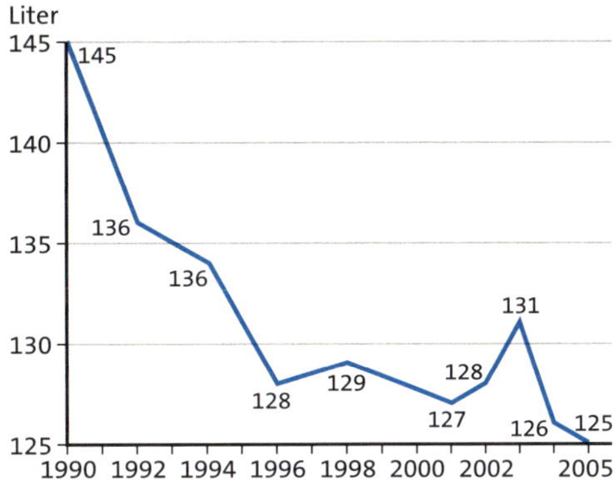

3 Durchschnittlicher Haushaltswasserverbrauch in Deutschland je Einwohner und Tag

Nach BDEW: Die öffentliche Wasserversorgung in Deutschland. 12.10.2007, S. 8, unter www.bdew.de

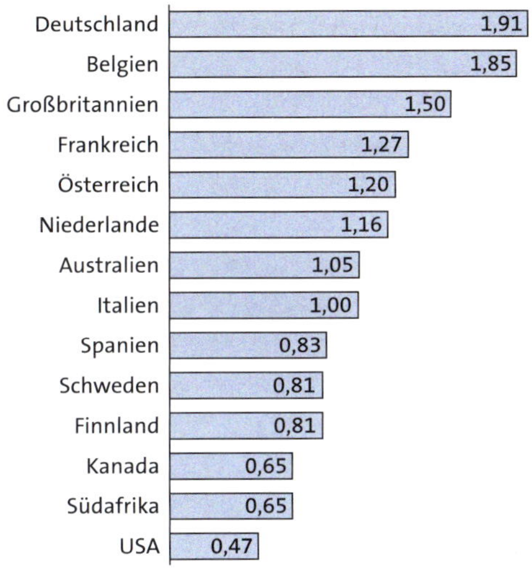

4 Wasserpreise in Euro je m³ Wasser (2005)

Nach Statista.org 2008, unter http://de.statista.org

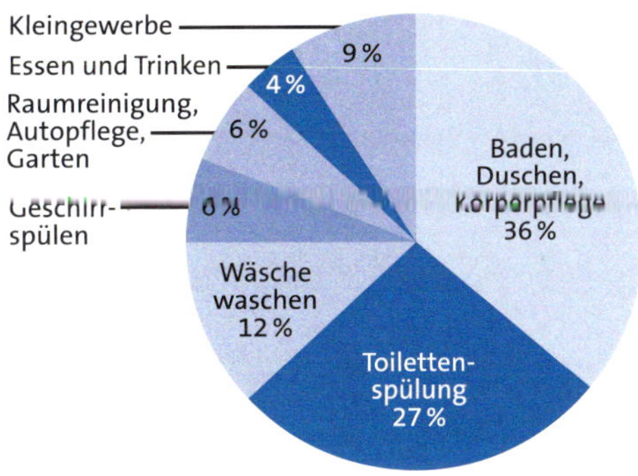

5 Trinkwasserverwendung privater Haushalte 2006 in Deutschland

Nach BDEW: Die öffentliche Wasserversorgung in Deutschland. 12.10.2007, S. 10, unter www.bdew.de

4 Umweltrisiken und menschliches Verhalten

Ein grandioses Naturschauspiel: Feuerfontänen am Nachthimmel, glühende Lavaströme an den Bergflanken – das alles in Sichtweite von Siedlungen. Und genau hier liegt das Problem: Verwitterte Vulkanite liefern mineral- und damit ertragreiche Böden, sodass die Hänge an Vulkanen trotz hoher Gefährdung oft landwirtschaftlich intensiv bewirtschaftet und besiedelt werden. Gleiches gilt für andere Natur- und Umweltrisiken. An der San Francisco Bay in Kalifornien hat sich trotz akuter Erdbebengefährdung eine Bevölkerungsballung von über sieben Millionen Einwohnern entwickelt. Flutwellen und Tsunamis stellen für viele Regionen Ost- und Südostasiens ein hohes Gefährdungspotenzial dar. Trotzdem gehören die dortigen Küstenräume zu den am dichtesten besiedelten Räumen der Erde.

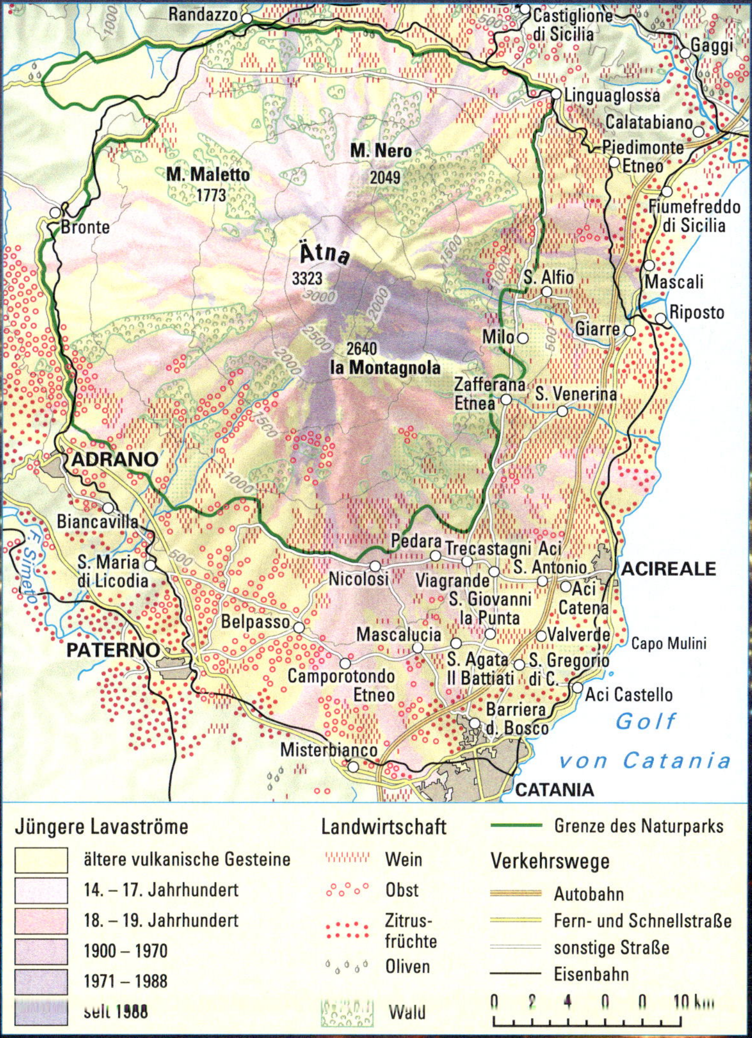

Ätna: Vulkanische Aktivität und Landnutzung

4.1 Die Alpen im Spannungsfeld zwischen Ökologie und Ökonomie

1 ***Alpen: Wettersteingebirge***

Beispiel Alpentourismus

Die alpine Fremdenverkehrsindustrie meldet beeindruckende Zahlen. Die Suche nach dem Außergewöhnlichen, nach dem Abenteuer im Urlaub erreicht immer neue Dimensionen, so dass auch die letzten Naturnischen erschlossen werden. Inzwischen hat sich aber in einigen Regionen der Tourismus zum „Alleinherrscher" entwickelt. Immer stärker wird die Umwelt belastet, wird die lokale kulturelle Identität gefährdet. Zerstört der Tourismus dadurch seine eigene Grundlage?

Mit über fünf Millionen Ferienbetten, jährlich 150 Mio. Gästen und 500 Mio. Übernachtungen sind die Alpen eine der größten Tourismusregionen der Welt. Woher rührt diese Anziehungskraft? Der Naturraum mit seinem für Wanderer, Kletterer und Skifahrer gleichermaßen interessanten Relief und die traditionelle Kulturlandschaft in Verbindung mit attraktiven charakteristischen Ortsbildern reichen heute als Angebotsfaktoren nicht mehr aus. Viele Touristenorte haben auf die aktuellen Wünsche der Urlauber reagiert und technische Infrastrukturen für Aktivsportarten sowie eine breite Palette von Unterhaltungsmöglichkeiten in den Ortszentren bereitgestellt. Der Tourismus bietet vor allem für die von der Bergbauernwirtschaft geprägten Regionen eine willkommene Chance neuer Einnahmequellen. Die Landwirtschaft sieht sich einer wachsenden europäischen Konkurrenz ausgesetzt, wobei ihre Produktionsbedingungen durch kurze Vegetationszeiten, Reliefungunst sowie geringwertige Böden belastet sind. Betriebsaufgaben und Abwanderungen vor allem jüngerer Menschen aus den Bergdörfern waren die Folge. Viele Einheimische sehen nun in der touristischen Erschließung eine Möglichkeit, ihre wirtschaftliche und soziale Situation zu verbessern.

2 ***Skigebiet Stubaier Gletscher (2900 m NN)***

4 **Umfrage – Alpentourismus und Umweltbewusstsein**

1. Wählst du die Alpen in erster Linie als Ziel für den Sommerurlaub oder den Winterurlaub?
2. Mit welchem Verkehrsmittel reist du gewöhnlich zum Urlaub in die Alpen?
3. Nenne deine bevorzugten Urlaubsaktivitäten.
4. Welche Erwartungen richtest du an die Ausstattung eines Urlaubsortes (Infrastruktur, Komfort, Service)?
5. Hast du bei deinem Alpenurlaub bereits Umweltfolgen der touristischen Erschließung wahrgenommen?
   Wenn ja, welche?
6. Wärst du bereit, zur Beseitigung derartiger Folgen an deinem Urlaubsort eine „Umweltgebühr" zu bezahlen?
7. Unter welchen Voraussetzungen wäre es für dich akzeptabel, bei der Anreise vom Pkw auf umweltfreundlichere Verkehrsmittel (Bahn, Bus) umzusteigen?

Aus einem Wintersportprospekt

„Das großflächige Ganzjahresskigebiet am Stubaier Gletscher sucht seinesgleichen. Abfahrten aller Schwierigkeitsgrade, Tiefschneereviere, Höhen- und Gletscherloipen, 11 Rodelbahnen mit 63 km Länge, dazu ein Après-Ski mit Discos, gemütlichen Bars und Restaurants. Snowboarder treffen sich in den Funparks mit Halfpipes am Gletscher (...). Für die kleinen Gäste: Der Skiclub Micky Maus (...)."

TUI-Wintersportprospekt Nov. 05 – April 06

3 **Die skitouristische Wachstumsmaschine**

Schneegarantie durch Beschneiungsanlagen, immer schnellere und komfortablere Aufstiegshilfen, der Trend zum Angebot weitläufiger Großraumschigebiete, der erbarmungslose Verdrängungswettbewerb, die Flucht in weitere Aufstiegshilfen zur vermeintlichen betrieblichen Besserstellung usw. sind die dynamischen Triebfedern für die seit einem halben Jahrhundert immer weiter voranschreitende Erschließung der Alpen. Dabei ist eine politisch kaum mehr zu bändigende Eigendynamik entstanden, die sich spiralenartig immer höher schraubt. Der „Betten-Pisten-Kreisel" wird zudem vom „Kapital-Event-Kreisel" abgelöst. Immer mehr Tourismusorte preisen sich mit spektakulären Großereignissen. (...)

Im alpentouristischen Kerngebiet Tirol stellt der Tourismus rund 20 Prozent der Wertschöpfung des Landes dar, in den Tourismushochburgen sind es jedoch an die hundert Prozent. Rund eine halbe Milliarde Euro fließt von der österreichischen Seilbahnwirtschaft jährlich in die Volkswirtschaft. Vehement wehren sich daher die Wintersportmetropolen gegen jede restriktive Maßnahme. Hinzu kommt eine massive Einflussnahme der gerade in Tirol mächtigen Seilbahnbetreiber (...) auf die maßgeblichen politischen Entscheidungsträger. (...)

Andreas Erhard: Gehet hinaus und macht euch die letzten Berge untertan! In: GW-Unterrricht, H. 98. Wien: Zentralsparkasse der Gemeinde Wien 2005, S. 83

1 Führen Sie die Umfrage aus dem obigen Fragenkatalog unter Freunden und Bekannten durch, die regelmäßig ihren Urlaub in den Alpen verbringen. Diskutieren Sie die Antworten.

2 Erläutern Sie die in den Materialien 1 und 2 enthaltenen Interessenkonflikte.

3 Analysieren Sie in einem Reiseprospekt Angebote im Alpenraum unter den Gesichtspunkten „Landschaftsveränderung und -zerstörung".

ONLINE-Link
Alpentourismus
29110X-0401

5 *Schweiz: Tschierva-Gletscher*

6 *Von einer Mure zerstörte Almhütte*

Naturräumliches Potenzial und Risikofaktoren

Beispiel Wasser im Alpenraum

Nicht ohne Grund nennt man den Alpenraum auch das „Wasserschloss Europas". Kein alpiner Rohstoff ist so bedeutend wie das Wasser. Feuchte, maritime Luftmassen stauen sich an den Alpen, steigen auf, regnen bzw. schneien sich ab und nähren somit Gletscher sowie eine Vielzahl von Bächen und Flüssen. Wasser spielte bei der Besiedelung des Alpenraumes eine entscheidende Rolle. Siedlungsplätze entstanden häufig an Wasserläufen, deren Wasserkraft für Mühlen, Hammerschmieden oder Sägewerke genutzt wurde. Letztere konnten sich vielerorts behaupten, da der Bergwald bestes Holz bietet, das die Möbelindustrie im Alpenraum gerne verarbeitet. Bei immer knapper werdenden Ressourcen und dadurch steigenden Energiepreisen kommt gerade im Alpenraum der Stromerzeugung aus Wasserkraft eine immer größere Bedeutung zu. Gleiches gilt für die Versorgung mit Trinkwasser. Im Wasserkreislauf spielen dabei die Gletscher eine besondere Rolle. Sie sind die größten Süßwasserspeicher der Welt und sorgen für einen relativ gleichmäßigen Wasserabfluss.

Das Wasser in den Alpen stellt aber auch einen nicht zu unterschätzenden **Risikofaktor** dar. Starkregen kann innerhalb weniger Stunden Hangpartien durchnässen und damit Murenabgänge auslösen. Genau so verheerend können sich Schneebretter und Lawinen auswirken. Nicht zu unterschätzen sind Gefahren, die von Stauseen im Alpenraum ausgehen, wie z. B. die **Naturkatastrophe** von Vajont in den italienischen Alpen im Jahre 1963 zeigte. Damals kamen große Hangpartien oberhalb des Stausees ins Rutschen. Ein Erdbeben löste schließlich die Katastrophe aus: Eine Bergflanke rutschte mit etwa 100 km/h in den Stausee – die gewaltige Flutwelle töte innerhalb weniger Minuten fast 2 000 Menschen und zerstörte mehrere Dörfer.

Katastrophen in diesen Ausmaßen gehen häufig auf menschliches Fehlverhalten zurück. Durch Rodungen, Überweidung oder großflächige Planierungen von Skipisten verliert der Boden seinen Schutz durch die Vegetation. Bei Übersättigung mit Wasser nach langen Niederschlägen entstehen Rutschungen und Muren. Auch andere Naturrisiken wie z. B. Lawinen entwickeln sich erst dadurch zu Katastrophen mit verheerenden Ausmaßen, weil die Rodung von Bannwäldern natürliche Barrieren zerstört und der Mensch seinen Siedlungsraum in potenziell gefährdete Gebiete ausgeweitet hat.

7 ***Pistenplanierung im Bereich des Fellhorns Mitte der 1980er Jahre***

Gefährdungen durch anthropogene Nutzung: Beispiel Ski-Tourismus

Das Ökosystem Alpen reagiert wie alle Hochgebirgsräume besonders empfindlich auf Eingriffe und Störungen durch **anthropogene Nutzung**. Die Steilheit des Reliefs sowie die mit zunehmender Höhenlage immer deutlicher reduzierten Temperaturen behindern die Vegetationsentwicklung. Wachstums- und demzufolge auch Regenerationsprozesse laufen extrem langsam ab. Eine Alpenrose zum Beispiel braucht bis zur ersten Blüte 80 bis 90 Jahre, und das Felsenröschen, ein rasenbildender Zwergstrauch, wächst in 30 Jahren nur etwa drei Zentimeter. Schäden an einzelnen Pflanzen oder an der Vegetationsdecke, wie sie zum Beispiel bei extremer Trittbelastung oder beim Planieren einer Skipiste auftreten, sind daher zumeist irreparabel.

Seitdem das Skifahren ein Massensport geworden ist, haben die Eingriffe in das Ökosystem Alpen besonders in Form von Geländeveränderungen sehr stark zugenommen. Hatte sich früher die Skiabfahrt dem Relief angepasst, so muss sich heute vielfach der Berg der Abfahrt anpassen. Für den Wintertouristen sind die Eingriffe kaum erkennbar, deckt doch der Schnee gnädig alle Sünden zu. Erst nach der Schmelze werden die Wunden sichtbar. Die Veränderungen im Landschaftsbild sind in einigen Regionen bereits derart schwerwiegend, dass der Sommertourismus zurückgeht. Zu den ökonomischen treten die ökologischen Folgen. Eingriffe in Gelände und Vegetation verringern die Wurzelmasse, beeinträchtigen damit den Bodenschutz und das Wasserspeichervermögen des Bodens.

8 **Auswirkungen der künstlichen Beschneiung**

Ohne umfangreiche Infrastruktur kann nicht beschneit werden. Das Verlegen von Wasser-, Luft- und Stromleitungen erfordert umfangreiche Baumaßnahmen mit schweren Baumaschinen. (...) Eine Studie der SLF (2002) zeigt, dass auf Pisten mit Kunstschnee der zusätzliche Wasserabfluss im Frühjahr sehr groß sein kann. Bei den Testflächen kamen verglichen mit ungestörten Kontrollflächen im Schnitt wegen Kunstschnee über 360 zusätzliche Liter Wasser pro Quadratmeter zum Abfluss. Dies akzentuiert die Folgeprobleme des Wasserabflusses, welche im Bereich von Skipisten ohnehin wegen der starken Bodenverdichtung bestehen, noch zusätzlich. Bei ungünstigen Boden- und Vegetationsverhältnissen, wie sie auf Skipisten häufig anzutreffen sind, kann es örtlich zu einer Zunahme der Erosion kommen. (...) Speziell empfindliche Ökosysteme wie Moore oder Feuchtbiotope werden durch die Änderungen im Wasserhaushalt rasch zerstört. In vernässten Hängen steigt die Rutschungsgefahr. (...)

Felix Hahn: Künstliche Beschneiung im Alpenraum. alpMedia Hintergrundbericht Dezember 2004. S. 11–13.

„Ein Kubikmeter Kunstschnee (inklusive Abschreibungen, Energie, Personalkosten) kostet die Seilbahnbetreiber heute zwischen drei und fünf Euro.
In der Schweiz muss (...) für einen Kilometer beschneibare Piste mit Investitionen von rund 650 000 Euro gerechnet werden. (...)“

ebenda, S. 9

4 *Erläutern Sie an einem ausgewählten Beispiel mithilfe des Internets Ursachen und Folgen einer Muren- oder Lawinenkatastrophe.*

5 *a) Charakterisieren Sie das Ökosystem Alpen.*
b) Analysieren Sie die Informationen auf dieser Seite im Hinblick auf Belastungsfaktoren für das Ökosystem Alpen, die sich aus dem Ski-Tourismus ergeben.
c) Überprüfen Sie – auch unter Bezugnahme auf die „Umfrage“ von S. 127 – Ihr Verhalten als Ski-Tourist.

ONLINE-Link
Surftipp
29110X-0402

Ein Wirkungsgefüge erstellen

Räumliche Systeme sind äußerst komplex und dynamisch. In ihnen laufen Entwicklungen ab, die sich gegenseitig beeinflussen und so zu vielfältigen Verbindungen und Zusammenhängen führen. Dabei ergeben sich Ursache-Folge-Wirkungen, Rückkopplungen und mehrschichtige Verflechtungen.

Es ist Aufgabe des Geographieunterrichts, diese Zusammenhänge, die Prozessabläufe, Entwicklungen und Wechselwirkungen aufzudecken, um so die Struktur geographischer Systeme in ihrer Komplexität und Dynamik zu erfassen. Auf diesem Wege lässt sich gleichzeitig das für das Fach Geographie wichtige vernetzende Denken in Systemen schulen.

Denken in Systemen eignet sich in besonderer Weise dazu, Sachverhalte sowohl in ihrer Ordnungsstruktur als auch in ihrer funktionalen Struktur zu erfassen. Es ist eine optimale Erkenntnismethode, weil sie dem Menschen hilft, das ihm eigene eher linear-monokausale Denken zu überwinden zugunsten eines mehrperspektivischen, multikausalen Verflechtungsdenkens.

Ein erprobtes Mittel zur Darstellung der in einem geographischen Raum bestehenden multikausalen Wechselbeziehung ist das Wirkungsgefüge.

Es setzt die raumwirksamen Elemente zueinander in Beziehung, stellt Zusammenhänge, Ursachen und Folgewirkungen dar und verdeutlicht so die dem zu untersuchenden Raum innewohnende komplexe Struktur.

Dazu werden wichtige Begriffe stichwortartig aufgelistet, nach Themenbereichen geordnet und durch Pfeile miteinander verbunden. Diese Pfeile sollen zum Ausdruck bringen, dass die einzelnen Faktoren in einer Wechselbeziehung zueinander stehen.

Erstellung eines Wirkungsgefüges

Beispiel: „Pistenskilauf – Maßnahmen und Folgen“

1. Schritt: Texte und Materialien auswerten

Analysieren Sie die Texte und Materialien zum Beispiel-Thema „Skitourismus“ (S. 126–133). Ergänzen Sie diese Informationen durch eine eigenständige Recherche (Medien, Internet).

2. Schritt: Schlüsselaspekte suchen

Benennen Sie Schlüsselaspekte zum Beispiel-Thema „Skitourismus und seine Folgen“ bzw. „Auswirkungen des Pistenskilaufs“.
Notieren Sie diese Schlüsselaspekte auf schmalen Papierstreifen (optimal sind Haftnotizzettel).

3. Schritt: Schlüsselaspekte ordnen

Ordnen Sie die Schlüsselaspekte nach Sach- und Problemfeldern.

4. Schritt: Schlüsselaspekte gewichten

Arbeiten Sie die zentralen Schlüsselaspekte heraus und ordnen Sie diese auf einem großen Blatt Papier oder Karton an exponierter Stelle.

5. Schritt: Begriffe zuordnen

Ordnen Sie, gegliedert nach den unter 3. genannten Gesichtspunkten, die anderen Begriffe den zentralen Schlüsselaspekten zu; kennzeichnen Sie die entscheidenden Faktoren farblich.

6. Schritt: Verbindungen herstellen

Stellen Sie durch Pfeile die Beziehungen und Wechselwirkungen dar.
- *Was wirkt sich auf welchen Faktor aus?*
- *Wo bestehen Verflechtungen bzw. Rückkoppelungen (ggf. Doppelpfeile verwenden)?*
- *Welcher Faktor wirkt besonders stark auf andere (Pfeile mit unterschiedlicher Strichstärke verwenden)?*

„Räumliche Systeme sind Konstrukte des Denkens, die dem besseren Verständnis der Realität durch den Menschen dienen. Der Systembegriff setzt folglich eine Interpretation der realen Welt durch den Menschen voraus. Diese gibt den funktionalen und den strukturellen Aspekten eines Untersuchungsgegenstandes besonderes Gewicht. Die Beschreibungsgrößen treten also in den Vordergrund der Betrachtung, die für die Erstellung eines mathematischen Prognosemodells von Bedeutung sind.“

Dieter Klaus: Umweltkomplexität und Systemtheorie. In: Martina Flath/Gerhard Fuchs (Hrsg.): In Systemen denken lernen (...) Drittes Gothaer Forum zum Geographieunterricht, 1995. Gotha: Perthes 1996, S. 14–15

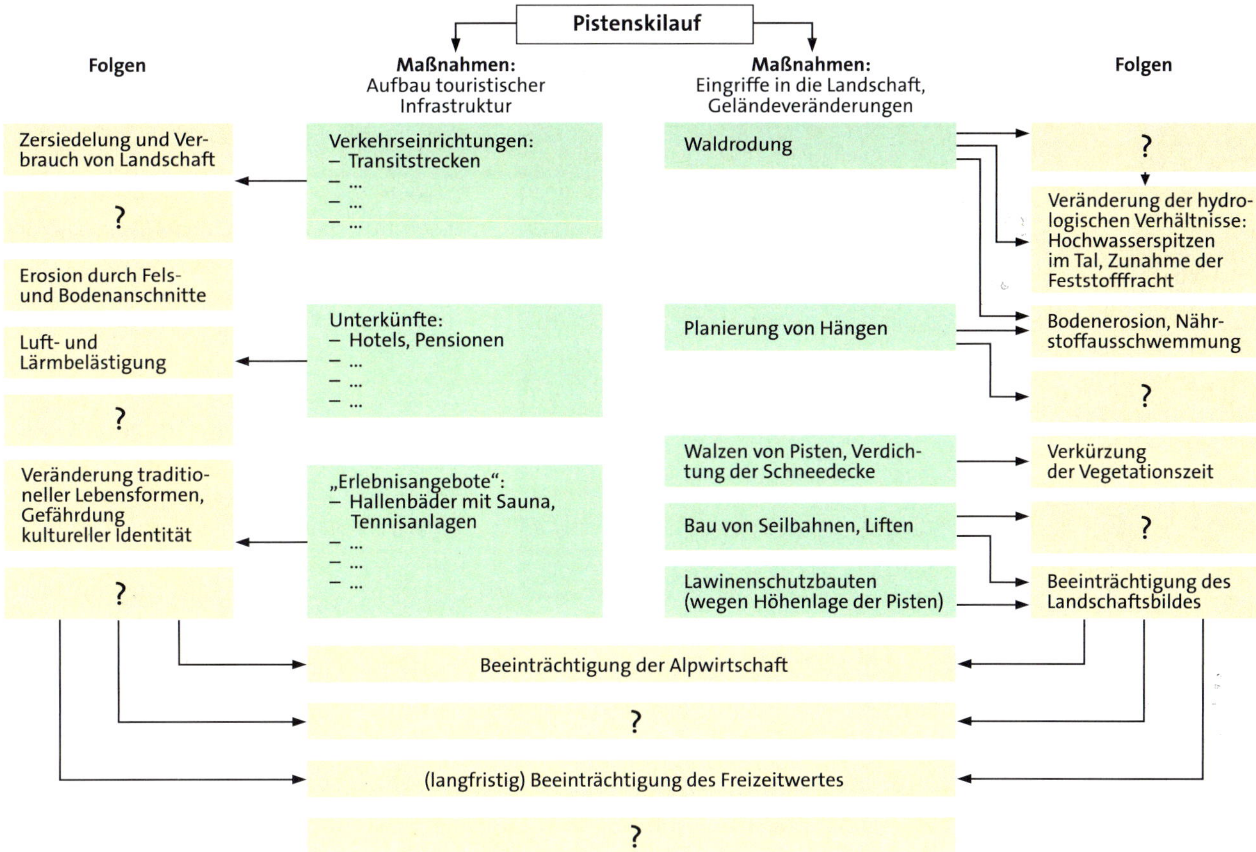

9 ***Wirkungsgefüge zum Thema „Pistenskilauf – Maßnahmen und mögliche Folgen“***

Nach Arno Kreus, Norbert von der Ruhren (Hrsg.): TERRA Erdkunde SII Räume und Strukturen. Stuttgart und Leipzig: Ernst Klett Verlag 2006, S. 105

10 **Fließdiagramm (Flussdiagramm, Fließschema)**
Es zeigt durch beschrifte Einfachpfeile, die stets in eine Richtung weisen, eine lineare Abfolge von Elementen bzw. Ereignissen. Im Sinne eines Prozesses kann es sich dabei um eine zeitliche oder kausale Wirkungskette handeln.

Mind Map („Gedankenkarte“)
Hier handelt es sich um die Darstellung nichtlinearer Zusammenhänge. Einem zentralen Thema als Ausgangspunkt werden Teilthemen und Schlüsselbegriffe so zugeordnet, dass sie über eine hierarchisch aufgebaute Aststruktur miteinander verknüpft sind. Zwischen den sich nach außen anschließenden Haupt- und Nebenästen werden keine Querverbindungen aufgezeigt.
Mind Mapping kann eingesetzt werden, um Vorwissen zusammenzutragen und zu strukturieren, um einen Überblick zur Behandlung eines Sachgebietes oder Problems zu schaffen oder um die Sicherung und Speicherung von Gelerntem zu unterstützen. Durch Mind Mapping werden Sinnzusammenhänge geordnet, grafisch dargestellt und vernetzt.

6 *Arbeiten Sie aus den Materialien (S. 128/129) weitere Folgen des Pistenskilaufs heraus (Schritt 1).*

7 *Benennen Sie weitere Schlüsselaspekte, ordnen Sie diese nach Sach- und Problemfeldern. Gewichten Sie diese Aspekte (Schritte 2–4).*

8 *Ordnen Sie die von Ihnen ermittelten weiteren möglichen Folgen sowie die Schlüsselaspekte in das obige Wirkungsgefüge ein (Schritt 5).*

9 *Stellen Sie durch Pfeile Wechselwirkungen dar und gewichten Sie diese (Schritt 6).*

„Zukünftig wird es nicht mehr darauf ankommen, dass wir überall hinfahren können, sondern ob es sich noch lohnt, dort anzukommen."

Hermann Löns, 1908

11 **Bereich des Fellhorns nach den Sanierungsmaßnahmen im Juli 1997**

12 **Wann ist der nachhaltige Tourismus in einer Region in Gefahr? – Checkliste**

Zielbereich	Warngrenzen
Landschaft	eine aufgrund der Planung (Baugebiete) mögliche Verdoppelung der Dorfgröße innerhalb von weniger als 50 Jahren
Landwirtschaft	Rückgang der landwirtschaftlichen Nutzfläche von mehr als 2 % in fünf Jahren
Beherbergung	Verhältnis von Zweitwohnungsbetten zu Hotelbetten von mehr als 3 : 1
Selbstbestimmung	Besitzanteil der Ortsansässigen bei den Ferien- und Zweitwohnungen von unter 50 %
Kulturelle Identität	Verhältnis von Betten zu Ortsansässigen von mehr als 3 : 1

Christoph Becker u. a.: Tourismus und nachhaltige Entwicklung. Darmstadt: Wissenschaftliche Buchgesellschaft 1996, S. 115

Maßnahmen zum Schutz der Bergwelt

***nachhaltiger Tourismus**: Förderung naturnaher Tourismusangebote, der eigenständigen Entwicklung von Fremdenverkehrsregionen unter Wahrung ihrer soziokulturellen Identität und insgesamt Korrektur negativer Auswirkungen touristischer Freizeitgestaltung. Ziel ist die nachhaltige Entwicklung und Sicherung der Ressourcen für den Fremdenverkehr.*

Das Fellhorn im Allgäu: Ansätze für ein landschaftsschonendes Nutzungskonzept

Ein Ende der 1980er Jahre entwickeltes Nutzungskonzept versucht, in dem für den Massenskisport erschlossenen Fellhorngebiet (Foto 7) Ansprüche des Tourismus und des Naturschutzes in Einklang zu bringen. Es sieht u. a. vor:

- Freihaltung bestimmter Flächen (z. B. Wildschutzgebiete) von jeglicher touristischer Nutzung durch Absperrungen,
- Verlegung von Skipisten und Rekultivierung planierter, erosionsgefährdeter Flächen,
- Einstellen des Skibetriebs bei Absinken der Schneehöhe unter einen festgelegten Wert,
- Ausgabe von Informationsmaterial an die Skifahrer mit Hinweisen auf ein verantwortungsbewusstes Verhalten (vor allem auch im Hinblick auf die Nutzung von Bus oder Bahn zur An- und Abreise),
- Eindämmung unerlaubter Tiefschneeabfahrten durch Androhung von Strafen.

Die ökologischen und sozialen Folgeprobleme des modernen Massentourismus führten bereits seit den 1970er-Jahren dazu, nach alternativen, weniger infrastrukturintensiven und technisierten Formen des Fremdenverkehrs zu suchen. Das Schlagwort „nachhaltiger Tourismus" beinhaltet die Förderung naturnaher Tourismusangebote, die eigenständige Entwicklung von Fremdenverkehrsregionen und insgesamt die Korrektur negativer Auswirkungen touristischer Freizeitgestaltung. Angesichts stetig weiter wachsender Urlauberzahlen stößt dieses Konzept jedoch an seine Grenzen.

Da aber von der Tourismusindustrie – weltweit inzwischen der größte Wirtschaftszweig – für viele Regionen besonders auch im Alpenraum positive Impulse ausgehen, muss nach weiteren Möglichkeiten gesucht werden, ökonomische, kulturelle und ökologische Belange sinnvoll in Einklang zu bringen. Ziel ist die nachhaltige Entwicklung und Sicherung der Ressourcen für den Fremdenverkehr.

Internationale Zusammenarbeit: Die Alpenkonvention

Bereits im Jahre 1952 hatten sich Natur- und Landschaftsschutzorganisationen aus den einzelnen Alpenstaaten zu einer „Commission Internationale pour la Protection des Alpes“ (CIPRA) zusammengeschlossen. Deren Initiative ist es zu verdanken, dass nach zähem Ringen 1995 ein zwischenstaatliches Vertragswerk zur Förderung einer nachhaltigen Entwicklung im Alpenraum zustande kam. Die Vertragspartner sind Deutschland, Frankreich, Italien, Liechtenstein, Österreich, Schweiz, Slowenien und die Europäische Union. Die Alpenkonvention soll dabei nicht nur ein Instrument des Natur- und Umweltschutzes darstellen, ihr Ziel ist es auch, im Sinne eines nachhaltigen Wirtschaftens eine alle Ressorts übergreifende Raumordnungspolitik durchzusetzen. Angefangen von dem Ziel der „Erhaltung und Förderung der kulturellen und gesellschaftlichen Eigenständigkeit der ansässigen Bevölkerung“ bis hin zur Luftreinhaltung, zum Schutz von Boden, Wasser, Landschaft und Bergwald ist eine enge, grenzüberschreitende Zusammenarbeit vorgesehen.

13 **Probleme bei der Umsetzung: Niederlage für den Naturschutz im Zillertal**

Per Weisung hat Tirols Naturschutzlandesrätin Anna Hosp (VP) die Errichtung einer zweiten Zubringerbahn in Kaltenbach im Zillertal durchgesetzt. Hier entsteht im Winter das größte Skikarussell des Tales. Die Umweltschutzabteilung des Landes hatte sich wegen des zu erwartenden Verkehrsanstiegs im ohnehin belasteten Tal dagegen ausgesprochen. (...) Die neue Seilbahn der Bergbahnen Hochzillertal wird parallel zu einer bestehenden in Kaltenbach errichtet. Sie befördert ins weit verzweigte Skigebiet Hochzillertal, in dem bereits 20 Anlagen betrieben werden. Im Winter wird durch den Zusammenschluss mit Hochfügen das größte Skigebiet des Zillertals entstehen: Die Förderleistung wird von 30 000 Personen pro Stunde auf 60 000 verdoppelt.

DER STANDARD-Printausgabe, 23./24.07.2005, unter http://derstandard.at

14 ***Parkplatz vor dem Skilift der Fellhornbahn***

15 **Was kann der Einzelne tun?**

Der Deutsche Alpenverein (DAV) stellt in einem Grundsatzpapier die Frage „Müssen wir ein schlechtes Gewissen haben, wenn wir weiterhin in den Alpen Wintersport betreiben?“ Seine Antwort lautet „Skisport ja“ – aber bei dessen Gestaltung muss sich jeder Einzelne seiner Verantwortung für die Umwelt bewusst werden:

Verkehr – er kann die größte Umweltbelastung durch den Einzelnen sein!
- Deshalb bereits bei der Urlaubsplanung Berücksichtigung umweltfreundlicher An- und Abreisemöglichkeiten (Benutzen öffentlicher Verkehrsmittel, Bilden von Fahrgemeinschaften)

Beim Skifahren selbst!
- Nicht in jeder Liftschlange sofort neue Aufstiegshilfen und die damit verbundenen Pistenbauten fordern
- Bei nicht ausreichender Schneedecke oder aperen Flächen Pistensperrungen akzeptieren bzw. am besten freiwillig auf das Skifahren verzichten; je nach Schneebeschaffenheit können 15 cm (wenn hart und verfestigt) noch ausreichen, bei Lockerschnee sind 30 cm bereits zu gering

Andere Formen der Erholung suchen!
- Skilanglauf oder Skiwandern
- Rodeln oder Schlittschuhlaufen
- Wandern und Bergsteigen

Verändert nach DAV München 1995

ECO Friends

NATURFREUNDE
AMIS DE LA NATURE
FRIENDS OF NATURE
INTERNATIONAL

Logos für ökologischen Tourismus

ONLINE-Link
sanfter Tourismus
29110X-0403

Bilder interpretieren

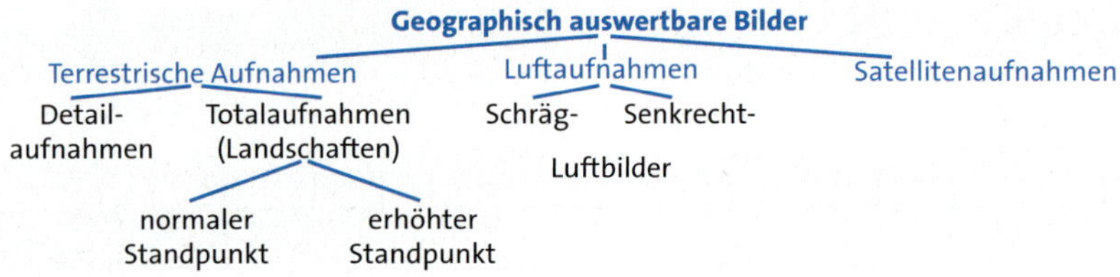

16 ***Bild-Aufnahmetypen***

Niemandem wird es vergönnt sein, die Vielzahl geographischer Forschungsobjekte, also zum Beispiel Kontinente, Länder, Landschaften, ländliche und urbane Räume, umfassend aus eigener Anschauung kennen zu lernen. Als Ersatz für die originale Begegnung stellt uns das Bild einen Wirklichkeitsausschnitt vor. Es dient dabei nicht als bloße Illustration, aus ihm lassen sich vielmehr durch entsprechende Interpretationsfragen wichtige Erkenntnisse gewinnen.

Interpretationsschema

1. Schritt: Orientierung

- *Bildinhalt bzw. Bildgegenstand?*
- *Informationen durch eine Bildunterschrift?*
- *Hinweise auf den Aufnahmezeitpunkt (Jahr, Jahreszeit, Tageszeit)?*
- *Angabe einer Bildquelle? Zusammenhang von Bildquelle und Bildaussage (z.B. staatliche Agentur – politische Propaganda)?*
- *Verwendung von Objektiven mit extremen Brennweiten (z.B. bei Weitwinkelfotos schräge Hauswände, bei Teleobjektivaufnahmen geringe Tiefenschärfe)?*

17 **Raumausschnitte auf geographischen Bildern**

Die Größe des dargestellten Raumausschnitts kann variieren von der Detailaufnahme einer Nomadenfrau vor ihrem Zelt bis zur Satellitenaufnahme eines ganzen Kontinents.

Gemeinsam ist allen Bildern, dass sie nur einen Augenblickszustand zeigen. Und gerade für die Auswertung geographischer Bilder kann der Aufnahmezeitpunkt sehr wichtig sein: die Tageszeit für die Aufnahme einer Großstadtstraße, die Jahreszeit für Bilder von landwirtschaftlichen Nutzflächen.

Mit Ausnahme von Satellitenbildern zeigen Fotos immer nur einen begrenzten Raumausschnitt. Je kleiner dieser ist, desto mehr Details kann man zwar erkennen, desto wichtiger wird aber die Frage, ob das Dargestellte typisch ist für die jeweilige Stadt oder das jeweilige Land. Hier haben diejenigen, die die Bilder machen oder sie für den Abdruck aussuchen, einen enormen Einfluss darauf, was sich bei den Lesern für ein Eindruck von einem Land ergibt. Es ist daher empfehlenswert, mehrere Informationsquellen zu nutzen und sich einen verlässlichen Überblick zu verschaffen, in den man das einzelne Bild einordnen kann.

Werner Wallert: Geomethoden. Stuttgart: Klett 1993, S. 25

2. Schritt: Beschreibung

a) Landschaft

- *Beschreibung erkennbarer Landschaftselemente mithilfe der Fachsprache,*
- *Abschätzung der Größe von Landschaftselementen, von Distanzen und Flächen (durch Vergleich mit geeigneten Objekten wie Bäumen, Häusern, Autos, Personen),*
- *Gliederung des abgebildeten Raumausschnitts, z.B. nach physisch-geographischen Gegebenheiten (Relief, Gewässer, Vegetation), nach anthropogeographischen Elementen (land- und forstwirtschaftliche Nutzungen, Siedlungen, Verkehrswege, Industrie- und Gewerbegebiete, Freizeiteinrichtungen), nach Vorder-, Mittel-, Hintergrund,*
- *Feststellen von deutlich erkennbaren Raumstrukturen (z.B. punktuell, linear, radial, kreisförmig, rechteckig), von funktionalen Zusammenhängen zwischen einzelnen Bildelementen, von landschaftsverändernden Prozessen,*
- *Zuordnung zu einem Landschaftstyp.*

b) Personen oder Objekte

- *Feststellen von Merkmalen und Tätigkeiten abgebildeter Personen,*
- *Rückschlüsse von diesen Merkmalen bzw. Aktivitäten auf das Umfeld (z.B. technisches Niveau einer Tätigkeit und wirtschaftliche Situation),*
- *Funktionsbestimmung einzelner Objekte (z.B. typischer Gebäudemerkmale, Beschriftungen).*

18 ***Matrei in Tirol***

Tipp zur Motivsuche
Von den Fotografen wünscht man sich, dass sie das Typische und Wesentliche in den Mittelpunkt rücken, dass mehr das Alltägliche gezeigt wird als das Kuriose und Extreme. Inhaltsreich und aussagekräftig soll das Bild sein, der ästhetische und fotografisch schöne Aspekt ist zweitrangig.
ebenda

3. Schritt: Erklärung

- *genetische Deutung: Entstehung und Entwicklung der wichtigen natur- und kulturlandschaftlichen Bildelemente bzw. der erkannten Raumstrukturen klären,*
- *Ursachenanalyse: Physisch-geographische Kräfte und/oder historische, wirtschaftliche, gesellschaftliche bzw. politische Faktoren untersuchen, die das Aussehen der abgebildeten Natur- und Kulturlandschaft beeinflusst haben (unter Hinzuziehung ergänzender Informationen über den Gesamtraum, aus dem das Bild stammt); dabei insbesondere auf die im Bild ggf. erkennbaren landschaftsverändernden Prozesse eingehen,*
- *funktionale Deutung: Beziehungen zwischen einzelnen Bildelementen herstellen, die spezifische Lage einzelner Objekte aus ihrer Funktion sowie Aufgaben und Rolle dargestellter Personen erklären.*

4. Schritt: Wertung

- *Auswahl von Bildausschnitt, Kamerastandpunkt, Blickrichtung, Aufnahmezeitpunkt: Günstig im Hinblick auf Aussage und Information? Manipulativ?*
- *Informationen und Objekte im Mittelpunkt des Bildes: Tatsächlich wichtig? Unwesentliches (absichtlich) im Vordergrund?*
- *Abgebildete Landschaftselemente, Raumstrukturen, landschaftsverändernde Prozesse, Personen und ihre Tätigkeiten usw. wirklich typisch für diesen Raum?*

Weiterer Informationsbedarf?

- *Position des Fotografen: Sein (vermutliches) Interesse an diesem Bildmotiv? Grund für Veröffentlichung dieses Bildes? Erkennbare Einflussnahme auf die Bildaussage (z. B. durch Auswahl eines besonderen Objektivs, durch Erzeugen einer bestimmten Atmosphäre mithilfe von Bildmotiven im Vordergrund o. Ä.)?*

Achtung!
Bei Detailaufnahmen bedarf es manchmal nur eines kleinen Schwenks mit der Kamera, einer kurzen Verzögerung beim Auslösen oder einer kleinen Drehung am Vario-Objektiv, und schon entsteht eine ganz andere Aufnahme. Hier muss man besondere Vorsicht bei der Formulierung von Bildaussagen walten lassen.

10 *Zweimal Matrei im Wipptal in Tirol (Fotos 18): Beide Aufnahmen entstanden aus exakt der gleichen Kameraposition mit der gleichen Blickrichtung. Einziger Unterschied: ein Dreh am Vario-Objektiv von Tele (links) auf Weitwinkel (rechts). So bestimmt der Bildausschnitt die Bildaussage. Ein aufmerksamer Beobachter hätte aber auch schon beim linken Bild gestutzt! Finden Sie heraus, warum.*

→ *Satellitenbilder interpretieren, siehe Seite 36/37*

4.2 Naturrisiken und Katastrophen: Erdbeben, Vulkanismus und Tsunamis

Angst vor Tsunami in Indonesien

„Nach einem starken Erdbeben vor der Westküste Indonesiens sind gestern Tausende Menschen in Panik auf die Straße gerannt. Nach Angaben aus dem indonesischen Gesundheitsministerium wurden mindestens drei Menschen getötet und 25 weitere verletzt. Das Epizentrum lag 30 Kilometer unter dem Meeresboden westlich der Provinz Aceh auf Sumatra. Aceh war von dem verheerenden Tsunami vor drei Jahren schwer verwüstet worden. (...).“

Allgäuer Zeitung vom 21. 02. 2008

1 **Gleebruk (Indonesien) am 12. 04. 2004**

2 **Gleebruk (Indonesien) am 22. 01. 2005**

Naturkatastrophen – aufwühlend und verstörend

Die Bilder vom 26. Dezember 2004 sind unvergessen: Menschen wurden vor laufenden Videokameras überraschter Touristen von einem Tsunami in den Tod gerissen. Die Filmaufzeichnungen von den betroffenen Küsten am Indischen Ozean gingen um die Welt. Schließlich wurden mehr als 200 000 Tote vermeldet. Über zwei Millionen Menschen wurden auf einen Schlag obdachlos.

„Vancouver! Vancouver! This is it!“ Mit diesen Worten meldete der Vulkanologe David A. Johnston am 18. Mai 1980 den Ausbruch des Mt. St. Helen. Er hatte zehn Kilometer entfernt Messungen zum bevorstehenden Ausbruch des Vulkans vorgenommen. Johnston wurde von der Wolke aus vulkanischer Asche und Lava weggefegt. Das unmittelbare Miterleben dieser Ereignisse durch das Fernsehen warf die Frage auf, ob der Mensch solchen Naturgewalten hilflos ausgesetzt ist. Wissenschaftliche Forschungen, allgemein verständliche Erklärungen und schließlich eingeleitete mittel- und langfristige Vorsorgemaßnahmen machen uns bewusst: Der Mensch lernt, mit Umweltrisiken so umzugehen, dass Schäden zwar nicht gänzlich vermieden, wohl aber minimiert werden können.

Erdbeben und Vulkanismus im Mittelmeerraum

Über 17 000 Todesopfer forderte 1999 ein Erdbeben der Stärke 6,3 in Istanbul und Izmir. In Mittelitalien erreichte 2002 ein Beben die Stärke 5,9 und forderte 29 Tote, davon viele Kinder.

Der Vesuv (letzter großer Ausbruch 1944) ist einer der aktivsten und gefährlichsten Vulkane. Immer wieder legte er seit seinem Heranwachsen vor rund 12 000 Jahren Ruhephasen ein, um dann umso heftiger auszubrechen. Am bekanntesten ist sein Ausbruch von 79 n. Chr. geworden, bei dem vermutlich tausende Menschen starben und die blühenden Städte Pompeji und Herkulaneum unter Asche und Schlamm begraben wurden. Eine weitere überraschende Explosion brachte im Jahre 1631 rund 4 000 Menschen den Tod. Ein erneuter Ausbruch wäre mit unvorhersehbaren Folgen verbunden, denn in der besonders gefährdeten Zone leben heute rund 700 000 Menschen.

Intraplattenbereiche kontinental		ozeanisch	Subduktionszone (Kontinentalrand)		Mittelozeanische Rücken	Vulkanische Zone
Vulkandecken/Maar		Schildvulkan	Schichtvulkan		Vulkanische Rücken	Vulkantyp/
effusiv	/ explosiv	effusiv	überwiegend explosiv		effusiv	Vulkanismus
- 52%	/ - 65%	- 52%	52–65%	³ 65%	- 52%	SiO_2-Gehalt
basisch	/ sauer	basisch	intermediär*	sauer	basisch	Chemismus
gasarm	/ gasreich	gasarm	gasarm bis gasreich		gasreich	Gasführung

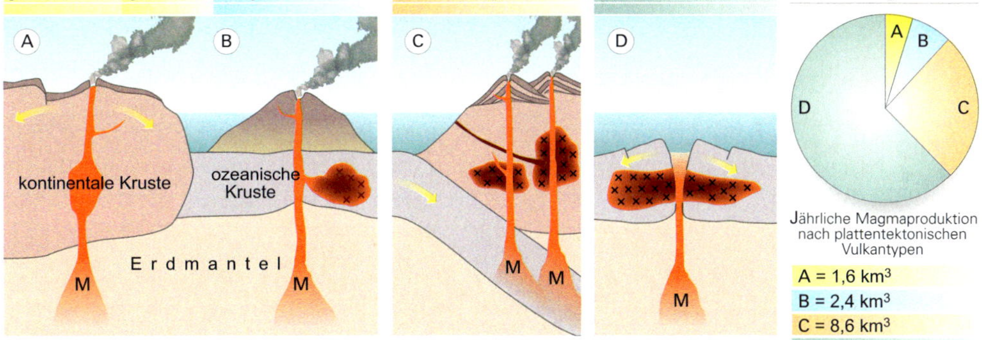

A = 1,6 km³
B = 2,4 km³
C = 8,6 km³
D = 21,0 km³

* intermediär: zwischen basisch und sauer

M: Magmabildung

③ *Schema zum Zusammenhang zwischen Vulkanismus und Plattentektonik*

Endogene Ursachen

Erdbeben konzentrieren sich zu ca. 80 % in einer schmalen zirkumpazifischen Zone, zu 15 % in einem von den Alpen und der Mittelmeerregion bis zum Himalaya reichenden Gebirgsgürtel und zu weiteren 3 % an den submarinen mittelozeanischen Rücken. Die flacheren Beben zeichnen dabei **divergierende Plattengrenzen** nach, Tiefbeben beschränken sich auf **konvergierende Plattengrenzen**.

Die weltweit meisten Vulkane findet man an den mittelozeanischen Rücken. Dort steigt heiße Mantelschmelze bis dicht unter den Meeresboden auf und erstarrt zu senkrechten Basaltgängen, über denen sie als decken- bzw. schlauchförmige Kissenlava an der Oberfläche ausfließt.

Tsunamis treten besonders an den Ufern des Pazifiks auf. Aber auch im Mittelmeergebiet sind allein in historischer Zeit über 30 zerstörerische Tsunamiereignisse registriert worden.

Der **Vulkanismus** steht in einem engen ursächlichen Zusammenhang mit Erscheinungen der **Plattentektonik**. An den Subduktionszonen, an denen die erkaltete und verdichtete **Lithosphäre** in die **Asthenosphäre** abtaucht (**Subduktion**), findet sich ein Mosaik unterschiedlicher Vulkane. Taucht eine ozeanische Platte unter eine ebenfalls ozeanische ab, dann fördern die entstehenden Inselbogen-Vulkane überwiegend basaltische Magmen. Wird ozeanische Kruste unter kontinentale subduziert, finden wir an den aktiven Kontinentalrändern vor allem Vulkane mit stark differenzierten Magmen. Da das abtauchende Material zum Teil einen sehr hohen SiO_2-Gehalt aufweist, zählen die Subduktionsvulkane zu den explosivsten Vulkanen der Erde. Erdbeben bewirken eine Umlagerung der Spannungen in der Kruste und können somit weitere Erdbeben fördern bzw. verhindern. Vulkanische Aktivitäten und Erdbeben beeinflussen sich gegenseitig. Beispielsweise korrelieren Eruptionen am Vesuv mit Erdbeben im südlichen Apennin.

1 *Erläutern Sie, warum Vulkane Jahrzehnte lang ruhen, dann aber plötzlich ausbrechen.*

2 *Beschreiben Sie die auf den Satellitenbildern 1 und 2 erkennbaren Folgen des Tsunami vom 26.12.2004.*

3 *Erklären Sie mithilfe einer Internetrecherche die Entstehung von Tsunamis.*

ONLINE-Link
Naturkatastrophen
29110X-0404

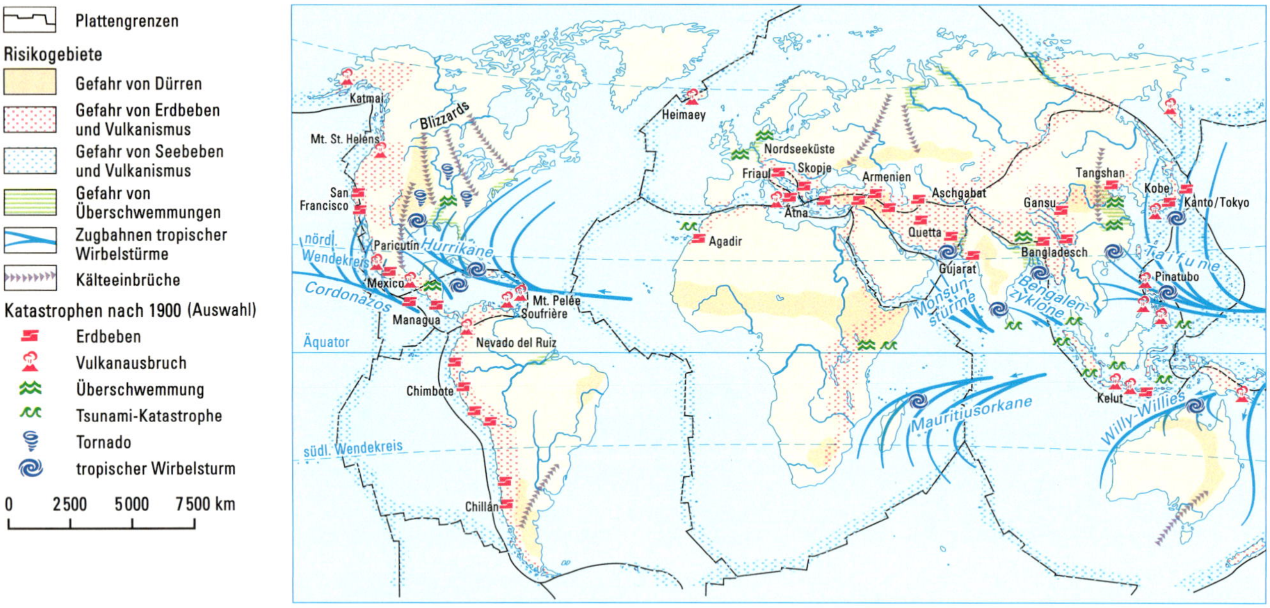

4 *Erde: Risikogebiete für Naturkatastrophen*

Vom Ereignis zur Katastrophe

5 **Plinius der Jüngere an den römischen Geschichtsschreiber Tacitus über den Vesuvausbruch im Jahre 79 n.Chr.**

(...) Jetzt schien es uns ratsam, die Stadt zu verlassen. Eine verstörte Menschenmenge schließt sich uns an, lässt sich – was bei einer Panik beinahe wie Klugheit aussieht – lieber von fremder statt von der eigenen Einsicht leiten und stößt und drängt uns in endlosem Zuge mit sich fort. (...) Als wir die Häuser hinter uns hatten, blieben wir stehen. Da sahen wir allerlei Sonderbares, Beklemmendes geschehen. Die Wagen (...) rollten hin und her, obwohl sie auf ganz ebenem Terrain standen (...). Außerdem sahen wir, wie das Meer sich in sich selbst zurückzog und durch die Erdstöße gleichsam zurückgedrängt wurde. (...). Auf der anderen Seite eine schaurige, schwarze Wolke, kreuz und quer von feurigen Schlangenlinien durchzuckt (...). Schon regnete es Asche, doch zunächst nur dünn. Ich schaute zurück: Im Rücken drohte dichter Qualm, der uns, sich über den Erdboden ausbreitend, wie ein Gießbach folgte. (...)

Plinius: Briefe des jüngeren Plinius in Auswahl hrsg. und erkl. von Mauritz Schuster, G. Freytag Verlag, Leipzig 1923

6 **Störanfällig: Das System Erde – Mensch**

Prozesse im System Erde stellen nur unter bestimmten Umständen eine Bedrohung für den Lebensraum des Menschen dar. Zu einem Risiko werden natürliche Phänomene erst durch inadäquate Inwertsetzung gefährdeter Räume oder durch eine für Menschen nachteilige Einflussnahme auf Komponenten des Gesamtsystems. Seit dem Beginn der kulturlandschaftlichen Erschließung unseres Planeten vor vielen tausend Jahren entwickelt der wirtschaftende Mensch Strategien, seinen Lebensraum den Naturgegebenheiten möglichst optimal anzupassen. Immer mehr wird der Faktor Mensch zu einer einflussreichen Größe im Kontext des Systems Erde. Aus der immer intensiveren Nutzung erwächst aber gleichsam eine schleichende Erhöhung der **Vulnerabilität** – eine Tatsache, die sich durch die Auswirkungen des **anthropogenen Klimawandels** weiter verschärft. Besonders problematisch, auch in volkswirtschaftlicher Hinsicht, ist in diesem Zusammenhang die teilweise hohe Bevölkerungsdichte in potentiell gefährdeten Gebieten.

Gregor C. Falk et al.: Naturrisiken im Geographieunterricht. In: Geographie heute H. 251, 2007, S. 2

ONLINE-Link
Surftipp
29110X-0405

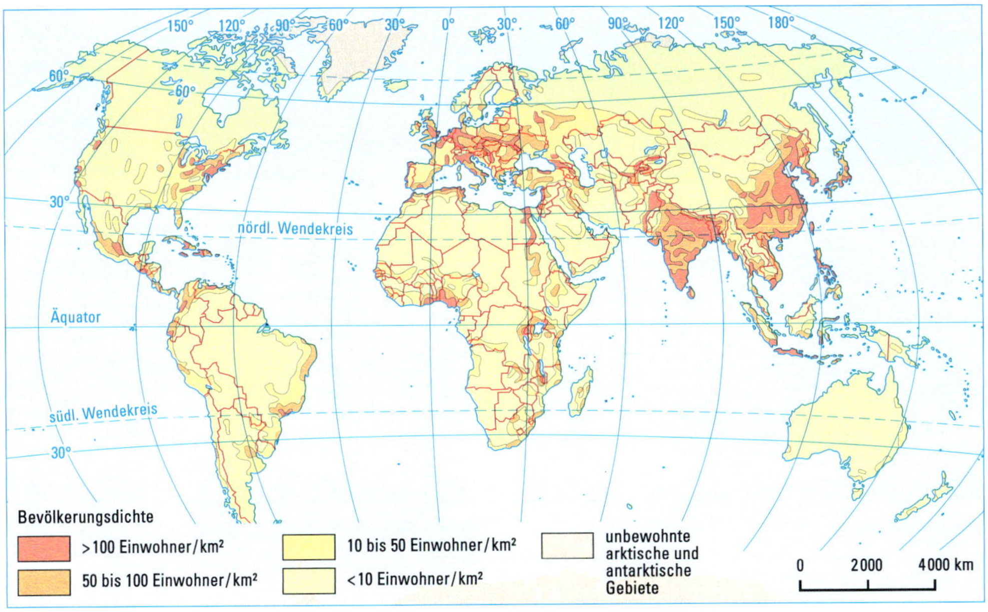

7 ***Bevölkerungsdichte***

Naturereignis *(natural event)*
Die konkret messbaren tatsächlichen Ereignisse in der Umwelt, die nicht unmittelbar durch menschliches Handeln verursacht sind.

Naturrisiko *(natural risc)*
Als Naturrisiko wird die Eintrittswahrscheinlichkeit in Relation zur erwarteten Schädigung verstanden.

Naturkatastrophe *(natural disaster)*
Naturereignisse werden zu Naturkatastrophen, wenn Menschen durch die Auswirkungen des Ereignisses geschädigt werden.

8 **Katastrophenvorsorge und Versicherung**

Versicherung ist im Kontext der Naturkatastrophen ein Anpassungsmechanismus, der zumindest finanzielle Kompensation ermöglicht. Durch ihre große finanzielle Kapazität und Übernahme eines Teiles der Schäden kann sie den Staat entlasten. Die Versicherungswirtschaft quantifiziert Risiko durch risikoadäquate Prämien und macht Risiken dadurch transparent. Damit schafft sie Anreize für vernünftiges Handeln, Prävention und vermindert die Gesamtschadenlast für die Gesellschaft. Die Versicherungswirtschaft bietet trotz der ungünstigen Schadentrends nach wie vor ein breites Spektrum an Deckungen gegen Naturgefahren, sie versucht gleichzeitig, ihre Kunden zu verstärkter Schadensvorsorge zu motivieren. Schadenmindernde Maßnahmen oder bauliche Auslegungen, die Schäden reduzieren, werden mit Prämiennachlässen honoriert. Außerdem unternimmt sie große Anstrengungen, ihre eigenen Schadenpotenziale durch moderne geowissenschaftliche Methoden unter Einsatz von Computermodellen und geographischen Informationssystemen zu berechnen und zu kontrollieren.

Peter Höppe/Thomas Loster: Klimawandel und Wetterkatastrophen. In: Geographische Rundschau (GR) H. 10, 2007, S. 30

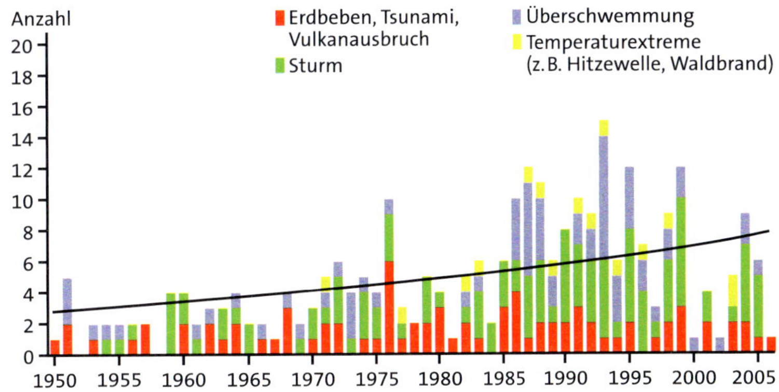

9 ***Große Naturkatastrophen 1950–2006;*** *nach Münchner Rückversicherung, aus GR 10/2007, S. 27*

4 *Begründen Sie die hohe Bevölkerungsdichte an den Küsten (Karte 7).*

5 *Beschreiben Sie anhand der Karte 4 die Gefahren, denen Ballungszentren an den Küsten Ostasiens und Amerikas ausgesetzt sind.*

6 *Untersuchen Sie die von den Versicherungen erfassten Schäden (Diagramm 9).*

7 *Versicherungen berechnen ihre Prämien nach dem quantifizierten Risiko, das sie abdecken sollen.*
   a) Erklären Sie anhand von Text 8 die Vorgehensweise der Versicherungen im Hinblick auf Naturrisiken.
   b) Diskutieren Sie den Sinn solcher „Absicherung" gegen Naturkatastrophen.

Vulnerabilität *(vulnerability)*
Das Wort bedeutet eigentlich „Verwundbarkeit" oder Verletzlichkeit". In Bezug auf potenzielle Naturgefahren steht es für die „Anfälligkeit", die eine soziale und ethische Dimension umfasst.

⑩ ***Mariano (Friaul): durch Erdbeben zerstörtes Gebiet***

⑪ ***Transamerica-Pyramide in San Francisco: erdbebensicherer Wolkenkratzer, 260 m hoch***

Tsunami-Evakuierungswegweiser in Thailand

Katastrophenschutzübung

Umgang mit der Gefahr

Um Schäden aus **Naturereignissen** konsequent zu vermeiden, wäre es erforderlich, der Gefahr aus dem Wege zu gehen. Aber der Bevölkerungsdruck und wirtschaftliche Vorteile veranlassen Menschen immer wieder, sich in der Nähe des Gefahrenbereichs aufzuhalten, dort zu arbeiten oder auch sich niederzulassen. An den Vulkanhängen betreibt der Mensch intensive Landwirtschaft, da die aus vulkanischen Lockergesteinen entstandenen Böden besonders mineralreich sind und hohe Erträge erbringen. Touristen besteigen Vulkane oder baden in deren Nähe im heißem Quellwasser. Die heißen Wässer werden auch gefasst und zur Energiegewinnung oder zum Heizen genutzt. Tuffsteine sind begehrtes Baumaterial und in manchen Vulkankrater steigen Arbeiter durch giftige Dämpfe hinab, um dort Schwefel zu gewinnen und durch den Verkauf ihren Lebensunterhalt zu bestreiten.
Von Erdbeben zerstörte Orte und Städte werden mit wenigen Ausnahmen am Gefährdungsort wieder aufgebaut. Man verdrängt das Wissen um die Gefahr oder vertraut darauf, mit organisatorischen und technischen Vorsorgemaßnahmen Schaden zu vermeiden.

Forschung und Vorhersagen

Das Erdbeben von Lissabon, gefolgt von einer Feuersbrunst und einer gewaltigen Flutwelle zerstörte am 1.11.1755 die portugiesische Hauptstadt fast vollständig. Mit seinen 30 000 bis 100 000 Todesopfern zählt es zu den verhängnisvollsten Naturkatastrophen Europas. Die wissenschaftliche Aufarbeitung des Ereignisses führte zur Geburt der modernen Seismologie. Die damalige Regierung beschränkte sich nämlich nicht nur auf das Bemühen zum Wiederaufbau. Vielmehr ordnete sie auch eine Umfrage unter allen Pfarrern an, um Informationen über das Beben und seine Auswirkungen zu sammeln. Die Umfrage erfasste Daten über die

- Dauer des Erdbebens,
- Anzahl der Nachbeben,
- durch das Beben verursachten Schäden,
- besonderen Verhaltensweisen von Tieren vor dem Erdbeben,
- Besonderheiten in Brunnen und Quellen.

Heute gehen die Bemühungen der Wissenschaft dahin, den Eintritt der Naturereignisse rechtzeitig zu erkennen. Behörden sollen dann mögliche Betroffene warnen und geeignete Maßnahmen (z. B. zur Evakuierung) treffen. Schließlich werden durch die Behörden Pläne für den Ernstfall erstellt und Übungen zum Katastrophenschutz angeordnet.

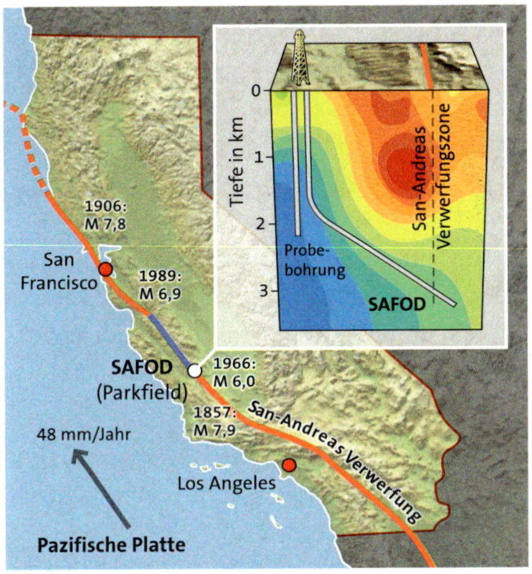

12 **_Tiefbohrung im St. Andreasgraben_**

Nach Zweijahresbericht des GFZ Potsdam 2002/2003, S. 373, unter www.gfz-potsdam.de

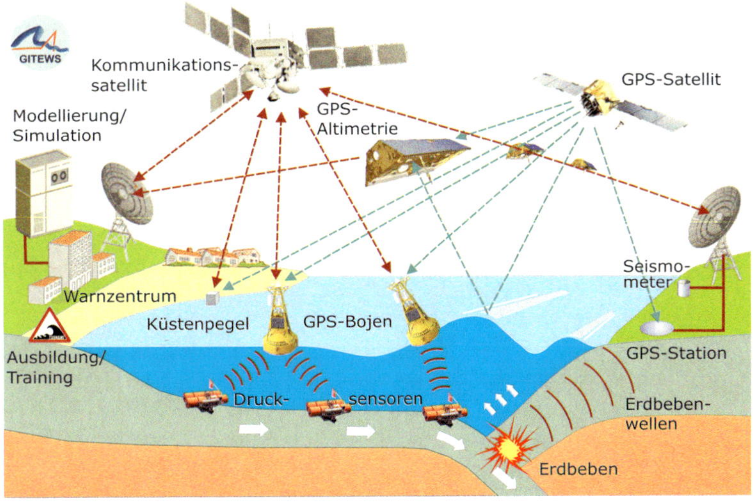

13 **_Tsunami-Warnsystem im Indischen Ozean_**

Nach GITEWS-Projektmanagement am GeoForschungsZentrum Potsdam; unter www.gitews.de

Das nächste Beben kommt bestimmt: Erdbebenforschung am St. Andreas-Graben

An der amerikanischen Westküste will man auf das nächste große Erdbeben vorbereitet sein. Für Seattle ist detailliert analysiert worden „was wäre, wenn morgen das Beben käme?“ Folgende Wirkungen werden im Zusammenhang mit Erdbeben als Schadensverursacher gesehen:

- Vibrationen bringen Inneneinrichtungen in Häusern zu Fall und Bauwerke zum Einsturz,
- Leckagen an Versorgungsleitungen führen zum Zusammenbruch der Stromversorgung und zu Großbränden,
- Bodenaufweichung stört das Grundwassersystem und führt zu Infrastrukturschäden,
- Erdrutsche verschütten Gebäude und unterbrechen Verkehrsverbindungen,
- Tsunamis verheeren die Küsten.

Da verlässliche Warnungen und damit Evakuierungen noch nicht möglich sind, konzentriert man sich auf Schadensbegrenzung etwa durch Maßnahmen zur Vermeidung von Folgebränden oder durch Gewährleistung rascher Katastropheneinsätze insbesondere auch nachts.

Um Zusammenhänge analysieren und Prognosen „sich ankündigender Erdbeben“ erstellen zu können, bringt das Projekt SAFOD (San Andreas Fault Observatory at Depth) des GeoForschungs-Zentrums Potsdam derzeit eine Bohrung in die Störungen des St. Andreas-Grabens nieder.

Neues Tsunami-Warnsystem im Indischen Ozean wird Menschenleben retten

Ein amerikanisch-japanisches Tsunami-Warnsystem hat an den Pazifikküsten zum Teil große Katastrophen verhindern können. Zu Weihnachten 2004 wurde von diesem pazifischen System auf die Gefahr eines Tsunamis im Indischen Ozean hingewiesen. Mangels Empfängerresonanz durch einen rund um die Uhr funktionierenden Katastrophenschutz kam die Warnung jedoch nicht rechtzeitig an den betroffenen Küsten an.

Das System, das deutsche Wissenschaftler jetzt vor der Küste Sumatras installieren, soll Signale von Bodendetektoren blitzschnell übertragen. Auch soll in den Gefahrenregionen sichergestellt werden, dass die Warnungen die Menschen binnen Minuten erreichen. Mit Katastrophenplänen sind die Behörden und die Bevölkerung auf den Ernstfall vorbereitet. Um Fehlwarnungen zu vermeiden, muss das neue System zuverlässig und schnell arbeiten.

In der Nacht zum vergangenen Montag hat ein Tsunami-Alarm in Thailand Urlauber und Einheimische in Panik versetzt. Viele Menschen flüchteten in die Berge. Doch sie hatten Glück: Die große Flutwelle blieb aus. Solche Fehlwarnungen könne man sich nicht oft leisten, warnte die thailändische Regierung. Unnötige Evakuierungen könnten die Menschen an der Ernsthaftigkeit von Warnungen zweifeln lassen. Das zeige, wie wichtig es ist, dass das neue Frühwarnsystem wirklich zuverlässig und schnell arbeitet.

Nach Handelsblatt vom 27. 7. 2005, unter www.handelsblatt.com

8 *Beschreiben Sie die Funktionsweise des in Grafik 13 dargestellten Tsunami-Warnsystems.*

9 *Erläutern Sie auf Grundlage einer Internetrecherche weitere Möglichkeiten der Risikovorhersage.*

10 *a) Vergleichen Sie Warnsysteme für Erdbeben und Vulkanausbrüche mit denen für Tsunamis.*

b) Diskutieren Sie vor dem Hintergrund der Zuverlässigkeit den Sinn solcher Warnungen.

ONLINE-Link
Umgang mit der Gefahr
29110X-0406

14 ***Indonesien: Zeremonie zur „Besänftigung" des Vulkans Merapi***

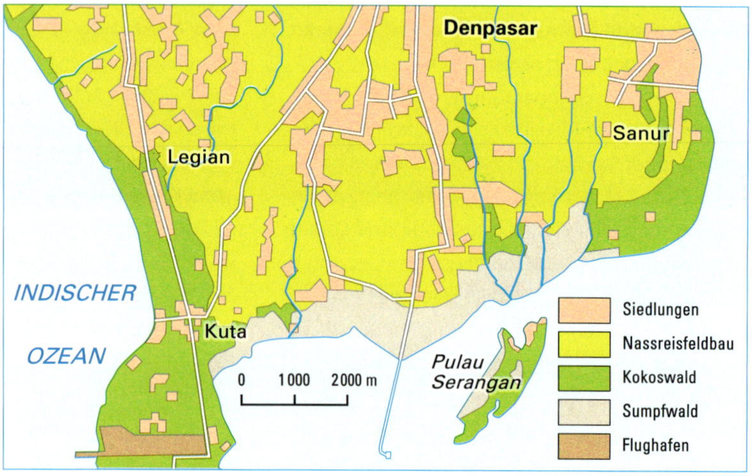

15 ***Indonesien: Landnutzung auf Bali (Kuta und Sanur) 1969*** *Nach Dress 1977*

Präventives Verhalten und Raumplanung

***Raumplanung** ist die Gesamtheit aller zur Erarbeitung, Aufstellung und Durchsetzung einer erstrebten strukturräumlichen Ordnung (Raumordnung) eingesetzten planerischen Mittel.*

Respekt vor den Göttern und der Natur

Naturnahe Völker meiden gefährdete Gebiete. Hindus überlassen Vulkane den Göttern als Sitz und nehmen Abstand vom Meer, der Wohnstätte der Dämonen. Sie weigern sich, unter Erdmaterial zu wohnen – so werden sie bei Erdbeben nur von Baumwedeln getroffen und nicht von Ziegelsteinen erschlagen.

Die heutige Verwaltung weist z. B. an der Westküste der dicht bevölkerten Insel Java ausgedehnte Nationalparks aus. Besucher betreten diese Gebiete nur kontrolliert. Sie brauchen eine spezielle Erlaubnis und sind nur mit ortsansässigen Führern unterwegs. Die im Park lebenden Ureinwohner scheinen ein spezielles Gespür für drohende Gefahren zu haben. Bei dem Weihnachtstsunami von 2004 sollen sich z. B. Bewohner der Nikobaren rechtzeitig in ihre hoch gelegenen Dörfer zurückgezogen haben.

Neue Entwicklungen

Naturgefahren werden in der Raumplanung erst seit jüngster Zeit ernsthaft berücksichtigt. Ausgehend von Gefahrenkarten soll die Raumplanung den Anstieg des Schadenspotenzials begrenzen. Maßnahmen setzen an der Gefahrenquelle und am gefährdeten Objekt an. Erdbeben, Vulkanausbrüche und Tsunamis lassen sich – wie die meisten Naturgefahren – nicht verhindern. Der raumplanerische Gefahrenschutz erhält jedoch die gesetzlichen Grundlagen für die Anpassung der Besiedlung und der Bauweise. In genau festgelegten Schutzgebieten, beispielsweise in Nationalparks, können jegliche bauliche Aktivitäten unterbunden werden. In die Baugesetzgebung können Normen für erdbebensicheres Bauen aufgenommen werden. Siedlungsdruck, Armut der Bevölkerung und Korruption verhindern jedoch häufig die Durchsetzung der Freihaltung gefährdeter Gebiete und der Einhaltung aufwändiger Normen. Mancherorts werden raumordnerische Erfordernisse durch Spekulanten schlichtweg korrumpiert und unterlaufen.

11 *Recherchieren Sie zum Raumausschnitt der Karte 15 ein aktuelles Satellitenbild im Internet. Stellen Sie die Veränderungen der Landnutzung an den Küsten nahe dem Flughafen der Ferieninsel Bali dar.*

12 *Bewerten Sie für den im Kartenausschnitt dargestellten Bereich im Süden der Insel Bali die möglichen Gefährdungen der West- und der Südostküste (Karte 15, Internet und Atlas).*

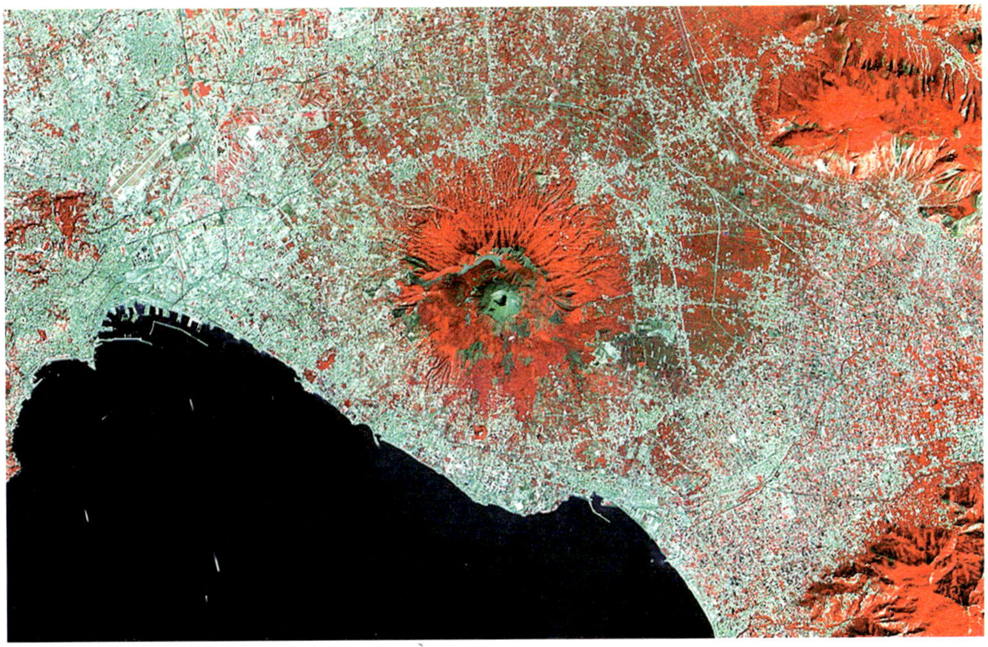

16 ***Thermal-Infrarotaufnahme der Region um Neapel***

Hilfen zur Auswertung des Satellitenbildes

Siedlungsfläche mit dichter Bebauung, keine großflächigen Gebäude

Fläche mit großen Gebäuden (z.B. Industrieanlagen)

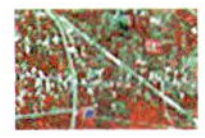
Verkehrswege

Vegetation (Je heller das Rot, desto satter erscheint das Grün der Pflanzen; unterschiedliche Rottöne deuten auf verschiedene Pflanzenarten oder Reifegrade der Pflanzen hin)

Gewässer, Meer

In Deutschland hat die Bevölkerung keine Gefahr in Bezug auf Vulkanausbrüche zu befürchten. Vorwiegend klimabedingte Gefährdungen und vom Menschen verursachte Veränderungen können dagegen in unserer hoch entwickelten Volkswirtschaft erhebliche direkte und indirekte Schäden verursachen. Um dieser Vulnerabilität zu begegnen wurde im Jahr 2002 CEDIM, ein interdisziplinäres Forschungsprojekt zum Katastrophenmanagement, eingerichtet. Die Karte 17 zeigt die regionale Verteilung des seismischen Risikos in Deutschland.

13 *Stellen Sie unter Berücksichtigung des Satellitenbildes 16 und der Materialien der Auftaktseite 124/125 die Aufgaben der Raumplanung für gefährdete Regionen dar.*

14 *Nehmen Sie Stellung zu der Behauptung, das Ziel der vorsorgenden Raumplanung konnte am Vesuv nicht erreicht werden.*

15 *Arbeiten Sie den Ansatz des Projekts CEDIM (Karte 17) heraus.*

16 *Erläutern Sie die Risikoverteilung auf der Karte 17.*

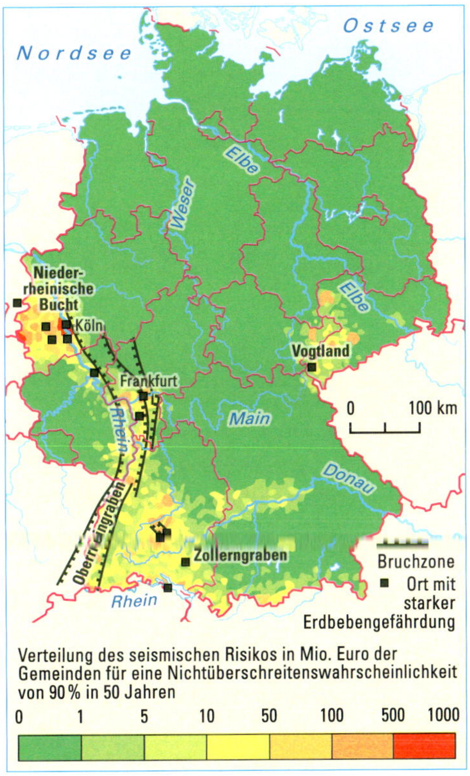

17 ***Erdbeben-Risikokarte für Deutschland***

Nach CEDIM – Center for Disaster Management and Risk Reduction Technology. Universität Karlsruhe (TH); unter www.cedim.de 2008

→ *Satellitenbilder interpretieren, siehe Seite 36/37*

ONLINE-Link
Surftipp
29110X-0407

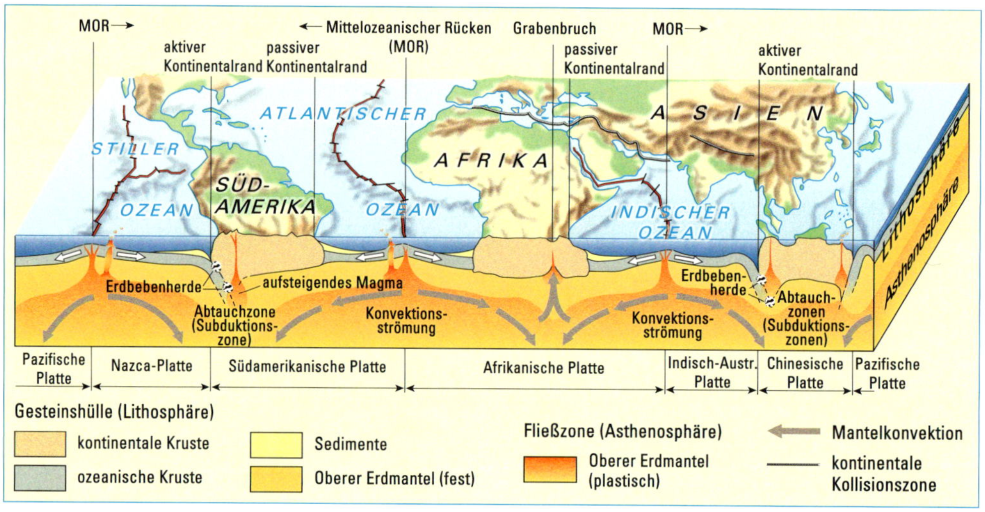

① *Plattentektonik: Plattenbewegungen und Plattengrenzen*

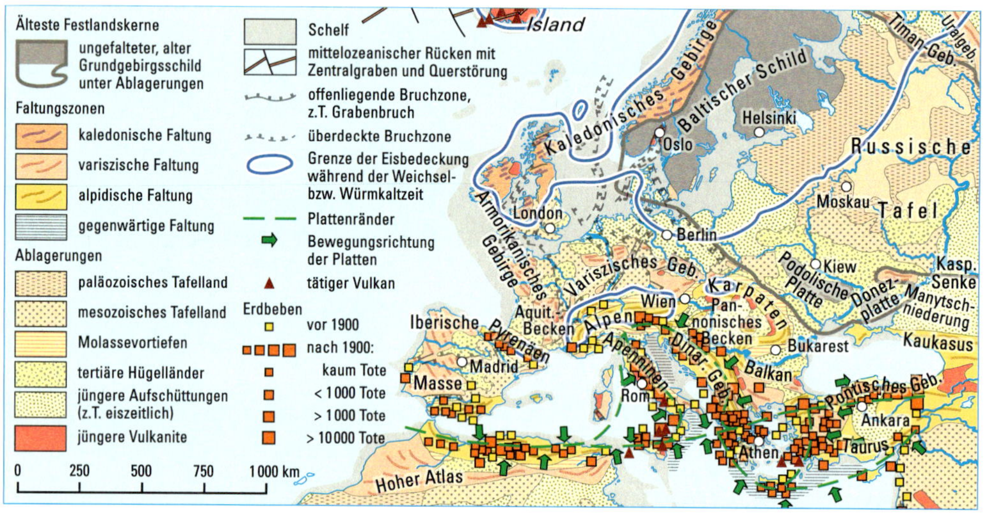

② *Geologie und Tektonik in Europa und Vorderasien*

Wichtige Begriffe

- *anthropogene Nutzung*
- *anthropogener Klimawandel*
- *divergierende Platten*
- *endogene Ursachen*
- *Erdbeben*
- *Katastrophenvorsorge*
- *konvergierende Platten*
- *Naturereignis*
- *Naturkatastrophe*
- *Naturrisiko*
- *Plattentektonik*
- *Risikofaktoren*
- *Subduktion*
- *Tsunami*
- *Vulkanismus*

1 Vulkanismus und Plattentektonik

a) Erläutern Sie den Zusammenhang von Plattentektonik und der Verteilung von Erdbeben und Vulkanen auf der Erde.

b) Vergleichen Sie den Vulkanismus an Intraplattenbereichen mit dem am Kontinentalrand.

c) Arbeiten Sie die Zusammenhänge zwischen Tektonik und Erdbeben sowie Vulkanismus im Mittelmeerraum und Vorderasien heraus.

2 Störanfälliges System Erde – Mensch

a) Erläutern Sie den Zusammenhang zwischen Naturereignis und Naturkatastrophe.

b) Erklären Sie den Begriff Vulnerabilität.

c) Begründen Sie deren schleichende Zunahme.

3 Auswirkung von Naturkatastrophen

a) Erklären Sie, weshalb Menschen trotz des Wissens um die Gefahren im unmittelbaren Einwirkungsbereich von Vulkanen siedeln.

b) Analysieren Sie die Tabelle 3 im Hinblick auf Zusammenhänge zwischen der Zahl der Todesopfer, den Schäden und Schadensgebieten.

c) Die Versicherungswirtschaft macht durch adäquate Prämien Risiken transparent. Beurteilen Sie die These, dass sie damit Anreize für vernünftiges Handeln und Prävention schafft.

3 Auswahl bedeutender Naturkatastrophen 1991–2008 weltweit

Jahr	Schadenereignis	Gebiet	Gesamtschäden (Mio. US-$)	Versicherte Schäden (Mio. US-$)	Todesopfer
1991	Zyklon; Sturmflut	Bangladesh	3000	100	139 000
1992	Hurrikan „Andrew“	USA	26 500	17 000	62
1994	Erdbeben	USA: Northridge	44 000	15 300	61
1995	Erdbeben	Japan: Kobe	100 000	3 000	6 430
1998	Überschwemmungen	China	30 700	1 000	4 159
1999	Wintersturm „Lothar“	Europa	k. A	k. A	110
2004	Erdbeben, Tsunami	Süd-/Südostasien	10 000	1 000	> 220 000
2005	Hurrikan „Kathrina“	USA	125 000	62 000	1 322
2005	Erdbeben	Pakistan, Indien	5 200	5	88 000
2007	Wintersturm „Kyrill“	Europa	bis 13 000	bis 9 000	49
2008	Zyklon „Nargis“	Myanmar	k. A.	k. A.	23 000*
2008	Erdbeben	China/Sichuan	k. A.	k. A.	> 80 000**

**Nach staatlichen birmanischen Medien. Dazu > 42 000 Vermisste; **geschätzt, Mitteilung vom Ministerpräsidenten Wen Jiabao*
Höppe/Löster, in GR 10/2007 a. a. O und andere

4 Hochwasservorsorge in Bayern

Hintergrund: Flächenvorsorge, also das Freihalten der Überschwemmungsgebiete von Bebauung, ist der wirksamste Hochwasserschutz.

Aufgaben und Ziele: Um ein Überschwemmungsgebiet für den Hochwasserschutz zu sichern, muss es zunächst ermittelt und rechtlich festgesetzt werden. Festgesetzt werden solche Gebiete, die bei einem 100-jährlichen Hochwasser überschwemmt werden. Während sich die Verbote in einem festgesetzten Überschwemmungsgebiet an jeden einzelnen richten, sind die Vorgaben der Regionalplanung vor allem für Behörden und Kommunen verbindlich, die sie z. B. im Rahmen der Bauleitplanung berücksichtigen müssen.

Ausblick: Um das Thema Flächenvorsorge für jedermann nachvollziehbar zu visualisieren, wurden Informationen zu Überschwemmungsgefährdeten Gebieten auch im Internet veröffentlicht.

Bayerisches Staatsministerium für Umwelt und Gesundheit 2005, unter www.stmugv.bayern.de

4 ***Naturraum Alpen und Gefährdung durch anthropogene Nutzung***

a) Beschreiben Sie knapp direkte und indirekte Gefahren von Starkregen im Alpenraum.

b) Erstellen Sie ein Wirkungsgefüge zu den Auswirkungen der künstlichen Beschneiung auf Ökonomie (Tourismus) und Ökologie.

5 *Charakterisieren Sie „Nachhaltigen Tourismus“ in je einem Satz nach Wesen und Ziel.*

6 ***Präventives Verhalten und Raumplanung***

Vergleichen Sie Vorsorgemaßnahmen zum Hochwasser in Bayern mit den planerischen Notwendigkeiten in Gebieten, die durch Erdbeben, Vulkane und Tsunamis gefährdet sind.

5 Projekt: Klimawandel – ein vom Menschen verursachtes Problem?

Der Klimawandel ist nicht zuletzt aufgrund der Veröffentlichungen des Intergovernmental Panel on Climate Change (IPCC) stärker ins Interesse der Öffentlichkeit getreten.
Die Erarbeitung des Themas soll auf Grundlage einer nüchternen Betrachtung wissenschaftlicher Erkenntnisse erfolgen. Weiterhin sollen mögliche Folgen abgeschätzt und Maßnahmen zur Lösung des Problems aufzeigt werden.
Als Arbeitsform eignet sich in hervorragender Weise die Projektarbeit. Vor dem eigentlichen projektorientierten Arbeiten werden Hintergründe und Zusammenhänge des Klimawandels dargestellt, die als Informationsbasis für die individuell wählbaren Themenfelder dienen.

5

1 ***Wandern statt Boarden?***

2 ***Plastikplanen sollen den Zugspitzgletscher retten***

***IPCC** (Intergovernmental Panel on Climate Change): Der IPCC wurde 1988 von der World Meteorological Organisation (WMO) und dem United Nations Environment Programme (UNEP) eingesetzt. Er hat die Aufgabe, in regelmäßigen Abständen (etwa alle fünf Jahre) den Zustand des Klimasystems und seine Auswirkungen auf die menschlichen Gesellschaftssysteme festzustellen. Weiterhin hat er Möglichkeiten der politischen Gegensteuerung zu benennen. Der IPCC betreibt keine eigene Forschung, sondern bedient sich der wissenschaftlichen Literatur.*

Bis heute sind vier Berichte veröffentlicht worden (1990, 1995, 2001 und 2007).

Globale Erwärmung – ein Faktum

Der **Klimawandel** ist eine Tatsache. Das belegen Beobachtungsdaten der Weltmitteltemperatur. Seit die von der UNO 1988 eingerichtete zwischenstaatliche Gruppe von Fachwissenschaftlern (IPCC) regelmäßig die Ergebnisse der modernen Klimaforschung einschließlich der Folgen und möglicher Gegenmaßnahmen zusammenfasst und veröffentlicht, hat das Thema Klimawandel eine zunehmend breite Resonanz in der Öffentlichkeit gefunden. Dabei werden aber weder Sensationshascherei noch Verharmlosung der Ernsthaftigkeit des Themas gerecht. Die Ergebnisse der Klimaforschung ermöglichen es, den Einfluss des Menschen auf das Klimasystem unter Einbeziehung einer relativ geringen Irrtumswahrscheinlichkeit einzuschätzen, mögliche Auswirkungen zu beurteilen sowie zweckmäßige Maßnahmen zu erarbeiten. Dies scheint auch geboten, denn es steht fest, dass die Veränderung des Klimas nachhaltigen Einfluss auf Natur, Gesellschaft und Wirtschaft ausübt.

Um das Phänomen der Klimaänderung in seiner Komplexität zu verstehen und die Folgen abzuschätzen, ist zunächst eine nüchterne Betrachtung der wissenschaftlichen Grundlagen notwendig, wie sie mit großer Zuverlässigkeit vom IPCC zur Verfügung gestellt werden.

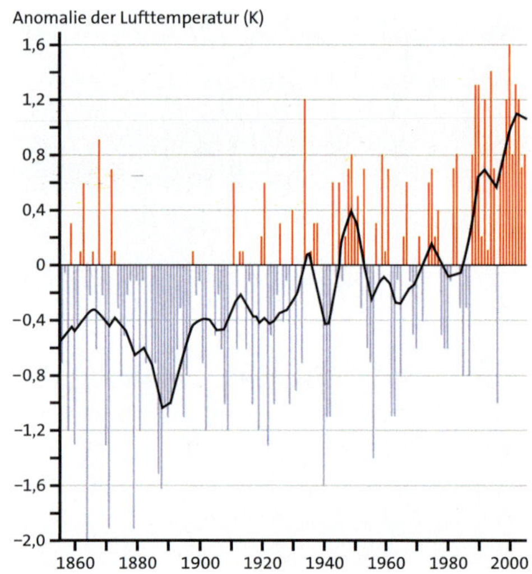

3 ***Entwicklung der Jahresmitteltemperatur in Deutschland;*** *nach Friedrich-Wilhelm Gerstengarbe/Peter C. Werner: Der rezente Klimawandel. In: Wilfried Endlicher und Friedrich-Wilhelm Gerstengarbe (Hrsg.): Der Klimawandel. Einblicke, Rückblicke und Ausblicke, Potsdam 2007, S. 39*

1 *Charakterisieren Sie die globale Erwärmung seit Beginn zuverlässiger Temperaturmessungen für den Zeitraum 1860–2005.*

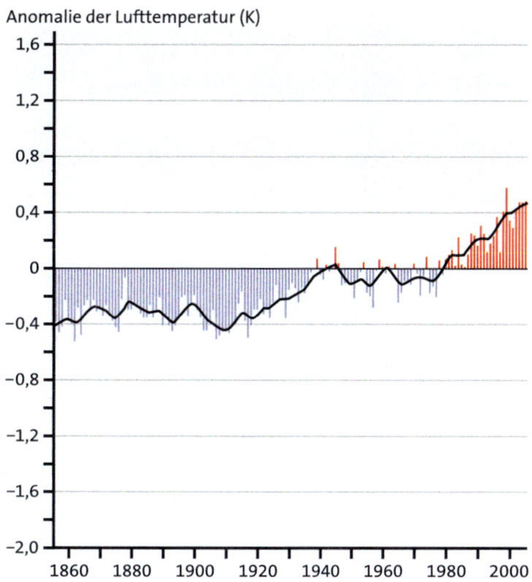

④ ***Entwicklung der globalen Lufttemperatur für den Zeitraum 1856–2005*** *(bezogen auf das Mittel 1961–1990); nach Friedrich-Wilhelm Gerstengarbe a. a. O. S. 34*

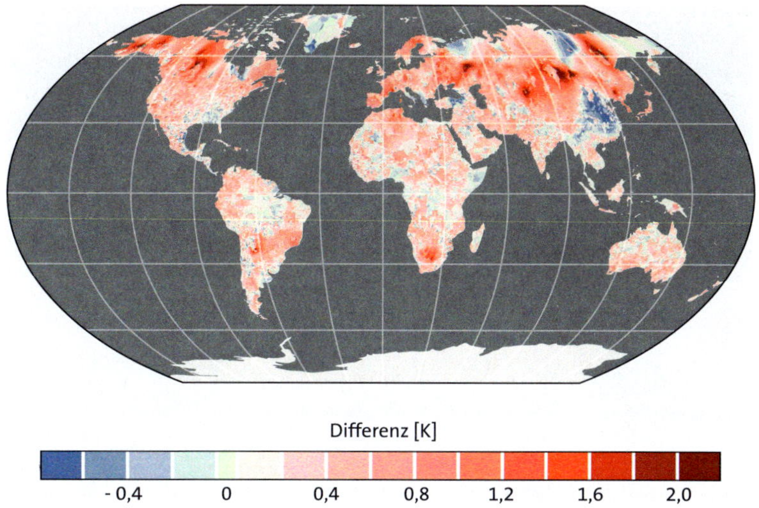

⑥ ***Differenz der 30-jährigen Jahresmitteltemperatur a (1971–2000) – b (1901–1930)***

Nach Friedrich-Wilhelm Gerstengarbe a. a. O. S. 35

⑤ **Der IPCC-Prozess**

In den vergangenen Jahrzehnten wuchs in der internationalen Gemeinschaft der Klimaforscher die Sorge, dass menschliche Aktivitäten negative Einflüsse auf das Klima der Erde ausüben könnten. Bereits in einem frühen Stadium der Forschung waren die Wissenschaftler überzeugt, dass der menschliche Einfluss auf das Klima genauer analysiert werden müsse, um die wissenschaftlichen Grundlagen für politische Entscheidungsträger zu schaffen. Dies wurde Ziel des IPCC (...).

Von Beginn an konzentrierte sich der IPCC auf drei Bereiche. Gruppe I beschäftigt sich mit den wissenschaftlichen Aspekten des Klimawandels. Gruppe II untersucht die Konsequenzen des Klimawandels und analysiert unsere Verwundbarkeit sowie mögliche Anpassungsmaßnahmen. Gruppe III diskutiert Klimaschutzmaßnahmen, wie etwa die Minderung der Quellen von Treibhausgasen und Vergrößerung der Senken. (...)

In jeder der drei Gruppen sind zehn bis fünfzehn Wissenschaftler aus verschiedenen Ländern für die Abfassung der einzelnen Kapitel verantwortlich. Diese Hauptautoren suchen sich wissenschaftliche Publikationen aus, die für die gefragten Themen relevant sind. Auf der Basis dieser umfangreichen Berichte – rund 1000 Seiten in jeder Gruppe – entstehen „Zusammenfassungen für Entscheidungsträger“, die wesentlich kürzer und in verständlicherem Stil geschrieben sind. Der ganze Satz von Dokumenten wird durch einen Synthesebericht vervollständigt. Einmal ausgearbeitet, werden die verschiedenen Dokumente von der wissenschaftlichen Gemeinschaft und den Vertretern der Regierungen rezensiert. Der Schreibprozess und der Rezensionsprozess dauern über zwei Jahre; das stellt sicher, dass der Text, der schließlich den Regierungen vorgelegt wird, auch die Zustimmung der wissenschaftlichen Gemeinschaft gefunden hat.

Max-Planck-Institut für Meteorologie: Klimaprojektionen für das 21. Jahrhundert, Hamburg 2006, S. 7

2 *Vergleichen Sie die unterschiedliche Höhe und räumliche Verbreitung der weltweiten Temperaturänderung im Durchschnitt der letzten 30 Jahre mit der zu Beginn des 20. Jahrhunderts.*

3 *Erörtern Sie die Bedeutung des IPCC für die Klimaforschung und die Klimapolitik.*

ONLINE-Link
Klimawandel
29110X-0501

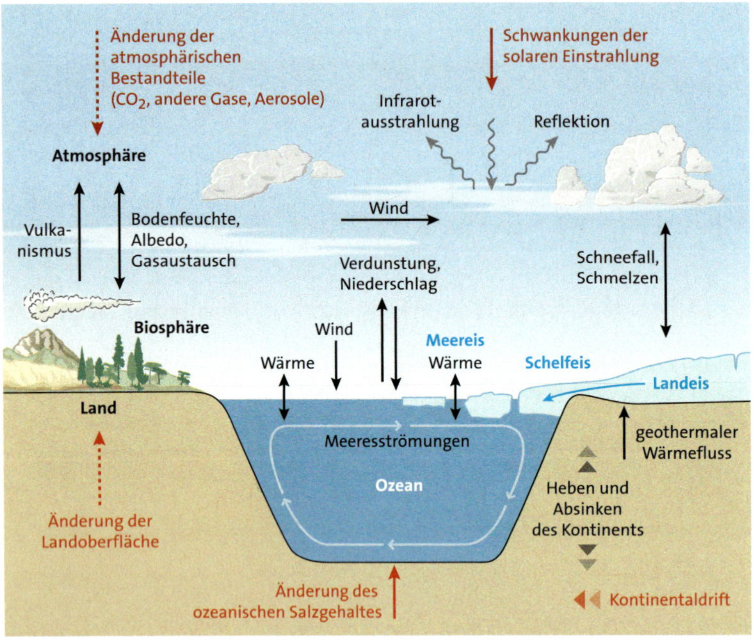

7 ***Schematische Darstellung des Klimasystems: menschliche Einflüsse sind gepunktet dargestellt;*** *nach Jucundus Jacobeit: Zusammenhänge und Wechselwirkungen im Klimasystem. In: Wilfried Endlicher und Friedrich-Wilhelm Gerstengarbe (Hrsg.) a. a. O., S. 1*

Natürliche Klimaänderungen prägen die Erdgeschichte

Um den Klimawandel zu verstehen, ist es notwendig, die einzelnen Komponenten des komplexen Klimasystems (Atmosphäre, Ozean, Landoberfläche, Biosphäre und Kryosphäre), deren interne Wechselwirkungen sowie die externen Einflüsse zu erfassen. Jeder Eingriff in das komplex zusammengesetzte System, sei er natürlicher Art oder durch den Menschen verursacht, muss vielfältige Folgen auslösen. Da es solche Eingriffe bzw. geänderte Rahmenbedingungen immer wieder gab, konnte das Klima niemals eine konstante Größe sein, sondern unterlag in unterschiedlichen zeitlichen und räumlichen Einheiten einem permanenten Wandel. Ein Rückblick in die Erdgeschichte belegt, dass es immer wieder zum Teil extreme, vom Menschen nicht beeinflusste Klimaänderungen gab.

Proxydaten

Damit das Klima vergangener Epochen des Erdzeitalters rekonstruiert werden kann, müssen Datenspeicher gefunden werden, die in Form von Klimaarchiven Hinweise auf frühere klimatische Verhältnisse geben. Solche nicht unmittelbar gemessenen, sondern indirekt ermittelten Werte (Proxydaten) können Auskunft über die Klimabedingungen während ihrer Bildung geben und in ihrer Zusammenschau hinreichend genaue Aussagen über ehemalige Klimabedingungen machen.

8 **Archive zur Rekonstruktion von Klimaänderungen**

Archiv	erfassbarer Zeitraum (in Jahren)		Informationen über
	min.	max.	
Eis	1	10^6	T, N, C_L, B, V, E, S
Marine Sedimente	10	10^8	T, C_W, B, E, M, N
Limnische Sedimente	<1	10^5	T, B, E, N, V, C_W
Terrestrische Sedimente und Bildungen			
Löß	10^2	10^6	N, B, E, V
Böden	10^2	10^6	N,B
Sinter (Tropfsteine)	10^2	10^5	C_W, T, N
Fluviale Ablagerungen	10^2	10^5	N, B
Biologische Bildungen			
Baumringe	<1	10^4	T, N, B, V, E, S
Pollen	1	10^5	T, N, B
Korallen	1	10^4	C_W, M, T, N
Torf/Moore	10^2	10^5	B
Historische Archive	<1	10^4	T, N, B, V, E, M, S, C_{LW}

T – Temperatur, N – Niederschlag, B – Biomasse und Vegetationszusammensetzung, V – Vulkanausbrüche, E – Veränderungen im Erdmagnetfeld, M – Meeresspiegelschwankungen, C – Chemische Zusammensetzung von Luft (C_L) und Wasser (C_W), S – Schwankungen der Sonneneinstrahlung

Olaf Bubenzer/Ulrich Radtke: Natürliche Klimaänderungen im Laufe der Erdgeschichte. In: Wilfried Endlicher und Friedrich-Wilhelm Gerstengarbe (Hrsg.) a. a. O. S. 17

9 **Geänderte Rahmenbedingungen als Antriebsfaktoren der Klimaänderung**

(...) Plattentektonische Prozesse bestimmen die Land-Meer-Verteilung auf der Erde, die Beschaffenheit der Ozeanbecken, die Position der Kontinente im Gradnetz und die Entstehung von Hochgebirgen. Letztere beeinflussen das Klima in mehrfacher Hinsicht: Gelangen durch Orogenese erhebliche Teile der Erdoberfläche in eine wesentlich größere Höhenlage, kann dies auch auf das Globalklima eine abkühlende Folgewirkung hervorrufen, wie es für die jungtertiäre Heraushebung von Kettengebirgen und Hochplateaus angenommen wird (...). Darüber hinaus beeinflussen große Hochgebirgszüge, insbesondere wenn sie quer zur Hauptströmungsrichtung verlaufen, auch die atmosphärische Zirkulation in klimaprägender Weise (...). Allerdings vollziehen sich die angesprochenen Änderungen der Rahmenbedingungen sehr langsam, so dass auch der damit einhergehende Klimawandel auf sehr großer Zeitskala angesiedelt ist.

Jucundus Jacobeit: Zusammenhänge und Wechselwirkungen im Klimasystem. A. a. O., S. 1f.

Interne Wechselwirkungen im Klimasystem

Die bekannteste interne Schwankung dürfte das ENSO-Phänomen (El Niño-Southern-Oscillation) sein. Bei diesem stellen sich in unregelmäßigen Abständen von einigen Jahren im äquatornahen Ostpazifik entgegen der sonstigen Situation hohe Meeresoberflächentemperaturen ein, welche mit ungewöhnlich heftigen tropischen Niederschlagsereignissen verbunden sind, die bis an die südamerikanische Westküste reichen. Eine weitere wichtige Wechselwirkung ergibt sich aus der Tatsache, dass der Energietransport im Klimasystem nicht nur in der Atmosphäre stattfindet. Auch im erdumspannenden Zirkulationssystem der Ozeane werden bedeutende Energiemengen transportiert. Angetrieben wird dieses System von Unterschieden in der Temperatur und der Salzkonzentration des Meerwassers. Ändern sich die Konzentrationsverhältnisse, kann dies Auswirkungen auf die Strömung und damit auch auf das Klima haben.

10 **Externe Antriebsfaktoren**

Bei den externen Antriebsmechanismen sind in erster Linie Prozesse angesprochen, die von außen die Strahlungs- und Energiebilanz des Klimasystems beeinflussen und dadurch Klimaänderungen auslösen. Dies kann durch explosiven Vulkanismus, solare Aktivitätsschwankungen, Variationen der astronomischen Erdbahnparameter, aber eben auch durch anthropogene Einwirkung geschehen. (...) Der Energieeintrag an Solarstrahlung in das irdische Klimasystem hängt auch von der Position und Orientierung der Erde gegenüber der Sonne ab. Astronomische Parameter wie die Exzentrizität der Erdumlaufbahn, die Schiefe der Ekliptik sowie die Präzession (Kreiselbewegung der Erdachse; ein Zyklus dauert etwa 23 000 Jahre) der Erdrotationsachse und der Erdbahnellipse unterliegen aufgrund gravitativer Einwirkungen von Sonne, Mond und Planeten charakteristischen Variationszyklen (...).

Nach Jucundus Jacobeit: Zusammenhänge und Wechselwirkungen im Klimasystem. A. a. O.,S. 1f.

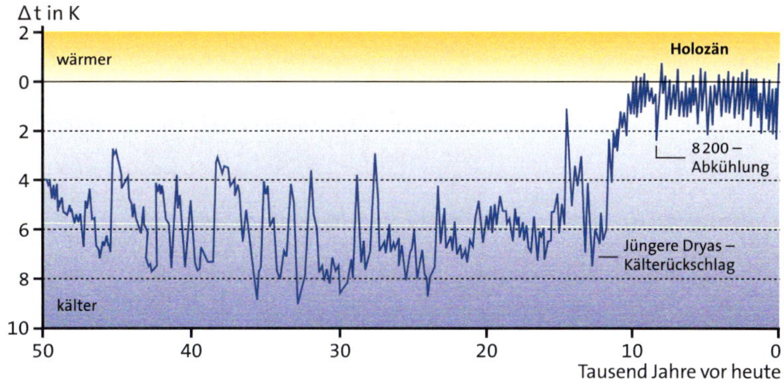

11 ***Temperaturänderung in Grönland gegenüber dem heutigen Mittelwert während der letzten 50 000 Jahre;*** *nach Olaf Bubenzer/Ulrich Radtke a. a. O., S. 24*

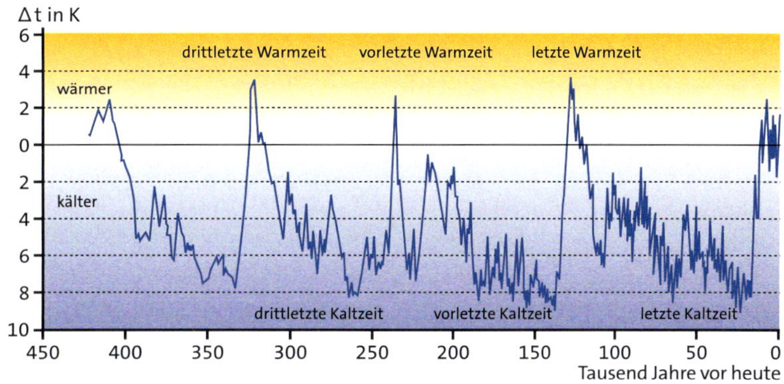

12 ***Temperaturänderung in der Antarktis gegenüber dem heutigen Mittelwert während der letzten 420 000 Jahre;*** *nach Olaf Bubenzer/Ulrich Radtke a. a. O., S. 23*

4 *Beschreiben Sie das Klimasystem mithilfe von Grafik 7.*

5 *Erläutern Sie an einem Beispiel, wie sich externe Einflüsse auf das Klima auswirken. Mögliche Beispiele: Änderung der atmosphärischen Bestandteile, Schwankungen der solaren Einstrahlung, Kontinentaldrift, Änderung der Landoberfläche.*

6 *Arbeiten Sie an ausgewählten Beispielen den Nutzen von Proxydaten für das Erstellen von Klimaarchiven heraus.*

7 *Charakterisieren Sie die Entwicklung der Temperatur im Zeitraum:*

a) von vor 50 000 Jahren bis heute,

b) von vor 450 000 bis vor 50 000 Jahren vor unserer Zeit.

→ ENSO-Phänomen, siehe Seiten 24 bis 27

→ ozeanische Zirkulation, siehe Seite 20/21

ONLINE-Link

Surftipp

29110X-0502

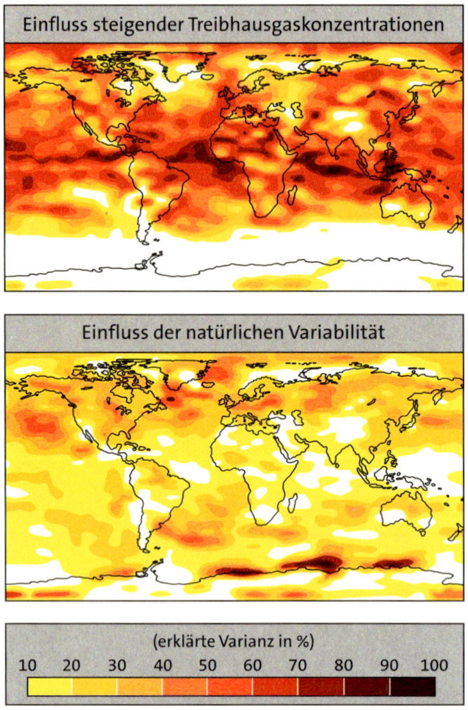

13 ***Anthropogener und natürlicher Anteil an der Entwicklung der bodennahen Temperatur (1880–2049);*** *nach Heiko Paeth: Klimamodellsimulationen. In: Wilfried Endlicher und Friedrich-Wilhelm Gerstengarbe (Hrsg.) a. a. O., S. 54*

14 **Wie stark ist der anthropogene Anteil am Klimawandel?**

(...) Es wird immer wieder die Frage nach der Rolle von natürlichen Faktoren, insbesondere der Sonne, für die Erderwärmung gestellt. Die Sonneneinstrahlung schwankt u.a. mit der Sonnenfleckenaktivität. Gemittelt über die letzten 100 Jahre stieg die Solarkonstante um etwa 0,25 Prozent an. Klimamodellsimulationen zeigen, dass durch den Anstieg der Sonnenintensität zwar ein Teil der beobachteten Erwärmung, vor allem in der ersten Hälfte des 20. Jahrhunderts, erklärt werden kann, allerdings mit etwa 0,2 °C nur ungefähr ein Viertel der Gesamterwärmung von 0,8 °C. Die Sonnenvariabilität allein kann also nicht für den beobachteten Temperaturanstieg verantwortlich sein. (...)

Mojib Latif: Wie stark ist der anthropogene Klimawandel? In: Michael Müller et al. (Hrsg.): Der UN-Weltklimareport, Kiepenheuer und Witsch, Köln, 2007, S. 187f.

Welchen Einfluss hat der Mensch auf die aktuelle Erwärmung?

Beobachtungsdaten über die globale Erwärmung zeigen in den Veränderungen der letzten Dekaden einen vermutlich anthropogenen Einfluss. Da der anthropogene Anteil an der Klimaänderung niemals mit hundertprozentiger Sicherheit bewiesen werden kann – dazu müsste eine analoge Parallelwelt ohne Menschen geschaffen werden – versuchen Klimatologen Indizien mit einer relativ geringen Irrtumswahrscheinlichkeit zu finden.

Hypothese

Als Hypothese wird davon ausgegangen, dass menschliche Aktivitäten, z. B. in Form von Industrieabgasen, Verkehrsemissionen, Energieverbrauch, Brandrodungsfeldbau, aber auch Veränderung der Eigenschaften der Landoberfläche durch Rodung oder Überweidung, zur Erhöhung der Treibhausgas- und Aerosolkonzentration beitragen und somit die Zusammensetzung der Atmosphäre verändern. Auf der Wirkungsseite führt diese Veränderung zu verschiedenen Ausprägungen des Klimawandels, der wiederum vielfältige Folgen wie beispielsweise Überschwemmungen, Dürren, Häufung von Extremereignissen oder Hungerkatastrophen nach sich ziehen kann.

Dieses hypothetische Einwirken des Menschen konkurriert mit natürlichen Einflussfaktoren, wie Sonnenaktivitäten und Vulkanausbrüchen. Um ein annähernd sicheres Maß über den anthropogenen Anteil an der Klimaänderung zu erhalten, erzeugen Klimatologen ein möglichst wirklichkeitsnahes virtuelles Klimasystem am Computer, das bestimmten Rahmenbedingungen folgt. Der Vorteil der Klimamodelle liegt unter anderem darin, dass sich bestimmte Rahmenbedingungen bewusst ausschalten lassen und so der Einfluss des Menschen isoliert und damit sichtbar gemacht werden kann. Ferner erlauben die Modelle einen Blick in eine mögliche zukünftige Entwicklung des Klimas, wobei unterschiedliche Emissionsszenarien berücksichtigt werden können.

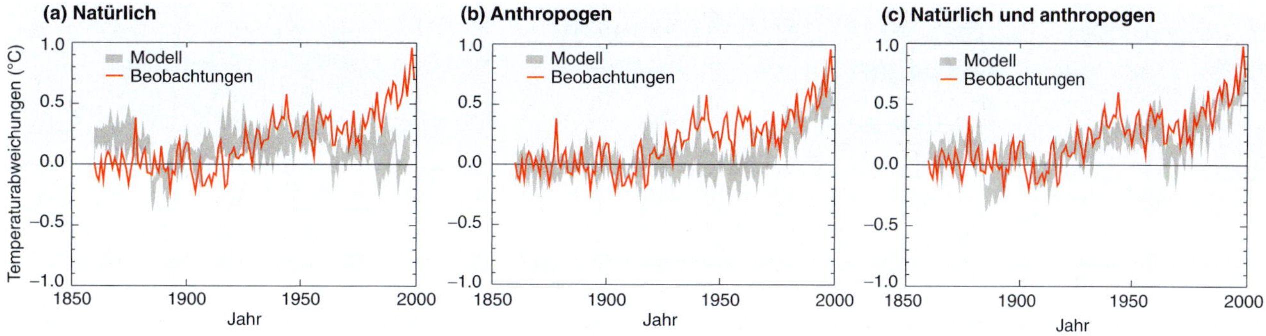

⑮ ***Vergleich zwischen Modellrechnungen und Beobachtungen des Temperaturanstiegs (Abweichungen vom Mittelwert 1961–90);*** *das Band in (a) zeigt Simulationen, die nur natürliche Antriebsfaktoren berücksichtigen: Schwankungen der solaren Einstrahlung und vulkanische Aktivitäten. Das Band in (b) zeigt Simulationen, die anthropogene Antriebskräfte berücksichtigen: Treibhausgase und eine Schätzung bezüglich der Schwefelaerosole. In (c) sind sowohl natürliche wie auch anthropogene Antriebsfaktoren berücksichtigt. Nach IPCC 2001*

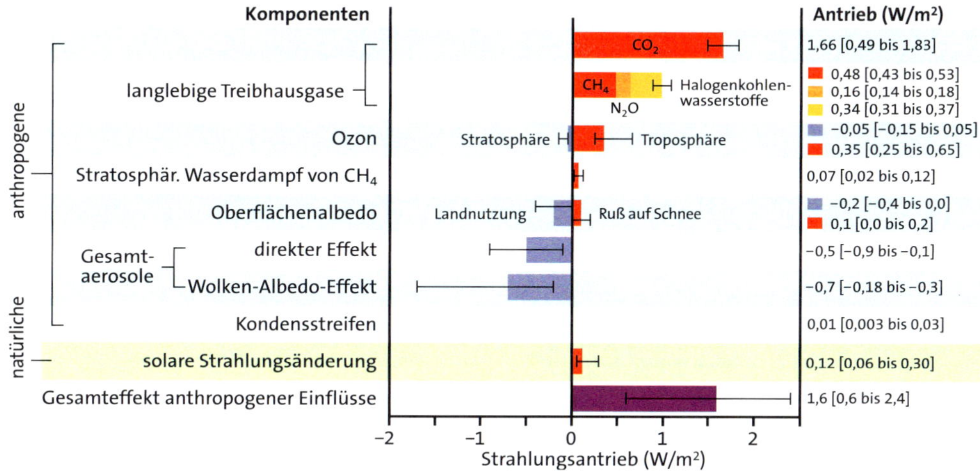

⑯ ***Komponenten des Strahlungsantriebs zwischen 1750 und 2005;*** *nach Jucundus Jacobeit a. a. O. S. 12*

Der ***Strahlungsantrieb*** *misst den Einfluss eines Klimafaktors auf die Veränderung der Bilanz der in der Erdatmosphäre eintreffenden und von ihr ausgehenden Energie. Er wird in Watt pro Quadratmeter (W/m²) ausgedrückt.*
In Grafik 16 stehen die Strahlungsantriebswerte für Veränderungen im Verhältnis zu den auf das Jahr 1750 datierten präindustriellen Bedingungen.

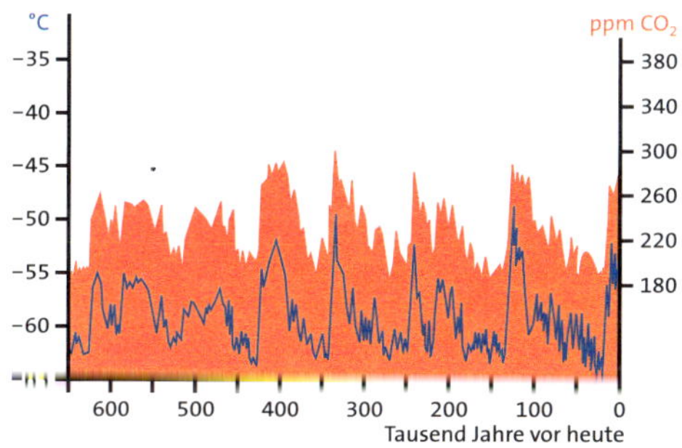

⑰ ***Entwicklung von Temperatur und CO_2-Konzentration (Eisbohrkernanalyse in der Antarktis);*** *nach IPCC 2007*

8 Arbeiten Sie aus den Karten 13 Regionen heraus, in denen der Einfluss steigender Treibhausgaskonzentrationen besonders groß ist.

9 Vergleichen Sie den Anteil natürlicher und anthropogener Faktoren an der Entwicklung der bodennahen Erwärmung (Karten 13).

10 Erläutern Sie die Entwicklung der Temperatur in Bezug zum CO_2-Gehalt (Diagramm 17).
a) Arbeiten Sie die Entwicklung der letzten 250 000 Jahre heraus.
b) Stellen Sie Zusammenhänge zum Einfluss des Menschen her.

11 Englische Klimatologen haben ein Modell entwickelt, mit dem sie die beobachtete Temperatur (1850–2000) annähernd genau nachbilden können (vgl. Diagramm 15 c). Beschreiben Sie die Entwicklung, wenn nur die anthropogenen bzw. natürlichen Einflussfaktoren berücksichtigt werden.

12 a) Arbeiten Sie den anthropogenen Anteil am Strahlungsantrieb heraus (Diagramm 16).
b) Vergleichen Sie mit dem natürlichen Anteil.
c) Erläutern Sie die einzelnen Komponenten.

13 „Die Erderwärmung ist vom Menschen verursacht!" Nehmen Sie zu der Behauptung Stellung.

ONLINE-Link
Treibhauseffekt
29110X-0503

Wie funktionieren Klimamodelle?
Viele Vorgänge im Klimasystem basieren auf bekannten physikalischen Gesetzmäßigkeiten. Hierzu gehören z. B. Strömungsvorgänge in der Atmosphäre und den Ozeanen oder Veränderungen der Temperatur und der Niederschläge. Für die Modellierung müssen die Gleichungssysteme und Randbedingungen in das Computerprogramm eingegeben werden. Leistungsfähige Großrechner ermitteln dann entsprechend den unterschiedlichen Annahmen Prognosen zur zukünftigen Klimaentwicklung.

Mit Szenarien in die Zukunft schauen?

Klimamodelle

Wie entwickelt sich das globale Klima durch den weiteren Anstieg der anthropogen verursachten Emissionen von Treibhausgasen? Diese Entwicklung kann natürlich nicht exakt vorausgesagt werden. Klimatologen ist es aber gelungen, die bisher beobachtete globale Temperaturentwicklung (1850–2000) in Klimamodellen mit physikalisch-mathematischen Gleichungen annähernd genau nachzubilden. Solche Differentialgleichungen lassen sich in die Zukunft projizieren. Auf dieser Grundlage kann abgeschätzt werden, wie sich das Klima unter Berücksichtigung von Bevölkerungswachstum, wirtschaftlicher Entwicklung, Konsum und Umweltbewusstsein weiter entwickeln wird. Um einigermaßen vergleichbar arbeiten zu können, hat das IPCC im Jahr 2000 einen Sonderbericht (SRES = Special Report on Emission Szenarios) erarbeitet, in dem insgesamt 40 Szenarien definiert wurden, die zu verschiedenen Szenarienfamilien zusammengefasst worden sind.

Klimaszenarien des IPCC

Die Szenarienfamilien A1 und A2 gehen von einer primär ökonomisch orientierten Welt aus, während die Szenario-Familien B1 und B2 von einer ökologischen und nachhaltigen zukünftigen Entwicklung der Gesellschaft ausgehen.

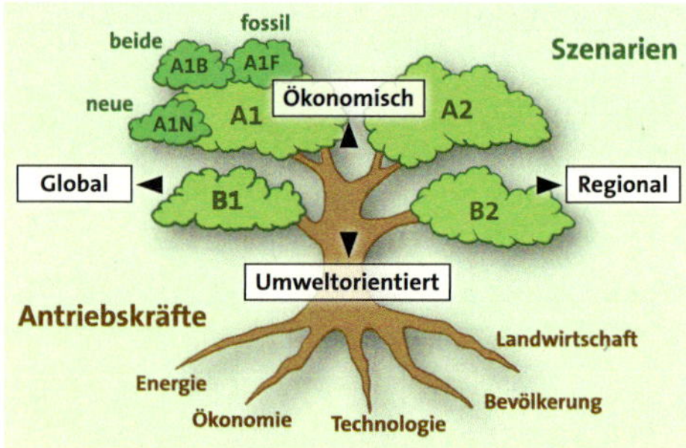

A1 Eine Welt mit schnellem Wirtschaftswachstum und schneller Einführung neuer und effizienterer Technologien.
A2 Eine sehr heterogene Welt mit einem Schwerpunkt auf traditionelle Werte (family values and local traditions).
B1 Eine sich vom Materialismus abkehrende Welt und die Einführung sauberer Technologien.
B2 Eine Welt mit dem Schwerpunkt auf lokalen Lösungen für ökonomische und ökologische Nachhaltigkeit.

Das Szenario A1 hat drei Varianten, je nach genutzter Energie:
A1 F fossil = hauptsächlich Öl und Kohle
A1 N neue = erneuerbare Energiequellen
A1 B beide = ausgewogene Nutzung beider Arten

19 ***Klimaszenarien des IPCC***
Nach Hamburger Bildungsserver und IPCC (2007)

Berücksichtigt werden folgende Fragen:
- Wie verändert sich die Weltbevölkerung in den nächsten 100 Jahren?
- Welchen Lebensstandard wird sie erreichen?
- Wie hoch wird der Energieverbrauch sein?
- Welche Energieträger werden dafür eingesetzt?

Die Farbflächen zeigen die Veränderung der jährlichen Mitteltemperatur der Periode 2071–2100 gegenüber der Periode 1961–1990 nach dem Szenario A1B. (Den Rechnungen liegen die Ergebnisse verschiedener gekoppelter Modelle zugrunde.)

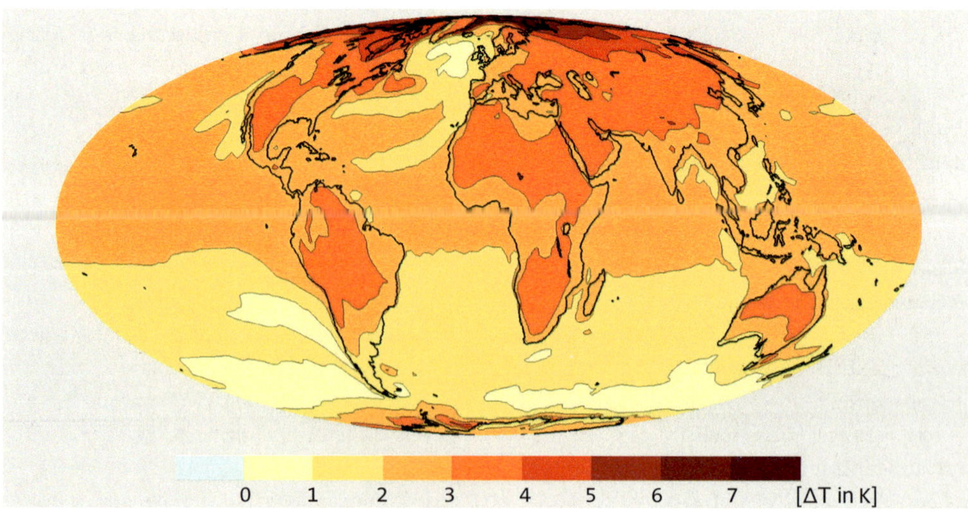

18 ***Regionale Temperaturveränderung bis zum Jahr 2100;*** *nach IPCC (2007)*

ONLINE-Link
Surftipp
29110X-0504

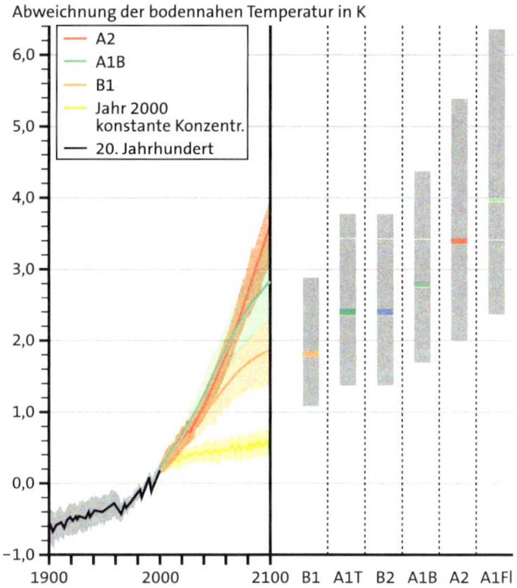

20 ***Entwicklung der globalen bodennahen Temperatur gegenüber der Referenzperiode 1980–1999***

Nach Heiko Paeth: Klimamodellsimulationen. In: Wilfried Endlicher und Friedrich-Wilhelm Gerstengarbe (Hrsg.) a. a. O. S. 50

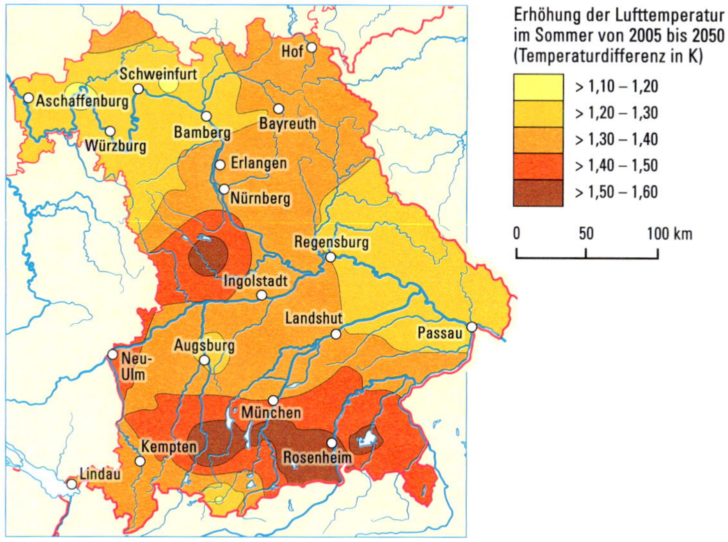

22 ***Änderung der künftig möglichen Lufttemperatur (in °C) im Sommer gegenüber heute***

Nach KLIWA: Der Klimawandel in Bayern für den Zeitraum 2021–2050; unter www.kliwa.de 2005

21 **Regionale Klimaszenarien**

Für die Abschätzung der Klimaveränderung in Süddeutschland sind im Rahmen von KLIWA geeignete regionale Klimaszenarien unter Annahme eines realitätsnahen Emissionsszenarios (SRES B2, IPCC) erstellt worden. Die Klimaszenarien wurden für den Bereich der Länder Baden-Württemberg und Bayern erstellt. Diese Szenarien werden dann als Eingangsgrößen für verfügbare Wasserhaushaltsmodelle (WHM) verwendet, um Aussagen über die Auswirkungen der Klimaänderung auf den Wasserhaushalt treffen zu können.

Da es derzeit noch kein optimales Verfahren für die Erstellung regionaler Klimaszenarien gibt, wurden für KLIWA drei Verfahren zur Simulation des regionalen Klimas ausgewählt. Dadurch enthält man eine gewisse Bandbreite denkbarer Entwicklungen:

- eine statistische Methode (Potsdam-Institut für Klimafolgenforschung),
- ein statistisch-dynamisches Verfahren (Meteo-Research),
- ein regionales dynamisches Modell (REMO, Max-Planck-Institut für Meteorologie).

Nach KLIWA: Der Klimawandel in Bayern für den Zeitraum 2021–2050; unter www.kliwa.de 2005

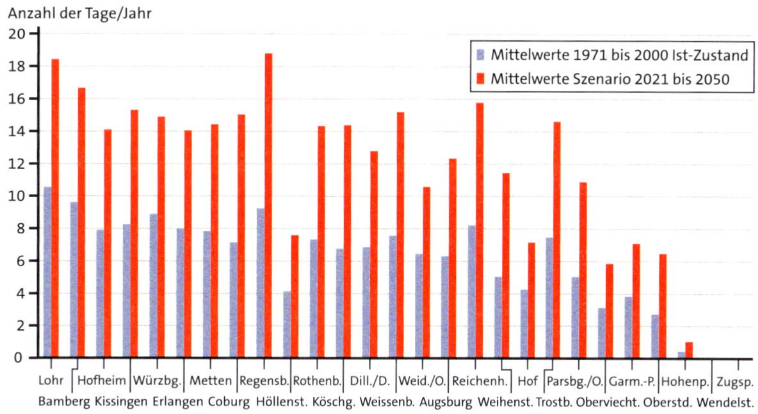

23 ***Anzahl der bisherigen und künftigen heißen Tage (T max > 30 °C) pro Jahr an 27 bayerischen Klimastationen, Szenario Meteo-Research***

Nach KLIWA: Der Klimawandel in Bayern für den Zeitraum 2021–2050; unter www.kliwa.de 2005

14 *Karte 18 zeigt die prognostizierte Temperatur für das Ende des 21. Jahrhunderts nach Szenario A1B.*

a) Nennen Sie die Kennwerte für dieses Szenario.

b) Beschreiben Sie die global unterschiedliche Erwärmung.

15 *a) Erklären Sie die große Schwankungsbreite innerhalb der jeweiligen Szenarien.*

b) Ermitteln Sie die prognostizierte Temperaturentwicklung für ein mittleres und ein extremes Szenario.

16 *Erstellen Sie eine Prognose zur Temperaturentwicklung mithilfe von Karte 22 und Diagramm 23.*

Die Physik der Modelle ist in den letzten 15 – 18 Jahren weiterentwickelt worden. In den neueren Modellen betragen die Gitterpunktabstände etwa 100 km, anstatt 500 km im Jahr 1990. Für regionale Aussagen ist das noch immer sehr groß. Im Klimamodell REMO wird sogar mit einer Auflösung von 10 km gearbeitet.

24

Maßnahmen zum Klimaschutz

Seit dem Beginn der Industrialisierung haben die Treibhausgasemissionen deutlich zugenommen. Allein zwischen 1970 und 2004 sind nach dem Bericht der Arbeitsgruppe III des IPCC-Berichts (2007) die Emissionen von CO_2, CH_4, N_2O und FCKW um 70 Prozent von 28,7 auf 49 Gigatonnen Kohlendioxidäquivalent angestiegen.

Das Klimasystem reagiert mit einer Verzögerung auf den Anstieg der Treibhausgaskonzentration. Bei einer Begrenzung des globalen Temperaturanstiegs auf weniger als 2 °C können die zu erwarteten Gefährdungen, mit denen etwa zwischen 2025 und 2040 zu rechnen ist, wahrscheinlich noch abgewendet werden. Würde aber die Temperatur bis zur Jahrhundertwende um 4 °C höher als heute liegen, dann müssten wir mit Bedingungen rechnen, wie sie vor ca. 40 Millionen Jahren geherrscht haben. Damals lag der Meeresspiegel 70 Meter höher, die Antarktis und Grönland waren weitgehend eisfrei.

Bis zum Jahr 2030 ist mit einem Anstieg der Weltbevölkerung von ca. 6 auf 8 Milliarden, bis 2059 sogar auf 9,5 Milliarden Menschen zu rechnen. Gerade in den bevölkerungsreichen Ländern China und Indien ist von einer gewaltigen Steigerung des Energiebedarfs auszugehen. Da der Energiesektor die Hauptemissionsquelle für Treibhausgase darstellt, muss bei der Reduzierung der Treibhausgase beim Energieverbrauch und der Energieherstellung angesetzt werden. Dabei sollten die Maßnahmen nicht nur effektiv und effizient sein, sondern so früh wie möglich ergriffen werden.

Klimawandel – eine globale Herausforderung

Nur 25 Staaten sind für 83 Prozent der globalen Treibhausgasemissionen verantwortlich. Unter den Folgen des Klimawandels leiden auf lange Sicht aber alle Staaten. Allerdings werden diejenigen am stärksten betroffen sein, die in der Regel am wenigsten zu den Ursachen beigetragen haben. Um der gemeinsamen Verantwortung für das Weltklima gerecht zu werden, wurde mit der Klimarahmenkonvention von 1992 und mit dem auf ihr aufbauenden Kyoto-Protokoll von 1997 eine rechtliche Grundlage für eine multilaterale Klimapolitik geschaffen. Mit diesem Protokoll hat die Staatengemeinschaft einen ersten Schritt zur verpflichtenden Verringerung der Treibhausgasemissionen getan. Die Bereitschaft vieler Staaten im Klimaschutz zu handeln, steht bisher allerdings noch in einem starken Missverhältnis zur Dringlichkeit notwendiger Lösungen. Die EU hat daher beschlossen eine Führungsrolle zu übernehmen, um die Verhandlungsprozesse voranzubringen. Die 2 °C-Obergrenze der globalen Erwärmung und der Übergang in eine kohlenstoffarme Weltwirtschaft sind dabei die beiden Leitplanken der angestrebten Entwicklung.

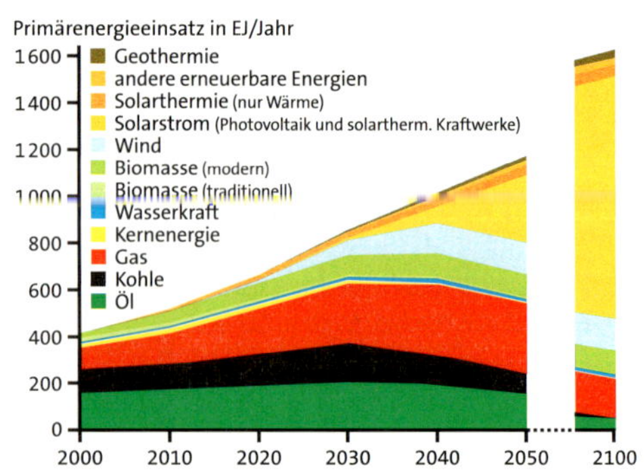

25 ***Notwendige Veränderung des globalen Energiemix***

Wilfried Endlicher (2007): Das Unbeherrschbare vermeiden und das Unvermeidbare beherrschen. In: Wilfried Endlicher und Friedrich-Wilhelm Gerstengarbe (Hrsg.) a. a. O. S. 123

26 **Das Kyoto-Protokoll**

Mit dem Kyoto-Protokoll verpflichteten sich die Industriestaaten als Gruppe, die Emission wichtiger Treibhausgase (Kohlendioxid, Methan, Lachgas u. a.) zwischen 2008 und 2012 um durchschnittlich 5,2 % unter den Wert von 1990 zu senken. Die EU legte sich auf 8 %, Deutschland auf 21 %, die USA auf 7 %, Japan und Kanada auf je 6 % fest, während Russland und die Ukraine zusagten, das Niveau von 1990 nicht zu überschreiten. Die Entwicklungsländer einschließlich Indiens und der Volksrepublik China akzeptierten keinerlei Begrenzung.

Um die jeweils festgelegten Ziele zur Emissionsreduzierung zu erreichen, wurden drei flexible Mechanismen entwickelt:
- Handel mit Emissionsrechten,
- gemeinsame Umsetzung,
- Mechanismen für umweltverträgliche Entwicklung.

Das Kyoto-Protokoll konnte erst nach der Ratifizierung durch mindestens 55 Staaten, die zusammen für mindestens 55 % des 1990 emittierten CO_2 verantwortlich waren, in Kraft treten – was also erst 2005, nach der Ratifikation durch Russland, der Fall war. Inzwischen haben 141 Staaten ratifiziert, die zusammen für 62 % der CO_2-Emissionen verantwortlich sind und 85 % der Weltbevölkerung repräsentieren. Drei Industrieländer sind noch nicht dabei: Kroatien, Monaco und die USA – mit gut einem Viertel des weltweiten Ausstoßes der größte Emittent von CO_2.

Nach Allianz Umweltstiftung: Informationen zum Thema Klima, München 2007, S. 38 f.

17 *Erläutern Sie mögliche Maßnahmen im Energiebereich, um eine Begrenzung der Erwärmung um höchstens 2 °C zu erreichen.*

18 *Arbeiten Sie aus dem Maßnahmenbündel zur Beschränkung der Kohlenstoffdioxid-Konzentration Maßnahmen heraus, die unter den derzeitigen Bedingungen am ehesten realisierbar wären.*

19 *a) Ermitteln Sie, was unter den flexiblen Mechanismen des Kyoto-Protokolls zu verstehen ist.*

b) Bewerten Sie die Bedeutung des Abkommens.

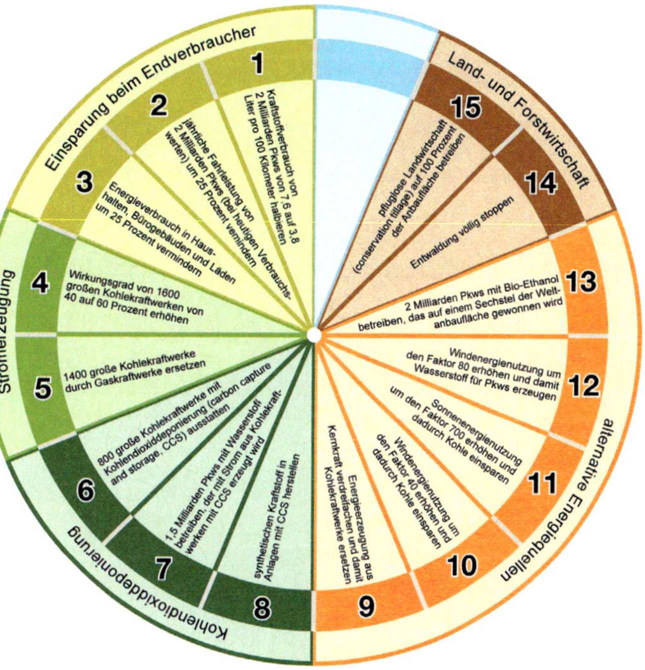

27 ***Maßnahmen zur Beschränkung der CO_2-Konzentration in der Atmosphäre: sieben Einsparkeile werden benötigt, um die Stabilisierung bei 560 ppm CO_2 im Jahr 2057 zu erreichen***

Nach Pacala & Socolow 2007; aus: Wilfried Endlicher (2007) a. a. O. S. 123

28 **Was kann jeder einzelne tun?**
- Stromverbrauch im täglichen Leben vermindern: Öfter abschalten, Energie sparende Haushaltsgeräte und Leuchtmittel kaufen sowie Stand-by-Schaltungen vermeiden.
- „Grünen“ Strom kaufen und Umsteigen auf erneuerbare Energien: Hier liegt ein großes Potenzial, das Klimaschutz, technische Innovation und Schaffung von Arbeitsplätzen in Industrie und Handwerk einschließt. (...)
- Richtig heizen und vernünftig lüften (...).
- Gut isolieren: Wärmedämmung anbringen sowie natürlich bauen und wohnen. (...) – Nachhaltig mobil: Sparsame Autos fahren, (...) und auf den öffentlichen Personennahverkehr umsteigen. (...)
- Flugreisen vermeiden (...).
- Intelligent Einkaufen: Regionale und saisonale Angebote beachten (...).
- Recycling durchführen: Müll vermeiden und wiederverwerten (...).

Wilfried Endlicher (2007): Das Unbeherrschbare vermeiden und das Unvermeidbare beherrschen. In: Wilfried Endlicher und Friedrich-Wilhelm Gerstengarbe (Hrsg.) a. a. O. S. 127ff.

ONLINE-Link
Klimaschutz
29110X-0505

TERRAMethode

Projektarbeit ist eine offene Unterrichtsform, in der Schüler und Lehrer sich eine gemeinsame Aufgabe stellen, die in einer vorgegebenen Zeit bewältigt werden soll. Das Vorhaben beginnt mit der gemeinsamen Planung und endet mit dem Vorstellen der Projektergebnisse bzw. der Auswertung. Bei der Durchführung wird eine Vielzahl von Methoden angewandt, wobei auch der herkömmliche Frontalunterricht, z. B. in der Inputphase, zum Einsatz kommen kann. Als wesentliches Element orientiert sich das projektorientierte Vorgehen an den Interessen der Schülerinnen und Schüler, die ihren Lernprozess weitgehend selbst bestimmen, die einzelnen Arbeitsschritte eigenständig festlegen und selbstorganisiert in Gruppen oder Teams arbeiten.

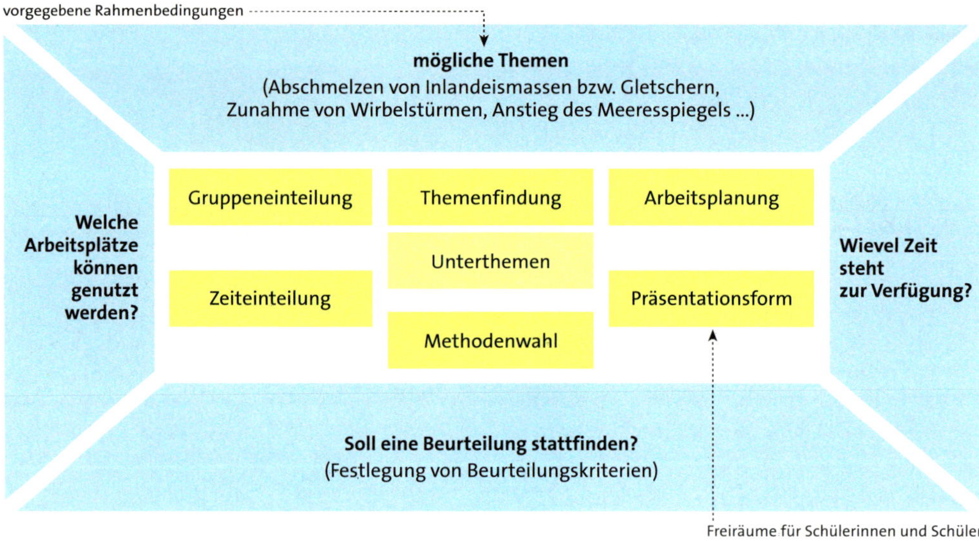

29 ***Rahmenbedingungen bei der Durchführung von Projekten***

Projektorientiertes Arbeiten

30 **Merkmale projektorientierten Arbeitens**

Projektorientiertes Arbeiten (z. B. im Rahmen eines P-Seminars) ist eine Organisationsform, bei der ein gestelltes Problem in Teamarbeit bewältigt wird. Dabei müssen Ziel, Zeit und Arbeitsbedingungen klar definiert sein. Kennzeichnend für die Arbeitsweise sind:

- Handlungsorientierung, d. h. die Schülerinnen und Schüler gestalten ihren Lernprozess weitgehend selbständig,
- Realitätsnähe, d. h. gesetzte Ziele müssen mit den zur Verfügung stehenden Mitteln erreicht werden können,
- Zielorientierung, d. h. es ist ein konkretes Ziel eindeutig und präzise zu formulieren,
- Methodenvielfalt, d. h. mit der Anwendung vielfältiger geographischer Arbeitsmethoden werden Techniken des selbständigen Arbeitens eingeübt,
- Teamfähigkeit, d. h. die Bereitschaft und Kompetenz, mit den Mitgliedern einer Gruppe zu kooperieren sowie eine Aufgabe gemeinsam und möglichst effektiv zu erfüllen. Gleichzeitig soll die Zusammenarbeit unter den Gruppenmitgliedern als positiv empfunden werden, so dass sich eine innere Zufriedenheit einstellt.

Phasen der Projektarbeit

1. Schritt: Themenfindung

- *Eingrenzung des Oberthemas auf einen aktuellen, problemorientierten und interessanten Themenbereich*
- *hilfreiche Techniken bei der Themenfindung: Erstellen einer Mind Map zum Oberthema, Durchführen einer Punkteabfrage*
- *Berücksichtigen der Materiallage und -verfügbarkeit*

2. Schritt: Gruppenfindung und Festlegen von Einzelthemen

Im Plenum:

- *Diskussion und Festlegen der zu untersuchenden Einzelthemen*
- *Zusammenfinden von Partnern für Arbeiten am gleichen Themenbereich (Gruppenfindung)*

In den Themengruppen:

- *Festlegen einzelner Arbeitsschritte und Untersuchungsmethoden*
- *Aufstellen des Arbeitsplans, Zeitmanagement*

Anschließend im Plenum:

- *Vorstellen der Ergebnisse aus der Gruppenplanung*

3. Schritt: Informationen beschaffen, sortieren, auswählen und verarbeiten

- *Sammeln von Informationen in Bibliotheken, Lexika, Fachbüchern, Internet, mit besonderem Augenmerk auf Grafiken, Bilder, Diagramme und Karten; Notieren von Quellennachweisen*

31 ***Projektstrukturplan als Mind Map***

- *gegebenenfalls Durchführung von Befragungen oder Interviews*
- *Sortierung und Auswahl von Informationsmaterial; dabei auf Zuverlässigkeit überprüfen*
- *Verarbeitung der Informationen: Texte exzerpieren, Wirkungsgefüge anfertigen, Tabellen in Diagramme umwandeln, Kartenmaterial bearbeiten, Zeichnungen anfertigen etc.*

4. Schritt: Vorstellen und Diskussion der Ergebnisse in den Einzelthemengruppen

- *Verfassen von Zwischenberichten mithilfe derer die einzelnen Arbeitsgruppen über Arbeitsfortschritte und Probleme berichten*
- *Zusammenfassen der Ergebnisse für die Plenumsdiskussion*
- *Vorbereiten der Präsentation*

5. Schritt: Ergebnisse präsentieren und Projekt auswerten

- *Vorstellen der Ergebnisse in geeigneter Form: z. B. Ausstellung, Powerpointpräsentation, Videofilm, Foliendarstellung, Internetpräsenz*
- *Rückblick auf die geleistete Arbeit*
- *Erfahrungsaustausch*
- *Abschlussauswertung: Wurden die gesetzten Ziele erreicht? Traten Probleme auf? Was ist gut gelaufen? Was kann für eine künftige Projektarbeit gelernt werden?*

6. Schritt: Rückbesinnung

Die selbstkritische Reflexion der einzelnen Projektphasen bildet den Abschluss des Projektes.

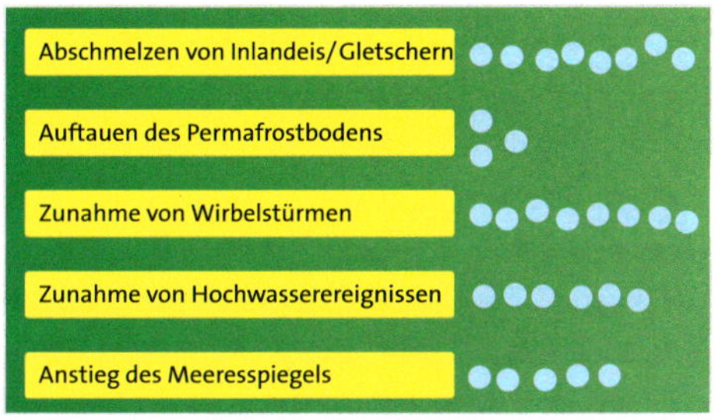

32 ***Themenwahl nach der Punkteabfrage***

33 **Tipps für eine erfolgreiche Gruppenarbeit**

- Eine durchdachte Planung ist für den Erfolg des Projekts unabdingbar. Daher sollte unbedingt für die Planung genügend Zeit vorgesehen werden.
- Stellen Sie einen Projektstrukturplan auf, der z. B. als Mind Map das Projekt in einzelne Vorhaben gliedert. Der Projektstrukturplan enthält alle notwendigen Schritte, die zum Erreichen des Projektziels notwendig sind und gibt einen Überblick über das Gesamtprojekt (vgl. M 31).
- Erstellen Sie einen Projektablaufplan, in dem der zeitliche Ablauf festgelegt wird. Es empfiehlt sich die Zeitplanung „von hinten" zu beginnen. Sehen Sie nach Möglichkeit einen Zeitpuffer vor.
- Legen Sie in jeder Teamsitzung Sitzungsleiter, Protokollführer, Zeitmanager fest.

Projekt: Klimawandel – Themenwahl

Mögliche Projektthemen:
- *Abschmelzen von Gletschern*
- *Auftauen des Permafrostbodens*
- *Zunahme von Wirbelstürmen*
- *Anstieg des Meeresspiegels*
- *Zunahme von Hochwasserereignissen*

34 ***Zugspitze mit südlichem und nördlichem Schneeferner***

35 ***Abschmelzen von arktischem Meereis***

Projekt Klimawandel: Themenfindung

Die Zusammenhänge zwischen dem Klimawandel und den sich daraus ergebenden Folgen für die Umwelt sind sehr komplex. Um die Ursache-Wirkung-Beziehungen zu verstehen ist es notwendig, tiefer in die Problematik des Klimageschehens mit seinen Rückkoppelungsprozessen einzudringen. Die sich daraus ergebenden Themenbereiche sind so facettenreich, aktuell und problemorientiert, dass sie sich zur Erarbeitung eines projektorientierten Vorgehens besonders gut eignen. Wählen Sie aus dem nachfolgenden Angebot ein Thema aus und bearbeiten Sie dieses als Unterrichtsprojekt. Berücksichtigen Sie bei der Wahl eigene Interessenschwerpunkte, Aktualität sowie die Datenverfügbarkeit.
Mögliche Schwerpunktthemen sind:
- Abschmelzen von Gletschern,
- Auftauen des Permafrostbodens,
- Zunahme von Wirbelstürmen,
- Anstieg des Meeresspiegels,
- Zunahme von Hochwasserereignissen.

Kurzcharakteristik der möglichen Themen:
Abschmelzen von Gletschern und Inlandeis
Die Schnee- und Eisvorkommen der Erde waren schon immer klimabedingten Schwankungen unterworfen. In den letzten Jahrzehnten war der Eisschwund allerdings besonders stark, so dass die Zukunftsperspektiven Besorgnis erregend sind. Auch das arktische Meereis nimmt in seiner Ausdehnung immer rascher ab, im Jahresmittel um fast 3 % pro Dekade. Es gilt, die vielfältigen Prozesse und komplexen Zusammenhänge zu klären sowie mögliche Auswirkungen abzuschätzen.

Auftauen des Permafrostbodens
Nicht nur durch das Abschmelzen der Alpengletscher entstehen neue Naturgefahren im Gebirge. Ähnlich wie das Gletschereis verflüssigt sich auch das gefrorene Wasser, das im Untergrund loses Gestein zusammenhält. In den letzten hundert Jahren ist die so genannte Permafrostgrenze in den Alpen um 150 bis 200 Meter angestiegen. Damit nimmt das Risiko zu, dass zuvor stabile Hänge und Felspartien ins Rutschen geraten. Zudem kann es nach Starkregenfällen vermehrt zu Murenabgängen kommen. Die zunehmende

36 ***Schutt-Eisgemisch kriecht talwärts (Oberengadin)***

37 *Hurrikan über dem Golf von Mexiko*

38 *Augusthochwasser 2005 an der Iller*

39 ***Betroffene Gebiete bei einem Meeresspiegelanstieg von 2 Metern***

Nach WBGU: Die Zukunft der Meere – zu warm, zu hoch, zu sauer, Berlin 2006, S. 42

Erwärmung und das Auftauen des Permafrostbodens können nicht nur im Hochgebirge, sondern auch in polaren und subpolaren Regionen gravierende Veränderungen der Öko- und Landschaftssysteme nach sich ziehen.

Zunahme von Wirbelstürmen

Das Jahr 2005 war mit insgesamt 28 tropischen Stürmen, von denen 15 Hurrikanstärke erreichten, ein Rekordjahr. Seit Beginn der regelmäßigen Aufzeichnungen im Jahr 1850 gab es noch nie so viele Hurrikane. Klimaforscher vermuten, dass Temperaturunterschiede zwischen den Ozeanen die Hurrikanaktivität stark beeinflussen. Eine stärkere Erwärmung des tropischen Nordatlantik scheint die Zunahme von tropischen Wirbelstürmen zu begünstigen.

Meeresspiegelanstieg

Betrug der Meeresspiegelanstieg im 20. Jahrhundert weltweit noch 1,5 bis 2 cm im Jahrzehnt, belegen Satellitenmessungen im vergangenen Jahrzehnt bereits einen Anstieg von 3 cm. Bei einer weiteren Erwärmung droht eine zusätzliche Beschleunigung des Meeresspiegelanstiegs. Ein Abschmelzen der Inlandeismassen könnte den Meeresspiegel drastisch ansteigen lassen.

Zunahme von Hochwasserereignissen

Sind die Jahrhunderthochwasser, die wir in den letzten Jahren gerade auch in Bayern erlebt haben, Ausdruck des Klimawandels oder sind sie ein normales Ereignis?

Wasser bewegt sich in einem riesigen Kreislauf. Wasser verdunstet über dem Meer und Land, wird in Form von Wolken transportiert und über Niederschläge den Flüssen zugeführt. Der Kreislauf wird durch die Energie der Sonne angetrieben. Befindet sich durch die Klimaerwärmung mehr Energie in der Atmosphäre, wird der Kreislauf intensiviert und über die Zunahme des Niederschlags der Abfluss erhöht. Aber ganz so einfach ist das Problem nicht gelagert. Hochwasserereignisse sind immer Extremereignisse, bei denen die Luftmassenbewegungen und die Beschaffenheit des Untergrunds eine nicht zu unterschätzende Rolle spielen. Es gibt also einigen Klärungsbedarf.

Beispiel für ein Klimaprojekt: Gletscher im Klimawandel

1. Schritt: Themenfindung

Gletscher summieren zuverlässig alle großen und kleinen Ausschläge des Klimas und passen sich über Jahrzehnte den veränderten Mittelwerten an, indem sie weiter vorstoßen oder abschmelzen. Sie eignen sich damit in besonderer Weise, Klimaschwankungen sichtbar zu machen. Gerade die Veränderungen der Alpengletscher sind hervorragend dokumentiert, so dass die Prozesskette Klimawandel-Gletscherverhalten tiefgreifend erarbeitet werden kann.

Als Folge der Gletscherschmelze ergeben sich vielfältige Auswirkungen auf den Wasserkreislauf und den Landschaftshaushalt. Dabei werden die komplexen Zusammenhänge der Mensch-Umwelt-Beziehung ebenso sichtbar, wie die Notwendigkeit durch konsequente Maßnahmen dem Klimawandel zu begegnen.

2. Schritt: Gruppenfindung und Festlegen von Einzelthemen

Nachdem die Entscheidung über die Auswahl des Themenfelds getroffen worden ist, werden Einzelthemen festgelegt, die in Arbeitsgruppen erarbeitet werden sollen. Einzelthemen können beispielsweise sein:

- Temperaturentwicklung im Alpenraum,
- Entwicklung der Eisbedeckung in den Alpen,
- Massenbilanz ausgewählter Alpengletscher,
- Auswirkung der Gletscherschmelze,
- Maßnahmen zur Begrenzung negativer Auswirkungen.

3. Schritt: Informationen beschaffen, sortieren, auswählen und verarbeiten

Am Beginn der eigenständigen Projektarbeit steht die Informationsbeschaffung. Die Möglichkeiten der Schul- und Stadtbibliothek werden bei den sehr speziellen Einzelthemen schnell erschöpft sein, so dass Sie bald auf Universitätsbibliotheken, Fernleihe und Internetrecherche zurückgreifen müssen. Eine Auswahl geeigneter Literatur und Internetadressen finden Sie auf der Seite 163.

Wählen Sie aus der Fülle der Informationen diejenigen aus, die geeignet sind auf ihre spezielle Fragestellung aussagekräftige Antworten zu geben. Um dabei den Überblick nicht zu verlieren, ist es ratsam, die ausgewählten Materialien zu sortieren und zu archivieren. Dies kann beispielsweise in elektronischer Form, in einem Ringbuchordner oder in einem Karteikasten geschehen.

Schließlich sind die gewonnenen Informationen unter Ihrem speziellen Blickwinkel zu bearbeiten. Wenden Sie dabei Methoden und Arbeitstechniken an, die Sie in den bisherigen Schuljahren erworben haben und auf die Sie im Methodenkompendium S. 170–177 zurückgreifen können.

Anregungen zur Verarbeitung von Informationen geben Ihnen die Seiten 164–167.

4. Schritt: Vorstellen und Diskussion der Ergebnisse in den Einzelthemengruppen

Zu den Themensitzungen treffen sich alle Gruppenmitglieder unter folgenden Zielsetzungen:

- Vorstellen von Ergebnissen in vorgegebener Zeit,
- Klären von Verständnisfragen, Aufzeigen von Problemen, Festlegen von thematischen Einschränkungen bzw. Erweiterungen.

5. Schritt: Ergebnisse präsentieren und Projekt auswerten

Die Projektergebnisse werden übersichtlich zusammengestellt und zur Dokumentation vorbereitet. Möglichkeiten der Präsentation sind u. a.:

- Anfertigen eines Portfolios,
- Erstellen einer Website,
- Einbinden in eine Computerpräsentation (siehe Beispiel auf S. 168/169).

6. Schritt: Rückbesinnung

Folgende Fragen helfen Ihnen im Rahmen einer Abschlussauswertung bei der selbstkritischen Reflexion des Projektes:

- Wurden die gesetzten Ziele erreicht?
- Traten Probleme auf?
- Was ist gut gelaufen?
- Was kann für eine künftige Projektarbeit gelernt werden?

Informationen beschaffen (3. Schritt des Projektes)

Umreißen Sie klar Ihre Aufgabenstellungen und stellen Sie sich dann einen Zeitplan auf, um jederzeit den Überblick zu behalten.
Beispiel: Massenbilanz

- Exzerpt anfertigen zum Thema Massenbilanz eines Gletschers aus Kapitel 3 in Buch „Gletscher im Klimawandel“ (60 min.)
- Internetrecherche zum Thema „Massenbilanz alpiner Gletscher“ (60 min.)
- Festhalten von Daten, Gedanken, Ideen, Fragen auf Karteikarten oder Blättern (60 min.)
- Überdenken der Materialien, vergleichen, auswählen und archivieren der Informationen und Grafiken im PC, in einem Karteikasten, in einem Ordner o. ä. (90 min.)

Gewichten Sie die Erledigung der Aufgaben nach folgendem Zeitmanagementschema:

a) wichtig und eilig → sofort erledigen
b) wichtig, nicht eilig → in Aufgabenliste eintragen, später erledigen
c) unwichtig, nicht eilig → streichen

40 **Literaturtipps**

- Reinhard Böhm et al.: Gletscher im Klimawandel, Zentralanstalt für Meteorologie und Geodynamik, Wien 2007
- Zängl, Wolfgang/Hamberger Sylvia: Gletscher im Treibhaus, eine fotographische Zeitreise in die alpine Eiswelt, Steinfurt 2004
- Wilfried Häberli/Max Maisch: Klimawandel im Hochgebirge. In: Endlicher Wilfried; Gerstengarbe, Friedrich Wilhelm (Hrsg.): Der Klimawandel, Potsdam 2007

41 **Internettipps**

- www.meteoschweiz.admin.ch
- www.alpenverein.at
- www.klima-aktiv.com
- www.bayerische-gletscher.de
- www.ipcc.ch

42 ***Screenshot der Website www.gletscherarchiv.de vom 04. 09. 2008***

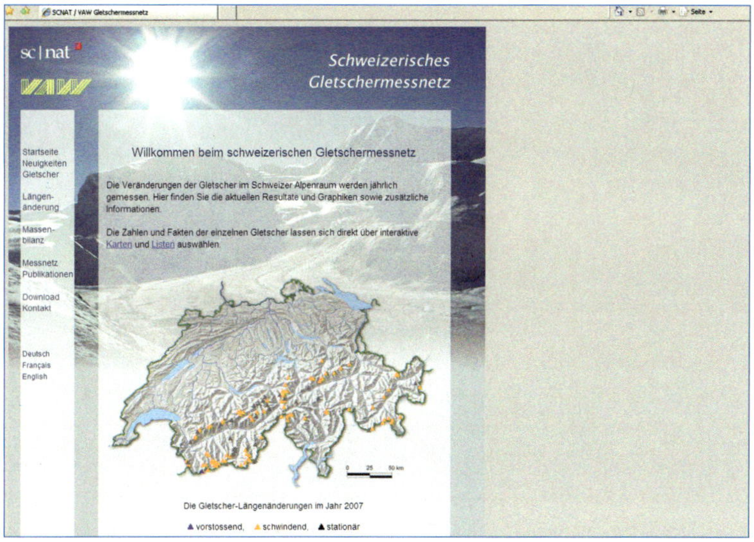

43 ***Screenshot der Website http://glaciology.ethz.ch/swiss-glaciers vom 04. 09. 2008***

44 ***Screenshot der Website www.bayerische-gletscher.de vom 04. 09. 2008***

45 *Goldbergkees in den Hohen Tauern 1969*

46 *Goldbergkees in den Hohen Tauern 1992*

47 *Goldbergkees in den Hohen Tauern 2007*

Informationen verarbeiten (3. Schritt des Projektes)

Bilder vergleichen und analysieren
Die Entwicklung des Goldbergkees (Materialien 45–50)
Neben Messungen, Statistiken und Diagrammen liefern Bilder eindrucksvolle Dokumente über die Veränderung von Gletschern. Die Vergleichsfotos des Goldbergkees in den Hohen Tauern belegen dies. Um konkrete Aussagen über das Ausmaß des Abschmelzens zu treffen, müssen Sie die Vergleichsbilder analysieren.

Anregung zum Bildvergleich
- Bearbeiten Sie wegen der besseren Vergleichbarkeit die Bilder mit einem Bildbearbeitungsprogramm auf dem Computer.
- Markieren Sie auffällige Formen, Linien, Strukturen.
- Gliedern Sie das Bild mit seiner Gletscherbedeckung in Teilräume.
- Beobachten Sie genau, wie die Gletscherflächen sich verändert haben; nehmen Sie dabei markante Geländepunkte zu Hilfe (Grate, Einkerbungen, Felsvorsprünge, Bachläufe, Mulden).
- Legen Sie die markierten Flächen übereinander und beschreiben Sie die dabei erkennbaren Veränderungen (vgl. Foto 48).

Diagramme zeichnen: Längenentwicklung von drei Schweizer Gletschern (Diagramm 49)
Während der Fotovergleich einen beeindruckenden Einblick in das Ausmaß des Gletscherrückzugs vermittelt, geben detaillierte Messungen exakt Auskunft über die Längenänderung verschiedener Gletscher, so dass genaue Aussagen und Vergleiche ermöglicht werden. Im Internet werden regelmäßig die Messergebnisse von Alpengletschern publiziert. Um die Entwicklungen zu verdeutlichen, empfiehlt es sich die zur Verfügung gestellten Daten graphisch umzusetzen.

Anregung zum Erstellen eines Diagramms

Wählen Sie für Ihre Gegenüberstellung Gletscher unterschiedlicher Größe aus, damit Sie nicht nur Aussagen über die Geschwindigkeit des Abschmelzens machen können, sondern auch darüber, in welchen Gebieten mit besonders schwerwiegenden Folgen zu rechnen ist. Vorschlag für die Auswahl:

- Glacier du Trient (4,90 km lang; 6,40 km² Fläche);
- Rhônegletscher (8,00 km lang; 17,60 km² Fläche);
- Großer Aletschgletscher (23,95 km lang; 86,95 km² Fläche).

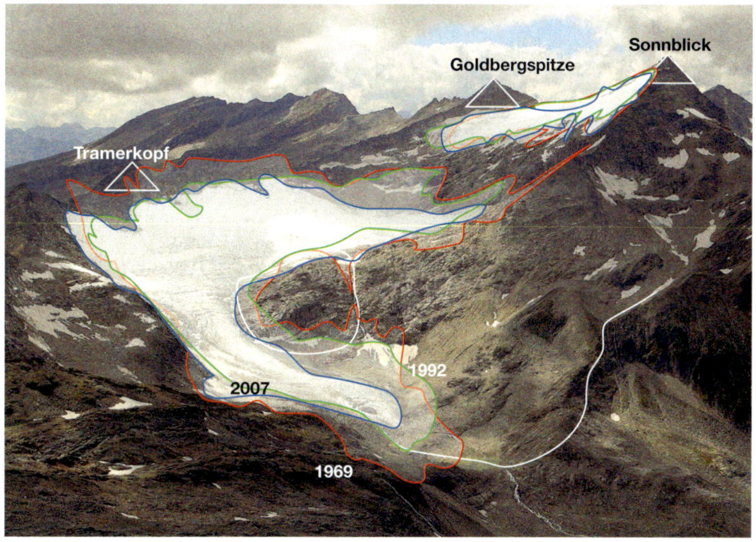

48 ***Goldbergkees: vergletscherte Fläche im Vergleich der Jahre 1969, 1992 und 2007***

Ein Wirkungsgefüge erstellen: Klimawandel und Verhalten von Gletschern (Wirkungsgefüge 50)

Ein erprobtes Mittel zur Darstellung von multikausalen Wechselbeziehungen ist das Wirkungsgefüge. Gerade die Zusammenhänge zwischen Klimawandel, dem Verhalten der Gletscher und den sich daraus ergebenden Folgen sind sehr komplex, so dass durch die Strukturierung Abhängigkeiten und Folgen verdeutlicht werden können.

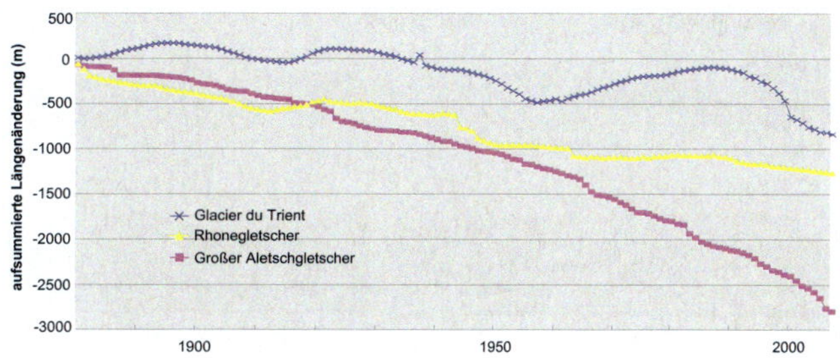

49 ***Längenentwicklung ausgewählter schweizer Gletscher***

Nach Schweizer Gletschermessnetz VAW/ETH Zürich; unter http://glaciology.ethz.ch/swiss-glaciers 2008

Anregung zum Erstellen eines Wirkungsgefüges

Folgen Sie den Arbeitsschritten zur Erstellung eines Wirkungsgefüges auf Seite 130:

- Listen Sie wichtige Begriffe auf.
- Ordnen Sie die Schlüsselaspekte nach Sachfeldern.
- Ermitteln Sie zentrale Schlüsselaspekte und platzieren Sie diese an exponierter Stelle.
- Ordnen Sie die verbliebenen Begriffe den zentralen Schlüsselaspekten zu.
- Stellen Sie Beziehungen und Wechselwirkungen dar.

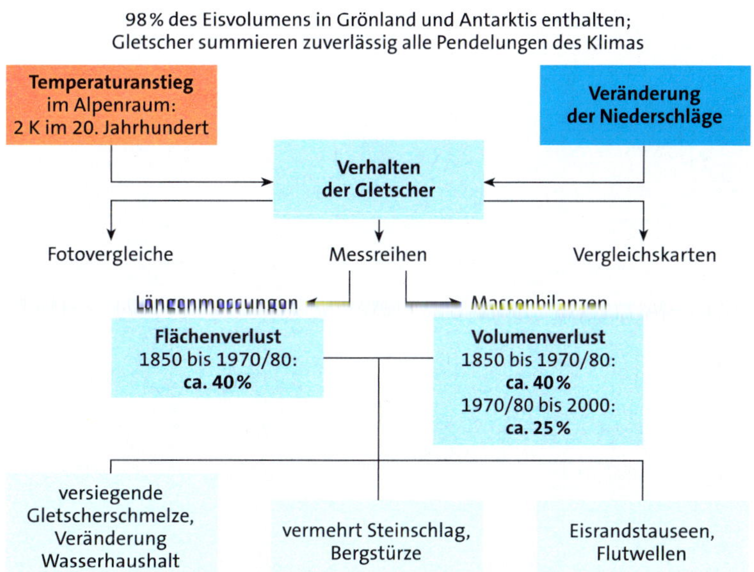

50 ***Wirkungsgefüge zum Thema Zusammenhänge zwischen dem Klimawandel und dem Verhalten von Alpengletschern***

Ein Szenario erstellen: Die Alpengletscher im Jahr 2050

Die Szenariotechnik soll helfen, Merkmale einer wahrscheinlichen Zukunft zu erarbeiten. In sachlich-analytischer Vorgehensweise wird versucht, einen Ausblick auf das weitere Verhalten der Alpengletscher zu geben. Dafür stehen Modellrechnungen zur Verfügung, die zeigen sollen wie sich Temperaturerhöhungen im Alpenraum auf die alpine Gletscherbedeckung auswirken könnten.

Anregung zur Szenariotechnik

Werten Sie die Materialien 51 bis 53 aus und entwerfen Sie auf dieser Grundlage eine Pressemitteilung, die den Zustand der alpinen Gletscher im Jahr 2050 beschreiben könnte.

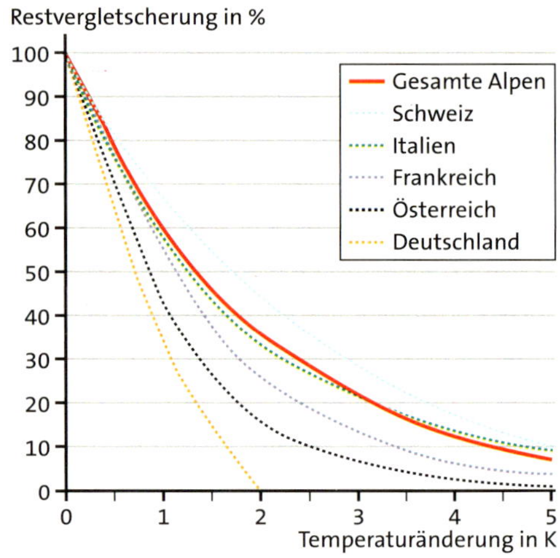

52 ***Rückgang der Alpenvergletscherung (Klimamodell)***
Nach Wilfried Haeberli/Max Maisch: Alpen ohne Eis? In: Geographische Rundschau 3/2008, S. 17

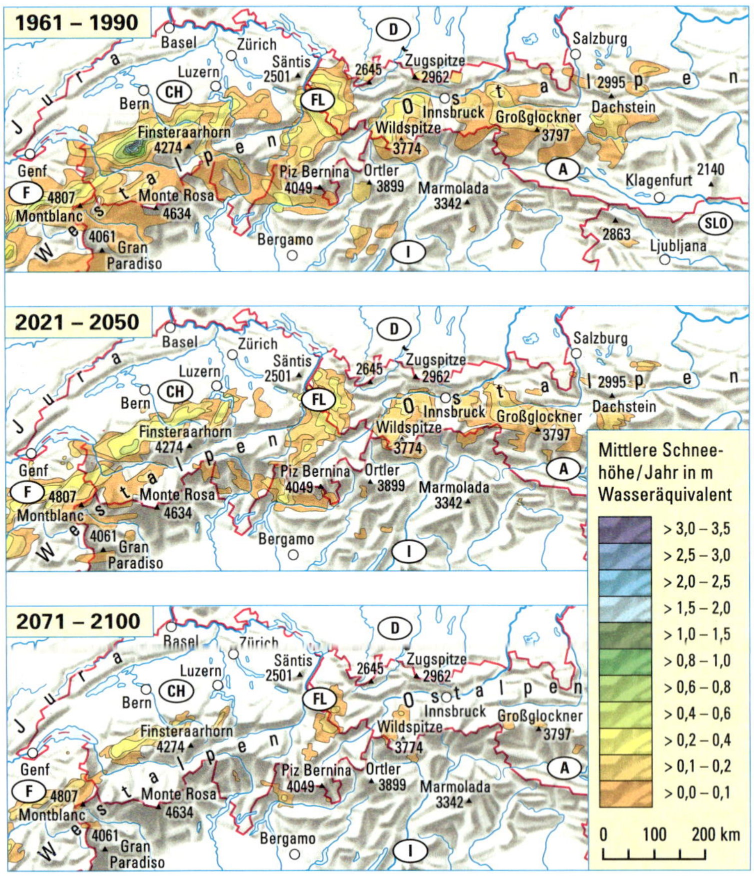

51 ***Entwicklung der mittleren Schneehöhen in den Alpen;*** *nach National Geographic: Klimawandel in Deutschland. Sonderbeilage von National Geographic Deutschland, September 2007, S. 13*

53 ***Rückgang der vergletscherten Fläche des Goldbergkees bei linearem Temperaturanstieg;*** *nach Reinhard Böhm et al.: Gletscher im Klimawandel. Wien: Zentralanstalt für Meteorologie und Geodynamik 2007, S. 78*

Ein Szenario erstellen: Folgen der Gletscherschmelze 2050

Modellrechnungen zeigen, dass die Mehrheit der Alpengletscher in den nächsten Jahrzehnten verschwinden könnte. Gerade in den dicht besiedelten Gebirgsregionen der Alpen sollte man sich daher Gedanken machen, wie sich der Gletscherschwund auf den Wasserkreislauf, die Wasserwirtschaft, den Tourismus und auf Naturrisiken auswirken könnte.

Anregung zum Szenario: Folgen für die Alpen ohne Gletscher

- Sammeln Sie Informationen über die Folgen des Gletscherrückzugs in den Alpen.
- Werten Sie die Bilder 55 und 56 im Hinblick auf die zunehmende Gletscherschmelze aus.
- Erläutern Sie Auswirkungen des Gletscherschwunds auf den Abfluss des Rheins.
- Erläutern Sie mögliche Auswirkungen auf den Tourismus in den Alpen.
- Fassen Sie Ihre Ergebnisse in einer Dokumentation zusammen.

54 **Der Tourismus im Jahr 2050**

Die Klimaänderung ist Risiko und Chance zugleich. Mit einer entsprechenden Ausrichtung des touristischen Angebots können Kernkompetenzen ausgebaut und neue Gästegruppen angesprochen werden. Wärmere Temperaturen und häufigere heiße und trockene Sommer bewirken ein Wiederaufleben der sommerlichen „Bergfrische". Hohe Temperaturen in Südeuropa und in den Städten führen dazu, dass die Alpen als Ort der Kühle aufgesucht werden und im Vergleich zu südlicheren Destinationen profitieren können. Die touristische Sommersaison kann verlängert werden, und insbesondere der stark wetterabhängige Tages- und Kurzaufenthaltstourismus der Schweizer an den Wochenenden sichert Tourismusorten, die sich mit entsprechenden Angeboten auf das veränderte Reiseverhalten eingestellt haben, das Sommergeschäft.

Nach Hansruedi Müller et al.: Tourismus. In: OcCC/ProClim- (Hrsg.): Klimaänderung und die Schweiz 2050; unter www.occc.ch 2007

55 ***Schlammlawine Aostatal/Italien, im Jahre 2000***

56 ***Bergsturz Bormio/Veltlin, Italien, im Jahre 1987***

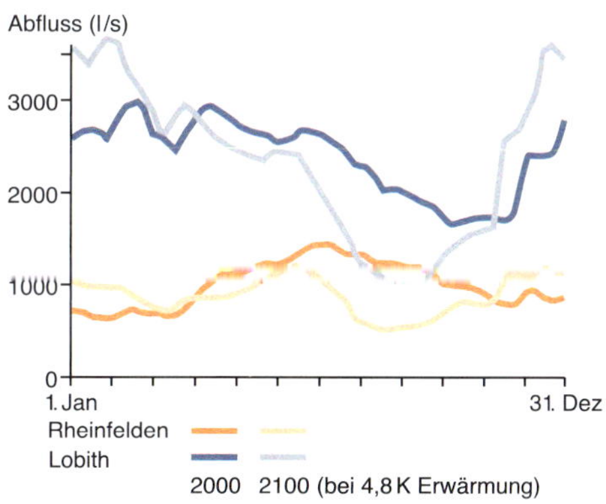

57 ***Veränderung des durchschnittlichen Rheinabflusses***

Nach M. V. Shabalova u. a.: Assessing future discharge of the river Rhine using regional climate model integrations and a hydrological model. In: Climate research, Jg. 23, Nr. 3. Inter-Research: Oldendorf/Luhe 2003, S. 233–246

58 *Screenshot der Computerpräsentation zum Projekt „Gletscher im Klimawandel"*

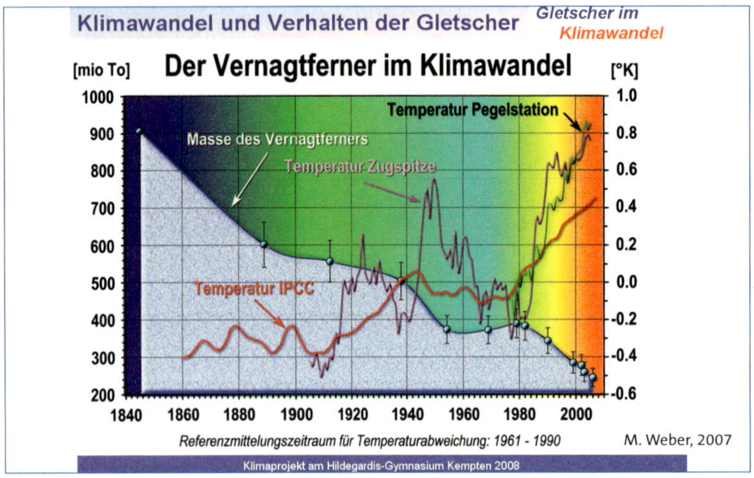

59 *Screenshot der Computerpräsentation zum Projekt „Gletscher im Klimawandel"*

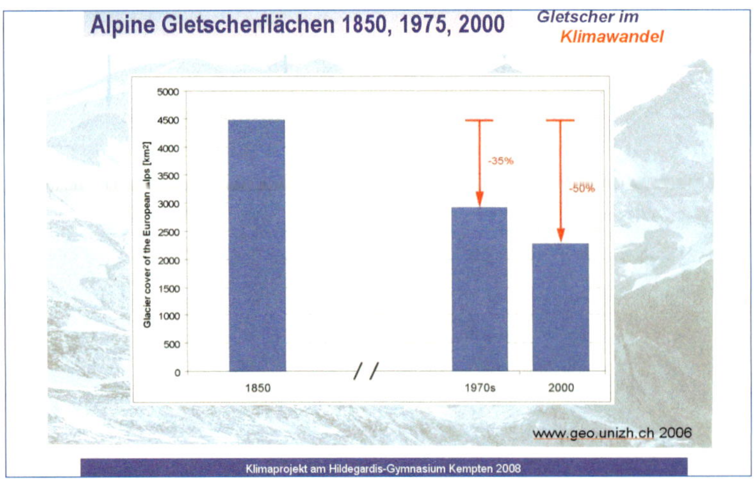

60 *Screenshot der Computerpräsentation zum Projekt „Gletscher im Klimawandel"*

Ein Projekt mit Powerpoint präsentieren (5. Schritt des Projektes)

Jede Präsentation ist in erster Linie ein Kommunikationsprozess. Für eine gelungene Darstellung der Projektergebnisse ist es einerseits wichtig, sich am Wissensstand und den Bedürfnissen der Adressaten zu orientieren, andererseits muss der Vortragende in seinem Auftreten und seinen Ausführungen überzeugen. Artikulationsweise und inhaltliche Strukturierung bilden daher die Grundlage der Präsentation, während technische Möglichkeiten unterstützend wirken.

Bei Ihrem Projekt haben Sie Informationen in Form von Texten, Tabellen, Grafiken und Bildern verarbeitet. Alle genannten Elemente lassen sich problemlos in einer Powerpoint-Präsentation zusammenfügen. Gewonnene Projektergebnisse können auf diese Weise anschaulich und motivierend vermittelt werden. Daneben dienen Ihnen die Folien als Gedankenstütze.

Die Computersoftware bietet Ihnen eine Fülle von Möglichkeiten, mit denen Sie Ihre Darbietung bereichern und so dem Vortrag eine persönliche Note verleihen können. Die Präsentationstechnik unterstützt Ihre mündlichen Ausführungen optisch und durch die Visualisierung erhöht sich die Aufnahmefähigkeit der Zuhörer. Allerdings sollten Sie niemals vergessen, dass Ihr gesprochenes Wort im Mittelpunkt der Präsentation steht.

Die nachfolgenden Tipps sollen Ihnen helfen, Ihre Projektergebnisse erfolgreich zu präsentieren.

1. Folienlayout

- Greifen Sie auf voreingestellte Folienlayouts zurück; diese sind erprobt und ausgewogen.
- Achten Sie auf die übersichtliche Platzierung von Texten, Grafiken und Bildern.
- Achten Sie auf ein einheitliches zum Thema passendes Layout.
- Beachten Sie den Lesefluss von links oben nach rechts unten.

2. Text-Folien

- Beschränken Sie sich auf Kernaussagen (fünf Wörter pro Zeile und fünf Zeilen pro Folie).

- Verwenden Sie am besten Stichworte (Ausnahme: Zitate).
- Vermeiden Sie Rechtschreibfehler.
- Verwenden Sie gut lesbare Schriften (Schriftart, Farbwahl, Schriftgröße: Überschriften 28 pt. – 36 pt., Fließtexte 18 pt. – 26 pt.).

3. Zahlenmaterial
- Fügen Sie möglichst wenig Zahlen ein.
- Stellen Sie statistisches Material in Form von illustrierenden Grafiken dar.

4. Bilder, Grafiken, Karten
- Veranschaulichen Sie Ihre Ausführungen durch das Einfügen von Bildern. Sie erleichtern dadurch den Aufnahmeprozess.
- Sorgen Sie durch den Einsatz von Karten für eine bessere Orientierung und unterstützen Sie damit Ihre Aussagen.
- Erleichtern Sie die Vermittlung komplizierter Sachverhalte durch das Verwenden anschaulicher Grafiken.
- Wählen Sie die eingefügten Materialien gut überlegt aus und achten Sie auf deren übersichtliche Platzierung.

5. Vortrag
- Begrenzen Sie die Anzahl der Folien. Jede Folie sollte in der Regel ein eigenes Thema haben. Rechnen Sie pro Folie mit einer Redezeit von 1–2 Minuten.
- Lesen Sie Ihre Folien nicht vor, sondern erläutern Sie den Inhalt der Folien durch Ihre Ausführungen.
- Achten Sie auf ein exaktes Timing und geben Sie den Zuhörern genügend Zeit, den Inhalt der Folie zu verarbeiten.
- Stellen Sie Blickkontakt zu den Zuhörern her.

6. Vorbereitung der Präsentation
- Nehmen Sie sich genügend Zeit zur Fertigstellung der Präsentation.
- Prüfen Sie selbstkritisch, ob alle Informationen vorhanden sind und die Folienübergänge sinnvoll auf den Inhalt bezogen sind.
- Beseitigen Sie was störend wirken könnte.
- Kontrollieren Sie die Quellenangaben (auf jeder Folie bzw. zusammengefasst am Ende).

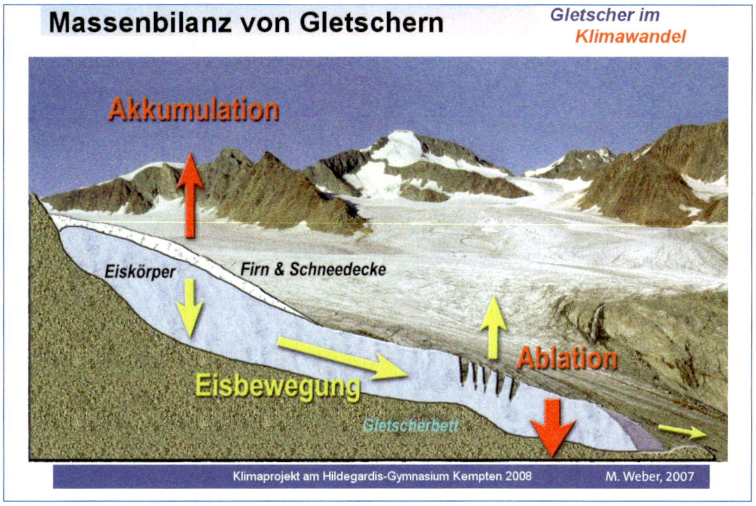

61 ***Screenshot der Computerpräsentation zum Projekt „Gletscher im Klimawandel"***

62 ***Screenshot der Computerpräsentation zum Projekt „Gletscher im Klimawandel"***

63 ***Screenshot der Computerpräsentation zum Projekt „Gletscher im Klimawandel"***

6.1 Methodenkompendium

Hier finden Sie wichtige Methoden aus den vorangegangenen Klassenstufen.

Bevölkerungspyramide auswerten

1. Schritt: Orientieren

Stellen Sie fest, für welches Land und für welches Jahr die Angaben gemacht werden. Bestimmen Sie die Einteilung der Achsen. Überprüfen Sie, ob die Bevölkerungsanteile in absoluten oder relativen Zahlen angegeben werden.

2. Schritt: Beschreiben

Lesen Sie die geschlechtsspezifischen Anteile in den einzelnen Altersgruppen ab.

Geben Sie die Gesamtanteile für folgende Bevölkerungsgruppen an:

- *Kinder und Jugendliche (0–14 Jahre)*
- *Erwerbsfähige Personen (15–64 Jahre)*
- *Nicht mehr erwerbsfähige Personen (> 64 Jahre)*

Beschreiben Sie den Altersaufbau der Bevölkerung. Gibt es Auffälligkeiten bzw. Unregelmäßigkeiten?

3. Schritt: Erklären

Sammeln Sie Hintergrundinformationen, die die Auffälligkeiten im Altersaufbau erklären.

4. Schritt: Einer Grundform zuordnen

Ordnen Sie die dargestellte Pyramide einer der vier Grundformen (Pyramidenform, Bienenkorbform, Glockenform, Urnenform) zu. Bedenken Sie dabei, dass es auch Mischformen geben kann.

5. Schritt: Prognose erstellen

Leiten Sie ab, wie sich die Bevölkerung eines Staates entwickelt. Formulieren Sie dann Aussagen zu Auswirkungen der Altersstruktur auf die Gesellschaft.

Beziehungsnetz erstellen

1. Schritt: Sich informieren

- *Besorgen Sie sich Informationsmaterial und analysieren Sie es genau.*
- *Wenden Sie Techniken der Textauswertung an: z. B. unterstreichen, Schlüsselwörter und Schlüsselaussagen notieren.*

2. Schritt: Thema und Schlüsselwörter festlegen

- *Sichten Sie Ihre Unterstreichungen und Notizen im Hinblick auf wesentliche Aspekte.*
- *Formulieren Sie das Thema und eine Anzahl von Schlüsselbegriffen/-wörtern, welche Sie danach auf Kärtchen schreiben.*

3. Schritt: Schlüsselwörter ordnen

- *Breiten Sie die Kärtchen auf Plakatpapier aus und ordnen Sie diese nach Teilthemen.*
- *Stellen Sie danach unter Beachtung der Beziehungen untereinander eine Gesamtanordnung her.*
- *Kleben Sie die Kärtchen auf das Plakatpapier.*

4. Schritt: Beziehungspfeile setzen

- *Zeichnen Sie dort, wo Beziehungen bestehen, Pfeile zwischen den Kärtchen ein.*
  Hinweis: Beziehungspfeile werden immer „von der Ursache aus in Richtung Auswirkung“ gezeichnet. Bei einem gegenseitigen „Ursache-Wirkungs-Verhältnis“ wird ein Doppelpfeil gesetzt.
- *Die Pfeile werden mit Ziffern versehen.*

5. Schritt: Beziehungsnetz auswerten

- *Bringen Sie das Beziehungsnetz zum „Sprechen“, indem Sie zu den Ziffern Aussagen formulieren.*
- *Überprüfen Sie die Eignung und Aussagekraft für den dargestellten Sachverhalt.*

Computerpräsentation anfertigen

1. Schritt: Vorbereiten

- *Bevor Sie die Computerpräsentation erstellen, müssen Sie klären, welche Inhalte Sie präsentieren wollen und wie Sie diese sinnvoll gliedern können. Beachten Sie die Zeitdauer, die Ihnen für die Präsentation zur Verfügung steht.*
- *Legen Sie die Anzahl und die Reihenfolge der geplanten Folien fest.*

2. Schritt: Erstellen

Wählen Sie im Präsentationsprogramm ein geeignetes Folienlayout und -design aus. Fügen Sie Texte und Materialien ein. Beachten Sie dabei Folgendes:

- *Jede Folie erhält eine treffende Überschrift. Formulieren Sie den Textinhalt in klaren Stichworten.*
- *Beschränken Sie sich auf wesentliche Informationen, denn eine Flut von unwichtigen Mitteilungen lenkt beim Zuhören ab.*
- *Geben Sie auf jeder Seite am unteren Rand die Quellen der verwendeten Materialien an.*
- *Wählen Sie einen ansprechenden Hintergrund für die Folien. Achten Sie dabei auf den Kontrast zwischen Text und Hintergrundfarbe.*
- *Wählen Sie Schrifttyp und Schriftgröße so, dass sie aus der Entfernung leicht lesbar sind. Durch dezente Hervorhebung (z.B. Markierung oder Farbe) wird jede wichtige Information gekennzeichnet. Aber: Eine zu bunte Präsentation lenkt eher ab.*
- *Gehen Sie sparsam mit Animationseffekten und Sounds um – sie sind dann sinnvoll, wenn sie dem Zuschauer beim Erfassen und Verarbeiten von Informationen helfen.*
- *Bestimmen Sie den Folienübergang: Soll er automatisch oder nach Bedarf durch Mausklick erfolgen?*
- *Zu jeder Folie können Sie ein Notizblatt mit Sprecherkommentaren erstellen.*
- *Fertigen Sie eine Sicherungskopie an.*
- *Üben Sie den kompletten Vortrag mehrmals. Eine „Generalprobe“, z.B. vor Freunden, gibt Ihnen Sicherheit.*

3. Schritt: Präsentieren

- *Prüfen Sie vor der Präsentation, ob die benötigte Technik (Computer, Laptop, CD ROM, Beamer) funktioniert.*
- *Erläutern Sie Ihre präsentierten Folien, denn viele Informationen bedürfen einer Erklärung, da sie für die Zuhörer neu sind.*
- *Sprechen Sie langsam und möglichst frei in Richtung des Publikums. Nutzen Sie die Folien, um den roten Faden nicht zu verlieren.*
- *Beraten Sie sich anschließend mit der Klasse: Was hat gut geklappt? Was kann das nächste Mal verbessert werden?*

Gruppenpuzzle durchführen

1. Schritt: *Setzen Sie sich zuerst zu sogenannten Stammgruppen zusammen. Jede muss mindestens vier Mitglieder haben.*

2. Schritt: *Jedes Mitglied einer Stammgruppe bearbeitet den gemeinsamen Arbeitsauftrag. Dazu müssen Sie sich zunächst das notwendige Expertenwissen über die einzelnen Bereiche beschaffen. Bestimmen Sie dazu in jeder Stammgruppe je mindestens einen Experten für die Einzelthemen. Wenn Ihre Stammgruppe mehr als vier Teilnehmer aufweist, können Sie auch zwei Experten für einzelne Themen ernennen.*

3. Schritt: *Lösen Sie die Stammgruppen auf und setzen Sie sich je nach dem von Ihnen übernommenen Thema in den vier Expertengruppen neu zusammen.*

4. Schritt: *Bearbeiten Sie in dieser Expertengruppe gemeinsam Ihr Spezialthema. Jeder Experte notiert für sich die erarbeiteten Ergebnisse z.B. als Text, Tabelle und Diagramm.*

5. Schritt: *Nachdem Sie nun zu Experten ausgebildet wurden, lösen Sie die Expertengruppen auf und kehren in Ihre ursprünglichen Stammgruppen zurück.*

6. Schritt: *Die Experten berichten der Reihe nach über die Lösungen, die in ihren Expertengruppen erarbeitet wurden. Sie stellen dabei auch die angefertigten Materialien vor und erklären diese.*

7. Schritt: *Erstellen Sie gemeinsam in der Stammgruppe eine Präsentation für Ihre Ergebnisse. Beachten Sie dabei den gemeinsamen Arbeitsauftrag.*

8. Schritt: *Präsentieren Sie der Klasse Ihre Arbeitsergebnisse. Diskutieren Sie mögliche Unterschiede zwischen den Ergebnissen der verschiedenen Stammgruppen.*

6

Höhenlinien lesen

1. Schritt: *Suchen Sie die Höhenangaben an den Höhenlinien einer entsprechenden Karte. Stellen Sie fest, in welcher Richtung das Gelände ansteigt oder abfällt.*

2. Schritt: *Stellen Sie Verlauf und Abstand der Höhenlinien fest: Wo diese eng beieinander sind, ist das Gelände steil; wo diese weiter auseinander liegen, ist das Gelände weniger steil bis flach.*

3. Schritt: *Ermitteln Sie für eine bestimmte Strecke den Höhenunterschied.*

Höhenprofil zeichnen

1. Schritt: *Zeichnen Sie die Strecke von Ort A nach B in die Karte ein. Es ist die Querschnittslinie.*

2. Schritt: *Übertragen Sie diese Querschnittslinie AB auf Millimeterpapier.*

3. Schritt: *Legen Sie eine Höhenskala an.*
Achten Sie auf die tiefste und auf die höchste Stelle des Querschnitts. Skaleneinteilung: zum Beispiel 1 cm entspricht 100 m.

4. Schritt: *Übertragen Sie die Schnittpunkte P1, P2 usw. der Karte an richtiger Stelle auf das Millimeterpapier. P1, P2 usw. sind Schnittpunkte der Höhenlinien mit der Querschnittslinie.*

5. Schritt: *Verbinden Sie auf dem Millimeterpapier die Punkte A, P1, P2 ... B. So erhalten Sie die Profillinie des Geländeschnittes von A nach B.*

Informationen gewinnen, verarbeiten und dokumentieren

1. Schritt: Informationen gewinnen
Zunächst sollten Sie alles sammeln, was Sie zu dem Thema finden können.
- *Im Internet, in Bibliotheken, Lexika, Fachzeitschriften oder Bildbänden werden Sie bestimmt fündig.*

2. Schritt: Informationen sortieren und auswählen
Sie haben nun sicher eine große Menge an Informationen zusammengetragen, sodass man schnell die Übersicht verlieren kann.
- *Daher müssen Sie jetzt herausfinden, mit welchen Informationen Ihre Fragen am besten zu beantworten sind.*
- *Dokumentieren Sie die Quellen und prüfen Sie, ob diese zuverlässig und die Informationen richtig sind. Hierzu bietet es sich an, Informationen zum Thema aus verschiedenen Quellen zu vergleichen.*

3. Schritt: Informationen verarbeiten
Die ausgewählten Informationen müssen Sie nun verarbeiten, um Ihre Fragen aussagekräftig zu beantworten. Überlegen Sie z. B.:
- *Lassen sich aus Texten, Grafiken oder Schemata anfertigen?*
- *Sollten Tabelleninhalte zu Diagrammen verarbeitet werden?*
- *Können Informationen eventuell durch ein Experiment bestätigt werden?*

4. Schritt: Informationen dokumentieren
Alle Aufgabenstellungen und Antworten werden nun übersichtlich angeordnet. Möglichkeiten dazu bieten z. B. eine Themenmappe oder ein Portfolio.
- *Ist die Fragestellung damit beantwortet?*
- *Bleiben Fragen offen? Falls ja, begründen Sie, woran das liegt (z. B. Thema ist noch nicht ausreichend erforscht).*

Kartenskizze zeichnen

1. Schritt: *Suchen Sie im Atlas die entsprechende Landschaftskarte. Legen Sie Transparentpapier auf und heften Sie dieses mit Büroklammern fest. Auf dieses Transparent zeichnen Sie zunächst einen rechteckigen Rahmen, der den Kartenausschnitt Ihrer Skizze begrenzt.*

2. Schritt: *Zeichnen Sie nun das Flussnetz mit einem blauen Farbstift nach. Dabei können Sie großzügig den wichtigsten Flussläufen folgen. Kleinräumige Flussbiegungen werden einfach begradigt.*

3. Schritt: *Wählen Sie für Höhenzüge und Gebirge einen braunen Farbstift. Damit umfahren Sie die Gebirge grob und malen anschließend die umschlossene Fläche aus. Bei Mittelgebirgen benutzen Sie einen hellbraunen und bei Hochgebirgen einen dunkelbraunen Farbton.*

4. Schritt: *Markieren Sie mit einem roten Farbstift die Landesgrenzen und Städte. Am besten zeichnen Sie nur die größeren Städte ein.*

5. Schritt: *Beschriften Sie nun Ihre „stumme" Karte. Übertragen Sie dazu die Namen aus dem Atlas. Für Städte, Gebirge und Landschaften wählen Sie einen schwarzen Farbstift, für Flussnamen benutzen Sie einen blauen Farbstift.*

Kausalprofil erstellen

1. Schritt: Höhenprofil zeichnen

Wählen Sie im Atlas eine Höhenschichtenkarte aus. Legen Sie einen geeigneten Längen- und Höhenmaßstab fest. Verbinden Sie die für den Profilverlauf passenden Höhenpunkte sinnvoll zu einer Profillinie. Achten Sie darauf, dass Sie einzelne Höhenangaben (z. B. für Berggipfel) nicht mit dem durchschnittlichen Höhenniveau verwechseln.

2. Schritt: Landschaftseinheiten zuordnen

Ordnen Sie dem Profil die entsprechenden Landschaftseinheiten zu. Meist sind diese Naturräume durch annähernd gleiche Reliefmerkmale und Höhen gekennzeichnet. So können Sie z. B. nach Hochgebirgen, Mittelgebirgen, Tiefländern differenzieren.

3. Schritt: Tabelle erstellen und Merkmale zuordnen

Wählen Sie, abhängig von Fragestellung, Raumausschnitt und Materiallage, geeignete Merkmale (z. B. Klima, Vegetation, Boden, Bevölkerungsdichte) aus, die darzustellen sind. Legen Sie nun entsprechend der Oberflächengliederung eine Tabelle an.

Ordnen Sie den einzelnen Landschaften jeweils stichpunktartig typische Merkmale in der Tabelle zu. Nutzen Sie dazu den Atlas, Ihr Schülerbuch oder andere verfügbare Informationsquellen.

4. Schritt: Zusammenhänge beschreiben und erklären

Zwischen den dargestellten Merkmalen bestehen in der Regel Zusammenhänge, die Sie jedoch erst ableiten müssen. Häufig kann man einen engen Zusammenhang zwischen Relief, geologischem Bau und Bodenverhältnissen oder zwischen Relief, Klima, Vegetation und damit auch der landwirtschaftlichen Nutzung und der Bevölkerungsdichte beobachten.

Klimadiagramme auswerten

1. Schritt: *Lesen Sie den Namen, das Land und die Höhenlage der Station ab. Suchen Sie diese auf der Karte und beschreiben Sie ihre topografische Lage (z. B. am Meer, in einem Gebirgstal, in einer weiten Ebene).*

2. Schritt: *Werten Sie die Temperaturkurve aus. Beachten Sie dabei den Jahresgang der Temperatur und vor allem die niedrigsten und höchsten Werte. Der Unterschied zwischen diesen beiden Werten – Fachleute nennen ihn die Temperaturamplitude – sagt Ihnen viel über die Ausprägung des Klimas an der Station und über dessen Auswirkungen. Große Temperaturamplituden weisen die Station als kontinental aus. Wenn die Wintertemperaturen unter 0 °C liegen, fällt Niederschlag meist als Schnee.*

3. Schritt: *Werten Sie die Niederschlagskurve aus. Lesen Sie aus dem Diagramm ab, in welchen Jahreszeiten besonders viel bzw. besonders wenig Niederschlag fällt.*

4. Schritt: *Stellen Sie fest, ob es aride Jahreszeiten gibt oder ob es das ganze Jahr humid ist.*

5. Schritt: *Fassen Sie Ihre Auswertung in kurzer schriftlicher Form zusammen.*

Klimadiagramme zeichnen

1. Schritt: Verwenden Sie Millimeterpapier. Zeichnen Sie eine waagrechte 12 cm lange Grundlinie. Teilen Sie diese für die Monate ein (1 Monat entspricht 1 cm) und schreiben Sie die Anfangsbuchstaben der Monatsnamen darunter.

2. Schritt: Zeichnen Sie an der linken Seite der Grundlinie eine senkrechte Achse für die Temperaturwerte (in °C, rote Zahlen, 1 cm entspricht 10 °C). Tragen Sie den Wert für 0 °C an der Grundlinie ein und beschriften Sie diese in Zehnerschritten bis 30 °C.

Wenn es Monate mit Werten unter 0 °C gibt, muss die Achse nach unten entsprechend weit verlängert und mit Minuswerten benannt werden.

3. Schritt: Zeichnen Sie am rechten Endpunkt der Grundlinie eine senkrechte Achse für die Niederschläge (in mm, blaue Zahlen, 1 cm entspricht 20 mm). Beschriften Sie in 20 mm-Schritten bis zum höchsten Monatswert der Ihnen vorliegenden Station.

Beachten Sie: Ab 100 mm Niederschlag pro Monat können Sie die Skala stauchen, d. h. 1 cm entspricht nun 100 mm Niederschlag. Auf diese Weise wird das Diagramm nicht zu hoch.

4. Schritt: Markieren Sie nun die Monatsdurchschnittstemperaturen mit einem Kreuz jeweils über der Monatsmitte und verbinden Sie die Kreuze mit einem roten Stift zu einer Kurve.

Bilden Sie aus dem Dezember- und Januarwert den Mittelwert und tragen Sie diesen an beiden senkrechten Achsen an. Verlängern Sie die Kurve nun nach beiden Seiten bis zu den Hochwertachsen.

5. Schritt: Markieren Sie die Höhe der mittleren Niederschlagssummen der einzelnen Monate jeweils mit einem Kreuz und verbinden Sie diese mit einem blauen Stift zu einer Kurve.

Verlängern Sie diese nun nach der gleichen Methode wie die Temperaturkurve zu den beiden senkrechten Achsen.

6. Schritt: Liegt die Niederschlagskurve über der Temperaturkurve, müssen Sie die dazwischen liegende(n) Fläche(n) mit senkrechten blauen Linien schraffieren. Liegt sie jedoch unterhalb der Temperaturkurve, dann müssen Sie die Flächen mit einer roten Punktsignatur versehen.

7. Schritt: Beschriften Sie das Diagramm vollständig mit dem Namen der Station, dem Namen des Landes, der Höhe des Ortes über dem Meeresspiegel sowie der Jahresmitteltemperatur und der Jahresniederschlagssumme.

Luftbilder auswerten

1. Schritt: Aufnahmehöhe und Maßstab feststellen

Ist das Bild aus geringer oder großer Höhe aufgenommen? Dies bestimmt den Maßstab, d. h. wie groß und detailreich einzelne Objekte zu erkennen sind.

2. Schritt: Aufnahmewinkel bestimmen

Handelt es sich um ein Senkrecht- oder ein Schrägluftbild? Letzteres bedeutet, dass Objekte im Vordergrund größer zur Darstellung kommen als im Hintergrund.

3. Schritt: Aufnahmeort bestimmen

Welche Hinweise darauf, wo die Aufnahme gemacht worden sein könnte, sind dem Bild zu entnehmen? Ist eventuell eine Bildunterschrift oder -erklärung als Hilfe vorhanden?

4. Schritt: Schwerpunkte festlegen

Was erscheint Ihnen an dem Bild wichtig, interessant oder auffällig?

5. Schritt: Kartenskizze anfertigen

Fertigen Sie nun die Kartenskizze an, indem Sie wichtige Linien (z. B. Straßen, Umrandungen) und Flächen (z. B. Felder oder Siedlungen) möglichst lagerichtig auf das Blatt übertragen. Am einfachsten ist dies bei Senkrechtaufnahmen.

6. Schritt: Legende anfertigen

Fertigen Sie eine Legende an, in der Sie beispielsweise die Farben erklären, die Sie den einzelnen Flächen zuordnen.

Mit Dreiecksdiagrammen arbeiten

1. Schritt: Orientieren

Stellen Sie fest, welches Thema und welcher Zeitraum im Diagramm dargestellt werden.

2. Schritt: Werte ablesen

Um die Werte eines bestimmten Punktes im Diagramm ablesen zu können, gehen Sie folgendermaßen vor:

- *Bestimmen Sie zunächst den Wert auf der Grundachse. Legen Sie dazu eine Linie durch den gesuchten Punkt parallel zu der Linie, die durch die Null der Grundachse verläuft.*
- *Bestimmen Sie nun den Wert auf der rechten Achse. Legen Sie dazu eine Linie durch den gesuchten Punkt parallel zur Linie, die durch die Null der rechten Achse verläuft.*
- *Bestimmen Sie nun den Wert auf der linken Achse. Legen Sie dazu eine Linie durch den gesuchten Punkt parallel zu der Linie, die durch die Null der linken Achse verläuft. Die Summe der drei Werte ergibt 100 %.*

3. Schritt: Werte einordnen

Erkennen Sie, was die Lage im Dreieck über die Struktur des Wertes aussagt, z. B. hoher erster Wert bei Punkt B, sehr niedriger erster und recht hoher zweiter Wert bei C.

4. Schritt: Werte interpretieren

- *Stellen Sie fest, ob aus der Anordnung der Punkte eine Tendenz abzulesen ist und in welche Richtung die Veränderungen gehen. Überlegen Sie, was die Abstände zwischen den Punkten über die Dynamik in den einzelnen Zeitabschnitten aussagen.*
- *Ergeben sich an bestimmten Stellen im Diagramm Punktehäufungen, so kann eine Typisierung vorgenommen werden. Fassen Sie die Häufungen zusammen und ordnen Sie sie einem Typ zu.*

Mit geographischen Informationssystemen arbeiten – eine Klimakarte erstellen

1. Schritt: Mit Layern arbeiten

- *Starten Sie das gewählte GIS-Programm und warten Sie, bis der aktuelle View (d. h. die Kombination der gewünschten Layer) geladen ist.*
- *Wählen Sie selbst neue Layer aus. „Sichtbar“ bedeutet, dass sie grafisch dargestellt werden, „aktiv“ aber, dass sie für logische Operationen verfügbar sind.*
- *Aktualisieren Sie nach Ihrer Wahl jeweils die Kartendarstellung mit dem Button „Karteninhalt aktualisieren“.*

2. Schritt: Mit Werkzeugen (Tools) umgehen

- *Vergrößern und verkleinern Sie die Kartenausschnitte, verschieben Sie sie usw.*
- *Informieren Sie sich über „Hilfe“ zu Arbeitsweise und Wirkung der einzelnen Werkzeuge.*
- *Wechseln Sie die Layer und überprüfen Sie, wie sich damit die Arbeit mit den Werkzeugen verändert.*

3. Schritt: Einfache thematische Karten mit dem Abfragemanager erstellen

- *Führen Sie zunächst einfache Operationen mit dem Abfragemanager durch (z. B. alle Klimastationen der Erde suchen, die höher als 1 500 m sind)*
- *Beachten Sie: Nach der Wahl der Inhalte auf „Abfrage bilden“ und „Ausführen“ klicken.*
- *Führen Sie komplexere Abfragen mit den Erweiterungen „AND“, „OR“ usw. durch.*
- *Entwickeln Sie Rechenoperationen, mit denen sich einzelne Klimazonen auf der Karte darstellen lassen.*

Mit Modellen arbeiten

1. Schritt: Orientieren

- *Ermitteln Sie, was im Modell dargestellt ist.*
- *Beschreiben Sie die Lage des im Modell dargestellten Sachverhalts.*
- *Ermitteln Sie, welcher Zeitpunkt dargestellt bzw. welcher Zeitraum abgebildet wird.*

2. Schritt: Modell beschreiben

- *Stellen Sie fest, ob es sich um ein statisches oder dynamisches Modell handelt.*
- *Beschreiben Sie den Ist-Zustand des Modells.*
- *Suchen Sie auffällige Strukturen und beschreiben Sie diese.*

3. Schritt: Modell analysieren

- *Finden Sie Regelhaftigkeiten und Prozessabläufe.*
- *Stellen Sie Zusammenhänge und/oder Gesetzmäßigkeiten fest und erklären Sie diese.*
- *Erstellen Sie bei dynamischen Modellen Prognosen über die zukünftige Entwicklung.*

4. Schritt: Modell kritisch bewerten

- *Untersuchen Sie, ob das Modell hinsichtlich seiner Aussagekraft ganz oder teilweise auf die Realität übertragbar ist.*
- *Bewerten Sie, inwiefern das Modell zur Veranschaulichung der wissenschaftlichen Theorie beiträgt.*

Satellitenbilder auswerten

1. Schritt: Einordnung des Bildes

- *Suchen Sie das auf dem Bild dargestellte Gebiet auf einer Atlaskarte. Wählen Sie dabei eine Karte mit einem möglichst vergleichbaren Maßstab.*

2. Schritt: Auswertung des Bildinhaltes

- *Gliedern Sie die Bildinhalte, indem Sie wichtige Strukturen (Berge, Meere, Siedlungen, Vegetation, usw.) benennen.*
- *Fassen Sie Flächen gleicher Färbung zusammen und ermitteln Sie mithilfe der Legende deren Bedeutung.*
- *Suchen und beschreiben Sie linienhafte Bildelemente, wie z. B. Verkehrswege.*

3. Schritt: Deutung des Bildinhalts

- *Erfassen Sie Formen und Strukturen, z. B. die Beschaffenheit der Oberfläche (Berge, Ebenen oder Täler).*
- *Stellen Sie Beziehungen zwischen den einzelnen Bildelementen her und suchen Sie nach Zusammenhängen, z. B. Lage am Meer und Hafenanlagen.*

4. Schritt: Beurteilung des Informationswertes

Vergleichen Sie das Satellitenbild und Ihre daraus gezogenen Erkenntnisse mit anderen Quellen, wie Atlaskarten, Stadtplänen oder Fotos. Beurteilen Sie, inwieweit Ihnen das Satellitenbild mehr Informationen gibt, bzw. wo die anderen Quellen ihre Vorzüge haben.

Thematische Karten auswerten

1. Schritt: Orientieren

- *Erfassen Sie das Thema der Karte.*
- *Ordnen Sie den dargestellten Raumausschnitt in eine größere Einheit ein.*
- *Lesen Sie die Legende und ermitteln Sie, was welche Farben oder Signaturen darstellen.*

2. Schritt: Beschreiben

- *Beschreiben Sie in Sätzen, was die Karte darstellt. Achten Sie auf die räumliche Verteilung und Häufigkeit der Signaturen oder darauf, ob Entwicklungsprozesse ablesbar sind. Wo befindet sich was? In welcher Verteilung oder Häufigkeit ist es dort?*
- *Prüfen Sie, inwieweit einzelne Erscheinungen in bestimmten Teilräumen konzentriert sind oder dort fehlen. Oft lässt sich der Kartenausschnitt dann in bestimmte Raumtypen gliedern. Beachten Sie, dass zuerst einzelne Raumausschnitte beschrieben werden können.*

3. Schritt: Erklären

Finden Sie Ursachen für die in der Karte dargestellten Erscheinungen und deren räumliche Verteilung. In der Regel müssen Sie dazu Ihr Vorwissen anwenden oder Informationen aus anderen Quellen entnehmen.

4. Schritt: Bewerten

Bewerten Sie Informationsgehalt und Aussagewert der Karte. Achten Sie auf angegebene Datenquellen, die Aktualität, die verwendeten Farben, Symbole und Signaturen.

Überprüfen Sie Ihr eigenes Vorgehen. War die Auswertung systematisch angelegt und die Beschreibung ausführlich?

Vegetationsprofil erstellen

1. Schritt: *Zeichnen Sie ein Höhenprofil (siehe Seite 172).*

2. Schritt: *Bestimmen Sie die Grenzen der einzelnen Vegetationszonen bzw. Vegetationseinheiten.*

3. Schritt: *Übertragen Sie diese Vegetationsgrenzen in die Profillinie.*

4. Schritt: *Erstellen Sie eine Legende für die einzelnen Vegetationsbereiche und übertragen Sie die Signaturen in das Profil. Anstelle der natürlichen Vegetation kann man auch die Verteilung der Kulturpflanzen kartieren und in ein Profil der landwirtschaftlichen Nutzung übernehmen.*

Ein WebGIS-Projekt durchführen

1. Schritt: Vorbereitungen treffen

Machen Sie sich mit den technischen Möglichkeiten des WebGIS vertraut. Folgende Fertigkeiten sollten Sie sich aneignen:

- *Kartenebenen an- und ausschalten,*
- *Informationen über Kartenobjekte abfragen (Info-Werkzeug),*
- *Kartenobjekte mithilfe einer Bedingung auswählen (Suche): einfache oder kombinierte Abfragen mit „UND“ bzw. „ODER“,*
- *Datenbank als Informationsquelle nutzen.*

2. Schritt: Thema erschließen

Legen Sie zu Beginn der Projektarbeit ihr Thema fest und formulieren Sie Ihren Zielhorizont. Beispielsweise wollen Sie unterschiedliche Lebensverhältnisse in China darstellen und deren Ursachen und Auswirkungen erklären.

3. Schritt: Projekt planen

Erstellen Sie einen Zeitplan und verteilen Sie innerhalb der Projektgruppe die anfallenden Arbeiten und Aufgaben.

4. Schritt: Thema erarbeiten

Bearbeiten Sie nun das Projekt in Gruppen:

- *Sichten Sie die für Sie relevanten und im GIS zur Verfügung stehenden Informationen.*
- *Aktivieren Sie die entsprechenden Kartenebenen und erstellen Sie durch einfache oder kombinierte Abfragen thematische Karten.*

5. Schritt: Präsentation erstellen

Präsentieren Sie die Ergebnisse der einzelnen Gruppen in geeigneter Form. Stellen Sie Zusammenhänge zwischen einzelnen Karten her.

6. Schritt: Projekt beurteilen

Tauschen Sie die gewonnenen Erfahrungen aus und besprechen Sie die gesamte Projektarbeit. Beurteilen Sie, was gut gelungen ist und was besser gemacht werden könnte.

6.2 Weiterführende Literatur

Themenblock 1: Der blaue Planet und seine Geozonen

Monographien und Sammelwerke

Klink, Hans-Jürgen: Vegetationsgeographie. Das Geographische Seminar. Braunschweig: Westermann 1998

Köck, Helmuth, Heinz Nolzen (Hrsg.): Handbuch des Geographieunterrichts. Geozonen. Bd.12/1, Tl.1. Bd.12/1, Tl.1. Köln: Aulis Verlag Deubner

Latif, Mojib: Klima. Frankfurt am Main: Fischer Taschenbuchverlag 2004

Lauer, Wilhelm, Jörg Bendix: Klimatologie. Das Geographische Seminar. 2. Aufl. Braunschweig: Westermann 2006

Leier, Manfred (Hrsg.): Weltatlas der Ozeane. München: Frederking und Thaler 2001

Leser, Hartmut: Landschaftsökologie. Ansatz, Modelle, Methodik, Anwendung. UTB. Stuttgart: Ulmer 1976

Littmann, Thomas, u. a.: Elemente des Klimas. Gotha: Klett-Perthes 2004

Müller-Hohenstein, Klaus: Die Landschaftsgürtel der Erde. 2. Aufl. Stuttgart: Teubner 1981

Richter, Michael: Vegetationszonen der Erde. Perthes GeographieKolleg. Gotha: Klett-Perthes 2001

Schoenwiese, Christian-Dietrich: Klimatologie. UTB. Stuttgart: Ulmer 2003

Schulz, Jürgen: Die Ökozonen der Erde. UTB. Stuttgart: Ulmer 2002

Weischet, Wolfgang, Wilfried Endlicher: Einführung in die Allgemeine Klimatologie. Stuttgart: Borntraeger 2002

Zeitschriften

Geographie heute, 27. Jg., H. 251/2007: Mit Naturrisiken umgehen. Seelze-Velber: Friedrich

Geographische Rundschau, 52. Jg., H. 10/2000: Ökozonen der Erde. Braunschweig: Westermann

Spektrum der Wissenschaft: Wetter und Klima. Spezial 3/2000. Heidelberg: Springer

Themenblock 2: Ökosysteme und anthropogene Eingriffe

Monographien und Sammelwerke

Blick, Hartmut: Ökologie. Stuttgart u. a.: Fischer 1998

Scholz, Ulrich: Die feuchten Tropen. Das Geographische Seminar. Braunschweig: Westermann 2003

Schultz, Jürgen: Die Ökozonen der Erde. UTB. Stuttgart: Ulmer 2002

Wittig, Rüdiger, Bruno Streit: Ökologie. UTB basics. Stuttgart: Ulmer 2004

Zeitschriften

Petermanns Geographische Mitteilungen, 145. Jg., H. 4/2001 Degradation – Desertifikation. Gotha: Klett-Perthes

Themenblock 3: Ressourcen und ihre Nutzung

Monographien und Sammelwerke

Bundesanstalt für Geowissenschaften und Rohstoffe (Hrsg.): Reserven, Ressourcen und Verfügbarkeit von Energierohstoffen. Hannover, erscheint jährlich

Hoffmann, Thomas: Weltproblem Wasser. TERRA global. Gotha: Klett-Perthes 2003

Lovins, Amory, Peter Hennicke: Voller Energie. Frankfurt am Main: Campus 1999

Petermann, Jürgen: Sichere Energie des 21. Jahrhunderts. Hamburg: Hoffmann und Campe 2006

Petrella, Riccardo: Wasser für alle. Ein globales Manifest. Zürich: Rotpunktverlag 2000

Vereinigung Deutscher Gewässerschutz (Hrsg.): Naturstoff Wasser. Schriftenreihe der Vereinigung Deutscher Gewässerschutz, Bd. 37. Bonn 2004

Wellmer, Friedrich-Wilhelm, Jens-Dieter Becker-Platen (Hrsg.): Mit der Erde leben. Berlin: Springer 1999

Zeitschriften

Geographie heute, 21. Jg., H. 191/2001: Energiewende. Seelze-Velber: Friedrich

Geographie und Schule, 22. Jg., H. 128 (Dez. 2000): Wasser als knappe Ressource. Köln: Aulis

Geographie und Schule, 25. Jg., H. 146 (Dez. 2003): Die Ressource Erdöl. Köln: Aulis.

Geographie und Schule, 29. Jg., H. 167 (Juni 2007): Konfliktstoff Wasser. Köln: Aulis

Geographie und Schule, 29. Jg., H. 169 (Okt. 2007): Ressourcen und Nachhaltigkeit. Köln: Aulis

Geographische Rundschau, 50. Jg., H. 7–8/1998: Wasser. Ressourcen und Konflikte. Braunschweig: Westermann

Geographische Rundschau, 52. Jg., H. 6/2000: Ressourcen und Recycling. Braunschweig: Westermann

Geographische Rundschau, 58. Jg., H. 2/2006: Wasserpolitik. Braunschweig: Westermann

Praxis Geographie, 38. Jg., H. 11/2008: Energie und Umwelt. Braunschweig: Westermann

Themenblock 4: Umweltrisiken und menschliches Verhalten

Monographien und Sammelwerke

Frisch, Wolfgang, Martin Meschede: Plattentektonik. Darmstadt: Wissenschaftliche Buchgesellschaft 2007

Schmincke, Hans-Ulrich: Vulkanismus. Darmstadt: Wissenschaftliche Buchgesellschaft 2000

Zeitschriften

Geographie und Schule, 26. Jg., H. 151 (Okt. 2004): Erdbeben. Köln: Aulis

Praxis Geographie, 38. Jg., H. 5/2008: Endogene und exogene Kräfte. Braunschweig: Westermann

Spektrum der Wissenschaft: Die unruhige Erde. Dossier 2/2001. Heidelberg: Springer

Themenblock 5: Projekt Klimawandel – ein vom Menschen verursachtes Problem?

Monographien und Sammelwerke

Cubasch, Ulrich, Dieter Kasang: Anthropogener Klimawandel. Gotha: Perthes 2000

Endlicher, Wilfried, Friedrich-Wilhelm Gerstengarbe (Hrsg.): Der Klimawandel, Einblicke, Rückblicke und Ausblicke, Potsdam 2007

Glaser, Rüdiger: Klimageschichte Mitteleuropas. Darmstadt: Primus 2001

Grassl, Hartmut, u. a.: Wetterkatastrophen und Klimawandel. München: Pg-Verlag 2005

Rahmstorf, Stefan, Hans-Joachim Schellnhuber: Der Klimawandel. München: Beck 2006

Scholliers, Matthias: Klima im Wandel. TERRA global. Leipzig: Klett 2007

Zeitschriften

Geographie heute, 27. Jg., H. 241/242 (Juni 2006): Klimawandel. Seelze-Velber: Friedrich

Geographische Rundschau, 56. Jg., H. 1/2004: Klimawandel. Braunschweig: Westermann

Praxis Geographie, 35. Jg., H. 5/2005: Klimawandel. Braunschweig: Westermann

6.3 TERRA Lexikon

Albedo: Anteil des Sonnenlichts in Prozent, der von einer Oberfläche reflektiert wird. Die Albedo ist abhängig von der Helligkeit und Beschaffenheit der Oberfläche: Dunkles Gestein reflektiert weniger als 10 %, Neuschnee über 80 % des Sonnenlichts.

Antarktis: Die Antarktis wird von einer eisbedeckten, von Meeren umgebenen Kontinentalplatte gebildet. Im weiteren Sinne versteht man unter diesem Begriff, die um den Südpol gelegenen Landgebiete einschließlich vorgelagerter Schelfeistafeln, Inseln und Meere (ca. 13,7 Mio. km²). Der Südpolarkontinent wird auch als „Antarktika" bezeichnet. Dieser Kontinent wird von einer bis zu 4 km mächtigen Eiskappe überzogen. Die Eiskappe ist ständig in Bewegung. Das Eis, welches sich aus einem jährlichen Niederschlag von bis zu 1 000 mm bildet, fließt langsam Richtung Meer ab. Während des Südwinters vergrößert sich die Fläche der Eiskappe durch die Bildung von Eis an den Rändern (Schelfeis) erheblich. Die größte Schelfeistafel ist das Ross-Schelfeis, welches die Größe der iberischen Halbinsel besitzt. Etwa 80 % der gesamten Trinkwasserreserven der Erde sind in der Eiskappe gebunden. Mehrere Staaten erheben Anspruch auf Teile der Antarktis, diese wurden seit dem Inkrafttreten des Antarktis-Vertrages jedoch zurückgestellt.

anthropogene Nutzung: durch den Menschen verursachte Eingriffe in Ökosysteme.

anthropogener Klimawandel: → Klimawandel

Antizyklone: Bezeichnung für Hochdruckgebiete. Dabei unterscheidet man → dynamische Hochdruckgebiete, die durch Luftakkumulation (Konvergenz) in der Höhe entstehen und thermische Hochdruckgebiete, die das Ergebnis strahlungsbedingter Abkühlung (Kältehoch) oder von Konvektion (Höhenhoch) sind.

Asthenosphäre: Schale des oberen Erdmantels, die sich an die → Lithosphäre anschließt. Diese Zone gilt als Gleitzone (auch Fließzone) auf der sich die starren Platten der Lithosphäre bewegen. Sie befindet sich in Tiefen zwischen etwa 100 und 250 km und enthält geringe Schmelzanteile.

Atmosphäre: Die aus einem Gemisch von Gasen bestehende Hülle eines Himmelskörpers, speziell die Lufthülle der Erde.

Atmosphärische Zirkulation: Globales System von Luftmassenbewegungen (Windsystemen), die durch Temperatur- und Luftdruckunterschiede der bodennahen Luftschichten zwischen niederen Breiten (Tropen) und hohen Breiten (Polargebiete) ausgelöst werden.

Bewässerungsfeldbau: Form der landwirtschaftlichen Bodennutzung, bei der den Nutzpflanzen wegen unzureichender Niederschläge während der Vegetationsperiode Wasser durch verschiedene technische Systeme zugeführt wird.

Bioprospecting: Bezeichnung für die planmäßige Erkundung und das Aufsuchen von biologischem Material, mit dem Ziel einer groß angelegten Vermarktung.

Brandrodung: Rodung durch Fällen von Baumvegetation und deren anschließendes Verbrennen, um die freigelegten Flächen ackerbaulich zu nutzen.

Cash-crops: Für den Markt erzeugte landwirtschaftliche Produkte (z. B. Kakao, Kaffee, Baumwolle und Erdnüsse), die nicht der Selbstversorgung dienen, sondern des Deviseneinkommens für den Export wegen erzeugt werden. Diese Wirtschaftsweise, bei der die Produkte überwiegend in Monokultur angebaut werden, führt zur Abkehr von traditionellen, ökologisch angepassten Landnutzungsformen und erfordert häufig die Verwendung großer Mengen von Dünger und Pflanzenschutzmitteln.

Desertifikation: Prozess der fortschreitenden Degradation der symbiotischen Natur-Mensch-Produktionssysteme in ariden Gebieten; Schaffung wüstenähnlicher Bedingungen infolge der Übernutzung des Ökosystems.

divergierende Platten: Tektonische Bewegung, bei der zwei Platten aneinanderstoßen.

Dornsavanne: → Savanne

Dry farming: Landwirtschaftliche Nutzungsform im Bereich der Trockengrenze, bei der durch besondere Bearbeitungsmethoden der Niederschlag von zwei oder mehreren Jahren für eine Anbauphase genutzt wird.

dynamisches Hochdruckgebiet: Ein Hochdruckgebiet, welches seine Entstehung dynamischen

Prozessen an der planetarischen Frontalzone verdankt. Durch den Subtropenjet können Luftmassen auf andere Luftmassen gehoben werden, ohne dass ein Abkühlungsvorgang vorliegt, d.h. es muss nicht erst eine benachbarte Luftmasse aufsteigen und abkühlen, bevor sie sich in größerer Höhe über eine andere Luftmasse schiebt. Dadurch entsteht am Boden ein höherer Luftdruck, da nun die Luftdichte in der Luftsäule über dem Boden zunimmt.

dynamisches Tiefdruckgebiet: Ein Tiefdruckgebiet, das seine Entstehung dynamischen Prozessen, wie etwa dem Aufeinandertreffen kälterer und wärmerer Luftmassen verdankt. Dies ist an der planetarischen Frontalzone im engeren Sinne gegeben.

Ecofarming: Ökologisch angepasster Landbau zur Schonung der Umwelt und zur Senkung der Produktionskosten durch die Anwendung autochthoner Produktionsweisen. So wird beispielsweise vorwiegend mit Tierdung und Mulch gedüngt, zudem wird Fruchtwechsel praktiziert.

El Niño: Der Begriff „El Niño" (→ ENSO-Phänomen) bezeichnet ein natürliches klimatisches Phänomen, das alle vier bis neun Jahre um die Weihnachtszeit herum vor der Westküste Südamerikas auftritt. Während eines El Niño-Ereignisses ist in der Region die Oberflächentemperatur des Pazifischen Ozeans um sechs bis acht Grad Celsius gegenüber der Normaltemperatur erhöht. Gleichzeitig steigt der Wasserspiegel während des Phänomens um ca. 30 Zentimeter.

endogene Ursachen: Innenbürtige Kräfte; Naturkräfte, die aus dem Erdinnern wirken und hauptsächlich Großformen der Erdoberfläche hervorbringen. Diese führen in der Erdkruste zu Veränderungsprozessen und Naturereignissen, z. B. zu → Vulkanismus, → Erdbeben, → Plattentektonik, Hebung, Senkung, Faltung und Grabenbrüchen.

ENSO-Phänomen (El Niño – Southern Oscillation): Da → El Niño-Ereignisse eng mit einer Änderung der Südlichen Oszillation, einer drei- bis fünfjährigen Luftdruckschwingung zwischen dem tropischen West- und Südostpazifik, verbunden sind, wird der Gesamtvorgang, der weltweite klimatische Auswirkungen hervorruft, oft als ENSO-Phänomen bezeichnet.

Entwaldung: großräumige Vernichtung des Waldes zum Zweck einer anderen Nutzung. Seit der Sesshaftwerdung des Menschen werden Wälder gerodet, seit Beginn der Industrialisierung werden Bäume durch Abgase und Schadstoffe geschädigt, so dass sie absterben.

Entwicklungsachse: Instrument der Raumordnung, das durch eine Bündelung von Verkehrs- und Versorgungslinien sowie durch eine Konzentration von Siedlungen entlang dieser Achsen gekennzeichnet ist; im Zusammenhang mit den Zentralen Orten bildet das Konzept der Entwicklungsachsen das raumordnerische Instrument des so genannten „punkt-axialen Systems".

Erdbeben: Erschütterungen an der Erdoberfläche, die durch Bewegungen von Gesteinsschichten im Erdinneren hervorgerufen werden. Erdbeben, die durch ruckartige Plattenbewegungen zu Stande kommen, werden tektonische Beben genannt. Etwa 90 % aller Beben sind tektonisch. Am häufigsten treten Erdbeben an Plattengrenzen auf. Daneben gibt es noch „vulkanische Beben" und „Einsturzbeben" (beim Einsturz unterirdischer Hohlräume). Liegt der Erdbebenherd (Hypozentrum) unter dem Meeresboden, spricht man von Seebeben. Die dabei ausgelösten Flutwellen werden → Tsunami genannt.

Feuchtsavanne: → Savanne

fossile Energieträger: Energieträger, die die Sonnenenergie vergangener Epochen speichern. Die gebräuchlichsten sind Kohle, Erdöl, Erdgas oder Torf. Sie sind endliche, also in absehbarer Zeit erschöpfte Energieressourcen.

Geofaktoren: natürliche Gegebenheiten, die das Aussehen einer Landschaft bestimmen (z. B. Relief, Klima, Vegetation); im weiteren Sinne auch Gegebenheiten, die vom Menschen geschaffen wurden (z. B. Siedlungen, Verkehrswege).

Geozone: Großlandschaftstyp mit einer typischen breitenkreisparallelen Ausprägung bei Klima (→ Klimazone), Vegetation (→ Vegetationszone) und teilweise auch bei den Böden, die ihn von anderen Großlandschaften unterscheidet.

globaler Wasserkreislauf: Der Wasserkreislauf – angetrieben durch die Sonnenenergie und die Wirkung der Schwerkraft – umfasst den ständigen Transport von Wasser zwischen Meeren, Landflächen und der Atmosphäre. Die wichtigsten Teilphasen dieses Kreislaufs bestehen aus Verdunstung, Niederschlag und Abfluss.
Beginnend bei den Ozeanen stellt sich der Wasserkreislauf kurz folgendermaßen dar: Wasser verdunstet über den Ozeanen und wird von der Atmosphäre aufgenommen. Mit Luftströmungen gelangt es über das Festland, wo es nach Kondensation infolge vertikaler Luftbewegungen als Niederschlag auf die Landoberfläche niedergeht. Hier wiederum herrschen drei Wasserbewegungen vor: Verdunstung, Versickerung und Abfluss. Ein Teil des Niederschlagswassers verdunstet von der Landoberfläche (Evaporation) oder von der Oberfläche von Pflanzen (Transpiration). Gemeinsam gehen beide Vorgänge als Evapotranspiration in den Wasserhaushalt ein. Ein anderer Teil des Niederschlagswassers versickert in den Boden (Infiltration) oder in tiefere Gesteinsschichten (Perkolation), wo er in den Grundwasserkörper eingeht. Ein weiterer Teil des Niederschlagswassers fließt über ober- und unterirdische Wasserläufe den Ozeanen, bzw. abflusslosen Senken an der Erdoberfläche zu (Seen). Wiederum ein weiterer Teil des Niederschlagswassers wird an der Oberfläche von Pflanzen (Interzeption) gespeichert, von wo aus wiederum Verdunstung stattfindet.
Großwetterlage: Wetterlage, die einen Großraum (z. B. Europa oder Nordafrika) beeinflusst und über mehrere Tag anhält.
immerfeuchte Tropen: → Tropen
Jetstream (Strahlstrom): Eng begrenztes Band extrem hoher Windgeschwindigkeiten (bis zu 600 km/h) in der oberen Troposphäre in etwa 12 km Höhe. Der Jetstream wird im Bereich der planetarischen Frontalzone hervorgerufen durch das starke Temperatur- und Luftdruckgefälle in der Höhe. Innerhalb der Troposphäre treten auf jeder Halbkugel je zwei Jetstreamsysteme auf. Zum einen gibt es den Subtropenjetstream, welcher über dem subtropischen Hochdruckgürtel etwa auf geographischer Breite der Kanarischen Inseln, über Nordafrika, dem Persischen Golf, Indien, Südostasien, Kalifornien und den Bermuda-Inseln strömt. Der Subtropenjetstream ist als beständiges Starkwindband westlicher Richtung ausgebildet. Der Polarfrontjetstream dagegen ist weit weniger beständig und viel stärker mäandrierend. Auch ist er nicht so stark ausgeprägt wie der Subtropenjetstream. Vielmehr tritt er in Form von mehreren hundert bis über 1 000 Kilometer langen Starkwindbändern auf.
Kalte Zone: → Klimazone, die Temperaturen um 0 °C und erhebliche Schwankungen der Jahrestemperaturen aufweist. Der Wechsel der Beleuchtungsverhältnisse mit Polartag und Polarnacht prägt die extrem unterschiedlichen Jahreszeiten.
Katastrophenvorsorge: Gesamtheit der bereits vor dem Eintritt einer möglichen Katastrophe getroffenen Maßnahmen zur Verringerung der Eintrittswahrscheinlichkeit einer Katastrophe bzw. der Milderung ihrer Folgen.
Klimawandel: Veränderung wichtiger Klimaelemente, besonders der Lufttemperatur, über einen sehr langen Zeitraum, z. B. die Erwärmung nach der letzten Eiszeit vor etwa 10 000 Jahren. Der Einfluss des Menschen auf das Klima der Erde (anthropogener Klimawandel) ist nicht abschließend geklärt. Durch die verstärkte Freisetzung von Kohlenstoffdioxid und weiteren Treibhausgasen seit Beginn der Industrialisierung trägt der Mensch vermutlich zur Erwärmung der Erdatmosphäre infolge der Verstärkung des natürlichen Treibhauseffekts bei.
Als Folgen der globalen Erwärmung werden das Abschmelzen der Gletscher, der Anstieg des Meeresspiegels, die Häufung von Stürmen und Hochwasserereignissen, aber auch eine Verschiebung der → Klimazonen vorausgesagt.
Klimazonen: Gebiete annähernd gleichartiger klimatischer Bedingungen. Die Klimazonen ordnen sich als Folge der unterschiedlichen Sonneneinstrahlung gürtelartig um die Erde an. Man spricht deshalb auch von Klimagürteln. Die unterschiedliche Land-Meer-Verteilung und die großen Gebirgszüge bewirken teilweise starke Abweichungen in der zonalen Anordnung. Vom Äquator zum Pol unterscheidet man die → Tropen, die Subtropen, die Gemäßigte Zone und

die → Kalte Zone. Die Klimazonen sind zugleich auch → Vegetationszonen.

Kohlenstoffkreislauf: Kreislauf von Kohlenstoff (C), der etwa 1‰ der Gesamtmasse der Erde ausmacht und der während der Entstehung des Planeten gasförmig als Kohlendioxid (CO_2) entwich. Ein erheblicher Teil dieses in Form von CO_2 gebundenen Kohlenstoffs wurde durch die Urozeane absorbiert und in Form von Kalkgestein über lange geologische Zeiträume gebunden.

konvergierende Platten: Tektonische Bewegung, bei der zwei Platten aneinanderstoßen.

Lithosphäre: Äußere, feste Gesteinshülle, aus der die Platten aufgebaut sind. Dazu gehören die kontinentale und ozeanische Kruste und der obere Mantel bis zur → Asthenosphäre.

Meeresströmungen: Starke und beständige horizontale sowie vertikale Wassermassentransporte in den Weltmeeren. Die mittlere Strömungsgeschwindigkeit beträgt 35–60 km pro Tag. Man unterscheidet Oberflächenströme, Tiefen- und Auftriebsströmungen.

mineralische Rohstoffe: → Rohstoffe

Monostruktur: Bezeichnung für einseitige Strukturen, z. B. wenn in einem Wirtschaftsraum wenige Industriezweige vorherrschen oder sich der Export auf wenige Produkte konzentriert. Industrielle Monostrukturen beinhalten eine hohe Krisenanfälligkeit, wie man sie beispielsweise in den Montanrevieren oder Werftstandorten Deutschlands beobachten kann.

nachhaltige Nutzung: Nutzung von Ressourcen, ohne diese in ihrer Existenz zu gefährden. Das heißt, eine Ressource wird nur in dem Maße genutzt, dass deren Bestand, Eigenschaft und Funktion erhalten bleibt. Nachhaltige Nutzung ist also eine dauerhafte und Ressourcen schonende Nutzung. Ein Beispiel hierfür ist der „ökologische Landbau“, der weitgehend auf den Einsatz von Mineraldünger und chemischen Pflanzenschutzmitteln verzichtet. In der Forstwirtschaft wird darunter eine Holzwirtschaft verstanden, bei der der Holzeinschlag streng an die Nachhaltigkeit gebunden ist, d. h. jährlich darf nur so viel Holz eingeschlagen werden, wie der Zuwachs beträgt. Seit einigen Jahren wird dieser Begriff auch auf andere Bereiche übertragen. Auf die Erde bezogen bedeutet das eine Nutzung, die den Bedürfnissen der heutigen Generation entspricht, ohne die Möglichkeiten künftiger Generationen zu gefährden, ihre eigenen Bedürfnisse zu befriedigen.

nachwachsende Rohstoffe: Aus land- und forstwirtschaftlicher Erzeugung stammende organische → Rohstoffe, die für die Weiterverarbeitung zu Produkten vorgesehen sind, die keine Nahrungs- oder Futtermittel sind.

Nährstoffkreislauf: Abgestorbene Pflanzenteile zersetzen sich und geben Nährstoffe frei, die im Boden gespeichert und schließlich wieder durch die Wurzeln aufgenommen werden.
Im Tropischen Regenwald läuft dieser Kreislauf sehr rasch ab. Hier rieselt ganzjährig Laub von den Bäumen. Auch Früchte fallen immer wieder herab. Am Boden sammelt sich eine Schicht aus Pflanzenresten. Die wird in dem feuchtheißen Klima von unzähligen Kleinlebewesen sofort zersetzt. Die Nährstoffe gelangen in die 15 bis 30 Zentimeter dünne Bodenschicht. Hier werden sie von den flachen Wurzeln der Bäume und Sträucher sofort wieder als wertvolle Nahrung aufgenommen, man spricht vom kurzgeschlossenen Nährstoffkreislauf.
Man sagt, der Tropische Regenwald wächst nicht aus dem Boden, sondern lebt auf dem Boden: ein üppiger Wald auf einem armen Boden, der selbst keine Nährstoffe liefert.

Naturereignis: Die konkret messbaren tatsächlichen Ereignisse in der Umwelt, die nicht unmittelbar durch menschliches Handeln verursacht sind.

Naturkatastrophe: Kommen bei einem Naturereignis Menschen oder Sachgüter zu Schaden, spricht man von einer Naturkatastrophe.

Naturrisiko: Als Naturrisiko wird die Eintrittswahrscheinlichkeit in Relation zur erwarteten Schädigung verstanden.

Ökosystem: eine Funktionseinheit, die sich aus biotischen (lebenden) und abiotischen (unbelebten) Faktoren zusammensetzt; diese Faktoren stehen in Wechselwirkungen zueinander und bilden ein Wirkungsgefüge (z. B. Wälder, Flüsse, aber auch Städte).

Passat: Ganzjährige, richtungsbeständig wehende, trockene Winde, die aus den subtropischen Hochdruckgürteln in Richtung der

äquatorialen Tiefdruckrinne wehen. Durch die Corioliskraft werden sie auf der Nordhalbkugel nach rechts (NO-Passat) und auf der Südhalbkugel nach links (SO-Passat) abgelenkt.
Die Passate haben eine Mächtigkeit von nur etwa 0,5 bis 2 km. Die oberhalb befindliche tropische Oströmung (Urpassat) ist durch eine Inversionsschicht, die so genannte Passatinversion, von den Passaten getrennt. Passatwinde bringen kaum Niederschläge; nur an Gebirgsrändern führen sie zu Steigungsregen.

Passatzirkulation: Teil der → Atmosphärischen Zirkulation in den niederen Breiten zwischen etwa 35 °N und etwa 30 °S im Jahresmittel. Sie ist als Teil der Hadley-Zirkulation durch großräumige vertikale Luftkreisläufe gekennzeichnet. Dabei verläuft die atmosphärische Strömung zwischen den subtropischen Hochdruckgebieten und dem Äquator als Höhenostströmung bzw. in Erdbodennähe als Nordost- und Südostpassat.

Permafrost: Zustand eines in den tieferen Horizonten ganzjährig gefrorenen Bodens. Nur die obere, wenige Dezimeter dicke Schicht taut in den kurzen Sommern auf. Etwa ein Fünftel der Erdoberfläche ist vom Permafrostboden bedeckt. Er reicht manchmal bis in eine Tiefe von 1 000 Metern. Weil Niederschläge und Schmelzwasser nicht versickern können, kommt es in diesen Gebieten zu starker Sumpfbildung.

Pipelinenetz: Bezeichnung für ein System von Rohrleitungen zum Transport von Flüssigkeiten oder Gasen. Insbesondere Erdöl und Erdgas werden mithilfe von Pipelines über große Entfernungen transportiert. Trotz hoher Anfangsinvestitionen ist der Transport dieser Güter über Pipelines in der Regel ökonomischer als mit anderen Transportmitteln. Da mittels eines Pipelinesystems Produkte unterschiedlicher Qualität (z. B. Erdölsorten) transportiert werden, muss eine Trennung der einzelnen Chargen gewährleistet werden. Computergesteuerte Schieber regulieren dazu den Transportfluss. Auf diese Weise kann ein spezifischer Inhalt über Abzweigungen zum gewünschten Abnehmer geliefert werden.

Plattentektonik: Tektonisches Konzept der Erde, das von großen und kleinen Platten (der → Lithosphäre) ausgeht, die sich auf der → Asthenosphäre unabhängig voneinander bewegen.

Polare Zone: In dieser sich polwärts der → Subpolaren Zone anschließenden → Klimazone liegen die Temperaturen fast ganzjährig unter dem Gefrierpunkt; nur in den Sommermonaten können sie kurz darüber steigen. Die Niederschläge sind das gesamte Jahr sehr gering.
Durch den flachen Sonneneinfallswinkel und die Polarnacht im Winter, bei der nahezu ein halbes Jahr die Sonne überhaupt nicht aufgeht, sind die Temperaturen sehr gering. Nur während des Polartages – in den Sommermonaten – kann sich die Luft geringfügig erwärmen. Diese kalte Luft kann wegen der niedrigen maximalen Luftfeuchtigkeit nur wenig Wasserdampf aufnehmen, so dass kaum Niederschlag fällt. Zusätzlich befindet sich das Polarklima unter dem Einfluss des Polarhochs und der Polaren Ostwinde. Im Polarhoch sinkt Kaltluft ab und unterdrückt somit die Wolkenbildung.
Pflanzenwachstum ist im Polarklima kaum möglich. Durch die geringe Temperatur können die biochemischen Prozesse der Photosynthese nicht ablaufen und somit keine organischen Stoffe für das Wachstum aufgebaut werden. Die vegetationslose Landschaft zeigt sich also als polare Eiswüste.

Polder: Bezeichnung für Überlaufflächen an Flüssen, die bei Hochwasser vor Überschwemmungsschäden schützen bzw. für eingedeichtes, dem Meer abgerungenes Neuland.

Recycling: Aufbereitung von Abfallstoffen für die Herstellung neuer Produkte, z. B. Schrott für die Stahlherstellung; Ziele: Schonung der natürlichen → Ressourcen, Umweltschutz (eingeschränkte Möglichkeiten für die Ablagerung von Müll, Energieverknappung), Umwandlung eines Abfallstoffes zu einem neuen Ausgangsmaterial bzw. → Rohstoff, z. B. eingeschmolzenes Altglas.

regenerative Energie: Energie, die sich nicht wie die → fossilen Energieträger erschöpft, sondern unter den heutigen Bedingungen selbst erneuert, z. B. Energie aus Sonne, Wasserkraft, Wind und Biomasse.

Reserven: Bei der Definition der Rohstoffvorräte der Erde versteht man darunter die nachgewiesenen → Ressourcen, deren Gewinnung zum gegeben Zeitpunkt wirtschaftlich ist.

Ressourcen: (Naturressourcen) Gesamtheit aller auf der Erde vorhandenen Voraussetzungen für das Leben und Wirtschaften des Menschen. Dazu gehören alle energetischen und mineralischen → Rohstoffe, Boden, Wasser, Luft, Pflanzen, Tiere und Flächenressourcen.

Risikofaktoren: Umstände, die soziale Systeme (z. B. Familien, Gemeinden, Firmen) bzw. einzelne Mitglieder derselben in ihrer Existenz gefährden. Auf einen einzelnen bzw. wenige bekannte Risikofaktoren kann sich ein soziales System gut vorbereiten und entsprechend reagieren. Geht die Bedrohung jedoch von mehreren gleichzeitig auftretenden und womöglich bislang unbekannten bzw. falsch interpretierten Risikofaktoren aus, so ist das soziale System häufig überfordert.

Rohstoffe: Unverarbeitete Stoffe, die in der Natur vorkommen und die vom Menschen verwendet werden, um Gebrauchsgegenstände sowie Konsumgüter herzustellen oder Energie zu gewinnen. Nach ihrer Herkunft bzw. Entstehung unterscheidet man mineralische (bergbauliche), pflanzliche und tierische Rohstoffe. Mineralische Rohstoffe werden auch Bodenschätze genannt. Man unterscheidet auch zwischen Energieträgern (z. B. Kohle, Erdöl) und Nichtenergieträgern (z. B. Metall, Erz, Steine).

Sahelzone: Sahel ist arabisch und bedeutet Ufer. Die Sahelzone erstreckt sich ungefähr zwischen 12° und 18° nördlicher Breite entlang des Südrandes der Sahara. Die Ausdehnung dieser Übergangszone ist stark von lokalen Gegebenheiten abhängig und kann daher nur grob mit 100 – 200 km beziffert werden. Stark schwankende Jahresniederschläge (100 mm bis 500 mm), die oft ganz ausbleiben, machen die Sahelzone zum Risikoraum für die Landwirtschaft.

Savanne: → Vegetationszone der wechselfeuchten → Tropen. Nach Dauer der Regen- und Trockenzeiten verändern sich die Anteile von Gras- und Holzgewächsen. Man unterscheidet:

- Feuchtsavanne, mit einer Dauer der Regenzeit von 7 – 9½ Monaten und hohem Elefantengras sowie größeren Baumgruppen;
- Trockensavanne, mit einer Dauer der Regenzeit von 4½ – 7 Monaten und nur noch etwa ein Meter hohen Gräsern sowie vereinzelten geschlossenen Baumgruppen;
- Dornsavanne, mit einer Dauer der Regenzeit von 2 – 4½ Monaten und überwiegend dornigen Busch- und Baumarten. Eine geschlossene Grasdecke bildet sich hier nicht mehr aus.

Shifting cultivation (Wanderfeldbau): Sammelbezeichnung für Formen des Ackerbaus vor allem in den Tropen, bei dem die Anbauflächen und Siedlungen nach Erschöpfen der Bodenfruchtbarkeit in einem gewissen zeitlichen Rhythmus verlegt werden.

Solarkonstante: Menge an Sonnenenergie, die pro m² im Mittel an der Atmosphärenobergrenze eingestrahlt wird (1 368 W/m²). Ohne Wolkendecke würde diese Energie komplett auf der Erdoberfläche ankommen.

Standortfaktoren: In der Biogeographie: Umweltfaktoren, die unmittelbar auf die Pflanze wirken (z. B. Licht, Wasser, Temperatur) oder mittelbar (z. B. Relief, Boden) wirksam sind.

In der Wirtschaftsgeographie: Einflussgrößen, die bei Standortentscheidungen eines Betriebes maßgeblich sind. Harte Standortfaktoren sind messbare Strukturdaten über einen Ort und dessen Umgebung wie beispielsweise die Verkehrsinfrastruktur, soziodemographische Merkmale, politisch-administrative Vor- und Nachteile oder Lagebeziehungen zu anderen Orten. Sie haben einen starken Einfluss auf die Unternehmertätigkeit.

Weiche Standortfaktoren sind nur schwer messbar. Ihre Bedeutung ist im Wesentlichen von subjektiven Einschätzungen geprägt, sie können jedoch von großer Bedeutung für die Ansiedlungsentscheidung eines Unternehmens sein. Dies sind z. B.: das Wirtschaftsklima oder die Qualität von Schulen und anderen Ausbildungseinrichtungen einer Stadt bzw. einer Region.

Stockwerkbau: Der Kampf um das Licht bestimmt das Leben der Pflanzen im → Tropischen Regenwald. Bis zum Boden dringt nur wenig Licht vor. Hier wachsen unzählige Pilze, Moose und Farne. An Flussufern und Lichtungen gibt es am Boden auch häufiger Kräuter und Sträucher.

Im mittleren Stockwerk wachsen dann Sträucher und niedere Bäume bis in eine Höhe von 20 Metern, so hoch wie in Europa die meisten Waldbäume. In 30 bis 40 Metern Höhe befindet sich das fast geschlossene Dach des Waldes aus den Kronen der Bäume. In dieser Kronenschicht leben die meisten Tiere des Regenwaldes.
Über das Blätterdach hinaus ragen einzelne Baumriesen. Sie können bis über 60 Meter hoch werden. Mächtige Brettwurzeln verleihen ihnen einen guten Stand auf der dünnen Bodenschicht.

Strahlungshaushalt: Als Strahlungshaushalt bezeichnet man die Differenz aller auf einer Fläche eintreffenden und abgehenden Energien. Für die Erdoberfläche müssen die Prozesse Absorption, Reemission, Reflexion und Streuung berücksichtigt werden. Die Erdoberfläche empfängt (absorbiert) nur 49 % der Sonneneinstrahlung. Der Rest wird reflektiert. Genau diesen Prozentsatz verliert sie wieder durch Ausstrahlung (Reemission), Konvektion und Verdunstung an die Atmosphäre. Die Atmosphäre absorbiert 20 % der solaren Strahlung, der Rest wird reflektiert und erhält die oben genannten 49 % langwelliger Strahlung von der Erdoberfläche. Die Summe (69 %) gibt sie wieder an die Atmosphäre ab (Reemission). Erdoberfläche und Erdatmosphäre zusammen nehmen also 69 % der solaren Strahlung auf und geben diese zu 69 % auch wieder an den Weltraum ab. Die restlichen rund 30 % solarer Strahlung werden nicht aufgenommen, sondern reflektiert.

Subduktion: Abtauchen oder Abführen von Plattenteilen in die Tiefe des oberen Erdmantels.

Subpolare Zone: Diese sich äquatorwärts der → Polaren Zone anschließende → Klimazone ist bedingt durch den geringen Sonneneinfallswinkel ganzjährig durch niedrige Temperaturen gekennzeichnet, die nur in den Sommermonaten über den Gefrierpunkt steigen. Die Niederschläge sind das gesamte Jahr gering, nur in den Sommermonaten sind sie leicht erhöht.
Im Winter wird das Subpolarklima durch die Polaren Ostwinde beeinflusst. Diese führen Polarluft zu, die auf Grund ihrer Temperatur nur wenig Feuchtigkeit aufnehmen kann. Daher fällt im Winter der Niederschlag sehr gering aus. Die höheren Niederschläge im Sommer werden durch die außertropischen Westwinde verursacht. Diese weisen in ihrer wärmeren Luft auch einen höheren Wasserdampfgehalt auf.
Auf Grund der geringen Temperaturen und des kurzen Sommers ist im subpolaren Klima ein Wachstum von Bäumen nicht mehr möglich. Die größten Pflanzen sind Zwergsträucher. Es kommen v. a. Gräser, Moose und Flechten vor. Diese subpolare Graslandschaft wird auch als Tundra bezeichnet.

Subsistenzwirtschaft: Durch niedriges Entwicklungsniveau der Produktionstechnik und geringe Arbeitsteilung gekennzeichnete agrarische Wirtschaftsweise, bei der alle zum Leben benötigten Güter im eigenen landwirtschaftlichen Betrieb erzeugt werden. Subsistenzwirtschaft ist vor allem in Entwicklungsländern verbreitet.

Thermohaline Zirkulation: Sie umfasst Meeresströmungen, die durch räumliche Unterschiede in Temperatur und Salzgehalt hervorgerufen werden. Diese bewirken Unterschiede der Dichte und dadurch Druckgradienten. Die globale Thermohaline Zirkulation stellt eine großräumige Umwälzbewegung des Ozeans dar, die durch Absinken dichter Wassermassen in den Subpolargebieten hervorgerufen wird.

Treibhauseffekt: Fähigkeit der → Atmosphäre, die Energieverluste der Erdoberfläche durch Ausstrahlung zu kompensieren und so ein Auskühlen der Erde zu verhindern. Dabei wird die von der Erdoberfläche abgegebene langwellige Wärmestrahlung durch Wasserdampf oder Kohlenstoffdioxid als Gegenstrahlung zur Erde zurückgestrahlt. Die Menschheit verstärkt diesen natürlichen Treibhauseffekt (anthropogener Treibhauseffekt). Durch eine erhöhte Menge bestimmter Gase in der Lufthülle (vor allem Kohlendioxid, Methan, FCKW) wird mehr Wärmestrahlung der Sonne an der Erdoberfläche zurückgehalten. Hauptursachen: Abgase aus Kraftwerken und Autos, verstärkte Rinderhaltung, Industrieproduktion von FCKW.

Trockensavanne: → Savanne

Tropen: Gebiet zwischen dem nördlichen und südlichen Wendekreis. Hier steht die Sonne während eines Jahres zweimal, an den Wendekreisen jeweils einmal, im Zenit. In den Tropen herrscht ein Tageszeitenklima mit geringen jahreszeitlichen Temperaturschwankungen vor, wobei die monatliche Durchschnittstemperatur (im Tiefland) immer über 18 °C liegt. Je nach den Niederschlagsverhältnissen unterscheidet man verschiedene tropische Klimate, wie die immerfeuchten inneren und die wechselfeuchten Tropen.

Tropischer Regenwald: Waldtyp der immerfeuchten → Tropen (mehr als 2 000 mm Niederschlag pro Jahr, gleichmäßig hohe Temperatur von 25–28 °C). Ein Merkmal ist der große Artenreichtum (ca. 3 000 immergrüne Baumarten, Schling- und Kletterpflanzen) und ein üppiges Wachstum mit Baumriesen über 100 m Höhe. Der Regenwald zeigt einen ausgeprägten Aufbau der Pflanzen in 4–5 Stockwerken (→ Stockwerkbau). Er ist ein wichtiger Sauerstofflieferant und Klimaregulator der Erde.

Tsunami: Eine extrem hohe Meereswelle, die überwiegend durch Seebeben und Massenverlagerungen am Meeresboden ausgelöst wird und an den Meeresküsten auftreffend größte Zerstörungskraft hat.

Vegetationszone: Der Begriff Vegetationszone bezeichnet einen Raum, der sich aufgrund seiner natürlichen Vegetation bzw. der vorhandenen Pflanzengesellschaften von anderen Räumen unterscheidet und meist äquatorparallel verläuft.

Dabei kann jeder Vegetationszone eine bestimmte Vegetationsformation zugeordnet werden. Sie besteht meist aus einer charakteristischen Gruppe von Pflanzen (Bäumen, Sträuchern, Kräutern und Gräsern), die oft zusammen auftreten und in dieser Kombination typische Gesellschaften bilden.

Zwischen den Vegetationszonen und den → Klimazonen der Erde besteht eine enge Verbindung, da die Vegetation in hohem Maße von den Klimafaktoren beeinflusst wird. Deshalb gibt es fließende Übergänge zwischen einzelnen Vegetationszonen. Eine Abgrenzung wird auch durch den Einfluss des Menschen auf die Pflanzenwelt erschwert. Seine Eingriffe in die Natur (besonders durch die Landwirtschaft und den Städtebau in den Ballungsräumen) sind von erheblichen Ausmaßen. Die potenzielle natürliche Vegetation eines Raumes wird immer weiter zurück gedrängt und somit weitgehend verändert.

Vulkanismus: Zusammenfassende Bezeichnung für alle geologischen Vorgänge, die mit dem Aufstieg und dem Austritt fester, flüssiger oder gasförmiger Stoffe aus dem Erdinneren an die Erdoberfläche zusammenhängen. Die Förderung der Stoffe hat ihren Ausgangspunkt in Magmaansammlungen der Erdkruste (Vulkanherde). Auswurf- bzw. Ausflussmaterialien sind Lava, Lockermaterial (Asche, Lapilli, Bomben) und Gase. An der Erdoberfläche entstehende Formen sind z. B. Kegel- und Schildvulkan, Maar, Caldera, Härtling aus Ergussgestein.

Walddegradation: (vom lateinischen degradare: herabsetzen, herabstufen): Verminderung der Biodiversität und Waldqualität; allmähliches Auflösen eines natürlichen Waldes zugunsten anderer Waldformen und zunehmende Auflichtung einer ursprünglich dichten Waldbedeckung.

Wanderfeldbau: → Shifting cultivation

Wärmehaushalt: Als Wärmehaushalt bezeichnet man die Differenz der Energieströme auf der Erdoberfläche in einem bestimmten Gebiet in einem bestimmten Zeitraum. Die dazugehörige Formel lautet $R = H + B + V$. Dabei bezeichnet R die Nettoeinstrahlung (bzw. Ausstrahlung). H steht für den Wärmefluss in die aufliegende Luft (bzw. aus der Luft) und B für den Wärmefluss in den Untergrund (bzw. aus dem Untergrund).

V bezeichnet den Energieaufwand bzw. die freigesetzte Energie durch Verdunstung, Sublimation, Kondensation oder Gefrieren.

wechselfeuchte Tropen: → Tropen

Westwindzirkulation: Teil der → Atmosphärischen Zirkulation der höheren Breiten, auch außertropische verwirbelte Zirkulation. Das Wettergeschehen wird durch → Antizyklonen und → Zyklonen bestimmt.

Zyklonen: Bezeichnung für dynamische Tiefdruckgebiete, die an der planetarischen Frontalzone entstehen, sich in Europa mit der Westwinddrift nach Osten verlagern und das Wettergeschehen maßgeblich beeinflussen.

6.4 Strukturdaten ausgewählter Staaten

Land	Fläche in 1000 km²	Einwohner 2007 in Millionen	Jährliches Bevölkerungswachstum Mittel aus 2000–2005 in %	Geburtenrate 2006 in %	Sterberate 2006 in %	Lebenserwartung 2007 in Jahren	Anteil der Bevölkerung unter 15 Jahren 2006 in %	Anteil der Bevölkerung über 65 Jahren 2006 in %	Städtische Bevölkerung 2006 in %	Wirtschaftsleistung je Einwohner 2006 in US-$[2]	Erwerbstätige in der Industrie[3] 2005 in % der Erwerbstätigen insgesamt	Erwerbstätige in Dienstleistungen[3] 2005 in % der Erwerbstätigen insgesamt	Anteil der Industrie[3] am BIP 2006 in %	Anteil der Dienstleistungen[3] am BIP 2006 in %	Arbeitslose 2005 in %	Energieverbrauch je Einwohner 2003 in kg Öleinheiten[1]	Analphabeten 2006 in %	Kalorienversorgung je Einwohner und Tag 2006	Einwohner je Arzt 2006	Internet-Nutzer 2006 je 1000 Einwohner
Europa																				
Albanien	29	3,2	0,8	1,4	0,6	78	24,8	8,9	45	3021	14,0	28	18,6	58,4	13,8	k.A.	1	2920	845	k.A.
Belgien	31	10,6	0,1	1,1	1,0	79	16,7	17,4	97	35445	24,4	73,5	24,1	74,9	8,2	6650	k.A.	3720	244	461
Bosnien-Herzegowina	51	3,8	0,0	0,9	0,9	78	15,5	14,4	46	2327	k.A.	k.A.	30,8	55,0	45,5	1136	1	3030	716	206
Bulgarien	111	7,7	−0,5	1,0	1,5	73	13,9	17,4	71	4545	32,8	57,1	31,0	60,0	9,9	1620	1	2640	283	206
Dänemark	43	5,5	0,2	1,2	1,0	78	18,7	15,2	72	49314	23,8	73,2	24,3	73,9	3,9	3170	k.A.	3510	285	526
Deutschland	357	82,3	−0,2	0,8	1,0	79	14,1	19,5	75	36646	29,9	67,8	29,4	69,7	8,4	3930	k.A.	3620	269	454
Estland	45	1,3	−0,2	1,1	1,3	72	15,2	17,2	69	11437	32,5	61,3	30,1	66,1	5,9	k.A.	0	3170	320	519
Finnland	338	5,3	0,2	1,1	0,9	79	17,1	16,2	62	38249	25,9	69,2	29,4	67,6	7,7	4880	k.A.	3270	317	630
Frankreich	544	61,7	0,4	1,3	0,9	81	18,3	16,4	77	33901	24,2	71,9	22,0	75,8	9,4	4310	k.A.	3670	294	432
Griechenland	132	11,2	0,0	1,0	0,9	79	14,3	19,0	59	20754	22,4	65,1	21,0	73,9	8,9	3020	k.A.	3790	211	176
Großbritannien	243	61,0	0,3	1,2	1,0	79	17,5	15,7	90	36240	22,1	76,5	24,2	75,2	5,3	3770	k.A.	3460	457	629
Irland	70	4,4	0,9	1,5	0,7	78	20,9	11,5	60	61245	27,8	66,3	46,0	49,0	4,4	3580	k.A.	3710	363	276
Italien	301	59,3	0,0	1,0	0,9	80	13,8	19,7	68	29542	30,7	65,3	30,3	67,7	6,8	3140	1	3700	159	480
Kroatien	57	4,4	−0,2	1,0	1,2	75	16,2	16,8	56	8672	28,5	54,2	31,5	62,1	12,7	1976	1	2800	542	319
Litauen	65	3,4	−0,4	0,9	1,3	74	15,5	15,4	67	8480	27,8	57,4	33,8	61,0	5,6	2430	0	3390	256	357
Luxemburg	3	0,5	0,4	1,2	0,8	79	18,9	14,6	83	80040	21,4	77,2	14,4	84,6	4,7	9472	0	3550	361	677
Montenegro	14	0,6	0,4	1,2	0,9	k.A.	17,9	15,1	64	k.A.	34,2	58,4	k.A.	k.A.	14,7	k.A.	1	2800	518	k.A.
Niederlande	42	16,4	0,3	1,1	0,8	79	18,0	14,2	65	37464	20,6	76,1	24,4	73,4	3,9	5800	k.A.	3320	317	616
Norwegen	324	4,7	0,4	1,3	0,9	80	19,3	14,8	78	61255	20,7	76,0	42,7	55,3	3,5	9740	k.A.	3410	289	390
Österreich	84	8,3	0,0	0,9	0,9	79	15,4	17,1	67	37033	27,8	66,8	31,2	67,1	4,8	4200	k.A.	3820	243	489
Polen	313	38,1	0,0	1,0	1,0	75	15,9	13,3	62	8091	29,7	53,2	30,7	64,6	13,8	2400	k.A.	3420	436	260
Portugal	92	10,7	0,0	1,0	1,0	78	16,5	17,2	55	17883	30,5	57,7	28,4	66,5	7,7	2180	k.A.	3750	298	280
Rumänien	238	21,6	−0,2	1,0	1,2	72	15,7	14,7	55	3653	30,8	36,5	36,2	54,3	7,3	1840	2	3430	505	208
Russland	17075	141,7	−0,5	1,0	1,5	66	14,2	14,5	73	4673	29,4	61,9	38,8	56,1	7,8	4720	0	3050	210	152
Schweden	450	9,1	0,2	1,2	1,0	81	16,7	17,6	84	41553	21,9	75,8	28,6	70,0	7,0	5500	k.A.	3190	334	755
Schweiz	41	7,5	0,2	1,0	0,8	81	16,3	15,6	68	50532	23,0	73,0	34,0	64,5	4,0	3760	k.A.	3460	266	496
Serbien	102	9,5	0,0	1,1	1,2	75	17,9	15,1	52	k.A.	34,2	58,4	24,2	63,5	18,8	1991	1	2800	381	186
Slowakei	49	5,4	0,0	1,0	1,0	75	16,7	12,0	56	9703	38,3	55,8	28,2	69,1	13,4	3380	k.A.	3160	270	463
Slowenien	20	2,0	0,0	0,9	0,9	77	13,8	15,7	49	19510	37,5	53,7	36,6	60,6	6,0	3518	k.A.	3210	427	554
Spanien	505	45,3	0,3	1,1	0,8	80	14,4	17,8	77	27810	296	65,1	30,1	66,1	8,5	3400	k.A.	3371	227	354
Tschechische Republik	79	10,3	0,0	1,0	1,0	76	14,4	14,4	74	14823	39,5	56,4	40,2	56,4	7,1	4340	k.A.	3220	288	500
Ukraine	604	46,5	−0,6	1,0	1,6	68	14,1	16,6	68	1666	30,0	51,0	46,3	35,3	2,5	2980	1	3040	212	98
Ungarn	93	10,1	−0,3	1,0	1,3	73	15,6	15,2	65	13453	32,4	62,8	31,0	65,5	7,5	2470	k.A.	3570	300	297
Weißrussland	208	9,7	−0,5	0,9	1,4	70	15,7	14,6	73	3101	34,1	54,6	30,2	61,0	1,6	2430	1	2990	217	348
Amerika																				
Argentinien	2780	39,4	1,2	1,9	0,8	76	25,2	10,7	89	5549	19,9	78,8	35,9	54,8	10,6	1720	3	3200	316	178
Bolivien	1099	9,8	2,1	2,9	0,8	66	35,0	4,6	63	1260	19,7	76,9	36,0	51,8	11,7	504	7	2300	2806	52
Brasilien	8547	189,3	1,4	2,1	0,6	72	25,8	6,1	81	4145	20,9	58,4	39,4	52,4	8,9	1040	12	3060	378	120

Chile	757	15,6	1,0	1,5	0,5	77	24,7	8,2	88	7065	23,6	63,0	49,0	45,0	7,0	1660	4	2910	770	180
Ecuador	284	13,5	2,0	2,6	0,6	77	33,0	5,1	62	2777	21,4	69,3	31,4	60,6	7,9	640	8	2460	626	47
Guatemala	109	13,4	2,8	3,4	0,6	70	41,1	3,4	47	2206	20,0	38,0	k. A.	k. A.	7,5	608	25	2340	1322	60
Haiti	28	9,0	1,8	2,9	1,1	57	42,4	3,4	36	468	k. A.	k. A.	k. A.	k. A.	k.A.	270	k. A.	2190	k.A.	61
Honduras	112	7,1	2,1	2,7	0,6	69	39,9	3,4	48	1204	21,0	41,0	31,8	54,5	27,5	522	20	2450	3865	32
Kanada	9985	32,9	0,3	1,1	0,7	80	17,6	13,4	81	33011	22,3	75,0	27,5	70,2	6,8	9840	k. A.	3240	475	624
Kolumbien	1139	46,2	1,5	2,0	0,6	72	30,3	4,2	72	2746	19,7	59,3	34,8	53,1	11,8	620	7	2630	729	104
Kuba	111	11,2	0,3	1,1	0,8	77	19,1	10,6	76	2586	20,0	53,0	25,7	68,4	4,1	1000	0	2580	161	17
Mexiko	1964	1[illegible]6,5	1,7	2,1	0,5	76	30,6	5,8	75	7344	24,8	58,8	26,2	70,2	3,5	1410	8	3180	836	174
Peru	1285	27,9	1,5	2,1	0,6	70	30,9	5,4	73	2741	20,6	78,7	25,6	66,0	9,7	470	7	2630	820	165
USA	9631	3[illegible]2,2	0,6	1,4	0,8	78	20,4	12,4	79	45172	20,8	77,6	21,6	77,3	5,1	7790	k. A.	3800	334	630
Venezuela	912	27,5	1,7	2,2	0,5	73	29,1	5,2	88	4152	20,0	69,0	42,4	53,6	18,0	2590	7	2360	692	88
Afrika																				
Ägypten	1002	73,4	2,1	2,7	0,6	72	32,6	4,5	43	1164	21,0	52,0	35,7	49,4	9,9	770	29	3420	1605	68
Algerien	2382	34,1	1,7	2,1	0,4	74	28,1	4,8	58	3640	26,0	53,3	60,1	29,9	15,3	1030	30	2960	876	58
Äthiopien	1112	77,1	2,5	4,0	1,5	49	43,7	2,7	16	180	22,5	69,6	10,2	43,4	5,0	299	k. A.	1880	k. A.	2
Burkina Faso	274	14,8	3,0	4,5	1,5	49	46,8	2,5	16	429	k.A.	k.A.	19,0	51,7	k. A.	k.A.	71	2560	k. A.	5
Ghana	239	23,0	2,3	3,3	1,0	59	38,8	3,5	44	512	14,0	31,0	25,2	38,0	20,0	400	42	2750	k. A.	18
Kenia	582	36,9	2,8	4,0	1,2	55	42,6	2,3	19	554	k. A.	k.A.	18,5	64,1	40,1	494	26	2213	7427	32
Kongo, Dem. Rep.	2345	62,6	3,0	5,0	1,0	57	47,4	2,5	32	94	k. A.	k. A.	k. A.	k. A.	40,0	293	32	1550	k. A.	2
Libyen	1760	6,2	2,0	2,4	0,4	77	33,6	4,2	85	6515	k. A.	k. A.	51,4	41,5	30,0	3191	k. A.	3350	k. A.	36
Mali	1249	12,3	3,3	4,8	1,6	50	48,2	3,0	31	510	k. A.	k. A.	k. A.	k. A.	14,6	k.A.	80	2390	k. A.	5
Marokko	459	31,7	1,5	2,1	0,6	71	31,6	5,0	55	1575	20,2	35,9	36,0	43,4	11,0	378	53	3070	1961	146
Niger	1267	14,2	3,4	4,8	1,5	44	46,9	2,4	17	310	k. A.	k. A.	k. A.	k. A.	k. A.	k.A.	71	2130	35806	2
Nigeria	924	144,4	2,5	4,3	1,8	47	42,3	3,1	44	856	k. A.	k. A.	50,5	24,9	2,7	777	k. A.	2790	k. A.	4
Ruanda	26	9,3	2,7	4,1	1,8	49	41,9	2,5	17	290	k. A.	k. A.	23,4	37,3	43,0	k.A.	35	2110	k. A.	5
Sambia	753	11,5	1,9	4,1	2,2	38	46,3	2,4	35	560	k. A.	k. A.	29,6	50,2	50,0	592	34	1920	k. A.	20
Südafrika	1219	47,9	0,8	2,3	1,5	42	29,7	5,3	53	6189	24,5	65,2	30,9	66,2	26,6	2510	17	2920	1355	108
Tansania	884	38,7	2,6	4,0	1,5	51	43,7	2,7	23	402	3,0	15,0	19,0	39,8	25,0	465	30	2020	k. A.	9
Tunesien	162	10,2	1,1	1,7	0,6	75	24,6	6,8	65	3399	32,0	49,0	31,0	56,1	14,2	837	26	3330	1202	95
Asien																				
Bangladesch	148	149,0	1,9	2,7	0,8	63	32,9	3,5	23	462	10,0	24,0	k. A.	k. A.	k. A.	110	k. A.	2210	3714	2
China, VR	9597	1325,4	0,5	1,2	0,7	73	20,8	7,8	44	1972	22,7	20,7	46,8	41,2	6,1	1200	9	3120	708	84
Indien	3287	1[illegible]31,9	1,6	2,4	0,8	69	30,8	4,9	28	769	k. A.	k. A.	27,3	54,5	7,2	340	39	2550	1708	54
Indonesien	1923	231,6	1,4	2,1	0,7	70	28,8	5,4	42	1293	13,2	43,5	46,5	40,5	8,7	510	9	2960	7368	72
Iran	1630	71,2	1,2	1,8	0,6	71	26,1	4,9	67	2954	k. A.	k. A.	43,4	45,6	11,5	2330	23	3020	2192	101
Israel	22	7,3	1,5	2,1	0,6	80	26,3	9,8	92	24792	22,6	75,6	30,0	67,6	9,0	3086	3	3580	263	466
Japan	378	127,7	0,0	0,9	0,9	82	14,1	20,1	79	43249	28,4	67,0	25,3	73,1	4,4	4100	k. A.	2790	485	502
Kasachstan	2725	15,5	0,9	2,0	1,0	67	23,0	8,2	57	3233	17,0	47,8	39,4	54,3	7,1	3630	0	2560	274	27
Korea, Republik	100	48,5	0,4	0,9	0,5	77	18,9	9,2	82	16428	27,5	64,3	41,2	55,7	3,7	4690	k. A.	3090	588	684
Malaysia	330	27,2	1,8	2,3	0,5	73	32,6	4,8	62	7316	30,1	55,1	44,6	47,7	3,6	2390	11	2960	1377	424
Pakistan	796	136,3	2,3	3,1	0,8	64	39,0	4,1	34	702	20,0	37,0	26,0	53,3	7,7	350	55	2490	1314	68
Philippinen	300	88,7	2,1	2,7	0,5	71	35,0	4,0	48	1097	15,6	47,0	33,7	52,4	7,4	300	7	2410	2762	53
Singapur	0,7	4,6	0,6	1,0	0,4	82	15,6	8,3	100	25216	23,0	76,0	33,3	66,7	2,6	k. A.	k. A.	3160	645	400
Syrien	185	19,9	2,5	2,8	0,4	71	37,0	3,3	50	1760	27,0	43,0	24,2	52,4	10,0	986	20	3080	699	58
Taiwan	36	22,9	0,3	0,9	0,6	78	19,4	9,8	78	17246	33,1	61,1	26,8	71,5	4,1	4420	k. A.	3120	666	582
Thailand	513	65,7	0,7	1,4	0,7	73	22,0	8,0	33	3028	20,5	37,2	44,7	45,9	1,4	1360	7	2520	3569	110
Türkei	779	74,0	1,4	1,9	0,6	73	25,5	6,8	66	5041	23,0	43,0	30,2	58,4	9,9	1240	12	3380	725	219
Vietnam	332	85,1	1,3	1,9	0,5	71	27,0	5,9	27	636	17,4	24,7	42,0	38,4	4,2	544	9	2580	1637	127
Australien																				
Australien	7692	21,0	0,6	1,3	0,6	81	19,6	13,1	91	31334	21,2	75,0	27,5	68,5	5,1	5840	k. A.	3160	645	400
Neuseeland	271	4,2	0,7	1,4	0,7	79	21,1	11,8	86	26086	22,7	69,8	27,1	68,8	3,7	4333	k. A.	3250	456	589

[1] 1 kg Öleinheit = Energie von 1 kg Erdöl (etwa 10 000 Kalorien). Mit dieser Maßeinheit kann man verschiedene Energiearten untereinander vergleichen. [2] Gemeint ist das Bruttoinlandsprodukt (BIP) = Maß für die wirtschaftliche Leistung eines Landes; misst den Wert der im Inland hergestellten Waren und Dienstleistungen, soweit diese nicht vorher für die Produktion anderer Waren und Dienstleistungen verwendet werden. [3] Der Anteil der Landwirtschaft ergibt sich, indem man die Anteile der Industrie und Dienstleistungen addiert und von 100 subtrahiert. – k.A. keine Angaben. Quellen: Statistisches Jahrbuch für das Ausland 2007; The World Factbook, Fischer Weltalmanach 2008.

6.5 Sachverzeichnis

Alle **fett** gedruckten Begriffe sind im TERRA Lexikon erläutert.

6.6 Bildnachweis

(RS = Randspalte)

Titelbild: A1PIX

TaufkirchenAanderaa Data Instruments, Bergen: **19.3**; Action Press, Hamburg: **128.6**; Agence France-Press, Paris: **64.7** (Gabriel Bouys); AKG, Berlin: **94.links unten**; Alfred-Wegener-Institut, Bremerhaven: **18.1** (Christoph Kottmeier), **67. rechts Mitte, 68.10**; AP, Frankfurt/Main: **35.17, 62.3** (Boris Yurchenko); Arco Images GmbH, Lünen: **45.rechts unten** (Reinhard), **140. links unten** (Wegner); Astrofoto, Sörth: **4/5, 10.unten links**; aus San José Mercury News: **76.1**; Avenue Images GmbH, Hamburg: **78/79** (Blend Images); Bildagentur-online, Burgkunstadt: **106. links oben**; Bilderberg, Hamburg: **53.20** (Burkhard), **108.6**; BIOS, Berlin: **120.7** (Lorgnier); Bulls Press, Frankfurt: **26.19** (Dana Summers); Busche, Rimpar: **84.links oben**; Butler, Menlo Park/CA: **53.22**; Caro Fotoagentur, Berlin: **148.2** (Riedmiller); CCC, www.c5.net, Pfaffenhofen a.d. Ilm: **126.1.rechts**; Corbis, Düsseldorf: **38.20** (Ressmeyer), **44.rechts oben, 50.9** (Mays), **93.10** (Nowitz), **98.2** (Gray/Reuters), **115.5** (Horner), **147.rechts oben** (Sygma); Corel Corporation, Unterschleissheim: **7.1**; Coy, Innsbruck: **52.18**; Das Fotoarchiv, Essen: **3.5, 91.8** (Karwasz), **146.links oben, 146. rechts oben**; Das Luftbild-Archiv, Wenningsen: **78.links unten, 80.1**; Dietmann, München: **129.7**; Dietze, München: **52.17**; DigitalGlobe, Longmont/CO: **136.1+2**; EFEU, Biel-Benken: **156.24**; Emirates, Dubai: **117. rechts Mitte**; Endlicher, Berlin: **157.27** (www.wbgu.de aus Endlicher/Gerstengarbe 2007); ESA, Paris: **30.1** (ESA-Meteosat); Eugen Ulmer GmbH & Co Verlag, Stuttgart (Hohenheim): **55.27**; Europäische Zentralbank, Frankfurt: **63.rechts unten**; Falk, Denzlingen: **14.10, 140.links Mitte**; Fischer, Eisenach: **24.14**; Flotron AG, Meiringen/SCHWEIZ: **169.63 unten**; Focus, Hamburg: **14.8** (Alexander), **44. links unten, 88.1, 88.links Mitte, 147.rechts unten** (Berry); Fotolia LLC, New York: **21. rechts Mitte** (Jamie Wilson); Geiger, Merzhausen: **90.4**; Geiger, Sonthofen: **13.7, 132.11, 133.14**; Gemeiner, Halberstadt: **64.links Mitte**; Geoatlas, Hendaye: **71.rechts unten**; GEODIA, Göttingen: **135.18. links + rechts**; Geospace, Salzburg: **160.35**; Gesellschaft für ökologische Forschung, München: **147.links oben + unten, 167.55 + 56, 169.63.links**; Getty Images, München: **4/5** (The Image Bank); GFZ, Potsdam: **141.13** (GITEWS); GREENPEACE, Hamburg: **72.22, 81.4**; Haeberli, Zürich: **160.36, 168.60** (Michael Zemp/Wilfried Haberli); Hagg, München, www.bayerische-gletscher.de: **160.34, 168.58**; Haus der Geschichte, Bonn: **122.2** (Wolter); Hill, Hiawassee/GA: **58.links unten**; IFA-BILDERTEAM GmbH, Ottobrunn: **86.links oben**; IFM-GEOMAR, Kiel: **23.12** (Claus Böning und Arne Biastoch); Jätzold, Trier: **56.1.links**; Jürgens Photo, Berlin: **79.rechts unten**; Keusen, Zollikofen: **169.63 oben**; Keystone, Hamburg: **12.3** (Schulz); Kiefer, Regensburg: **9.4**; Klammet, Ohlstadt: **95.3, 126.1 links**; Kommission für Glaziologie der Bayerischen Akademie der Wissenschaften: **168.59** (Weber), **169.61** (Weber); Korby, Korb: **85.12, 140.11**; Krohn, Hamburg: **122.1**; Leicht, Mutlangen: **50.11**; Lineair, Arnhem: **146 links unten**; Look GmbH, München: **127.2** (Pompe); Mahé, Adrogue: **70.16**;

6.7 Grafiknachweis

Mauritius, Mittenwald: **2.2, 45.oben links, 128.5** (Reichart); Max-Planck-Institut für Meteorologie, Hamburg: **154.18**; MEV, Augsburg: **44.links oben**; moneypedia.de: **71.rechts oben**; Müller, Würzburg: **92.9**; Mustafa, Jena: **71.18**; nach Leo Bagrow und Raleigh A. Skelton, Meister der Kartographie. 6. Auflage Berlin: Gebr. Mann, 1994: **8.1**; NASA, Washington/D.C.: **2.1, 6/7, 37.19, 58.6+8, 59.10, 117.12, 143.16**; Neumann, Altenburg: **7.3, 92.links oben**; Newig, Flintbek: **106.1**; NFI, Wien: **133.rechts oben+unten**; Nolzen, Stegen: **39.21**; Picture-Alliance, Frankfurt/Main: **69.14** (Jaspersen), **70.15, 112.20** (dpa), **119.4** (Karmann), **140.10** (dpa), **148.1** (dpa), **161.37** (dpa), **161.38** (Hildenbrand); Reuters, Berlin: **117.10**; Richter, Röttenbach: **45.rechts oben**; Rother, Schwäbisch Gmünd: **7.2+4+5, 56.1 Mitte, 64.links unten, 78.rechts oben**; Schmidt-Wulffen, Hannover: **57.rechts oben**; Schulz, Schwäbisch Gmünd: **56.1.rechts, 58.links oben**; Six, Karlsruhe: **79.links oben**; SolarWorld AG, Freiberg: **3.3, 78.links oben**; Stadt, Soest: **99.rechts Mitte** (BBS, Winsen/Luhe); Stadtbildstelle, Essen: **79. rechts oben** (Bühne); Stark, Dortmund: **36.18**; Szczepanski, Bochum: **3.4, 124/125**; ullstein bild, Berlin: **100.7** (Giribas); UNEP, Nairobi: **50.10, 51.12**; VEAG, Berlin: **146.rechts unten**; Vereinigung Deutscher Gewässerschutz, Bonn: **80.RS**; VII, Paris: **142.14** (John Stanmeyer); Visum, Hamburg: 68.11; Wilczek, München: **54.24**; Wildlife, Hamburg: **63. rechts oben** (Harms); ZAMG, Wien (aus Böhm R, Schöner W., Auer I., Hynek B., Kroisleitner C., Weyss G., 2007:Gletscher im Klimawandel – Vom Eis der Polargebiete zum Goldbergkees in den Hohen Tauern. Eigenverlag der Zentralanstalt für Meteorologie und Geodynamik, Wien, ISBN 978-3-200-01013-0): **164.45–47, 165.48, 169.62**

Nicht in allen Fällen war es uns möglich, den Rechteinhaber der Abbildungen ausfindig zu machen. Berechtigte Ansprüche werden selbstverständlich im Rahmen der üblichen Vereinbarungen abgegolten.

Bettina Eckenfelder, Wenigenlupnitz: 11.2, 65.10, 74.27, 81.5, 123.5, 153.15;

Klaus Feske, Ammerbuch: 82.6;

Rudolf Hungreder, Leinfelden-Echterdingen: 25.16, 26.18, 28.24+25, 47.3, 61.2, 63.5+6, 89 rechts oben, 96.5, 111.17, 120.9, 123.3+4, 131.9, 159.31;

Diana Jäckel, Erfurt: 17.15+17, 28.23, 30 links oben, 42.2, 48 links, 49 rechts, 50.9 (Diagramm), 51.14–16+rechts Mitte, 54.24, 59.14+rechts unten, 61.1 (nach Wissenschaftliche Buchgesellschaft, Darmstadt), 67.6+8, 70 links unten, 76.3–5, 77.6–8, 87.15, 99.5, 101.11, 103.20, 106.3, 107.4, 114 links unten, 115 rechts Mitte, 119.5, 120 links unten, 139.9, 148.3, 149.4, 151.11+12, 153.16+17, 155.20+23, 156.25, 158.29, 159.32, 165.50, 166.52;

Klett-Archiv: 14.11, 21.8 (nach (Braun) Süddeutsche Zeitung, München), 28 links oben, 30.2, 32.6+7 (nach Springer Verlag, Heidelberg), 33.11, 46.1 (nach Wissen Media Verlag, Gütersloh), 47.4, 48.5 (nach Vieweg+Teubner Verlag, Wiesbaden), 49.6, 56.1 (Diagramme), 57.3, 65.11, 82.7, 84.10, 86.13, 91.7, 137.3, 165.9, 167.57;

Wolfgang Schaar, Grafing: 5, 10/11, 12.4, 13.5, 14.9, 15.12, 16.13, 22.9, 23.10, 25.17, 27.20, 29.28, 31.3+4, 32 links unten, 32.8–10, 33.12, 39.21 oben, 42.1, 62.2, 66.1+2, 118.2, 141.12, 149.6, 150.7, 152.13, 154.19.

Anforderungsbereiche und Operatoren

Leistungserhebungen, wie Schulaufgaben oder Abiturprüfungen, sollen das Leistungsvermögen von Schülerinnen und Schülern möglichst differenziert erfassen. Dazu dienen drei Anforderungsbereiche, die sich im Hinblick auf die geforderte Tätigkeit sowie die Komplexität der zu erbringenden Leistung unterscheiden. Die Anforderungsbereiche haben wichtige Funktionen für die Aufgabenstellung, die Beschreibung, Erfassung und Beurteilung der Prüfungsleistungen. Zu beachten ist, dass die Anforderungsbereiche sich nicht immer scharf gegeneinander abgrenzen lassen.

Um den verschiedenen Anforderungsbereichen gerecht zu werden, aber auch um den Schülerinnen und Schülern das Verständnis für die Aufgabenstellung zu erleichtern, sind den Anforderungsbereichen so genannte **Operatoren** zugeordnet. Sie geben an, was die Schülerinnen und Schüler konkret tun sollen (z. B. darstellen, erläutern, beurteilen).

Die folgenden Listen geben eine Hilfe zum Verständnis sowohl der Aufgabenbereiche als auch der Aufgabenstellungen im Unterricht und in Prüfungen in der Oberstufe.
Viele der Operatoren tauchen bereits in den diversen Aufgaben zu den einzelnen Kapiteln dieses Buches auf. Sie decken natürlich nicht alle Aufgabentypen eines Schülerbuches ab, da dieses nicht eine primäre Abfrage- bzw. Prüfungsfunktion hat, sondern auch andere, weitergehende Ziele verfolgt.

Nach einer Vereinbarung der Kultusminister sollen die Prüfungsanforderungen im Abitur in allen Bundesländern vergleichbar sein. Entscheidend für die Vergleichbarkeit der Anforderungen ist die Konstruktion der Prüfungsaufgaben. Diese sollen so abgefasst sein, dass sich die Leistungen der Prüflinge möglichst differenziert erfassen lassen. Dazu werden drei Anforderungsbereiche unterschieden, denen Operatoren zugeordnet sind.

Anforderungsbereich I
Reproduktionsleistungen
umfasst die Wiedergabe von Sachverhalten aus einem begrenzten Gebiet und im gelernten Zusammenhang sowie die Verwendung gelernter und geübter Arbeitstechniken und Methoden.

benennen, nennen: Etwas mit einem passenden Begriff bezeichnen, Informationen aus vorgegebenem Material unkommentiert entnehmen
beschreiben: Ausführliche Informationen aus vorgegebenem Material oder aus Kenntnissen zusammenhängend und schlüssig wiedergeben
darstellen: In Worten deutlich machen, einen Sachverhalt ausführlich (u. U. mithilfe einer Skizze) wiedergeben
ermitteln, untersuchen: Durch Nachforschen etwas herausfinden, feststellen
herausarbeiten: Informationen und Sachverhalte aus vorgegebenem Material entnehmen und wiedergeben
lokalisieren: Einordnen von Fall-/Raumbeispielen in bekannte topographische Orientierungsraster
skizzieren: In groben Zügen, das Wichtigste verdeutlichen
wiedergeben: Informationen aus vorgegebenem Material aufzählen oder einen Sachverhalt aus dem Wissen vortragen